老旧小区改造理论与实践系列丛书

以未来社区理念推进城镇老旧小区改造研究

RESEARCH ON RENOVATION OF OLD URBAN RESIDENTIAL AREAS WITH THE CONCEPT OF FUTURE COMMUNITY

王贵美　章文杰　王光辉　王　健　主编
陈旭伟　何炜达　主审

中国建筑工业出版社

图书在版编目（CIP）数据

以未来社区理念推进城镇老旧小区改造研究＝RESEARCH ON RENOVATION OF OLD URBAN RESIDENTIAL AREAS WITH THE CONCEPT OF FUTURE COMMUNITY/王贵美等主编．—北京：中国建筑工业出版社，2022.9

（老旧小区改造理论与实践系列丛书）

ISBN 978-7-112-27949-4

Ⅰ．①以…　Ⅱ．①王…　Ⅲ．①城镇—居住区—旧房改造—研究　Ⅳ．①TU984.12

中国版本图书馆CIP数据核字（2022）第174347号

责任编辑：朱晓瑜
责任校对：孙　莹

老旧小区改造理论与实践系列丛书

以未来社区理念推进
城镇老旧小区改造研究

RESEARCH ON RENOVATION OF OLD URBAN RESIDENTIAL AREAS WITH THE CONCEPT OF FUTURE COMMUNITY

王贵美　章文杰　王光辉　王　健　主编
陈旭伟　何炜达　主审

*

中国建筑工业出版社出版、发行（北京海淀三里河路9号）
各地新华书店、建筑书店经销
北京建筑工业印刷厂制版
北京市密东印刷有限公司印刷

*

开本：787毫米×1092毫米　1/16　印张：24½　字数：462千字
2023年5月第一版　2023年5月第一次印刷
定价：**98.00**元

ISBN 978-7-112-27949-4
（40076）

本书编委会

主　　编：王贵美　章文杰　王光辉　王　健

副 主 编：杨伦峰　姚元伟　胡　汉　龚黎黎

参编人员：吴俊华　黄　媚　李　笋　郎於豪

沈婷婷　祝桂海　赵昊磊　斯　磊

程明洋　沈龙富　陶　方　邬全岳

张洁丽　蔡玉婷　沈思慧　杨　悦

主　　审：陈旭伟　何炜达

前 言

随着居民对生活居住标准的要求不断提高，目前老旧小区的现状已经不能满足人们对美好生活的需求。推进老旧小区改造工作，是贯彻落实党的十九大精神，解决新时代人民日益增长的美好生活需要和不平衡不充分的发展之间矛盾的关键抓手之一。习近平总书记指出："人民城市人民建，人民城市为人民。"新时代的城市建设，要始终牢记以人民为中心的核心理念，坚持把实现人民幸福作为中国特色社会主义现代化建设一切工作的出发点和落脚点，不仅要让老百姓"住有所居"，还要把"让人民宜居安居"放在首位，更要承载人民对美好生活的向往。

老旧小区改造是重大的民生工程和发展工程。在城市高质量发展背景下，市场经济日趋成熟，参与主体日益多元，针对老旧小区改造的城市更新行动在各地纷纷展开，虽已在推进过程中取得了实质性进展，居民的居住环境得到了显著提升，但老旧小区作为城市更新和管理的薄弱地带，在建筑性能、配套设施、道路交通、公共环境、安全管理、文化传承、数字建设等方面仍存在突出短板和问题，难以匹配人民群众日益提高的生活需求，造成城市更新不可持续，也进一步制约了城市发展，城市产业、经济、治理、生态等层面面临诸多现实挑战。人民群众对美好生活的需求正在升级，老旧小区改造的要求也在不断提高，因此，老旧小区改造提升需要迭代升级。

城市发展转型之路，任重而道远。随着可持续发展理念的不断深入，当前我国城市进入"存量"发展时代，推进城市更新，应当着眼于人民群众日益多样化的生活需求。如何在遵循城市有机更新的发展规律下，从老百姓最关心、最直接的利益问题出发，开启老旧小区改造新作为，“改”出居民新生活，“造”出城市发展新格局，擘画居民未来生活美好篇章，在遵从大多数居民意愿的基础上，在基本不改变城市原有空间结构、空间肌理的前提下，解决百姓急难愁盼的问题，把民生实事做到老百姓的心坎里，提升居民的获得感、幸福感和安全感，需要新的理念、新的模式、新的技术来破解这道“难题”。

未来社区概念的提出，蕴含了时代新要求。在建设共同富裕示范区的新征程上，未来社区建设是浙江省高质量发展的新产品、新技术、新业态、新模式，是实现共同富裕基本单元的新举措。未来社区的核心理念，就是以人本化构建满足人民群众对未来美好生活向往的居住社区。未来社区建设，是破解我国社会主要矛盾的突破口之一，为老旧小区改造、助力城市更新行动提供了创新路径。基于老旧小区的既有条件，需要开拓思路，在改造中融入未来社区建设理念，将有利于推进老旧小区改造在形态、品质、服务、技术等方面的全面升级，以改造带动提升，让幸福在老百姓家门口升级，建设美好生活、美丽宜居、智慧互联、绿色低碳、创新创业、和睦共治的美好家园。同时延续城市文脉，协调城市风貌，修复城市基因，进一步推动城市高质量可持续发展，助力实现共同富裕。

老旧小区改造既是国家的战略部署，又是解决城市发展不平衡不充分问题的重要举措，更是人民群众改善居住条件和生活水平的迫切愿望，具有重要战略意义。老旧小区改造面广量大，是一项专业性、长期性、持续性、复杂性强的工作，不可能一蹴而就。本书希望能为老旧小区改造提出优化路径，丰富城市更新、社区营造等理论研究的思路，因地制宜，精准施策，形成特色，稳步推进，进一步完善老旧小区改造的理论和实践，从而实现广大人民群众拥有宜居、幸福、安全的美好家园愿望；同时，将未来社区理念与老旧小区改造有机结合和高质量联动，为社区建设和城市更新提供新思路，深化推进老旧小区功能配套完善和服务升级，打造特色亮点，构建稳步推进的保障机制，从而形成可推广复制、开拓创新的理论体系，进一步推进城市更新进程，为城市更新再探路奠定基础。

老旧小区改造是一项党中央关心、人民群众期盼、社会各界关注的工作，刻不容缓，势在必行。期待与社会各界凝聚合力，精准发力，展开更多关于老旧小区改造的思考、创新和实践，合力推进老旧小区改造提升工作，为中国老旧小区改造提供有深度的理论支撑和有价值的实践经验。

目 录

第一章

绪　论

当前中国的城市建设，正逐步从“增量扩张”转向“存量更新”。统计数据显示，2021年末全国常住人口城镇化率为64.72%，已步入城镇化发展的中后期。城市发展进入从“有没有”转向“好不好”的城市更新重要时期。城市更新时代的来临，给城市规划和管理提出了新的要求和挑战。实施城市更新行动，成为适应城市发展新形势、推动城市高质量发展的必然要求。

随着我国城市发展目标从“重建设”向“重管理”转型，对老旧小区的改造成为我国落实民生工程和发展工程的重要举措，受到中央和政府有关部门的高度重视。《中共中央关于制定国民经济和社会发展第十四个五年规划和二〇三五年远景目标的建议》提出，加快推进城市更新，改造提升老旧小区、老旧厂区、老旧街区和城中村等存量片区功能。这是以习近平同志为核心的党中央，站在全面建设社会主义现代化国家、实现中华民族伟大复兴中国梦的战略高度，准确研判我国城市发展新形势，对进一步提升城市发展质量作出的重大决策部署。

党的十九大提出，人民对美好生活的向往就是我们的奋斗目标，推进老旧小区改造，对满足人民群众美好生活需要、推动惠民生扩内需、推进城市更新和开发建设方式转型、促进经济高质量发展均具有重要意义。2015年12月，习近平总书记在中央城市工作会议上指出，要深化城镇住房制度改革，继续完善住房保障体系，加快城镇棚户区和危房改造，加快老旧小区改造；2019年6月19日，国务院经济工作会议提出，鼓励金融机构和地方积极探索，以可持续方式加大金融对老旧小区改造的支持，运用市场化方式吸引社会力量参与；2019年12月召开的中央经济工作会议上，加强城市更新和存量住房改造提升，做好城镇老旧小区改造被列为确保民生特别是困难群众基本生活得到有效保障和改善的重点工作；2020年7月12日，《国务院办公厅关于全面推进城镇老旧小区改造工作的指导意见》（国办发〔2020〕23号）提出，要坚持以人民为中心的发展思想，坚持新发展理念，按照高质量发展要求，大力改造提升城镇老旧小区，改善居民居住条件，推动构建“纵向到底、横向到边、共建共治共享”的社区治理体系，让人民群众生活更方便、更舒心、更美好；2022年，《政府工作报告》提出，再开工改造一批城镇老旧小区，提升新型城镇化质量，有序推进城市更新，加强市政设施和防灾减灾能力建设，开展老旧建筑和设施安全隐患排查整治，支持加装电梯等设施，推进无障碍环境建设和公共设施适老化改造。要深入推进以人为核心的新型城镇化，不断提高人民生活质量。2022年6月22日，住房和城乡建设部发布了2022年全国城镇老旧小区改造进展情况：经汇总各地统计上报数据，2022年全国计划新开工改造城镇老旧小区5.1万个、840万户。2022年1～5月，全国新开工改造城镇老旧小区2.74万个、474万户。

随着我国经济发展和城市化进程的不断加快，我国正全力向第二个百年奋斗目标迈进。为适应我国社会主要矛盾的变化，更好满足人民日益增长的美好生活需要，必须把促进全体人民共同富裕作为为人民谋幸福的着力点。对老旧小区进行改造提升，是关乎城市居民生活质量的基本民生问题，是打通党和政府联系、服务人民群众“最后一公里”的关键举措，是完善保障性住房体系建设的有力抓手，对提升城市可持续发展能力具有重要的现实意义。

实现老旧小区的提档升级，有利于提高人民生活品质，完善城市治理体系，提升城市更新水平，推进城市生态文明建设。新冠肺炎疫情下，作为基础治理单元的老旧小区，暴露出面对城市突发公共安全事件时应急能力薄弱的短板，由此更突显出推进我国老旧小区改造提升的必要性和紧迫性。目前，以老旧小区改造为主的社区规划和治理在各地陆续展开，国内外学者也从改造理念、改造模式、改造内容、改造措施等方面展开研究。城市高质量发展背景下，市场经济日趋成熟，参与主体日益多元，老旧小区改造提升虽已形成了一批可推广可复制的经验，但仍面临诸多现实困境。例如，在建筑性能、配套设施、道路交通、公共环境、安全管理、文化传承、数字建设等方面仍存在隐患；在如何持续提升居住品质、促进社会发展、提升城市风貌和城市精细化管理水平等方面仍存在短板。人民群众对美好生活的需求在升级，老旧小区改造的要求也在不断提高。在国家实施城市更新行动的大框架下，老旧小区改造需要转变思路，从“单一改造”转向“有机更新”。

我国城市发展，急需走一条可持续的城市更新之路。城市更新是城市发展到新阶段的必然要求。《中共中央关于制定国民经济和社会发展第十四个五年规划和二〇三五年远景目标的建议》首次提出要推进以人为核心的新型城镇化，实施城市更新行动。城市更新已经成为我国城市发展的新常态，符合我国目前经济从“高速度”向“高质量”转型的发展趋势。存量时代的新形势下，完善城市更新体系不断向更高层次优化迭代，是城市可持续发展的必经之路。在这样的市场背景下，浙江省率先探索新时代中国城市更新语境下的社区建设新体系——未来社区。2019年“未来社区”概念被正式写入浙江省政府工作报告中，报告指出，未来社区是以满足人民美好生活向往为根本目的的人民社区，代表着我国城市居住区规划、建设和社区治理的创新方向，是浙江省城市化高质量发展的新产品、新技术、新业态、新模式，是浙江建设共同富裕示范区的引领性工程、战略性工程、标志性工程。未来社区之所以成为热点话题，在于其迭代升级的变革性，蕴含着时代新要求，是紧跟时代的有益探索，是绿色低碳智慧的“有机生命体”、宜居宜业宜游的“生活共同体”、资源高效配置的“社会综合体”，为当前城市发展和治理提供了新思路。

未来社区是一个综合型、系统性的社区更新概念。以未来社区理念推进老旧小区改造，将有利于充分衔接老旧小区改造和存量社区整合提升，加快社区范围内公共服务均等普及，丰富社区服务供给，提升居民生活品质，因地制宜打造特色场景落地见效。根据老旧小区自身的现实基底条件，按需选择与之相适应的“友好邻里、全龄教育、舒心健康、社区创业、建筑安全、便民交通、绿色低碳、品质服务、精细治理”九大场景落地建设，努力实现社区高质量发展、高水平均衡、高品质生活、高效能治理，促进城市有机更新，从而实现城市的可持续发展。

从理论意义上来说，本书旨在为老旧小区改造提出优化路径，丰富城市更新、社区营造等理论研究的思路，进一步完善老旧小区改造的理论和经验，以未来社区建设的内涵特征、实施路径、关键问题、场景方案、建设标准、政策保障、推进机制等系统成果为驱动力，在坚持以人为本的核心理念下，构建稳步推进老旧小区改造的保障机制，让老旧小区改造提升“有规范”“有依据”，让成效衡量“有尺子”“有板子”。

从现实意义上来说，老旧小区改造是基础设施建设、环境品质提升、服务配套完善的重要民生举措，未来社区是共同富裕现代化建设的基本单元，是浙江立足于满足人民对美好生活向往的重要理念。以未来社区理念推进老旧小区改造，有利于建立党建引领、共同缔造的决策共谋机制，进一步推进老旧小区改造与加强基层党组织建设、社区治理体系建设的有机结合；有利于以人本化为导向，统筹兼顾“一老一小”问题，保障人口长期均衡、健康发展；有利于落实“5、10、15”分钟生活圈场景建设，建立环境友好型生产、生活方式，鼓励绿色节能和资源循环利用，打造绿色、低碳、智慧美好家园，持续迭代提升老旧小区智慧服务建设；有利于加强在地文化挖掘，传承历史记忆，保留文化乡愁，把在地文化建设作为老旧小区改造提升的重点、亮点工作，重塑城市风貌，修复城市基因；有利于融入智慧管理理念，数字赋能长效管理，因地制宜建设具有未来社区场景应用和特色的老旧小区，推动人工智能的应用与信息化平台建设，打造数智生活圈。

老旧小区改造既是一项复杂的社会系统工程，也是一个长期的可持续发展过程。本书希望可以为我国老旧小区改造稳步、持续进行提供理论指导和经验参考，为创新改造方式提供借鉴思路。期待与社会各界联动推进老旧小区改造工作，提升人民群众的获得感、幸福感、安全感和认同感，为满足人民群众对美好生活的需要献一份力。

本书坚持将党的领导贯穿于老旧小区改造的全过程、各方面，以习近平新时代中国特色社会主义思想为指导，以满足人民对美好生活向往、打造人民美好幸福家园为目标，以人民为核心，以老旧小区为载体，以未来社区理念为驱动，为老旧小区改造提供解决方案、展开实际探索，有力推动老旧小区改造的高品质发展。本书将对以下六个方面进行重点阐述：

（1）回顾老旧小区改造的背景及历程；

（2）总结目前老旧小区改造面临的困境；

（3）分析以未来社区理念推进老旧小区改造的优势；

（4）打造以未来社区理念深化老旧小区改造的场景落位；

（5）研究以未来社区理念构建老旧小区改造的特色亮点；

（6）构建以未来社区理念健全老旧小区改造的保障机制。

本书注重理论研究的深入，同时强调实证分析，通过定性分析和定量分析相结合的方法进行系统化研究。采用的具体方法如下：

1. 文献分析法

通过收集、查阅国内外相关文献资料，检索老旧小区改造、未来社区建设和具有引领性的现代化社区的政策文件和文献资料，系统梳理老旧小区改造的成因和现状问题，厘清城市、社区发展的相关理论研究成果，为本书提供理论借鉴和支撑。

2. 问卷调查法

采取“问计于民、问需于民”的交互式研究方式，前期结合老旧小区改造工程和未来社区建设工程组织开展了线上线下问卷调查。系统摸排老旧小区存在的问题和民意需求，进行翔实的数据分析，为把握老旧小区和未来社区内涵特征、探索以未来社区理念推进老旧小区改造的内容框架与实现路径打下基础。

3. 案例研究法

分析国内外老旧小区改造、未来化社区建设的实际案例，对在建项目开展实地调研，全面梳理社区居民的生活诉求，以及老旧小区改造推进中的重难点问题和制约因素。开展专题研讨会和座谈会，就老旧小区和未来社区研究中的焦点问题进行深入交流。

4. 系统科学方法

老旧小区改造是一项系统性工程。在构建实践框架与方法的过程中，将老旧小区改造的基本内容和实施过程视为一个整体，基于系统科学的视角，结合既有理论与实践经验，考察分析老旧小区改造与未来社区建设的相互关联，以及未来社区对老旧小区改造最终效果的影响。借助系统科学方法，对老旧小区所涉及的关键因素进行梳理，以生成对于老旧小区改造效果最优的实践框架与方法。

以下对本书中涉及的几个基础概念作一个较为清晰的界定。

（1）社区：社区概念最早出现在工业化、城市化发展较早的西方社会，由德国社会学家斐迪南·滕尼斯（F.J.Tonnies）于1881年提出。1930年，中国社会学家费孝通先生在引入滕尼斯经典著作*Community and Society*时，把“Community”译为“社区”。社区（Community）通常指以一定地理区域范围为基础的社会群体。社会学家对社区的定义各不相同，但在构成社区的基本要素上具有基本一致的认识，具体包括以下特征：一定数量的人口、一定范围的地域、一定规模的设施、一定特征的文化、一定类型的组织，具有共同的意识与利益，居民之间有比较密切的社会交往关系。社区研究关注社区中人与人的交往以及人与环境之间的互动关系，以创造更适合人居住的社区环境为目标。《浙江省“十四五”城乡社区服务体系建设规划》提出，社区服务关系民生、连着民心，不断强化社区为民、便民、安民功能，是落实以人民为中心发展思想、践行党的群众路线、推进基层治理现代化建设的必然要求。

（2）老旧小区：2007年，建设部《关于开展旧住宅区整治改造的指导意见》（建住房〔2007〕109号）首次从国家层面提出改造旧住宅区，旧住宅区是指房屋年久失修、配套设施缺损、环境脏乱差的住宅区；2012年，《北京市人民政府关于印发北京市老旧小区综合整治工作实施意见的通知》（京政发〔2012〕3号）明确了老旧小区的整治范围，“老旧小区”作为专用名词出现在各地官方文件中，其是指1990年（含）以前建成的、建设标准不高、设施设备落后、功能配套不全、没有建立长效管理机制的小区（含单栋住宅楼）；2019年，住房和城乡建设部会同国家发展改革委、财政部联合印发了《关于做好2019年老旧小区改造工作的通知》（建办城函〔2019〕243号），明确了老旧小区的认定标准。老旧小区应为城市、县城（城关镇）建成于2000年以前、公共设施落后影响居民基本生活、居民改造意愿强烈的住宅小区。已纳入城镇棚户区改造计划、拟通过拆除新建（改建、扩建、翻建）实施改造的棚户区（居民住房），以及以居民自建住房为主的区域和城中村等，不属于老旧小区范畴。2020年，《国务院办公厅关于全面推进城镇老旧小区改造工作的指导意见》（国办发〔2020〕23号）中界定了城镇老旧小区的概念，城镇老旧小区是指城市或县城（城关镇）建成年代较早、失养失修失管、市政配套设施不完善、社区服务设施不健全、居民改造意愿强烈的住宅小区（含单栋住宅楼）。各地要结合实际，合理界定本地区改造对象范围，重点改造2000年底前建成的老旧小区。2020年，《浙江省人民政府办公厅关于全面推进城镇老旧小区改造工作的实施意见》（浙政办发〔2020〕62号）在“国办发〔2020〕23号”文件的基础上，增补了“不包括以自建住房为主的区域和城中村以及之前已纳入棚户区改造计划的小区”的内容。本书参照2022年浙江省风貌办《关于开展第六批城镇未来社区创建的通知》的基本要求，主要指2005年及以前的老旧小区。

（3）完整居住社区：吴良镛先生于2010年提出“完整社区”的概念，他认为社区是人最基本的生活场所，社区规划与建设的出发点是基层居民的切身利益，不仅包括住房问题，还包括服务、治安、卫生、教育、对内对外交通、娱乐、文化公园等多方面因素，既包括硬件又包括软件，内涵非常丰富，应是一个“完整社区”的概念。与“传统社区”相比，完整居住社区是指在居民适宜步行的范围内有完善的基本公共服务设施、健全的便民商业服务设施、完备的市政配套基础设施、充足的公共活动空间、全覆盖的物业管理和健全的社区管理机制，且居民归属感、认同感较强的居住社区。

（4）现代社区：《中华人民共和国国民经济和社会发展第十四个五年规划和2035年远景目标纲要》和《国家发展改革委关于印发〈2021年新型城镇化和城乡融合发展重点任务〉的通知》（发改规划〔2021〕493号）中都明确把“加快建设现代社区”作为提高城市治理水平，推进新型城市建设的重要内容之一。《中华人民共和国国民经济和社会发展第十四个五年规划和2035年远景目标纲要》明确“现代社区培育”的主要内容：完善社区养老托育、医疗卫生、文化体育、物流配送、便民商超、家政物业等服务网络和线上平台，城市社区综合服务设施实现全覆盖。2022年1月，国务院办公厅印发的《“十四五”城乡社区服务体系建设规划》，以丰富城乡社区服务体系为切口，从完善服务格局、增强服务供给、提升服务效能、加快数字化建设、加强人才队伍建设等方面就现代社区建设作出安排部署，确定了社区固本强基等14项新时代、新社区、新生活服务质量提升行动。现代社区全面强化社区为民、便民、安民功能，构建“舒心、省心、暖心、安心、放心”的幸福共同体，打造高质量发展、高标准服务、高品质生活、高效能治理、高水平安全的人民幸福美好家园。

（5）未来社区：我国关于未来社区的说法是在《浙江省大湾区建设行动计划》中首次提出，并于2019年正式写入浙江省政府工作报告中。报告指出，未来社区是以满足人民美好生活向往为根本目的的人民社区，代表着我国城市居住区规划、建设和社区治理的创新方向，是围绕社区全生活链服务需求，聚焦人本化、生态化、数字化三维价值坐标，以和睦共治、绿色集约、智慧共享为内涵特征，构建以未来邻里、教育、健康、创业、建筑、交通、能源、物业和治理九大场景创新为重点的集成系统，促进人的全面发展和社会全面进步，着力打造多功能、复合型、亲民化的人民群众共建共享现代化生活的美好家园。

第二章

老旧小区改造的危与困

我国城镇老旧小区数量多、分布广。住房和城乡建设部2020年公开数据显示，全国2000年底前建成的老旧小区约22万个，涉及居民上亿人，需要改造的老旧小区建筑面积约40亿m^2。

此外，我国老旧小区在一些城镇化发展较快的中大城市中占比较高。有研究数据显示，全国20个重点城市中有记录的小区数量为15.39万个，其中楼龄20年以上的老旧小区数量为5.96万个，老旧小区平均占比达到40%（图2-1）。

在这些城市中，老旧小区数量最多的前三个城市是上海、成都、北京，数量分别为14003个、5237个、5110个；20年楼龄以上的老旧小区数量占总体存量比重最高的三个城市是上海、济南、北京，占比分别为61%、49%、47%。这些数据从正面印证了上海和北京这两座超级大都市的老旧小区存量高，而且由于这两座城市的居住人口均在2000万以上，住房需求大，因此，老旧小区对城市发展、居民生活所带来的影响尤为显著。

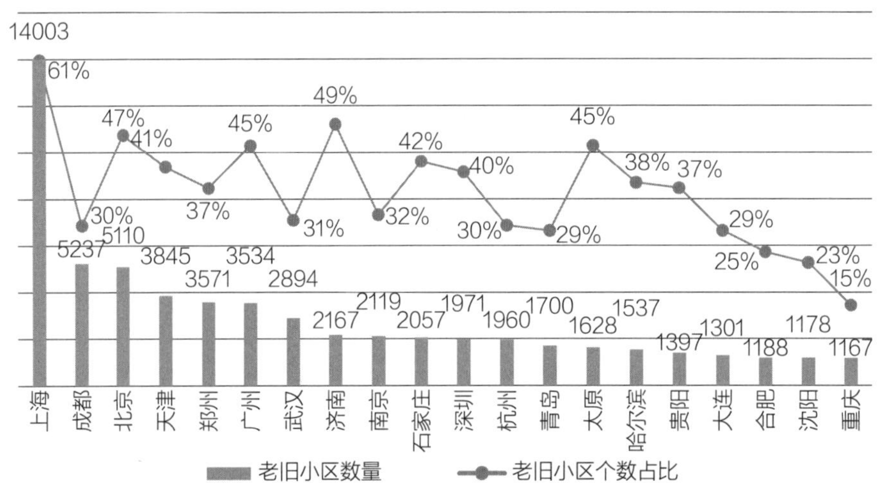

图2-1 全国20个重点城市老旧小区统计情况

（数据来源：贝壳研究院）

随着我国城镇化发展转入下半场，老旧小区的弊端开始显现。目前老旧小区普遍存在几个特别突出的问题：

（1）老旧小区建筑外观老旧化，出现屋顶渗水、门窗破损、外墙空鼓、开裂，甚至脱落的情况（图2-2）；楼梯等公共环境较为破旧，私搭乱建较多，还存在废弃物长时间堆放的情况，既影响小区美观，又存在消防隐患；市政基础设施老化、不完善的问题也较为突出，进一步影响居民生活质量。

以北京市为例，全市曾梳理过2020年全年的12345热线中诉求高频的问题，从中发现有关小区管理的工单，以房屋使用（维修）的诉求最多。而在8万余件诉求中，房屋滴漏、管道堵塞和老化问题占60%以上。

图2-2　某老旧小区的建筑情况

（2）老旧小区的公共服务设施不健全，包括养老抚幼、医疗卫生、文化娱乐、体育健身等设施和服务缺乏，安防设施不到位，多层建筑普遍缺乏电梯，小区内部交通道路缺乏规划、秩序混乱，停车位建设缺乏，从而导致道路通行难、机动车和非机动车乱停放、停车难等问题（图2-3）。

图2-3　某老旧小区的停车情况

同样以北京的情况为例，有关研究院的数据显示，北京市的老旧小区多数没有人车分流，车位配比不足1的占比超过70%。

（3）老旧小区普遍缺乏管理，多数老旧小区缺乏专业的物业管理和维护，或者物业服务费用收取难度大，因此，容易造成小区内部绿化景观缺乏养护和管理，垃圾分类管理难，环境卫生质量普遍较差（图2-4）。

图2-4　某老旧小区的垃圾分类情况

以北京市为例，2019年全市12345热线受理的居民投诉中，物业管理占比最高。此外，有数据显示，2020年，北京城六区内老旧小区中有明确物业服务收费标准的仅占24%，另有24%的小区为街道办事处、居委会或房管所代管，约一半的小区没有明确的物业管理机构[①]。

老旧小区存在上述现实问题，已经难以满足居民日益提高的生活需要，难以满足城市全面可持续发展的需要。同时，在老旧小区的具体改造实施中，在政府统筹、资金筹措、长效管理、改造方式、数字建设等方面也存在一些难题，影响了老旧小区改造高质量发展，影响了城市更新的有效推进。

第一节　城市发展层面：冲突与失衡

数十年以来，我国经历了规模最大、速度最快的城镇化进程（图2-5）。目

① 刘佳燕，张英杰，冉奥博. 北京老旧小区更新改造研究：基于特征 - 困境 - 政策分析框架［J］社会治理，2020（2）：64-73.

前，我国城镇化发展已进入稳步深化阶段，逐步从“增量扩张”向“存量更新”转变，现行城市建设模式难以为继。

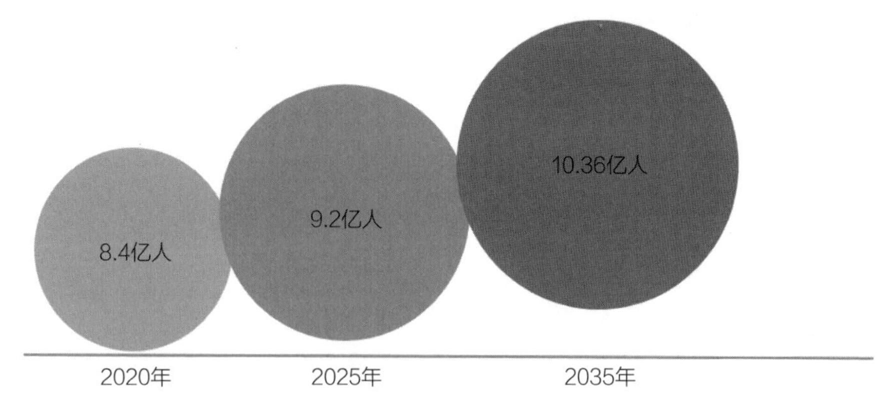

图2-5 我国城镇化人口趋势

（数据来源：《中国发展报告2020：中国人口老龄化的发展趋势和政策》）

现阶段，我国很多城市面临着土地和空间资源短缺、城市定位升级、产业转型以及老龄化加深的挑战。而老旧小区由于当时建设标准较低、适老化建设缺乏、特色文化匮乏等一系列问题，与现有的城市规划不符、与城市历史文化割裂。

老旧小区需要通过改造，跟上现代城市的发展步伐，解决城市发展不均衡的问题，推进新型城镇化建设。

一、政策标准滞后

老旧小区的政策标准滞后主要体现在两个方面：一是老旧小区的建设标准很难达到现行标准的要求；二是针对老旧小区改造的政策标准有一个逐步推动的过程，会滞后于城市的高速发展和建设。

（一）老旧小区现状与现行标准难匹配

我国老旧小区有不少是属于单位配套建设的福利保障房，是在社会经济发展水平较落后的情况下，为快速解决城市居住问题而建造的低标准用房。1998年我国进入全面房改阶段后，商品房开始遍地开花。此后二十多年，随着我国房地产市场发生翻天覆地的变化，一系列针对新建筑的政策法规和标准陆续出台。

如2006年，我国开始实施的《住宅建筑规范》GB 50368—2005，对住宅外部环境、建筑结构、室内环境、设备、防火与疏散、节能、使用与维护等多个方面作了明确规定。

而老旧小区由于当时建设标准低，早期的一些开发商建筑设计不规范、建筑工艺落后，导致其很难达到现行的标准要求。

如老旧小区的既有建筑的建筑要求、绿化、日照、节能等多个方面和新建建筑存在较大差距，无法用现行的建筑法规、体系和要求去衡量老旧建筑。此外，通过增加或改建配套设施拓展老旧小区空间，又可能受限于容积率要求难以实现。而老旧小区容积率调整的实施条件、容积率调整后的土地出让金缴纳计算方式、老旧小区改造后的增量房屋土地出让金等问题都缺乏明确规定。因此，老旧小区改造项目如果按照新建筑的标准执行，可能会出现不符合住宅用地要求、审核不通过等问题，严重影响改造进度。

在房屋维修方面，我国于2000年出台的《房屋建筑工程质量保修办法》（中华人民共和国建设部令第80号，下简称《办法》）规定，屋面防水工程、有防水要求的卫生间、房间和外墙面的防渗漏最低保修期限为5年，装修工程最低保修期限为2年。而很多老旧小区都是2000年以前建造的房屋，很难套用《办法》的规定，因而出现防水、装修问题也无法向开发商追责。由于大多数老旧小区缺乏专项维修资金，一旦出现房屋渗漏、外立面脱落等问题，只能用于应急补救，而非维修预防。这就导致房屋维修问题成为横亘在居民心中的一大难题。

可以看到，低标准的老旧小区与新标准很难匹配，一味以新标准指导老旧小区改造，会令改造工作无从下手；而如果老旧小区改造要突破现有的标准规划，则需要确定前提条件、可突破的范围、责任界定等。

（二）老旧小区改造支持政策滞后于城市发展

老旧小区改造相关支持政策和标准的出台，往往是一个循序渐进的过程，通常也会晚于其弊端显现，以及城市高速发展的过程。梳理我国老旧小区改造的推进政策和推进行动，可以分为以下几个阶段：

1. 起步阶段（2007～2011年）

2007年，建设部出台的《关于开展旧住宅区整治改造的指导意见》，首次从国家层面提出旧住宅区改造的相关内容，对旧住宅区改造范围、标准及改造机制等进行规范，并明确指出旧住宅区整治改造是城市建设和发展的有机组成部分，号召各地积极推进旧住宅区的改造，这也标志着老旧小区改造正式启动。

但此后的一段时间，全国各地都聚焦于居民需求更为迫切的棚户区和危房改造，因此老旧小区改造进展缓慢。虽然老旧小区改造和棚户区改造都是民生工程，但是两者有明显的不同。

老旧小区的建筑标准低、建造时间久，配套设施不完善，但整体建筑结构都比较完整，且老旧小区内还存在不少闲置用地、普通平房、仓库等，把这些低利用率资源重新利用再开发，能够创造出新的价值。此外，老旧小区的部分建筑是具有历史价值和时代特色的，是我国建筑史和城市发展史的重要组成部分，老旧小区自带时间积淀的魅力，能够为城市增添特色；而棚户区的房屋多由居民早期自发建成，居住环境差、建筑结构不安全，且缺乏区域规划，严重影响城市形象。

从实际操作层面来看，老旧小区改造更加侧重对既有住宅和小区环境的改造和提升，而棚户区改造则会涉及大规模住宅拆除和居民安置。

然而起步阶段的老旧小区改造着重于建筑节能减排和房屋维修养护，综合性整治较少，老旧小区改造从规模、速度、成效上均未能达到预期目标。

2. 落地阶段（2012～2016年）

2012年，北京市发布了《北京市人民政府关于印发北京市老旧小区综合整治工作实施意见的通知》（京政发〔2012〕3号，以下简称《通知》），作为老旧小区综合整治系列文件，该《通知》明确了老旧小区整治范围、整治内容、工作机制、资金保障等多个方面，并召集相关部门和单位作为成员单位共同推动老旧小区整治。此后，“老旧小区”作为专用名词出现在各地官方文件中，老旧小区改造在各地逐步落地实施。

2015年12月，习近平总书记在中央城市工作会议上指出：“要深化城镇住房制度改革，继续完善住房保障体系，加快城镇棚户区和危房改造，加快老旧小区改造。……要提升建设水平，加强城市地下和地上基础设施建设，建设海绵城市，加快棚户区和危房改造，有序推进老旧住宅小区综合整治。”党和政府开始越来越注重城市的精细化管理，对老旧小区综合整治的关注程度进一步提升。

3. 试点阶段（2017～2018年）

2017年12月，住房和城乡建设部部署开展老旧小区改造试点工作，充分运用“美好环境与幸福生活共同缔造”理念，在厦门、广州、沈阳、鞍山、许昌等15个城市规模不同、老旧小区情况不一的城市启动试点工作，并着重探索四个方面的体制机制，包括政府统筹和居民参与机制、多方共同筹措资金机制、因地制宜的项目建设管理机制，以及一次改造且长期保持的管理机制。

截至2018年12月，我国试点城市共改造老旧小区106个，惠及5.9万户居民，为全国老旧小区改造积累了一批可复制可推广的实践经验。从“部分地区试点”到“全国铺开”，标志着老旧小区改造进入大面积试点推进阶段。

4. 全面展开阶段（2019年至今）

“十三五”时期，我国城市更新的重点在于棚户区改造，并于2019年底超额完成“十三五”规划纲要明确的目标任务。此后，我国将城市更新的重点转向老旧小区改造。

2019年3月发布的《政府工作报告》指出“城镇老旧小区量大面广，要大力进行改造提升”，并对改造内容作出重点部署。全国各地都将老旧小区改造列入政府年度工作计划。

2019年4月，住房和城乡建设部会同国家发展改革委和财政部发布《关于做好2019年老旧小区改造工作的通知》（建办城函〔2019〕243号），宣布全面推进城镇老旧小区改造，要求各省（区、市）和新疆生产建设兵团摸查全国老旧小区基本情况（老旧小区数量、相应的户数、建筑面积、产权性质、建成时间），登记造册，指导地方因地制宜提出老旧小区改造的内容和标准，部署各地自下而上地制定改造计划，推动地方创新改造方式和资金筹措机制等。

2019年12月，中央经济工作会议指出，加强城市更新和存量住房改造提升，做好城镇老旧小区改造，大力发展租赁住房。

2020年7月发布的《国务院办公厅关于全面推进城镇老旧小区改造工作的指导意见》（国办发〔2020〕23号），明确了老旧小区改造的工作目标、工作任务、推进措施及有关要求等，具有较强的指导性和可操作性。同时，各省市也结合这份指导意见，开始因地制宜地制定老旧小区改造工作细则。

2020年12月，中央经济工作会议再次强调，要实施城市更新行动，推进城镇老旧小区改造，建设现代物流体系。

2021年3月，《中华人民共和国国民经济和社会发展第十四个五年规划和2035年远景目标纲要》更是明确提出，加快推进城市更新，改造提升老旧小区、老旧厂区、老旧街区和城中村等存量片区功能，推进老旧楼宇改造，积极扩建新建停车场、充电桩。

2022年3月发布的《住房和城乡建设部关于印发全国城镇老旧小区改造统计调查制度的通知》（建城函〔2022〕22号，详见附录一），指导各地有序、有效开展城镇老旧小区改造统计工作，及时了解新开工改造的城镇老旧小区数量等指标，全面掌握改造小区的情况及加装电梯、改造建设养老托育等服务设施情况，为各级政府制定政策和宏观管理提供依据。

可以看到，虽然目前老旧小区改造有了明确的“指导意见”，但是改造初期由于指导政策缺乏，导致社会各界对老旧小区改造认识不充分，老旧小区改造行动跟不上时代发展需要。

二、城市规划脱节

城市的建设和发展离不开城市规划，城市规划对城市合理布局起到综合部署的作用。随着城市规划设计理念朝着可持续、全面、协调的方向发展，我国城市规划的工作重点由土地开发的管控转向空间资源的优化配置和人民生活质量的提升[①]。在《城市居住区规划设计标准》GB 50180—2018中，提出了5分钟、10分钟、15分钟生活圈居住区（图2-6），以及以居住街坊作为基本生活单元的核心理念，强调以人的步行时间作为设施分级配套的出发点，引导配套设施合理布局，落实“开放街区”和“路网密度”。

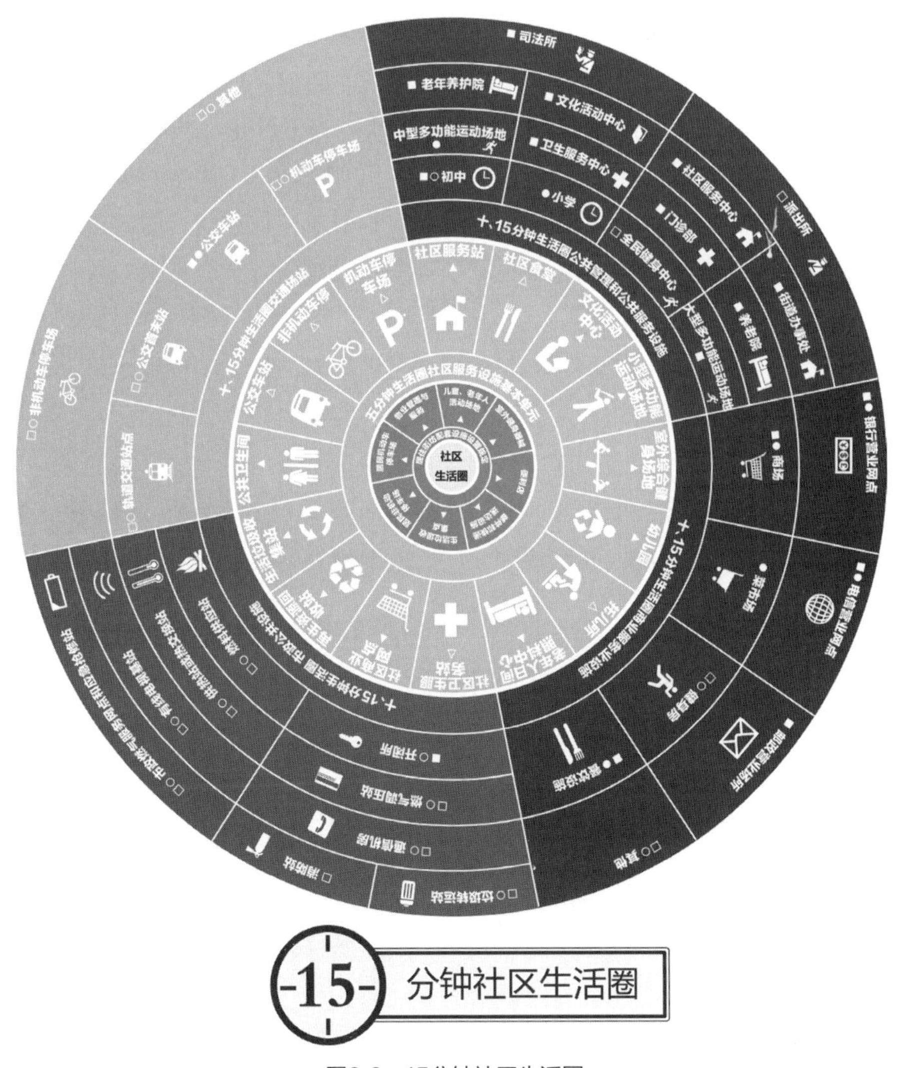

图2-6 15分钟社区生活圈

① 于一凡. 从传统居住区规划到社区生活圈规划［J］. 城市规划，2019，43（5）：17-22.

老旧小区往往是基于城市发展，围绕城市初期的行政文化中心而建，但是老旧小区暴露出的各种弊端，很难与城市规划的新标准相适应。

同时，城市规划和老旧小区改造规划之间也存在着相互影响的关系，如果在编制老旧小区改造规划时，只是基于老旧小区内部问题进行改造规划，而忽略周边资源联动，则会限制城市规划的实施；而城市规划如果缺乏对老旧小区改造的引导和弹性，也会让老旧小区改造过于僵化。

（一）老旧小区难以满足城市规划新标准

老旧小区原有的规划是自上而下建立的，其服务半径具有局限性，其配套设施建设以人口数量指标作为配置思路，没有考虑人口发展趋势和居民人口结构，公共服务存在明显不足。

而城市规划新标准中提及的5分钟、10分钟、15分钟生活圈，不仅具备地理空间的属性，同时也是居民生活的基本单元，更加强调以人为本的理念，它将居民步行规律作为空间规划的尺度，充分考虑人们日常生活和出行的活动范围，将公共服务和配套设施纳入规划范畴，在公共服务设施配置上会突出对居民差异化需求的响应。

社区生活圈也将打破老旧小区封闭的居住区配套，站在城市规划角度，对居住功能以外的空间进行合理布局，鼓励公共服务资源的共享，避免公共资源的浪费。因此，老旧小区在改造中应充分结合社区生活圈规划。

对目前的老旧小区改造而言，构建社区生活圈这个目标很难一蹴而就，需要逐步分解成一个可落地的中长期规划，同时这个规划要根据城市规划进行调整，避免出现不匹配的现象。

（二）老旧小区改造与城市规划不匹配

老旧小区改造和城市规划不匹配，体现在以下几个方面：

（1）老旧小区改造缺乏顶层设计和科学规划，影响城市总体规划。老旧小区改造是一个系统工程，既受到“自上而下”的城市总体规划的制约，又要充分反映“自下而上”的居民的呼声和需求，因此改造前期对老旧小区改造的规划编制十分重要，其在整个流程中起着引领作用，将直接影响老旧小区的改造效果。

由于目前很多老旧小区改造往往是对单个小区进行规划设计，在改造任务重、改造时间短的情况下，改造前如果没有开展全面细致的基础调查和潜力评估，就无法识别小区资源优势和现存短板，从而无法针对老旧小区编制科学的整体改造规划，也很难预见多个老旧小区改造项目叠加后对片区和城市的影响。

在没有统筹规划、全盘考虑的情况下推动项目开工，改造时的工作重点往往放在老旧小区内部，与周边区域的更新缺乏联动，最终导致改造存在较大的局限。

（2）老旧小区改造的实施与城市规划脱节。老旧小区改造要对上位政策和规划进行分解实施，而部分传统设计单位往往不具备这种系统规划思维，导致老旧小区综合整治中广泛存在着一些问题，如“拉链式”改造，根本原因是和上层设计脱节，因此，基于社区层面的中长期规划在小区改造中是非常重要的[①]。此外，有些老旧小区改造实施是全面照搬照抄，忽略了自身的风格特色，使得小区的风貌定位不突出，与城市形象相违背。

（三）上位规划限制老旧小区改造

很多老旧小区的公共空间形式单一、层次缺乏、功能布局混乱，同时缺乏一些弹性空间来增加配套设施和功能。因此，改造中增设一些居民需求强烈的公共服务配套时，容易受到空间制约导致难以推进，这种情况可能需要更改一部分规划用地性质才能满足居民需求。

比如，有些老旧小区由于缺乏停车位，可以考虑建设立体车库缓解这一难题，但小区内缺乏闲置土地，如果需要实施建设，则会占用一部分城市绿地空间。这种改造需要突破原有城市总体规划和土地利用规划，目前由于缺乏标准指导，在实施过程中面临着种种挑战，导致改造方案难以落地。

此外，有些城市的城市规划在引导性方面也存在明显不足，主要有几个方面原因：一是上位规划更改频繁，且缺乏现实依据，容易造成城市规划不合理，加剧城市发展不充分的矛盾。二是规划修编滞后难以跟上城市发展，2007年颁布的《城乡规划法》规定：“城市总体规划、镇总体规划的规划期限一般为二十年。城市总体规划还应当对城市更长远的发展作出预测性安排。”然而我国部分城市高速发展可以用“日新月异”来形容，人口大量流入、产业升级转型不可避免地造成了城市总体规划滞后于城市发展的情况，导致其很难指导老旧小区改造规划的编制。三是城市规划是自上而下的蓝图规划，更强调的是规划管控，和老旧小区自下而上的改造需求存在偏差，难以应对现实情况的复杂性和居民需求的多样性。

---

① 李艳，袁慧心，李树臣．城镇建设中老旧小区改造难点与规划设计初探［J］．绿色环保建材，2021（10）：67-68.

三、城市文化割裂

老旧小区往往集中了较浓郁的本土文化和市井文化，有些甚至位于历史文化街区，具有独特的文化符号和历史传承。然而，有一部分老旧小区由于建筑外观破旧以及私搭乱建，使得小区面貌逐渐模糊，缺乏记忆感和独特性，影响现代化城市特色风貌的塑造。

近几年，我国越来越注重城市特色文化的传承和保护。2019年，习近平总书记在上海考察时强调，人民城市人民建，人民城市为人民。城市历史文化遗存是前人智慧的积淀，是城市内涵、品质、特色的重要标志。要妥善处理好保护和发展的关系，注重延续城市历史文脉，像对待“老人”一样尊重和善待城市中的老建筑，保留城市历史文化记忆，让人们记得住历史、记得住乡愁，坚定文化自信，增强家国情怀。2021年中共中央办公厅、国务院办公厅印发《关于在城乡建设中加强历史文化保护传承的意见》要求，将历史文化保护传承工作纳入全国文明城市测评体系。

因此，在老旧小区改造过程中如何彰显文化特色，实现文脉传承也成为改造中一个重要议题。目前，老旧小区在传承城市文化和彰显特色上还存在以下问题：

（一）“千城一面”的改造现象

一个城市必须具备区别于其他城市的历史风貌，这是城市历史、文化、经济和社会发展的集中体现，是城市独有形象的再现和精神内涵特征的表达。如果在老旧小区改造过程中，效仿新建小区走现代风格发展路线，改造成毫无特色的新建筑，或者故意做旧成仿古建筑，最终会导致城市景观风貌和建筑风貌雷同，与当地的城市文化风貌不兼容，削弱城市的文化身份和特征符号，导致城市特色逐渐统一，城市差异化消失，形成“千城一面”的现象。

“千城一面”不仅会导致城市空间单调，建筑风貌单一，也会让居民失去对城市的依赖和归属。因而在老旧小区改造过程中，应当保留下承载着居民强烈认同感和具有可识别性的建筑风貌、公共空间、景观环境等，这些元素携带着真实的历史信息，承载着一座城市的记忆，不应该大刀阔斧地推倒重建，而应当切实保护，或进行合理改造，让其重新走入城市和文化生活。

（二）老旧小区与城市风貌不协调

有些老旧小区在改造过程中，改造速度快、改造强度大，但由于改造时没有做好整体规划设计，改造重点不突出，且各施工单位之间独立作业缺少沟通，造成建筑物形态、功能与周围环境缺乏有机协调，小区文化建设缺失。不少老旧小区改造后的风格也难以和周边历史街区、历史风貌建筑相融合且会造成“突兀感”，最终导致城市肌理分割，城市整体风貌不统一，城市美感缺乏，继而影响城市的长远发展。

老旧小区改造一旦涉及城市历史风貌的保护，应由政府主导和统一协调，建立健全历史文化保护机制来确保可持续的文化传承，在改造实施前期要对历史文化和资源进行调查，以防改造中地形地貌被破坏，历史遗存建筑被拆除，城市文化基因遭受破坏，导致老旧小区这片孕育社区文化和历史文化的土地变得更加脆弱。

（三）历史建筑开发运营混乱

在对居住型历史建筑的保护和开发方面，我国虽加大了资金投入，加强了人员参与，但仍存在着专业指导性不高、专业研究人才不多、专业保护策略不完善等问题。另外，部分历史建筑在原住民搬迁后实施保护性改造，导致社区生活网络遭到破坏，社区文化逐步丧失，而在此基础上进行的开发和利用，只是将历史文化保护停留在表象复原的层面，忽略了文化内涵、文化价值，以及居民这一文化载体的传承。此外，对历史建筑盲目地开发建设和短视的纯商业化运营，不仅会导致历史建筑的管理混乱，也违背了历史文化保护的基本原则和规律（图2-7）。

图2-7 过度商业化的历史街区

（来源：Unsplash）

四、产业结构升级

从城市发展的层面看，老旧小区改造和产业升级存在共生关系。在当前新经济大力发展的背景下，很多城市调整定位，以推动城市向集约型和高质量发展转变，实现产业转型升级，此外，产业转型升级也会加速城市人才的流入，使得人才结构发生变化。居民消费逐步升级，住宅供需关系也由此改变，因此需要对城市原有的住宅、商业和配套设施进行相应地更新，以匹配城市产业转型的步调。

此外，老旧小区改造作为一个发展工程，投资市场非常庞大，据住房和城乡建设部公开数据，仅2020年，我国中央预算内投资安排543亿元用于老旧小区改造，中央财政保障性安居工程专项资金安排307亿元。如此大体量的市场投入，既能够推动我国房地产、建筑、养老服务、家政、托幼等多个产业发展，也为传统产业升级留出时间，同时创造了不少就业岗位，落实中央“六稳”“六保”工作，形成新的产业增长点，成为城市经济稳定增长的重要支撑。

现阶段，我国的老旧小区存在着以下几个问题，影响了产业和居住空间格局，影响了产业和城市的有机融合。

（一）老旧小区和产业发展不匹配

数字化驱动下，我国几乎所有的产业开始转型升级，大数据、人工智能、物联网等技术为传统制造业和服务业注入了新的动能，加速产业变革。在建设数字中国的发展趋势下，城市建设创新、城市新基建发展、城市空间布局优化、城市产业结构调整都成为重要的内容。

而老旧小区由于其建筑和配套落后，与产业升级的步调是不一致的。比如，近几年一些城市大力发展文旅产业，但是如果没有对城市老旧小区的特色文化进行挖掘和保护，也没有配建文旅产业所需的公共设施和空间，一旦游客大量涌入，既无法从中获得独特的文化体验，也容易造成城市部分功能瘫痪，继而影响外界对城市的印象，反过来影响了城市文旅产业的发展。

此外，原有的老旧小区很多是单位配建房，满足居民“两点一线”的生活工作需求，但随着一部分单位改制或者迁移，老旧小区功能简单、形态封闭等特性越来越难以满足居民需求，也不符合城市与产业一体化融合发展的趋势。当代居民更需要一个复合功能区，除了工作和生活，还需要满足其消费、社交、文化、休闲、娱乐、健康体验等多元需求。

（二）老旧小区降低区域经济活力

在城市产业集群发展，或者城市定位调整时，往往会优先考虑其他未开发的区域布局产业，因为这些区域空间布局更易优化。很多老旧小区虽然占据了优越的地理位置，周围交通配套成熟，但由于小区内部相对落后的人居环境，导致区位优势在产业升级时没有被更好利用。比如有些老旧小区十分适宜孵化一些文旅产业、非遗产业、服务产业等，但如果没有对其进行挖潜和运营，则难以形成健康的产业结构。

此外，老旧小区原本人群结构较为单一，如果缺乏其他资源优势，城市吸纳的人才，尤其是具有生活品质追求的群体很少会主动选择在这个区域居住，这会加剧老旧小区人群结构的老龄化趋势。在老龄化程度偏高的老旧小区中，居民的消费水平也较为有限，因此难以推动一些新消费产业的发展，这种恶性循环进一步加剧了老旧小区缺乏经济活力，老旧小区居民缺少周边就业机会的现状。

五、老龄趋势凸显

目前，人口老龄化已经成为我国新时代的基本国情。我国老龄化的特点是规模大、增速快、差异大。根据国家统计局发布的第七次全国人口普查公报（图2-8），全国人口中，60岁及以上人口已经超过2.6亿，占总人口的18.70%，其中65岁及以上人口超过1.9亿，占总人口的13.50%，这与第六次全国人口普查相比，上升了4.63%，老龄化程度进一步加深。

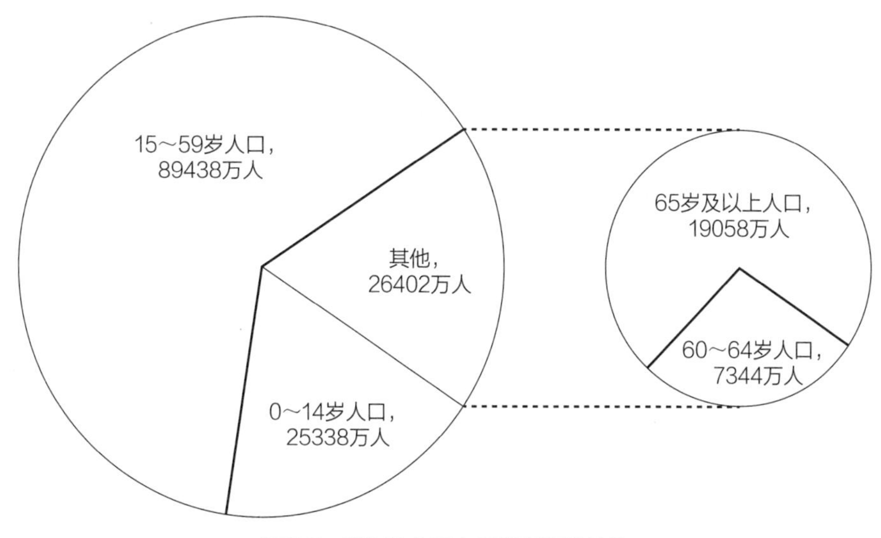

图2-8　第七次全国人口普查年龄结构

（数据来源：国家统计局）

中国发展研究基金会发布的《中国发展报告2020：中国人口老龄化的发展趋势和政策》显示，2035～2050年是中国人口老龄化的高峰阶段，根据预测，到2050年中国65岁及以上的老年人口将达3.8亿，占总人口比例近30%；60岁及以上的老年人口将接近5亿，占总人口比例超过1/3（图2-9）；同时65岁以上的独居老年人户数也在逐年增加，预计2050年将达到5310万户（图2-10）。面对如此庞大的老年人口数量，如何保障老年人的居住环境、日常生活、医疗保健成为摆在我们面前亟待解决的难题。

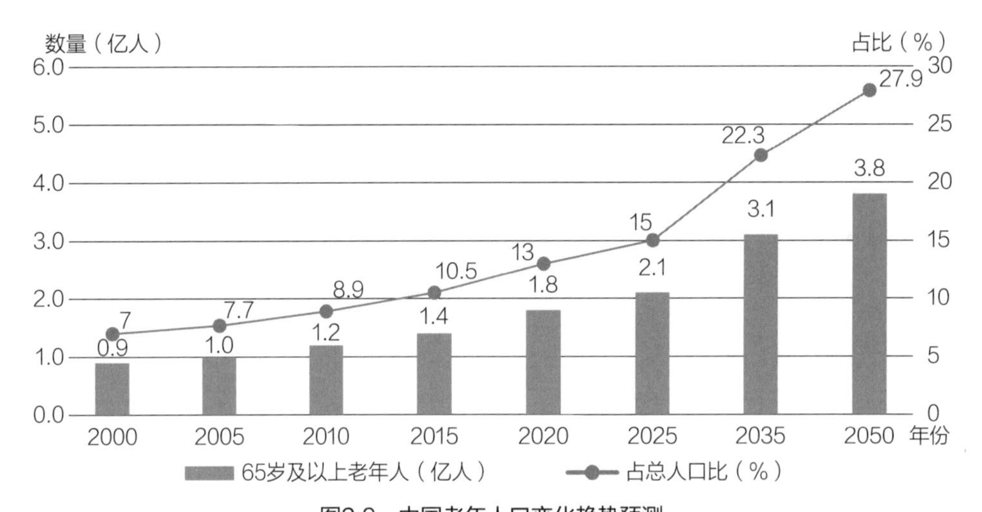

图2-9　中国老年人口变化趋势预测

（数据来源：国家统计局、《中国发展报告2020：中国人口老龄化的发展趋势和政策》）

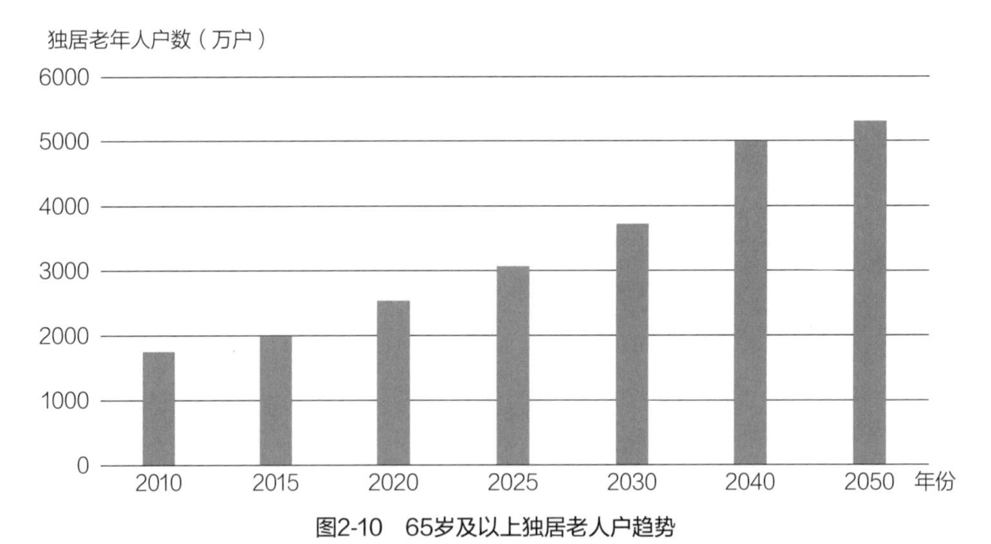

图2-10　65岁及以上独居老人户趋势

（数据来源：《中国发展报告2020：中国人口老龄化的发展趋势和政策》）

目前老旧小区在应对人口老龄化趋势时，还存在着种种不足。

（一）适老化配套缺失

我国老旧小区在建设时，人口结构偏向年轻化，老旧小区的居住人群又以中青年人口为主，因此，在住宅设计、配套设施方面并未考虑老年人群体的居住需要。然而现如今，多数老旧小区的老年人占比较高，其中很大一部分还是经济条件欠佳，无工作能力的高龄、空巢老人。调研数据显示，超20年房龄的住宅中老年人约占54%（图2-11），而80岁以上的高龄老人则有超过59%的人住在超20年房龄的住宅中（图2-12）。这些人既对适老化配套有强烈的需求，但又因为现实问题难以支付大量资金投入适老化改造。

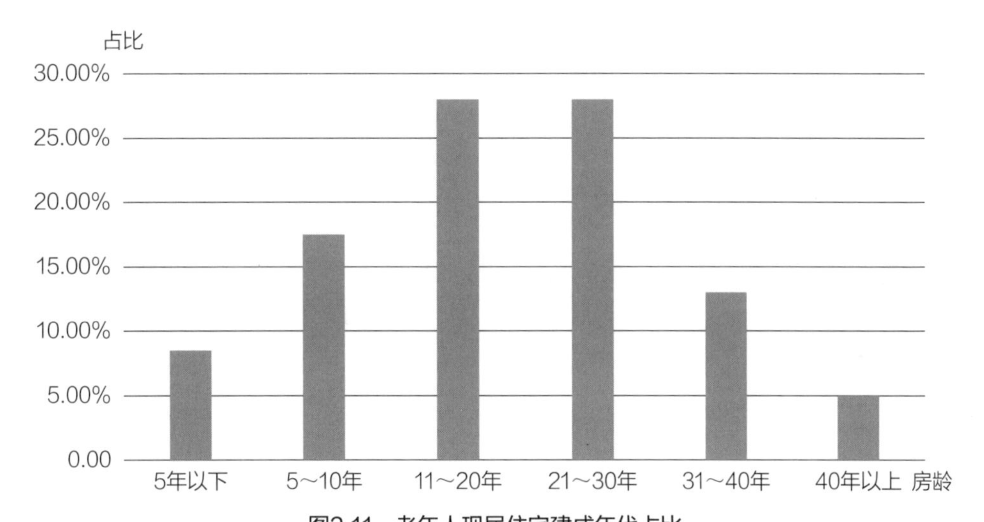

图2-11 老年人现居住宅建成年代占比

（数据来源：《社区居家养老现状及趋势调研报告》）

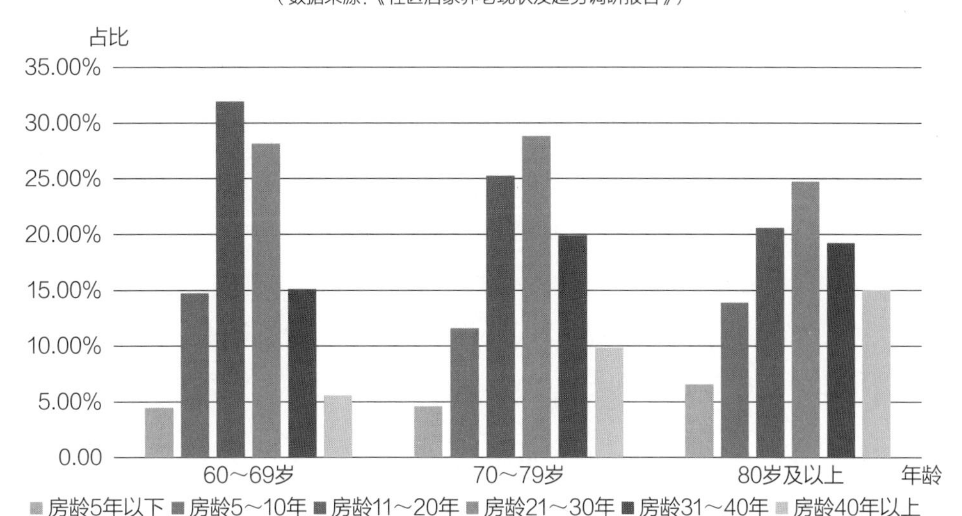

图2-12 不同年龄老年人在不同房龄住宅居住占比

（数据来源：《社区居家养老现状及趋势调研报告》）

从居民人文关怀和老龄友好城市建设的角度而言，对老旧小区的适老化改造是必要的，也是必需的。目前，老旧小区中的建筑配套如无障碍设施、电梯、老年食堂、老年活动中心、社区养老中心、适老化健身器材等设施严重缺乏，影响了老年人的生活质量；建筑设计也未考虑老年人的生理变化特点，如“一键呼叫”按钮、扶手设置、室内防滑、采光通风等基本难以满足老年人需要，影响了老年人的居住安全，导致不宜居的现状日益加剧。

我国现存的老旧小区中很多缺乏电梯，容易影响老年人的日常出行。贝壳研究院数据显示，北京楼龄在20年及以上的老旧小区中，超过60%的老旧小区没有电梯。

另外，老年人由于身体机能下降，日常活动主要围绕社区进行，但是很多老旧小区缺乏配套齐全的公共空间或者公共广场供老年人社会交往、社会参与和休闲娱乐，公共场地的缺乏容易影响其身体健康和精神生活。

（二）社区居家养老服务不健全

我国的居家养老服务，是以家庭为基础、社区服务为依托、机构养老为补充、医养结合的社会化养老服务体系。该体系在我国老龄化人口问题严峻的情况下，能够解决城市中有行动能力的老年人的养老问题，帮助我国更好地应对人口老龄化的压力，还能够促进我国养老产业的发展，拉动内需和就业，进一步促进经济增长。很多老年人自身也更认可居家养老服务。《社区居家养老现状及趋势调研报告》中的调研结果显示，我国44.5%的老年人更倾向于住在普通居民小区，且这种居住偏好在低龄（60～79岁）老年群体中更明显。

在老旧小区中推进居家养老服务，目前需要解决两个难题。

一方面，需要解决优质的医疗健康资源如何向老旧小区聚集的问题。老旧小区由于空间场地限制，老年人消费能力有限，在完全市场化主导的情况下，优质的医疗健康资源很难聚集到这里，因此很难为老年人提供专业化、长期性的健康和心理咨询、医疗问诊等服务。

另一方面，需要解决把康养服务融入老年人家庭生活的问题。这需要通过设立社区居家养老服务机构或者日间照料中心，为老年人提供一日三餐供应、日常健康监测、药物取送和吞服、康复训练等让老年人感受到温馨和专业的服务。

（三）老年人的“数字鸿沟”

随着智慧生活的普及，以及老旧小区数字化改造的推进，部分老年人因为缺乏对智能设备、智能设施的适应能力，而变得更加边缘化，这并非是数字革命的目的。因此，老旧小区改造不能忽略老年群体的真正需求，以防其陷入“数字鸿沟”。

在改造实施中，不能忽视老年群体的参与。相比年轻人忙于工作，老年人的时间较为自由，能够较为积极地参与到老旧小区改造中。因此，改造过程的公示和信息发布要避免使用单一的网络渠道发布，以免影响老年人获取有效信息。

此外，老旧小区改造推进一方面需要解决老年人数字学习和教育的问题，另一方面针对老年人的设施建设，要做到使用简单、可操作性强。

从城市发展层面而言，老旧小区虽然存在着众多问题，需要投入大量的资金改造，是城市发展中的一大难题，但同时老旧小区往往具有历史文化积淀和丰富多样的社区形态，具有长期的社会网络和生活服务积累，这些不仅仅是一种社区资本，也是城市新的发展契机。

可以说，老旧小区改造不仅是城市建设和公共服务完善的重要环节，也是城市更新的重要实践探索，还是城市调整和再发展的新机会，符合现代化国家建设的需要。

第二节　居民诉求层面：多元与偏差

随着我国经济建设的推进，居民人均收入水平大幅提高，对生活质量的需求不断提高，尤其是对居住的要求也在不断提升。据国家统计局数据，从2002年到2020年，城镇居民收入从7703元涨到了43834元，涨幅达到469.05%（图2-13），这段时间内，城镇居民恩格尔系数从37.7%下降到29.2%。

同一个时间段内，城镇居民人均住房面积从原来的24.5m^{2}涨到了45.3m^2。虽然我国整体人均住房面积已经较为充裕，但是不少老旧小区的人均面积依然低于全国住房平均水平，更重要的是老旧小区在建筑风貌、绿化环境、设施配套、内部道路等多个方面的规划和管理都不尽如人意。

老旧小区的不宜居已经影响到居民的生活质量，为了从源头上解决老旧小区居民生活难题，需要全面推进老旧小区改造这一民生工程，同时要明确具体的改造标准以指导工作的落实，让人民群众能够看得见、摸得着幸福生活，从国家经济发展中直接受惠。

老旧小区改造最大的受益者是居住的居民，因此改造中要坚持以人为本的理念，广泛征求居民的合理意见和诉求。改不改、如何改、改得好不好、改好怎么管，都需要居民的意见和参与。

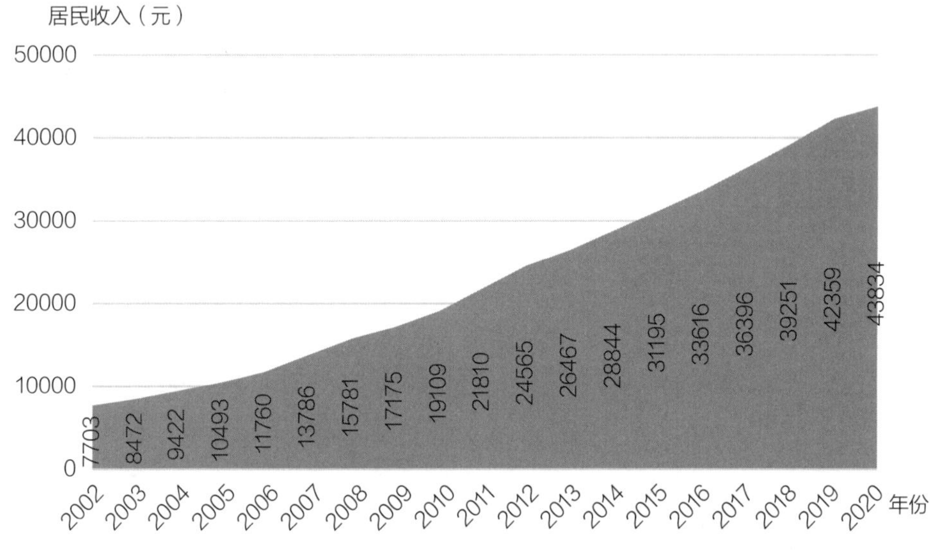

图2-13　全国城镇居民人均可支配收入情况

面对老旧小区居民强烈的改造意愿，2020年，国务院办公厅总结试点经验，发布了《国务院办公厅关于全面推进城镇老旧小区改造工作的指导意见》（国办发〔2020〕23号），对老旧小区改造提出了明确的工作任务，精准对接了老旧小区居民的改造诉求。

老旧小区改造内容根据居民诉求、改造要求和资金来源的差异，主要分为以下几项：

第一项基础类改造，要满足居民安全和基本生活需求，要求应改尽改，由中央的补助以及各级财政投入重点支持，而且尽量要求一次性改造到位，避免短期内反复改造、多次扰民。

第二项完善类改造，要根据老百姓的需求开展以满足居民生活便利和改善生活需求，各地、各小区居民需求都有差异，比如北方建筑主要是保温改造，南方建筑可能就是防水防漏改造，资金根据谁受益谁出资的原则，部分可能要通过居民出资以及公共资源的让渡来解决。

第三项提升类改造，主要是涉及城市公共服务的供给和智慧化改造，如养老、托育等服务要在居民意愿达成一致后，有条件地根据实际情况提供，在资金方面则通过鼓励引入社会资本和社会专业化的投入来解决，并通过设计、改造、运营给予一定的补助和支持。

这三项改造工作的实施，都有具体的标准和要求，改造中需要依据标准彻底改造到位，才能符合居民的殷切期盼。

一、居民安全与生活保障①

目前，老旧小区居民的安全性需求和基本生活保障难以被满足，因此要对此进行改造提升，这也被称为基础类改造内容，主要包括市政配套基础设施改造提升以及小区内建筑物屋面、外墙、楼梯等公共部位维修等。

市政配套基础设施是新型城镇化的物质基础，也是城市社会经济发展、人居环境改善、公共服务提升和城市安全运转的基本保障。市政配套基础设施改造提升包括小区内部及与小区联系的供水、排水、供电、弱电、道路、供气、供热、消防、安防、生活垃圾分类、移动通信等基础设施，以及光纤入户、架空线规整（入地）等。建筑公共部位维修具体包括建筑物外立面整治，屋面防水修缮，楼道、门厅、楼梯间整修，建筑风貌整治等内容。

（一）居民安全类

城镇老旧小区的居民安全是需要迫切解决的问题，主要关乎危及居民生命安全和财产安全的相关内容。包括：消防安全改造、安全防护改造、防灾避险改造、结构安全改造。

1. 消防安全改造

城镇老旧小区改造中“消防安全”一直是重中之重。消防安全问题一直是老旧小区的“顽疾”。“缺乏消防设施、侵占消防场地、堵塞消防通道”已成为老旧小区消防安全隐患的标签。尤其是近年来，老旧小区火灾事故频发，老龄化社区的消防安全设施长期处于瘫痪状态。

消防安全改造主要包括以下几项：消防通道改造、消火栓修缮、楼道消防改造、非机动车库（棚）消防改造。

（1）消防通道改造

主要包含消防道路和消防警示标线的改造。

1）消防道路要满足如下改造要求：

① 消防通道的净高不应低于4.0m；

② 消防通道的净宽不应小于4.0m，老旧小区确有困难的不应小于3.5m；

③ 普通消防车转弯半径不小于9m，高层建筑登高消防车的转弯半径不小于12m；

④ 环形消防道路应与两条城市道路相连；

---

① 王贵美，章文杰．城镇老旧小区改造技术指南［M］．北京：中国建筑工业出版社，2022.

⑤ 尽头式消防车道应设置回车道或回车场，回车场的面积不应小于12m×12m；对于高层建筑，不宜小于15m×15m；供重型消防车使用时，不宜小于18m×18m。

2）消防警示标线改造要求：

① 在单位或者居民住宅区的消防车通道出入口路面，按照消防车通道净宽施划禁停标线，标线为黄色网状实线，外边框线宽20cm，内部网格线宽10cm，内部网格线与外边框夹角45°，标线中央位置沿行车方向标注内容为“消防车道　禁止占用”的警示字样（图2-14）；

图2-14　改造后的小区消防车通道

② 在消防车通道两侧路缘石立面和顶面应当施划黄色禁止停车标线；无路缘石的道路应当在路面上施划禁止停车标线，标线为黄色单实线，距路面边缘30cm，线宽15cm，具体尺寸可根据现场情况调整；

③ 消防车通道沿途每隔20m在路面中央施划黄色方框线，在方框内沿行车方向标注内容为“消防车道　禁止占用”的警示字样；

④ 在消防车通道两侧设置醒目的警示牌，提示严禁占用消防车道，违者将承担相应法律责任等内容。

（2）消火栓修缮

主要包含室内消火栓和室外消火栓的改造。

1）室内消火栓改造要求：

① 应配置公称直径65mm、有内衬里的消防水带，长度不宜超过25.0m；消防软管卷盘应配置内径不小于ϕ19的消防软管，其长度宜为30.0m；轻便水龙应配置公称直径25mm、有内衬里的消防水带；

② 宜配置当量喷嘴直径16mm或19mm的消防水枪，但当消火栓设计流量为2.5L/s时，宜配置当量喷嘴直径11mm或13mm的消防水枪；消防软管卷盘和轻便水龙应配置当量喷嘴直径6mm的消防水枪。

2）室外消火栓改造要求：

① 室外消火栓保护半径不应大于150m；

② 室外消火栓旁宜设置消防器材箱，内配消防水带、水枪和扳手。

（3）楼道消防改造

包含楼道灭火器、楼道消防应急照明和疏散指示系统的改造。

1）楼道灭火器改造要求：

① 在同一灭火器配置场所，宜选用相同类型和操作方法的灭火器；当同一灭火器配置场所存在不同火灾种类时，应选用通用型灭火器；

② 在同一灭火器配置场所，当选用两种或两种以上类型灭火器时，应采用灭火剂相容的灭火器；

③ 灭火器应设置在位置明显、便于取用且不影响安全疏散的地点；

④ 对有视线障碍的灭火器设置点，应设置指示其位置的发光标志；

⑤ 灭火器的摆放应稳固，其铭牌应朝外；手提式灭火器宜设置在灭火器箱内或挂钩、托架上，其顶部离地面高度不应大于1.50m；底部离地面高度不宜小于0.08m；灭火器箱不得上锁；

⑥ 灭火器不宜设置在潮湿或强腐蚀性的地点，当必须设置时，应有相应的保护措施。

2）楼道消防应急照明和疏散指示系统改造要求：

消防应急照明和疏散指示系统按消防应急灯具有的控制方式可分为集中控制型系统和非集中控制型系统，系统类型的选择应根据建筑物的规模、使用性质、日常管理及维护难易程度等因素确定。

① 设置消防控制室的场所应选择集中控制型系统；

② 设置火灾自动报警系统，但未设置消防控制室的场所宜选择集中控制型系统；

③ 其他场所可选择非集中控制系统；

④ 系统应急启动后，在蓄电池电源供电时的持续工作时间应不少于0.5小时。

（4）非机动车库（棚）消防改造

包含室内非机动车库消防改造和室外非机动车棚消防改造。

1）室内非机动车库消防改造要求：

室内设有集中充电设施的非机动车库内应设置自动灭火系统、自动报警系统、应急疏散指示和应急疏散照明系统。

2）室外非机动车棚消防改造要求：

室外设有集中充电设施的非机动车棚内应配置灭火器。

2. 安全防护改造

安全防护与居民的生命安全、财产安全息息相关。由于城镇老旧小区建设时期建设标准较低等历史原因，安防设施普遍缺失，单元门禁安防功能形同虚设，视频监控不完善，人行道闸和人行匝道缺乏，居民的安全感不高。

安全防护改造主要包括以下几项：周界、出入口、公共区域、单元门禁、楼道及电梯、家庭安全防范和智慧互联。

（1）周界改造

1）老旧小区周界现状：

老旧小区部分为开放与半开放式小区，不少缺乏明确的周边防护措施和必要的安防设施。

2）周界改造要求：

① 定点摄像头要求：可封闭的小区需要在外围安装定点摄像头，覆盖小区边界区域，形成视频防护墙；半封闭或开放式小区需在主要出入口加强视频监控，确保无死角、无盲区、全覆盖。

② 电子围栏要求：有条件的小区，可在利用围墙、绿篱等原有设施的基础上加装附属式电子围栏。

（2）出入口改造

1）老旧小区出入口现状：

现有老旧小区中，封闭式出入口基本已安装了监控、车闸等防护设施，但设施老旧，仅对车辆进行了基础的管控，对人员出入管控不足；而开放及半开放小区因出入口及通道多，虽布置了一定的监控摄像头，但依然存在覆盖不足、设备老旧、未形成网络等问题。

2）出入口改造要求：

① 建设人脸抓拍摄像机：一种是新建人脸抓拍机，并接入视频专网；另一种是根据小区现有情况，对符合条件的小区，将现有（或新建、改建）人员出入管理系统的人脸抓拍机的抓拍数据接入视频专网，在主要出入口的人脸抓拍机需集成WiFi探针。

② 车行道闸的要求：车辆出入管理系统，应采用车牌识别摄像一体机对车辆进行有效管理，实时记录出入口通行车辆信息，通过车牌识别系统分析进出小区的内部车辆、外来车辆、黑名单车辆等信息并记录，同时可将前端数据接入上级指定平台管理；对于符合接入条件的小区，新建或改建的车辆出入口管理系统应能通过车辆识别抓拍机，将采集的车辆数据接入区县汇聚与智慧安防管理平台。

③ 人行匝道的要求：对可封闭的小区，应设置人行匝道，通过多种手段对小区居民、外来及来访人员进行验证。

④ 防疫测温的要求：在有条件的情况下，在小区主要出入口及通道处设置防疫测温摄像头，便于快速实施防疫防护措施。

（3）公共区域改造

1）老旧小区公共区域现状：

老旧小区缺少无形的网络防控，或仅在重点区域布置了安防监控设施，未达到无死角、无盲区、全覆盖的要求，以及小区的机动车库、非机动车棚等区域缺乏用于防火防盗的监控及火灾报警设施。

2）公共区域改造要求：

① 视频监控：在小区固定点位设置摄像头，满足小区内无死角、无盲区、全覆盖的要求；在重点的公共区域需设置监控球机，并集成WiFi探针系统。

② 巡更系统：物业或社区准物业应设置巡更系统，该系统应支持在线巡更点设置，完成巡更运动状态的实时监督和记录，并在出现突发情况时及时报警。

③ 防高空抛物监控：高层老旧小区需设防高空抛物摄像头，十层以上的需设置上下两层照射。

（4）单元门禁改造

1）老旧小区单元门禁现状：

大部分城镇老旧小区单元门禁存在缺失或损坏的情况，具有老化、功能单一、故障率高等问题，并未起到实际作用。

2）单元门禁改造要求：

楼栋单元出入口应安装门禁系统，小区内出租屋入户门宜安装智能门禁设备。门禁系统应支持钥匙、IC卡、CPU卡、手机APP、蓝牙、人脸识别、指纹等多种开门方式，只有经过授权才能进入受控区域门组，权限合法则开门。

（5）电梯、楼道改造

1）老旧小区电梯、楼道现状：

现有城镇老旧小区中，以多层为主的小区普遍缺少针对单元入口的安防监控措施，而以高层为主的老旧小区，虽有一定的安防设施布置，但也存在着点位不合理、清晰度不足、监控范围小等问题。

2）电梯、楼道改造要求：

① 多层住宅改造的要求：在小区内设置可以覆盖单元入口区域的定点监控，达到无死角的要求；

② 高层住宅改造的要求：一是在单元入口设置覆盖该区域的视频监控，满足全覆盖、无盲区、无死角的要求；二是在楼道公共区域和电梯中设置半球摄像头；三是在电梯内设置紧急呼叫按钮，并安排安保人员留守，以便及时施救。

（6）家庭安全防范改造

1）老旧小区家庭安全防范现状：

老旧小区老年人、残疾人等特殊群体占比较高，然而一般缺少家庭安全防范设施，影响老年人和残疾人的居住安全。

2）家庭安全防范改造要求：

① 家庭监控的要求：有条件的小区，对有老人、残疾人并安装了监控的家庭，可将其纳入小区的智慧平台，以便及时发现问题，及时予以施救；

② 应急呼叫的要求：有条件的小区，对有老人、残疾人的家庭宜安装一键求救设施，并接入社区智慧管理平台。

（7）智慧互联改造

1）老旧小区智慧互联现状：

老旧小区的硬件设备多为独立运行、设备简陋，网络功能大多还停留在各个小区各自的局域网络中，并未形成统一互联的智慧平台，且大多是以视频资料留存为主的老式储存方式。

2）智慧互联改造要求：

对老旧小区进行智慧互联改造要顺应现代信息科技进步发展和智慧城市建设的要求，要以互联网、物联网、智慧城市公共信息平台和自身实际信息系统等为依托，提升基础设施和公共服务的智能化水平。

① 安防管理要求：应配置接收、显示、记录、控制、管理等硬件设备和操作管理软件，部署小区管理平台，对小区内安全防范设备统一管理、统一存储。

② 互联网或专网联网要求：小区内安全防范设备应接入小区管理平台，实现统一设备管理、统一存储管理；平台宜通过VPN专网、电子政务网、社会面接入网等专网将小区数据推送至公安视频专网内，通过互联网进行数据推送；并且应按照现行国家标准《信息安全技术 网络安全等级保护基本要求》GB/T 22239和《互联网安全保护技术措施规定》（中华人民共和国公安部令第82号）要求，

通过配备必要的网络安全设备，采取必要的网络安全措施，在确保系统自身安全和数据安全的前提下，将数据推送至区县级小区智慧安防管理平台；门禁系统、车辆出入口管理系统等，可按照子系统模块与上级单位指定平台实现数据推送。

③ 公安内网联网要求：在公安网内，市级应建设小区应用平台，实现智慧安防小区人员管控、智慧防控等应用，并与上级平台互联；区县应建设本级智慧安防小区应用平台，支持本区县智慧安防小区的防控工作。

④ 安防平台要求：有条件的小区应建设小区管理平台，各区县公安局（分局）应建设区县公安汇聚与管理平台和应用平台，市级公安局应建设市级公安汇聚与管理平台和应用平台；各区县综合信息指挥中心应建设区县综合治理汇聚与管理平台和应用平台，市级政法委或综合信息指挥中心应建设市级智慧安防小区综合治理汇聚与管理平台和应用平台。

3. 防灾避险改造

包含避震疏散场所改造和屋顶防雷改造。

（1）避震疏散场所改造

1）避震疏散场所现状：

现有老旧小区设置了一定的防灾避险临时安置场所，但由于小区本身状况的局限性，存在场地不足、违章占用等情况。

2）避震疏散场所改造要求：

① 在城镇老旧小区改造中，应根据抗震避灾的需求，充分利用小区范围内的广场、公园等区域，开辟防灾应急场所；

② 为应对小区内灾害后人员安置的问题，可适当对小区的配套建筑及设施进行防灾安置功能预留。

（2）屋顶防雷改造

1）老旧小区屋顶防雷现状：

老旧小区中的防雷设施主要存在两种情况：一种是建筑本身在建造时的忽视，导致防雷设施缺失；另一种是建筑时间较长，接闪线、引下线因老化、人为等因素造成损坏。

2）屋顶防雷改造要求：

① 接闪线的相关要求：对有防雷措施的老旧建筑屋顶，主要以修复接闪线为主；未设置防雷设施的，则需新增顶部接闪线；

② 引下线的相关要求：首先排查老旧建筑是否有引下线，有引下线的应检测原有引下线是否还有作用，再进行对应的修复或重建，没有引下线的则需补

齐，所有外露的引下线需做套管防护措施；

③ 接地装置的相关要求：接地装置需按国家标准设置。

4. 结构安全改造

老旧小区建筑改造设计需要格外关注结构安全的问题。首先，需对老旧小区建筑进行安全鉴定的检测；其次，要在不破坏结构的情况下，对其进行设计改造。老旧小区改造增加构件前需对建筑结构进行精密的设计验算，保证结构的安全性。

房屋安全通过鉴定A、B、C、D级，再根据级别改造。

（1）A级危房

1）A级危房鉴定标准：

① 地基基础：地基基础保持稳定，无明显不均匀沉降。

② 墙体：承重墙体完好，无明显受力裂缝和变形；墙体转角处和纵、横墙交接处无松动、脱闪现象；非承重墙可有轻微裂缝。

③ 梁、柱：梁、柱完好，无明显受力裂缝和变形，梁、柱节点无破损、无裂缝。

④ 楼、屋盖：楼、屋盖无明显受力裂缝和变形，板与梁搭接处无松动和裂缝。

2）A级危房改造要求：

在不涉及主体结构的情况下，可对建筑进行适当的提升改造。

（2）B级危房

1）B级危房鉴定标准：

① 地基基础：地基基础保持稳定，无明显不均匀沉降。

② 墙体：承重墙体基本完好，无明显受力裂缝和变形；墙体转角处和纵、横墙交接处无松动、脱闪现象。

③ 梁、柱：梁、柱有轻微裂缝；梁、柱节点无破损、无裂缝。

④ 楼、屋盖：楼、屋盖有轻微裂缝，但无明显变形；板与墙、梁搭接处有松动和轻微裂缝；屋顶无倾斜，屋架与柱连接处无明显位移。

⑤ 次要构件：非承重墙体、出屋面楼梯间墙体等有轻微裂缝；抹灰层等饰面层可有裂缝或局部散落；个别构件处于危险状态。

2）B级危房改造要求：

在对存在危险的建筑构件进行加固及提升的情况下，不宜过度改造。

（3）C级危房

1）C级危房鉴定标准：

① 地基基础：地基基础尚保持稳定，基础出现少量损坏。

② 墙体：承重墙体有轻微裂缝或部分非承重墙体明显开裂，部分承重墙体有明显位移和歪闪；非承重墙体普遍出现明显裂缝；部分山墙转角处和纵、横墙交接处有明显松动、脱闪现象。

③ 梁、柱：梁、柱出现裂缝，但未达到承载能力极限状态；个别梁柱节点出现破损和明显开裂。

④ 楼、屋盖：楼、屋盖显著开裂；楼、屋盖板与墙、梁搭接处有松动和明显裂缝，个别屋面板塌落。

2）C级危房改造要求：

建议进行整体拆除重建。

（4）D级危房

1）D级危房鉴定标准：

① 地基基础：地基基本失去稳定，基础出现局部或整体坍塌。

② 墙体：承重墙有明显歪闪、局部酥碎或倒塌；墙角处和纵、横墙交接处普遍松动和开裂；非承重墙、女儿墙局部倒塌或严重开裂。

③ 梁、柱：梁、柱节点破坏严重；梁、柱普遍开裂；梁、柱有明显变形和位移；部分桩基座滑移严重，有歪闪和局部倒塌。

④ 楼、屋盖：楼、屋盖板普遍开裂，且部分严重开裂；楼、屋盖板与墙、梁搭接处有松动和严重裂缝，部分屋面板塌落；屋架歪闪，部分屋盖塌落。

2）D级危房改造要求：

建议进行整体拆除重建。

（二）生活保障类改造

老旧小区由于年代久远，房屋破旧，屋顶、墙面渗漏随处可见，市政配套设施老化、破损严重。为满足城镇老旧小区居民的基本生活需求，老旧小区生活保障类改造主要分为：房屋修缮和市政配套。

1. 房屋修缮

城镇老旧小区的房屋建成年代较为久远，结构材料的老化，以及日常管理和维护的欠缺，导致房屋本体极易产生各种问题。

（1）屋顶修缮

1）老旧小区屋顶现状：

建筑屋顶普遍存在渗漏现象，屋顶面板老化、开裂，排水不畅，积水容易下渗，部分小区虽然进行了大规模的平改坡整治，但没有解决根本问题，而且有些平改坡屋面本身材料质量较差，还未达到使用年限就有所损坏，进一步加剧了屋面渗漏情况，常漏常修，给居民生活造成诸多不便。

2）屋顶修缮改造要求：

① 屋面基层上敷设防水层，应在基层检查合格后进行施工。

② 屋面防水层修缮时，应先对檐口、檐沟、出水口、斜沟及天沟的连接处进行处理，再由屋面标高最低处向上施工；局部屋面拆除修补时，应采取措施保护完好部位，损坏部位应按原样修缮。

③ 屋面防水层雨期修缮施工时，应采取防雨遮盖和排水措施；冬期修缮施工时，应采取防冻保温措施。

④ 应符合国家现行标准《屋面工程技术规范》GB 50345—2012。

（2）建筑外墙改造

1）城镇老旧小区建筑外墙现状：

外墙墙体的破损是城镇老旧小区的痛点之一，存在大面积剥落、防水功能损坏的情况，不仅威胁居民的人身安全，降低居民生活质量，也对小区整体形象造成影响。尤其是面砖类的墙体饰面，随着时间的推移和自然环境的侵蚀，黏度慢慢减弱，脱落的风险增加，对居民的生命安全构成严重威胁。

2）建筑外墙改造要求：

① 屋面和外立面的修缮，应保证建筑外观的整体性，其形式、用料、色泽应与周边环境相协调（图2-15）；

图2-15　改造后的小区建筑外墙

② 屋面和外立面修缮的设计，应先确定房屋相关部位结构的安全性；当无法确定结构安全性时，应对房屋相关部位结构进行检测鉴定，出具房屋结构安全性鉴定报告和加固建议，设计人员应根据检测鉴定报告进行后续修缮设计；

③ 外墙饰面修缮前应明确基层损坏情况，当基层存在空鼓、开裂等损坏时，应先对基层进行处理，基层应牢固；

④ 屋面和外立面修缮前，应先对建筑屋面和外立面的附加设施和附属设施进行查勘，对查勘中发现的安全和质量方面的问题应先进行处理，再进行后续修缮；

⑤ 屋面和外立面的修缮，当原有屋面和外墙的保温层完好时，不得破坏原有保温层；

⑥ 应符合现行行业标准《房屋渗漏修缮技术规程》JGJ/T 53—2011。

（3）单元楼道改造

1）老旧小区单元楼道现状：

老旧小区的单元楼道内墙体面层较为简陋，有些甚至没有涂刷面层，在楼道宽度不足、使用空间狭小的情况下墙体饰面极易损坏。楼梯踏面在长时间使用下避免不了自身的风化、结构老化和各类硬物的冲击，产生各种裂缝坑洼，稍不注意可能会绊倒居民，且楼道内的扶手、栏杆也容易出现破损锈蚀的情况，甚至还存在断裂的可能，对居民的使用带来极大不便。

2）单元楼道改造要求：

① 根据楼道地面破损情况进行针对性处理，修补后与原地面基本保持一致；

② 楼道内墙面起鼓、破损，面层脱落，则应清理干净墙面，并对其进行防水处理，重新粉刷；

③ 门窗框与墙面相交的缝隙、孔洞，应采用灰浆或嵌缝膏分层堵抹规整、牢固、严实；

④ 基层、底层灰及接槎处有灰浆、青苔等时，应清刷干净；基层和底层灰表面光滑时，应凿毛处理；

⑤ 楼梯栏杆生锈脱落，扶手表面漆起皮时，应对生锈部分进行更换调整，扶手表面重新刷漆，栏杆凹陷或者张贴广告时，对栏杆凹陷处进行修复，清洗栏杆表层垃圾。

（4）地下室改造

1）老旧小区地下室现状：

老旧小区存在部分地下室被居民侵占为储藏间的现象，或者为了非机动车位的增加而产生一些不合理的空间拓展，影响了房屋本身的结构安全性，也有部分地下空间防水不到位，缺少合理的排水设施，在雨季等需要高效排水的时节里容易发生室内积水等现象，造成居民的财产损失。

2）地下室改造要求：

① 地下室墙面维护差，多空洞，边缘损坏时，则应对空洞进行修复，墙面重新粉刷，边缘做好相应保护；

② 地下室潮湿且渗漏时，应根据查勘结果和损坏情况，对地下室空间进行清理，重新进行防水处理；

③ 地下室容易造成雨水堆积时，应根据地下相对应的水文地质情况，重新设计下水道。

（5）建筑加固

1）老旧小区建筑现状：

老旧小区建筑服役年龄基本都在20年以上，存在相关设计标准偏低、材料强度不高、整体性不足、布局不合理等问题，其检测鉴定及加固处理相对困难，而结构安全关乎生命安全，故对其进行结构加固应为改造过程中的重中之重。

2）老旧小区建筑加固要求：

① 混凝土结构修缮所用的纵向受力钢筋宜采用HRB335、HRB400钢筋，箍筋宜采用HPB300钢筋；

② 混凝土结构修缮的水泥宜采用微膨胀水泥，强度等级不宜低于42.5级；

③ 混凝土结构修缮的混凝土强度等级，应比原混凝土强度等级提高一级，并不应低于C25；

④ 当砌体修缮或重砌时，其材料强度等级应符合现行国家标准《砌体结构设计规范》GB 50003—2011的有关规定，且块体的强度等级不应低于原设计值，砌筑砂浆的强度等级应比原砂浆强度等级提高一级；

⑤ 砌体结构房屋修缮时，宜利用原有的块体，不得使用严重风化、碱蚀、疏松的块体，并应对原有块体强度测试后再利用。

2. 市政配套

老旧小区改造的市政配套主要包括：给水设施改造、排水设施改造、供电设施改造、弱电设施改造、供气设施改造、供热设施改造、生活垃圾分类改造以及道路改造。

（1）给水设施改造

1）老旧小区给水设施现状：

老旧小区供水主要存在两个方面的问题：首先是水质二次污染的问题，经过20多年的时间侵蚀，供水特别是地下管道出现不同程度的腐蚀和结垢造成水质污染；其次是管网老化导致“跑、冒、滴、漏”严重，既影响居民的生活，又造成较大的漏损和耗能浪费。

2）给水设施改造要求：

① 供水管网改造时，应按现行国家标准《建筑给水排水设计标准》GB 50015—2019、《民用建筑节水设计标准》GB 50555—2010的有关规定，选用结实耐久、不影响水质、节能节水的管道及设备，采取避免渗漏、结露的防污染措施，超压者加设减压阀，以便节水节能；改造后应保证水量、水质、水压稳定可靠，可向所有用户不间断供应；

② 地下管道陈旧并有不同程度的腐蚀和结垢，造成水质差、供水不足、跑漏严重的老旧小区或有安全隐患者，应按现行规范对小区地下给水管道及附属设施（水表井、地下消火栓、阀门井、阀门、消防水泵接合器等）进行更换，改造后的管网应满足生活及消防用水的使用要求；

③ 应按用途及管理要求设置计量装置，如景观、绿化、设备用房等处应单独计量，宜采用自动远传计量系统对各类用水进行计量；

④ 当城镇老旧小区长期供水压力不足时，应根据市政给水管网供水条件分析压力不足的原因，合理确定供水方案；

⑤ 对于非不锈钢材质的二次供水水箱予以更换，没有消毒设施者，应增加。

（2）排水设施改造

1）老旧小区排水设施现状：

老旧小区由于建成年代早，排水系统问题较为普遍，如雨污混流、铸铁管道老化锈蚀渗漏、管道不畅、化粪池满溢、车辆碾压和野蛮施工造成了小区排水管被压坏、破损，甚至被截流填埋的现象都有发生。

2）排水设施规范要求：

① 小区生活排水与雨水排水系统应采用分流制；

② 排水管道的布置应考虑噪声影响，设备运行产生的噪声应符合现行国家标准的规定；

③ 消防排水、生活水池（箱）排水、游泳池放空排水、空调冷凝排水、室内水景排水、无洗车的车库和无机修的机房地面排水等宜与生活废水分流，单独设置废水管道排入室外雨水管道。

（3）电力设施改造

1）老旧小区电力设施现状：

老旧小区电力线路纵横交织，形成“空中蜘蛛网”乱象，不仅影响小区环境面貌，还存在诸多安全隐患。并且用电设施的主要设备运行时间基本较长，供电线路普遍老化严重，易产生触电、短路、火灾等安全隐患，影响居民人身安全，造成居民财产损失。

2）电力设施改造要求：

① 当居住小区配电线路为架空线缆时，结合小区综合管线规划，优先采用线缆排管埋地敷设，其次进行架空线缆规整，不得使用裸导线；当同一路径电缆为13～18根时可采用电缆沟敷设方式。

② 电缆与建筑平行敷设时，应埋于建筑物散水坡外，电缆进出住宅建筑时应避开人行出入口，所穿保护管应延伸出住宅建筑散水坡外，且距离不应小于200mm；管口应实施阻水堵塞，并宜在距建筑外墙3～5m处设电缆井。

③ 老旧小区的电气设备及线路，应定期检查和维修，当不能满足相关国家现行规范的要求时应及时更换。

④ 每套住宅应按户设置计量电表，低层、多层住宅宜采用在底层集中安装电能表的方式，当集中安装确有困难时，可采用分层相对集中安装电能表的方式。

⑤ 配电系统采用与更新改造前相同的接地制式，并进行总等电位联结；引至住户配电箱的电源线均应配置保护接地线。

⑥ 当电线、电缆在线槽内敷设时，应采用阻燃型电线、电缆。

（4）供气设施改造

1）老旧小区供气设施现状：

老旧小区燃气设施的用气点不集中；没有满足安全间距要求，引入管审批困难；小区内道路狭窄、地下管网密集，地下管网情况无法预测，又造成较大的漏损和耗能浪费。

2）供气设施改造要求：

① 燃气管网改造时，燃气设施性能应符合现行国家标准《燃气工程项目规范》GB 55009—2021的有关规定，改造后管道、管件、阀门等设备应符合《城镇燃气设计规范（2020版）》GB 50028—2006的有关规定；当条件允许时，无燃气系统的居住区宜增设燃气系统。

② 老旧小区燃气设备的使用场所应当具有可靠的排风措施，当不能满足要求时，应按照现行国家标准《城镇燃气设计规范（2020版）》GB 50028—2006进行更新改造。

③ 当居住建筑采用燃气供暖时，宜采用户式燃气炉供暖。户式燃气炉应采用全封闭式燃烧、平衡式强制排烟型。

（5）供热设施改造

1）老旧小区供热设施现状：

老旧小区供热设施日常维护缺失，如供热管网中的组件缺乏应有的维护，造成供热设施不同程度的腐蚀与损坏；支架倾斜、错位，保温层破损严重，阀门锈蚀无法开关等；供热线路施工不规范，前期供热管线建设或者施工过程中，未按照国家相关标准进行，使得供热管网及设施在运行过程中由于供热存在隐患；老旧小区还常常因为供热管网施工成本过高而放弃改造。

2）供热设施改造要求：

① 严寒与寒冷地区的既有居住建筑节能改造宜以一个集中供热小区为单位，实施全面节能更新改造；

② 室外供热管网循环水泵出口总流量低于设计值时，应根据现场测试数据校核，并在原有基础上进行调节或更新改造；

③ 当室外供暖系统热力入口没有加装平衡调节设备，导致建筑物室内供热系统水力不平衡，并造成室温达不到要求时，应更新改造或增设调控装置；

④ 既有集中供暖系统进行节能更新改造时，设计条件下输送单位热量的耗电量应满足现行行业标准《严寒和寒冷地区居住建筑节能设计标准》JGJ 26—2018的规定；

⑤ 当热源为热水锅炉房时，其热力系统应满足锅炉本体循环水量控制要求和回水温度限值的要求；

⑥ 室外供热管网更新改造前，应对管道及其保温材料（含外护板等）进行检查和检修，及时更换损坏的管道阀门及部件；

⑦ 既有供热系统与新建管网系统连接时，宜采用热交换站的方式进行间接连接；当直接连接时，应对新、旧系统的水力工况进行平衡校核；

⑧ 每栋建筑物热力入口处应安装热量表，且热量表宜设在回水管上。热量表的安装应符合现行相关规范、标准的要求。

（6）生活垃圾分类改造

1）老旧小区生活垃圾现状：

老旧小区普遍存在未实行垃圾分类或垃圾分类不彻底、不规范的现象，并且垃圾桶的摆放、清洗缺乏足够的空间场地，特殊垃圾如大件日常生活用品、建筑垃圾、园林垃圾等无处堆放。垃圾分为可回收物、有害垃圾、厨余垃圾、其他垃圾、大件垃圾、装修垃圾。

2）生活垃圾分类改造要求：

① 垃圾投放点个数根据居民户数换算，平均150户设置1个四桶投放点，或300户设置1个六桶投放点，且不少于1处，并设置明显标志；每处的面积一般不

小于20m²，服务户数一般不超过1000户，服务半径不宜超过300m，应按照垃圾分类方式要求对应配置厨余垃圾、有害垃圾收集容器（图2-16）；

图2-16　改造后的小区垃圾投放点

② 垃圾投放点必须设置臭氧发生器、LED紫外线消毒灯，地面应做硬化处理，配置给水排水、照明、通风等设施设备，满足卫生、消防、运输等要求，并安排专人进行管理和垃圾分类督导，建立生活垃圾分类投放管理责任人和日常监管人员责任制度；配置厨余垃圾收集容器的空间应定期冲洗，并采取消杀等措施；

③ 垃圾投放点盖板开启方式分为五种：自动感应开启、按钮电动开启、脚踏半自动开启、手拉半自动开启、手推盖板开启；

④ 垃圾投放点原则上沿用改造前垃圾点位，必须增加或更换点位时，应遵循远离居民、便于投放、使用频率高的原则，公示通过后才可增加或更换点位。

（7）道路改造

1）老旧小区道路现状：

老旧小区道路由于建成时间久，缺乏管理，零碎的管道开挖和不规范修补使得路面坑洼不平，一到下雨天气便积水严重，不利于居民出行。并且近年来随着生活条件的改善，车辆增多导致车位不足，原本就狭窄的道路无序地停满了车。

2）道路改造要求：

① 道路破损，以相同材质进行修补；

② 道路宽度需要符合消防需求或者日常行车需求；

③ 不满足小区居民出行需求的，应重新进行道路规划布局。

二、便利生活与改善需求[①]

老旧小区由于公共环境较差、配套设施缺失，又缺乏管理和维护，导致居民生活不便利，因此急需要提升居民生活便利性，改善原有生活环境。

（一）生活便利类

（1）加装电梯

1）老旧小区电梯现状：

老旧小区由于建成年代较早，鉴于历史原因普遍未配备住宅电梯，同时老旧小区老龄化严重，老年人、残疾人等群体由于行动不便无法下楼，因此，对于加装电梯有迫切需求。

2）老旧小区加装电梯改造要求：

① 坚持法律效果、社会效果有机统一，从加装电梯工作实际出发，适应加装电梯工作发展的实际需要，明确老旧小区住宅加装电梯工作遵循“业主主体、社区主导、政府引导、各方支持”的原则，实行“民主协商、基层自治、高效便民、依法监管”的工作机制；

② 老旧小区住宅如需要加装电梯，申请人应当征求所在单元全体业主意见，经本单元建筑物专有部分面积占比2/3以上的业主参与表决，并经参与表决人数3/4以上的业主同意后，签订加装电梯项目协议书。商品房性质的老旧小区住宅加装电梯，需要占用小区范围内业主共有的道路、绿地等公共场所的，应当按照《民法典》中关于业主共同决定事项的规定执行（图2-17）。

（2）照明设施改造

1）老旧小区照明设施现状：

老旧小区内部路灯因为年久失修，有不同程度的损坏，或者存在路灯点位不足、部分重要路段路灯缺失等问题，夜间出行基本照明得不到满足。此外，原有的照明又很难满足改造后新增的节点或者功能场地的基本需求。

① 王贵美，章文杰．城镇老旧小区改造技术指南［M］．北京：中国建筑工业出版社，2022.

图2-17　老旧小区加装电梯后

2）照明设施改造要求：

① 照明设施设计应符合城市夜景照明专项规划的要求，其改造宜与工程设计同步进行；

② 照明设施设计应以人为本，注重整体艺术效果，突出重点，兼顾一般，创造舒适和谐的夜间光环境，并兼顾白天景观的视觉效果；

③ 照度、亮度及照明功率密度值应控制在规范规定的范围内；

④ 应合理选择照明光源、灯具和照明方式；应合理确定灯具安装位置、照射角度和遮光措施，以避免光污染；

⑤ 应慎重选择彩色光；与被照对象和所在区域的特征相协调，不应与交通、航运等标识信号灯造成视觉上的混淆；

⑥ 照明设施应根据环境条件和安装方式采取相应的安全防范措施，且不得影响园林、古建筑等自然和历史文化遗产的保护。

（3）停车设施改造

1）老旧小区停车设施现状：

停车不规范导致消防安全通道占用；车位不足，无法满足居民基本需求；新能源汽车无处充电；残障人士在停车问题上未得到良性关怀。

2）停车设施改造要求：

① 结合道路改造，统筹梳理小区内的停车设施与行车通道的关系、与外部道路交通的关系，使车辆进出通畅、线路短捷，应在不影响交通秩序和消防应急救援的前提下，预留合理的通行宽度，减少车辆间的交叉干扰；整顿机动车库（位）使用秩序，恢复车库停车功能；并挖潜停车泊位，优化车位布局（图2-18）；

图2-18 改造后的小区停车位

② 根据现状条件对已有机动车停车场地进行调整与再利用规划，优化提升原有机动车停车场地；根据小区的规划布局形式、环境特点及用地的具体条件，采用集中为主、分散为辅的机动车停车系统；

③ 公共区域停车位实行共享，先到先停，严禁私划私占；机动车、非机动车停放区域集中划线，完善标识，统一管理；

④ 应充分高效地整合利用架空层、地下及半地下空间，优化地面空间布局，增建机械车库或地下、半地下智能式停车库，缓解居民的停车需求；

⑤ 在征求大部分业主同意的情况下，可通过绿化占补平衡，改造绿化用地

和低效空置用地以用于增加停车位；

⑥ 可适当将绿地改成生态停车位，有条件的区块可改造为机械立体停车设施。

（4）非机动车库（棚）改造

1）老旧小区非机动车库（棚）现状：

老旧小区非机动车库（棚）年久失修，存在不同程度的损坏状况；或者未安装消防设施，未设置灭火器材、监控等设施，存在安全隐患。

2）非机动车库（棚）改造要求：

① 根据地区特点和老旧小区实际需求，对非机动车停车设施进行改造或增设；非机动车停放设施或停放点宜集中和分散布置相结合，服务半径不应大于150m；

② 有非机动车停放设施的居住区宜增设有遮挡设施的非机动车库（棚），停车棚不得影响周边居民住宅的通风和采光，宜采用轻型材质建造，色彩与周边建筑协调；

③ 非机动车库（棚）应设置消防喷淋、灭火器、充电设施、监控设施，在保证充电安全的前提下满足居民正常使用需求；

④ 非机动车库（棚）可与宣传栏相结合，充分利用空间资源。

（5）智能快递柜改造

1）老旧小区智能快递柜现状：

随着人们在日常生活中越来越依赖网购，小区设置智能快递柜成为解决“最后一公里”配送的一个重要举措。然而现在很多老旧小区要么没有设置快递设施，要么现有快递设施数量难以满足居民日常需求。另外，单元门口的信报箱因为年久失修，也成为摆设，无法发挥其作用。

2）智能快递柜改造要求：

① 老旧小区改造中应设置智能快递柜或预留设置位置和管线接口；

② 智能快递柜设置应按照《城市居住区规划设计标准》GB 50180—2018中公共服务设施配建控制指标的相关要求，满足投递和寄递渠道的安全需求；

③ 根据小区户数确定智能快递柜格口数量，原则上不低于总户数的25%；户数低于300户的小区，可以考虑相邻小区连片集中设置智能快递柜；

④ 有条件的小区可建设邮政快递综合服务场所，提供邮件、快件收寄、投递及其他便民服务，同时安装智能快递柜等自助服务设备，并纳入社区公共基础设施管理。

（6）雨棚改造

1）老旧小区雨棚搭建现状：

老旧小区中雨棚能起到遮挡雨水、雪、上层住户晾衣产生的废水作用，为老旧小区居民生活带来便利。但是老旧小区现有雨棚存在破损、颜色出挑不统一等情况，影响居民使用且破坏老旧小区整体立面形象。

2）雨棚改造要求：

① 整治的住宅宜统一加设阳台及房间窗户雨棚；原建筑设有固定雨棚设施的不加设；厨房、卫生间等辅助用房的窗户可根据需要加设；

② 雨棚凸出墙面宽度不应超过60cm；雨棚应结合设置固定晾衣杆，固定晾衣杆的长度不得超出雨棚范围；雨棚上盖材料宜采用铝板或耐力板；骨架及装饰材料应采用不锈钢或铝合金；

③ 雨棚形式可根据立面风格变化，主要以简洁形式为主；历史街区附近的雨棚应符合周边建筑色彩的控制，不得使用太艳丽的颜色。

（7）晾衣架改造

1）老旧小区晾衣架搭建现状：

老旧小区现存晾衣架样式繁多、腐蚀严重、分布随意且使用率不高，影响老旧小区立面整体形象。由于老旧小区晾衣空间有限，向阳阳台增设可折叠式晾衣架可以解决大部分居民的晾晒需求。

2）晾衣架改造要求：

① 墙面外挂晾衣架应整齐有序，宜对改造住宅统一更换伸缩式晾衣架；原则上每户安装一处晾衣架，如南侧有2个以上阳台的可以安装2处伸缩式晾衣架，但不得超过2个；

② 晾衣架长度不得超过房间正面宽度，横杆高度不得超过窗台高度，不符合要求的应整改；

③ 安装处房间开间在4m以下的，伸缩式晾衣架统一长度为2.5m；房间开间在4m以上的，伸缩式晾衣架长度可加长到3m；开间不足2.5m的按实际情况缩短晾衣架长度；

④ 晾衣架必须使用防锈材料，形式可根据立面风格变化，颜色不宜出挑，与建筑融合度高（图2-19）。

（8）保笼改造

1）老旧小区保笼搭建现状：

老旧小区增设保笼可以起到保护居民人身财产的作用，然而老旧小区现有保笼样式不一，破坏建筑立面整体形象，随着当下社会全域监控系统的完善，不建议新增保笼。

图2-19　改造后的小区晾衣架

2）保笼改造要求：

① 在完善小区安防设施的情况下，应争取居民自行拆除保笼；

② 保笼形式宜优先选用隐形防盗网，保笼材料应选用304不锈钢，钢管壁厚在0.8mm以上，颜色不宜出挑，应与周围建筑融合度高；

③ 外凸的保笼必须改为贴窗平保笼；

④ 有晾晒、进出检修设备、消防窗口等需求的平保笼应设置可开启扇。

（9）空调机罩改造

1）老旧小区空调机罩现状：

老旧小区现存空调外机罩排列无序，影响老旧小区建筑外立面整体形象。在增设老旧小区空调外机罩时应注意提升建筑立面整体形象，条件允许时可展示小区文化输出。

2）空调机罩改造要求：

① 空调支架与主体结构之间、遮挡装饰与主体结构之间、空调外机与支架之间必须有可靠连接；

② 空调机罩应统一，机罩的样式、材质、色彩等应注意与外立面协调；宜采用穿孔铝板或铝方管等材料（图2-20）；

图2-20 改造后的小区空调机罩

③ 空调遮挡装饰应考虑空调外机的维修和更换需求，遮挡后外机取放不便的应进行可开合设计，并保证闭合状态牢固安全；遮挡装饰本体杆件之间的连接应稳固耐久；

④ 靠近店招部分的，应与店招结合设计，不影响路人通行；

⑤ 对冷凝水未接入雨水管的空调外机统一增设竖向主管，相邻空调外机可通用一根主管，分布两侧且移位困难的，可增设单独主管；

⑥ 设备平台改造应符合该地区住宅的相关规定。

（二）生活需求类

（1）绿化改造

1）老旧小区绿化现状：

老旧小区的绿化问题主要有：高大乔木肆意生长，对居民采光通风影响严重；中层亚乔距离建筑过近，影响居民采光通风；下层灌木木质化严重，严重影响小区景观；底层黄土裸露情况严重。

2）绿化改造要求：

① 根据老旧小区空间条件和居民的实际需求，兼顾易于管理、不易侵占等

因素，综合考虑小区其他功能用地与绿化公共空间用地的需求和平衡关系，配合道路及停车场地改造，合理组织绿化及公共空间设计；充分利用现有空隙与边角地带，广种花草，实施“见缝插绿”；

② 绿地改造时，宜采用点、线、面结合的方式增加公共绿化面积和绿量，绿地率不宜低于25%，集中绿地面积不宜低于0.35m^2/人；

③ 绿化改造不得对居民生活造成影响，建筑底层外围的绿化应考虑不遮挡底层住宅采光；

④ 小区内具有良好生态价值的原有树木和植被应予以保护，缺损树木需要补植的以乔木、灌木为主，严重影响居住采光、通风、安全的树木，应要求管护单位按照有关技术规范及时组织修剪；

⑤ 绿化植物应选择适应本地气候、土壤条件，且维护成本低、存活率高的植栽品种，宜选择无刺、无飞絮、无毒、无花粉污染、不易导致过敏的植物种类；植物配置宜突出植物季相景观变化，形成群落结构多样、乔灌花草合理搭配的植物景观；儿童游乐区严禁配置有毒、有刺等易对儿童造成伤害的植物；

⑥ 道路、广场和室外停车场周边宜种植遮阴效果明显的高大乔木；下凹式绿地内宜选择耐淹、耐污能力较强的植物品种；当条件允许时，道路夏季遮阴率宜大于70%，广场和停车场宜大于30%；

⑦ 绿地和景观灌溉系统应采用节水灌溉技术，如滴灌和微喷系统等。

（2）海绵城市改造

1）老旧小区海绵城市建设现状：

一般老旧小区内缺乏海绵城市建设，或者很难根据海绵城市标准进行改造。

2）海绵城市改造要求：

① 有条件的小区在改造时应融入海绵城市理念，通过“渗、滞、蓄、净、用、排”等途径，根据小区实际，采用合适的低影响开发雨水控制与利用措施进行改造；

② 根据不同城市对海绵城市建设的相关专项规划，改造实施方案应明确地块年径流量总量控制率、径流污染削减率、内涝防治标准等指标，确保老旧小区海绵化改造对开发雨水系统设计标准的低影响；

③ 路面、停车场、步行及车行道、广场、庭院宜采用生态排水设计，雨水应首先汇入道路绿化及周边绿地内的低影响开发设施；

④ 道路、广场绿地宜采用下沉式做法，并将雨水引入道路绿化带及周边绿地内；

⑤ 除机动车道外的硬化地面和人行步道宜采用透水材料路面；

⑥ 小区绿地改造中宜合理利用雨水资源，结合雨落管改造和竖向设计，提供雨水滞留、缓释空间，就地消纳自身雨水径流。

（3）建筑节能改造

1）老旧小区建筑节能现状：

大多数老旧小区由于建造时的建筑材料、建筑理念和技术条件等限制，建造的墙面、屋面和楼道门窗等外围护结构往往缺乏保温隔热等功能，会产生较大的能耗，影响居民居住质量，造成能源的浪费。此外，老旧小区也未对一些可再生资源进行充分利用。

2）建筑节能改造要求：

① 老旧小区既有居住建筑外墙改造设计时应兼顾建筑外立面的装饰效果，并应满足墙体保温、隔热、防火、防水等要求；

② 建筑外墙节能改造时应优先选用安全、对居民干扰小、工期短、对环境污染小、施工工艺便捷的墙体保温技术，并宜减少湿作业施工；

③ 外墙改造采用的保温材料和系统应符合国家现行有关防火标准的规定，不得采用国家明令禁止和淘汰的设备、产品和材料，同时应制定和实行严格的施工防火安全管理制度；

④ 屋面进行节能改造时，结合屋面防水改造进行，防水工程应符合现行国家标准《屋面工程技术规范》GB 50345—2012的有关规定；

⑤ 应更换不能达到节能标准的外窗，保证其传热系数、气密性、水密性、抗风压性能满足所在地区的老旧小区改造标准规定的节能设计指标；

⑥ 有条件的小区可设置太阳能热水系统，太阳能集热器的位置和安装应与建筑立面及屋面一并考虑，同时进行；

⑦ 在小区太阳能资源丰富的地区，可以使用太阳能路灯作为公共照明的补充形式。

（4）文化休闲设施改造

1）老旧小区文化休闲设施现状：

小区文化设施包括文化活动场所和文化基础设施两大类。文化活动场所包括儿童活动中心、图书阅览室、体育活动室、小区文化广场、舞台、戏园、书场、阳光老人家以及居民交流集会、基层党建活动等公共服务场所。大多数老旧小区在文化基础设施方面呈现缺失状态，就算有基础设施的也未能与小区自身文化相契合。由于前期规划问题，老旧小区极其缺乏公共文化活动空间，或者其功能使用、场地布置、运营管理等方面欠佳。

2）文化休闲设施改造要求：

① 老旧小区文化活动场所用房面积宜不小于400m^2，与公共管理用房集中设置，建议应优先利用小区公共用房、公房租赁使用等设置公共管理设施；

② 用房应有自然通风采光，有条件的应配置室外活动场地，宜结合小区公共活动空间、小广场设置，或充分利用大面空间作为室外活动场地，在条件不充足、小区业主意见统一时可考虑设置在住宅架空层；

③ 充分挖掘小区所在地区的区域发展历史，结合区域特点、特色建筑和区域文化共识等文化元素，提炼出小区的自身内涵，并形成贯穿小区的文化元素，并将之在小区的出入口、文化墙、宣传栏、雕塑、文化标识等各个场地的改造中和一些文化活动中体现（图2-21）；

图2-21　改造后的小区文化长廊

④ 单个小区空间挖潜受限，难以设置不同功能的文化休闲设施时，可以考虑将相邻多个老旧小区打通，连片共享一些文化休闲设施。

（5）运动健身设施改造

1）老旧小区运动健身设施现状

老旧小区运动健身设施主要存在着几大问题：场地内植物茂密、杂草丛生、地面铺装破损，导致活动场地功能缺失；健身器材使用年限较久，器材破损，无法使用，部分老旧器械存在安全隐患；小区内功能空间较小，运动健身场地不能满足小区各年龄段居民日常的健身活动需求。

2）运动健身设施改造要求

① 应统筹考虑各类使用人群的功能性和安全性，保障儿童、青少年、老年人、残疾人的整体健身游乐需求，提升场地景观环境空间，恢复场地功能，通过

绿化、护栏、小品、文化装置等设施进行隔离，形成单独空间且应跟周边建筑有一定的距离；

② 设施及场地不应布置在居住小区的主要道路、小区入口、停车场等区域，出入口不应设置在正对道路交叉口的位置，且应在不干扰居民休息的情况下保证夜间适宜的灯光照明；

③ 提高小区空间利用率，宜充分利用老旧小区的闲置资源，重点结合小区中心绿地或是具有一定面积的宅旁绿地，有架空层的可考虑在底层架空层等设置不同主题的健身活动空间来满足多年龄段人群的需求；

④ 应按照《室外健身器材的安全 通用要求》GB 19272—2011和《室外健身器材配建管理办法》的相关要求进行建设安装和维护管理，对于破损地面、破损健身器材及时进行修复或更换。

（6）室外公共活动空间改造

1）老旧小区室外公共活动空间现状：

老旧小区公共活动范围不明确，公共活动空间缺失；公共空间人流量少，且在自然侵蚀下荒废，杂草丛生；部分公共活动空间没有遮阴的地方，长时间暴露在太阳底下，不方便白天活动；老旧小区公共活动空间未设置休息座椅、无障碍坡道等设施。

2）室外公共活动空间改造要求：

① 室外环境改造时，应明确划定公共活动空间范围；

② 公共活动空间宜与地面停车场地、市政环卫设施、安全疏散通道等便捷连接，周边宜种植适量遮阴乔木，设置休息座椅（图2-22）；

图2-22 改造后的小区室外公共活动空间

③ 宜提高和完善公共空间的多功能性，一场多用，提高使用率。

三、公共服务与品质提升[①]

目前的老旧小区还存在着公共服务不足等问题，导致居民生活品质难以改善。因此需要丰富社区服务供给，立足小区及周边实际条件积极推进公共服务设施配套建设及其智慧化改造，以提升居民居住品质，包括改造或建设小区及周边的社区综合服务设施、卫生服务站等公共卫生设施、幼儿园等教育设施、周界防护等智能感知设施，以及养老、托育、助餐、家政保洁、便民市场、便利店、邮政快递末端综合服务站等社区专项服务设施。各地可因地制宜确定改造内容清单、标准和支持政策。

（一）基础公共服务设施改造

基础公共服务设施改造要求如下：

（1）应结合小区规模和实际情况，改建、扩建或新建社区党群服务中心（站），宜与居委会办公室、图书阅览室等联合建设，实现社区党群服务中心（站）共享共用；

（2）社区服务用房（站）宜与社区卫生、文化、教育、体育健身、老年人日间照料等统筹建设，发挥社区综合服务效益；

（3）社区服务用房（站）的建设规模应以社区常住人口数量为基本依据进行设计，设置在交通便利、方便居民出入、便于服务辖区居民的地段，并符合无障碍要求；

（4）老旧小区应根据小区实际设置社区食堂，为小区居民特别是老年人提供助餐服务；

（5）社区食堂宜按照5分钟生活圈居住区的服务半径设置，可结合小区社区服务站、文化活动站等服务设施联合建设，应设置在老年人口相对密集、方便老年人出行的地上一层或二层，满足无障碍设计要求，配套消防及应急用品，做好安防和消防措施；

（6）可通过改造提升原有食堂、新建中央厨房、社区老年食堂、社区助餐服务点，以及集中配餐、送餐入户等模式，为社区居民提供多样化服务。

---

① 王贵美，章文杰. 城镇老旧小区改造技术指南［M］. 北京：中国建筑工业出版社，2022.

（二）文化教育设施改造

（1）尽可能挖掘空间，结合改造范围内可利用空间，鼓励建设托幼设施、社区学校、老年学校等社区教育设施；探索社区教育的创新模式，鼓励将教育功能复合到社区公园、广场、街头绿地等空间中去，提供多样化教育体验；

（2）增加文化交流场所，充分挖掘小区所在地区的区域发展历史，结合区域特点、特色建筑和区域文化等文化元素，发掘并提炼出小区的自身内涵，形成贯穿小区的文化元素，通过小区出入口、文化墙、宣传栏、文化雕塑、文化标识、文化活动等多种方式予以体现；

（3）文化教育设施应设于阳光充足、接近公共绿地、便于家长接送的地段，服务半径、选址与规模满足相关规范要求，为社区居民提供多样化服务；

（4）因需求可配套无障碍设施，无障碍设施是指保障残疾人、老年人、孕妇、儿童等社会成员通行安全和使用便利，在建设工程中配套建设的服务设施，包括无障碍通道（路）、电（楼）梯、平台、房间、洗手间（厕所）、席位、盲文标识和音响提示以及通信；

（5）文化活动中心可设小型图书馆、影视厅、游艺厅、球类活动室、棋类活动室、青少年和老年人学习活动场地等，并宜结合或靠近同级中心绿地，相对集中布置，形成生活活动中心；

（6）文化活动站可设书报阅览室、书画室、文娱室、健身室、茶座等功能空间，并宜结合或靠近同级中心绿地，独立性组团。

（三）体育运动设施改造

（1）居民健身设施应设儿童与老人活动场所，并宜结合绿地设置其他简单运动设施；青少年活动场地应避免对居民正常生活产生影响，老年人活动场地应相对集中；

（2）居民运动场地在条件允许时宜设置60～100m直跑道和200m环形跑道及简单运动设施，并与居住区的步行和绿化系统紧密联系或结合，其位置与道路应具有良好的通达性。

（四）医疗卫生设施改造

（1）应按照区域卫生规划的要求，健全医疗卫生设施，补齐卫生防疫短板；

（2）医疗卫生设施应规模适宜、功能适用、装备适度、经济合理、安全卫生，充分利用现有卫生资源，避免重复或过于集中建设；

（3）社区医疗卫生设施主要为社区卫生服务中心和社区卫生服务站，其中前者负责提供基本公共卫生服务，以及常见病、多发病的诊疗、护理、康复等综合服务，承担辖区的公共卫生管理和计划生育技术服务工作；后者承担基本公共卫生服务、计划生育日常服务和普通常见病、多发病的初级诊治以及康复服务；

（4）社区卫生服务站的基础设施设计、仪器设备装备应能满足实际开展疾病预防控制、卫生保健和卫生监督工作的需要；

（5）社区卫生服务站不宜与菜市场、学校、幼儿园、公共娱乐场所、消防站、垃圾转运站等设施毗邻设置；

（6）鼓励发展社区“互联网＋医疗健康”模式，助推智慧社区发展。

（五）托幼养老设施改造

（1）应按照普惠优先、安全健康、属地管理、分类指导的原则，综合考虑居民需求，科学规划，合理布局，健全托育养老设施；

（2）结合小区规模及小区实际情况，通过改造增设文化活动室、图书馆、老年食堂（助餐、配送餐服务点）、居家养老服务中心等为养老服务提供相应场所，养老服务设施场所内部空间及功能应以尊重和关爱老年人为理念，遵循安全、卫生、适用的原则，保证和提高老年人的基本生活质量；

（3）养老服务设施应设置在市政设施条件较好、位置适中、方便居民特别是老年人进出的地段，宜靠近广场、公园、绿地等公共活动空间，老年人健身和娱乐活动场地应采光、通风良好，避免烈日暴晒和寒风侵袭；

（4）托育设施的服务半径不宜大于300m，设置规模宜根据适龄儿童人口确定，托育设施应选择在自然条件良好、交通便利、阳光充足、便于接送的地段；

（5）养老服务设施宜与社区卫生、文教、体育健身、残疾人康复等服务设施集中或邻近设置，以提高设施利用效率；鼓励通过购置、置换、租赁闲置房屋，引入专业化、连锁化托育养老服务机构（图2-23）；

（6）因需求可配套无障碍设施，无障碍设施是指保障残疾人、老年人、孕妇、儿童等社会成员通行安全和使用便利，在建设工程中配套建设的服务设施，包括无障碍通道（路）、电（楼）梯、平台、房间、洗手间（厕所）、席位、盲文标识和音响提示以及通信。

图2-23　改造后的小区养老服务中心

（六）便民商业服务设施

1. 家政保洁

（1）老旧小区应结合社区服务设施（场地）的实际情况设置家政保洁服务网点；

（2）家政保洁服务网点应管理有序、运营高效。家政服务网点应具备可保障经营所需的固定且合法的经营场地。网点办公场所应布局合理，具备接待、培训和休息的功能。家政服务网点应配套经营必备的办公、通信设备等。

2. 便民市场

（1）宜按照商业网点规划，充分考虑周边设施，结合住户需求，设置便民市场、便利店；

（2）便民市场、便利店的设置应便于社区居民的消费，与银行、邮局等其他公共服务设施相协调，因地制宜配建停车场、货物装运通道等设施；

（3）便民市场的服务半径不宜大于500m，便利店宜每1000～3000人设置1处，满足居民购买日常生活用品需求。

3. 快递服务

（1）应建设改造多个邮件和快件寄递服务设施、多组智能信报箱、智能快递箱，提供邮件快件收寄、投递等服务；

（2）受场地条件约束的既有居住社区，应因地制宜建设邮政快递末端综合服务站。

4. 其他便民网点

应建设包括理发店、洗衣店、药店、维修网点、餐饮店等在内的便民商业网点。

四、日益变化的改造诉求

老旧小区改造内容和标准制定已经逐步规范化，但随着时间推移，居民对于老旧小区改造的诉求变得越来越多样化、个性化、差异化，对改造的要求也在不断提高，因此老旧小区改造在满足居民需求方面还存在提升空间。

（一）改造速度跟不上居民的迫切需要

我国提出到“十四五”期末，结合各地实际，力争基本完成2000年底前建成且需改造城镇老旧小区的改造任务。据住房和城乡建设部数据，2019年，全国新开工改造老旧小区1.87万个，惠及居民352万户；2020年，全国新开工改造老旧小区4.03万个，惠及居民736万户；2021年全国新开工改造老旧小区5.56万个，惠及居民965万户；2022年全国计划改造老旧小区5.1万个，惠及居民840万户。实际上，在2022年1～6月，全国新开工改造老旧小区3.89万个，惠及居民657万户，已完成全年目标的76.27%（图2-24）。

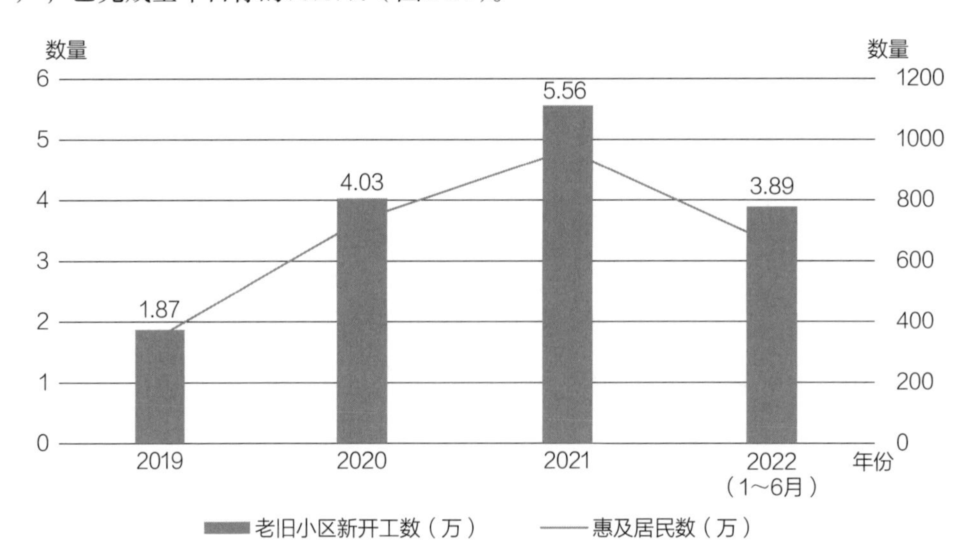

图2-24　全国老旧小区改造情况（2019～2022年6月）

可以说，我国老旧小区改造一直在不断提速，但与此同时，所有老旧小区的居民改造意愿非常强烈，都在期盼改造能够尽快覆盖到自家门口，而城市的老旧小区改造具有时序规划，短时间内很难满足所有居民的要求。此外，城市中2000年以后建成的小区也在逐渐老化，这些老旧小区的人居环境也不容乐观，居民们同样希望能够获得同等改造机会，这些合理诉求都对改造工作提出了更高的挑战。

（二）居民改造要求日益变高

随着老旧小区改造工作的推进，居民对老旧小区改造的态度也在逐渐发生改变。从最初的不理解、持观望态度，到如今开始积极支持、主动参与老旧小区的改造，并能够对改造内容提出自己的意见。

居民对改造的充分了解，也使得他们对改造的要求不断提升，不再满足于基础类改造。2020年一份杭州老旧小区改造前的民意调研显示，居民对于老旧小区提升类改造的需求率超过80%。

2021年，国家统计局西安调查队对西安主城区完成老旧小区改造的居民也进行了调研，结果显示，虽然居民对改造结果总体满意度较高，但是在居民参与度、工程质量、改造项目需求、后期管理和维护、公共服务设施完善等方面仍存在一些问题，尤其是加装电梯难、停车位不足、无障碍及适老化设施缺乏等问题，需持续关注和解决。这份调研还显示，60%的受访居民希望进行“基本型改造”，64%的受访居民希望进行“完善型改造”，55.3%的受访居民希望进行“提升型改造”。对于改造后的效果，在完善类和提升类改造项目中，满意度均不超过50%。

（三）老旧小区改造偏离居民需求

不同老旧小区的居民需求有所不同，只有在改造前期深入调研，动员多数居民参与改造工作，准确掌握社区居民的真正需求，才能提高居民满意度。

然而现在有部分老旧小区的改造，没有坚守以人为本的理念，没有深入挖掘居民的真实需要。如改造中为了建筑外立面美观，拆除居民违建搭设的防盗窗，但是小区的安防设施却没有同步升级，导致居民的安全困扰没有妥善解决；又如拆除绿化地上居民私自搭建的晾晒架，但是没有为居民提供一个集中晾晒场地；再如楼道做了修补，但是缺乏长效管理机制的建立。这种改造在实际操作环节中与居民期待存在差距，居民既没有热情参与改造，也不会自觉维护改造成果。因此这类改造效果往往是昙花一现，不用几年，老旧小区又会恢复到原来的状态。

老旧小区的改造，还要坚持满足居民的公共利益。如针对加装和使用电梯的收费情况，要因地制宜，可以采用“一个楼门一个方案，一栋楼一个方案”，以协调不同楼层居民的利益。

如何保证居民满意度成为老旧小区改造的重点和难点，老旧小区民意调查、现状调研则是坚持以居民需求为导向的重要举措，可以从侧面反映小区问题短板，对老旧小区改造规划具有重要启示和参考价值。

面对居民越来越复杂的改造要求，要坚持做到改造前“问需于民”，改造中“问计于民”，改造后“问效于民”，实现居民需求多样化与社区改造人性化的有机统一。

第三节　小区实施层面：粗放与局限

老旧小区改造作为一个庞大复杂的系统工程，在小区改造实施层面也存在不少挑战，主要包括以下几个方面：政府对老旧小区改造工作的统筹协调难度大；老旧小区居民付费能力有限，所需要的外部资金缺口较大；改造中未充分挖掘老旧小区的经营性业务，导致长效管理推动难度大；老旧小区现有的改造方式以个体化、碎片化改造为主，导致改造效率低、资源统筹难、人力财力浪费等问题；老旧小区存在数字化建设缺乏，或数字化场景应用缺失的情况，继而落入“表面数字化”的陷阱。

一、政府统筹缺位

老旧小区的改造模式虽然从原有的“自上而下”变为“自下而上”，但是政府的统筹职能依然是不可或缺的。这是因为改造工作牵涉的政府部门、单位数量多，各部门各单位配合难度大，而且在指导基层职能部门参与、吸引社会力量参与、增强小区居民参与等方面都离不开政府的工作。目前，政府统筹难具体表现在以下几个方面：

（一）各部门各单位联动难

老旧小区改造牵涉政府部门多，同时需要具体执行单位参与，只有建立有效的工作机制和明确的标准规范，设计合理的改造规划，各方责任落实到位，才能推进改造工作。老旧小区改造时，需要涉及电力、供水、电信、消防、城管、环保、公安、民政、房管、财政等诸多职能部门和单位，同时还需要属地街道、社区基层组织配合。

在实际工作中，针对老旧小区改造中遇到的难点，容易出现缺少牵头部门来统一协商推进，或彼此缺乏有效沟通，导致工作步调不一致的情况，一旦各方无法形成合力，会导致改造工期延误、引起居民负面情绪。比如，在老旧小区改造中，像涉及雨污分离、燃气管道改造、架空线上改下等工作，可以和小区路面铺装同步进行，同时多项工程审批、资金筹集上也需要同步跟进，避免造成路面反复施工的情况。

因此，老旧小区改造需要建立政府统筹，各部门齐抓共管、分工协作的工作机制，改变各司其职的工作方式，共同破解改造难题、化解各方矛盾，实现一次改造到位。

（二）政策缺乏工作推进难

在老旧小区改造推进中，各地需要因地制宜地出台一系列相关的政策或标准，这既需要顶层设计，又需要实践总结。然而在实际工作中，政府部门希望以改造的推进作为制定标准的依据；而执行部门则希望先有标准出台来指导具体实施工作，不然无法可依、缺乏技术规范会导致实际操作难度大、质量安全有隐患、责任坚定不清晰等问题出现；而对基层职能部门而言，也希望有明确的标准规范，否则会导致审批依据不充分、审批标准不清晰、审批操作难度大、审批流程不透明等问题出现，大大拖延各部门的审批进度。如老旧小区内存量空间资源的改造，以及对社区服务设施的扩改、新建等工作，受限于社区配套用房用地的原规划性质，从提出规划到许可批准需要一系列复杂的程序，如果缺乏标准作为审批依据，将会严重影响改造项目进程和改造效率。

老旧小区改造会涉及居民间的利益协调，这也需要政府的明确政策引导。一旦政府出台的政策不明确或模糊，居民在参与改造过程中就会缺乏有效的互动反馈机制，最终会造成居民间意见不统一或居民对老旧小区改造不满的情况发生。如针对加盖停车设施、加装电梯等重要项目，一旦财政部门未明确规定相关的补贴金额和补贴资金的用途，那么居民针对改造项目的意见就难以协调统一。还有一部分老旧小区使用权、产权关系较为复杂，在改造中容易出现难以达成共识的情况，遇到这些问题同样需要政府出面，主动加强和居民的沟通，基于居民意愿提出改造实施方案。

二、资金筹措单一

老旧小区改造所需要的资金投入数额巨大。据国务院参事、住房和城乡建设部原副部长仇保兴初步估算，针对老旧小区这一政策，国家总额投入可高达4万亿元，如改造期为5年，平均每年投入为8000亿元。其中，从2019年到2021年8月，中央财政补助老旧小区改造资金超2450亿元。

2021年12月，《住房和城乡建设部办公厅 国家发展改革委办公厅 财政部办公厅关于进一步明确城镇老旧小区改造工作要求的通知》（建办城〔2021〕50号）指出，市、县应当多渠道筹措城镇老旧小区改造资金。通过积极落实专业经营单位责任、将符合条件的城镇老旧小区改造项目纳入地方政府专项债券支持范围、吸引社会力量出资参与、争取信贷支持、合理落实居民出资责任等渠道，落实资金共担机制，切实提高财政资金使用效益。

这需要国家层面对老旧小区改造进行总体规划，安排财政专项资金给予资助；地方层面需要通过统筹一般公共预算收入、土地出让收益、住房公积金增值收益和专项债券等多种方式筹措资金。

然而，由于老旧小区改造投入大、周期长、利益主体多、收益不确定性高、多元化资金筹措机制不健全，导致社会资本参与老旧小区改造的积极性不高，各地老旧小区改造普遍存在“资金筹措渠道单一”的困境。

（一）政府财政负担重

以政府投资为主的老旧小区改造虽能造福于民、惠及民生，但由于受到近几年国内房地产市场降温、应对疫情导致公共卫生支出攀升、全球经济下行等综合影响，政府财政压力加大，而由政府“大包大揽”的老旧小区改造模式，缺乏多元主体参与和社会资金引入，政府需要承担投资和管理的双重工作和造成政府资金压力过大、管理事项过重的情况。

而且，老旧小区改造涉及财政资金面较广，中央、省、市、区县财政均有参与。这容易造成经济发达地区改造快，而经济欠发达地区改造慢的情况，会进一步扩大城市建设差距。从城市发展规律看，老旧小区改造是一项长期工作，如果仅依靠政府资金投入，一旦地方财政收入吃紧，对改造力度、改造覆盖面均有影响。此外，政府财政资金的使用普遍存在“重分配、轻管理”的现象，对资金分配缺乏规范化管理。

因此，完全依靠政府财政投入，将无法覆盖所有老旧小区的改造工作，无法满足所有居民诉求，很难带动社会投资和个人消费，不利于经济增长，不利于区域均衡发展，同时会降低社会参与的积极性，阻碍市场机制的发挥。

（二）居民出资意愿低

居民自筹资金有以捐资捐物、投工投劳等方式，部分地方也尝试开展居民提取住房公积金，直接用于部分改造项目。然而在实际情况中，老旧小区住户有不少是收入低微的老年人和租户，经济承受能力较弱，导致出资意愿较低；此外，居民主体诉求不统一也会影响居民出资意愿。

如加装电梯改造项目属于改善型需求，不在政府出资范畴，需要居民自行筹资。但在具体实施中，居民对安装电梯的意见不一、需求不同，会出现有的低楼层居民不需要使用电梯，有的居民担心采光通风会受到影响，有的居民担心安全问题，有的居民寄希望于拆迁补偿，有的居民经济条件差等各种情况，这些居民个人利益诉求如果缺乏有效引导，就会导致出资意愿低的情况，最终造成改造协调难、执行难、项目难以推动的困境。

（三）社会资本介入难

老旧小区改造涉及利益主体多，包括产权单位、社区、业主等多方，而社会力量统筹协调多个利益主体难度又过大，提高了社会力量参与改造的准入门槛；老旧小区现有经营性资源往往缺乏，对社会资本而言缺乏吸引力。

社会资本介入参与老旧小区改造，还存在政策障碍或标准缺失的情况，比如一些地方政府对国有土地或国有房屋租赁具有时间限制，对于土地性质更改、产权收益、增加面积的权属界定等方面又缺乏明确的实施标准和规范，导致社会资本长期运营权益的保障方面存在不足，影响社会资本参与改造的积极性。

此外，有些地方的老旧小区改造融资缺乏明确的金融政策支持，导致融资条件严苛，市场化融资成本高，同时融资渠道也不够通畅，金融机构的审批程序难以衔接，增加了社会资本的融资难度。

三、长效管理失灵

老旧小区长效管理工作需要不同部门组织来承接不同类型的工作，实现居委会、业委会、物业服务中心“三方协同”的工作机制。然而很多老旧小区存在部分组织职能缺失的情况，没有形成社区共同体。目前老旧小区长效管理方面主要存在以下问题：

（一）长效管理资金缺乏

很多老旧小区改造前缺乏物业管理，在引入第三方物业时，由于长效管理资金缺乏，会导致物业在进驻前“望而却步”。即使引入物业公司管理，由于居民尚未形成“花钱买服务”的意识，在实际物业管理中，物业公司往往只能向老旧小区居民收取低廉的物业费，用于垃圾清运、门卫安保等服务。而一旦居民不认可物业服务的价值，虽然老旧小区短期内有政府专项资金补助，但是从长远角度看，居民物业缴费低，会降低物业管理水平，影响住户满意度，继而导致更多住户不愿缴费的恶性循环。

此外，老旧小区还存在产权混合的现象，导致管理上存在权属界定困难、维护上缺乏资金投入的问题，比如老旧小区内部哪些设施属于业主专属，哪些属于公共权属，哪些需要市政专营部门介入，哪些是由物业管理都很难厘清。这种情况会导致小区管理维护责权不清，各方都不愿意为小区设施维护承担责任，物业也很难自觉建立专业的维修队伍。

因此，物业公司需要通过依法、公开、居民协商的方式，合理提高物业费，同时经法定程序批准可以建设物业服务用房，设置经营性服务设施，形成良性经营模式。

（二）缺乏物业管理考核机制

很多老旧小区在改造完成后，没有对物业管理建立各方认可的考核机制，导致常态管理缺乏有效运行模式。

很多老旧小区在引入第三方物业公司时，缺乏建立准入评审机制，容易引入一些不合规、不负责的物业；不少老旧小区对物业缺乏监管力度，会造成物业管理责任难落实、管理混乱、物业与居民矛盾纠纷突出等问题；同时老旧小区缺乏对物业的奖惩机制，导致第三方物业公司缺乏竞争动力，物业管理者积极性不高，不主动创新管理方式。

此外，市（区）级可以建立物业公司信用管理体系、物业公司退出机制，并由社区发挥日常监管职责，提升物业管理水平。

（三）居民自管参与度低

对于新建小区而言，居委会、业委会、物业三方职责明确清晰，但老旧小区普遍缺乏专业透明、分工合作的公共事务管理合约，因此在部分老旧小区改造的实践工作中，居民并未真正发挥出主人翁作用，参与度不高。一方面是由于老旧小区缺乏居民参与机制，没有形成有效的居民议事平台，或者参与形式单一，导致居民难以反馈或提意见；同时老旧小区还缺乏居民参与激励机制的建设，很难激发居民主动参与意识。

另一方面，老旧小区居民人口结构较为复杂，租户多，流动性大，租户往往不享受与业主同等的小区事务管理权，而很多真正的业主则不住在老旧小区内，不直接享受小区提供的服务，因此对于老旧小区公共管理事务参与的热情不高，导致业主大会难以召开和做出决策。同时一些小区内部邻里关系逐渐淡漠，居民间缺乏合理沟通和有效交流，造成居民缺乏归属感，进一步提高了老旧小区的管理难度。

四、改造方式碎片

2021年以前改造的老旧小区，绝大多数都以单一小区进行改造。随着改造工作的全面化和纵深化，这种碎片化改造模式开始暴露出其弊端和不足，具体存在如下问题：

（一）资源共享受限和存量资源挖潜难

现存每个老旧小区的绿化环境和公共空间不尽相同，有不少老旧小区体量较小，内部可拓展空间少，又有围墙阻隔，在改造时难以增设一些居民需要的功能、设施和业态，导致公共设施落地难、景观绿化开发难。而有一些老旧小区仅服务本小区居民，公共空间利用率不高，造成资源浪费。不少老旧小区相邻而建，但是因为存在围墙等空间阻隔，在改造中也未实现联动，因此，导致资源共享受限，造成资源配置不合理、不公平，影响片区均衡发展。

此外，单个小区空间小，存量资源挖潜的难度较大。有些小区内部空间规划不合理，即便重新规划，诸如停车位、公共空间等可能依然无法满足小区内部居民需求。不少老旧小区之间、小区周边还存在一些小型的、零散的消极空间未被开发利用，在空间未打通的情况下，这些空间也很难被完全开发利用。

（二）交通路网和市政设施问题难以系统解决

目前多数老旧小区在道路铺装和静态交通等方面问题凸显，存在内部道路路面崎岖、交通组织混乱、停车无序等现象。住宅区交通是城市交通的延伸，道路是住宅区空间形态的第一要素，如果道路交通没有系统完善好，整体规划将无从下手[①]。反之，如果小区周边、外部道路没有经过系统规划，老旧小区内部交通网络即使改善得再好，小区居民的出行问题依然无法彻底解决。

此外，水、电、气、通信等市政设施的改造也会遇到相同的问题，如果片区内老旧小区改造缺乏规划，零星改造会呈现“补丁”效果和反复施工的现象。

（三）碎片化推进造成对项目的“挑肥拣瘦”

在全面推进老旧小区改造过程中，片区内老旧小区改造的时序，一般按照居民改造意愿的强烈程度、项目改造难易程度等情况进行规划。但是受到资金等因素影响，可能会出现项目被“挑肥拣瘦”的情况，即有利可图、影响面较大的项目被优先选择，而改造难度较大、无显著功绩体现的则被留下，最终降低整个片区的居住环境。

（四）重复施工造成扰民和成本浪费

不同于新住宅的建造，老旧小区的改造和居民日常生活是在同一时空内发生的，或多或少会对居民生活产生影响。而片区内碎片化推进老旧小区改造，容易造成重复施工，路段施工组织和施工产生的噪声对居民干扰程度也会增加。

从建设施工成本出发，“老旧小区的改造不同于传统的工程，无论规划设计、建设管理还是工程施工都很繁琐。统一解决老旧小区改造中涉及的造价、采购、选材、产品等问题，统一建设管理，让建设管理更节约。”[②]

此外，在后续长效管理时，单个小区所需的人力和成本同样也比片区化管理要高。可以说，碎片化、零星式、“各自为政”式的老旧小区改造，难以达到较好的空间统筹利用，降低了老旧小区改造的效率和质量，也难以满足老百姓对高品质生活的需求。

五、数字建设匮乏

在发展数字经济的背景下，数字化建设与民生保障的有机结合，能够更好地为社区居民提供便捷生活、高效管理和优质服务。然而目前我国老旧小区数字化

---

① 孔祥骏，顾乃源．老旧住宅区的生存与发展——关于烟台旧区环境改造的思考［J］．设计与案例，2019（2）：108-109.

② 澎湃新闻．智库声音 | 方明：以街区为单元系统整体推动老旧小区改造［EB/OL］．［2021-06-02］．https://www.thepaper.cn/newsDetail_forward_12932842.

建设还处于初级阶段，存在数字化建设缺失，或数字化建设随机性、碎片化、表面化，以及数字化人才缺乏等共性问题。

（一）数字化信息整合问题

目前老旧小区的数字化建设普遍存在零星建设、无序发展的情况，而且由于前期建设缺乏顶层设计，社区内数字化信息因技术、存储等因素难以打通，一个个老旧小区也逐渐沦为“数据孤岛”。

“数据孤岛”的出现，会造成居民无法全面获知社区内的公共服务资源情况，社区基层管理人员也无法全面掌握社区居民的基本信息，最终造成社区数字化信息管理难、共享难、应用难。老旧小区改造前期，需要充分调研小区内部和周边信息，如果社区数字化信息充分整合、同步更新，那么会降低这一工作的操作难度和成本，否则社区基层管理者只能一遍一遍摸查情况，既增加其工作量，又会降低居民配合度。

同时，社区之间信息也需要充分共享，对政府部门来说，只有社区基层信息进入政府数据库，政府才能更大程度发挥统筹作用，而老旧小区作为一个系统工程，需要多级政府、多个部门配合，如果社区内部信息未整合，社区间信息不打通，会导致一些居民的基本信息在多个政府部门系统中重复建设，严重浪费人力财力，增加政府对居民数字化信息的管理难度。

（二）数字化信息安全问题

目前，在老旧小区数字化建设方面，还缺乏一些规范和指导，造成了各小区数字化建设参差不齐的局面。此外，从目前小区数字化建设的现状看，还没有建立完善的数字化信息安全管理制度来规范其发展。

造成这种情况主要有两方面原因：一是因为数字化建设是一个新兴事物，大家虽然知道数据信息能发挥巨大的作用，但是没有意识到数据信息泄露造成的损害；二是因为数字化信息管理人才缺乏，造成对数字化建设的推进更注重建的数量，而缺乏管的质量。

然而，居民基础信息数据属于居民个人隐私，如果没有进行严格的信息安全保护，反而会对居民个人生活造成严重伤害。比如，有些老旧小区改造时，引进了人脸识别门禁系统，需要居民的人脸数据全部录入。那么在这个项目引进时，则需要征求居民的意愿，同时要明确该系统数据信息的保护机制，以防居民数据信息另作他用。

（三）数字化场景应用问题

老旧小区数字化建设应深度探索现代城市的智能化、数字化、网络化理论基础，及时探索、构建、研究能够完全包容并可持续支撑现代城市发展的理论和技术，为城市发展提供通用智能基础设施。

同时，老旧小区的数字化建设绝不是停留在表面数据大屏显示，而是应该结合小区实际情况，提出有区别的、个性化的小区数字化建设解决方案，并应用到各个场景中。比如针对小区老年人多的情况，可以推进互联网医院入驻老旧小区；比如针对小区安保不健全、管理难度大的情况，可以采用智能安防系统、智能垃圾处理系统、智能停车系统，方便对小区人员、车辆进行管理。

第三章

未来社区建设的机与理

从20世纪末开始，现代社会发展速度加快，城乡社会经历剧烈变迁，面对日新月异的发展环境，社会各界陆续开启了对未来社区的探索。国际上对未来社区的建设虽已形成了一批可推广复制的经验，然而，对于如何贯彻未来社区理念的机与理，把握未来社区“现代化”与“未来性”的特征，结合科技变量和先进理念，聚焦新模式、新技术、新产品、新治理，因地制宜地实现我国老旧小区改造与数字赋能、文化建设、长效运维、公共服务等方面的交融聚合，仍是中国未来社区建设实现可持续推进和升级的关键。

第一节　从世界到中国：未来社区的嬗变与升级

从新加坡“Complex模式”，到欧美“BLOCK模式”，再到多伦多“Quayside未来社区”，以及日本“社会5.0”，未来社区模式的创新探索是城市高品质发展水平的重要标志和人类城市文明的不竭追求，引领着未来城市发展和更新的新趋势。“未来社区”建设正以时代新标志、实践新成果爆发出强劲的生命力，受到各国高度重视，也使世界各国在各自的探索实践中取得了不少斐然的成绩和显著的成效。

一、未来社区的国际经验

（一）新加坡“Complex模式”

新加坡“Complex模式”是一种高度复合的住宅综合体开发模式。该模式由新加坡经济发展局主持，通过构建“新镇—小区—邻里”三级结构的综合性规划，配套完善的交通、商业、娱乐和工业等设施，优化土地利用模式。从共享空间的打造，到邻里活动的策划，到居家养老的无障碍设施，再到社区生态的建设，新加坡的社区开发聚焦居民生活的方方面面。具体而言，这套住宅模式成功的因素有三：其一，有系统性的公共空间规划，即注重公共空间与居民室外活动的结合；其二，底层架空的设计既考虑了当地的热带气候，又将底部几层的空间应用为整个邻里社区的公共绿化和公共交往空间；其三，公共空间系统对生活模式的完善，与整体规划下留有的高度公共空间相呼应。

就空间设计而言，在考虑交通、学校、商业和相应配套设施的基础上，该模式尤其强调社区与环境之间的融合。其规划和设计的首要策略正逐步追求自上而下和自下而上相结合，注重同居民的实际需求保持一致，顺应生活方式和期望的改变，悉心营造出界定清晰的、体现人性关怀的高品质空间，吸引居民参与和互动，增进社区的归属感和凝聚力。

在解决养老问题方面，新加坡的养老模式具有突出的优越性。新加坡早在1988年就开始为失能、半失能老人提供以医疗服务为主的社区照顾服务，时至今日已发展成为全方位的、以满足发展需要为主的社区居家养老体系[①]。首先是基础养老设施方面，由公共财政和社会募捐共同承担。在基础设施的建设上政府也进行了周密且人性化的考虑，推出了“幸福老龄化计划”，社区内留有充足的老人活动空间，并常常举办趣味性活动供老人参加，丰富他们的老年生活。对于养老服务，新加坡并未靠拢西方的福利制度，而是采取政府主导、民众自主的方式。主要是在政府的带领下，引导社会组织、企业、志愿团体等加入，形成多元化的社区服务网络，并大大减轻其财政压力。再就是新加坡有十分健全的法律制度予以支撑，“新加坡在对老年人权益的保障方面一直走在前列，是第一个将赡养父母写进法律的国家”[①]，在养老服务质量上也有相应的法律条文保障。

随着居民需求的不断变化，邻里中心模式发展起来。邻里中心模式是“Complex模式”的继承与发展，它使邻里间的联系更加紧密。邻里中心注重与医疗、养老、儿童照料等公共服务设施相结合，并应用立体绿化、新能源等技术，在功能业态和空间形态上都有很大创新[②]。空间形态上，新加坡考虑到当地炎热多雨的气候，为居民打造了半室外的交往空间，保障居民在实现邻里交流的同时不受天气影响。同时，延续并优化了之前模式的布局，借四通八达的空中连廊，连接邻里中心与轨道站点、城市公园绿道以及周边相邻组屋，并且还带有高绿化率的社区公园和屋顶花园等（图3-1）。其设计内核是“以促进全龄活动交流为目标的公共场所设计，以提高全天候可达性为目标的交通组织设计，以生态低碳为目标的绿色建筑设计”。邻里中心的建设运营由政府统一管理和负责，也鼓励其他企业或组织参与开发和运营。

该模式在规划上体现了邻里中心“以人为本”的基本目标导向。邻里中心的设施是家庭生活和文化交流活动的延伸，满足了居民生活圈层的基本需求，公共活动中心打破了邻里交流的空间障碍；在功能设置和活动组织上，以居民需求为依托、以数字赋能为手段，搭建起人性化、智能化、多元化的“邻里中心”；还在加强生态建设、改善居民居住环境方面下足功夫，既顺应了城市绿色低碳的需

---

① 王亚南. 新加坡社区养老服务对我国社区养老建设的启示［J］. 淮南职业技术学院学报，2019，19（1）：142-144.

② 陈程，富强，俞一杰. 未来社区理念下新加坡邻里中心模式的借鉴与思考［J］. 浙江建筑，2021，38（3）：4-10.

图3-1 新加坡社区
（来源：unsplash）

求，又为居民提供了优质的生活空间。同时，邻里中心又是“政府调控下的商业行为，在政府的支持下，邻里中心为社区居民提供教育、文化、体育、生活福利等服务，这种不断完善的商业组合，取得了相当可观的经济效益，还提供了很多就业机会”[①]。这种政府与商业组织的配合，不仅满足了社区居民全龄段的生活需求，还在很大程度上促进了社区经济生态的可持续发展，为我国社区经济生态结构的完善提供了良好范本。

（二）欧美“BLOCK模式”

“BLOCK模式”即Business、Lifeallow、Open、Crowd和Kind五个英文单词的缩写集合，是一种起源于西方国家的街区设计理念，包含居住、商业和休闲配套等融合在内的新型居住模式。这种模式面向城市，开放极具人气、亲切和谐的邻里交流空间和极具艺术情调的停留空间，既是生活化的场所，又能实现商业价值。

法国巴黎地区划分了数十个步行街区（图3-2），街区间的短距离规划促使政府倡导步行与公共交通两种出行方式，并推出“周末期间免费提供公共交通和共享单车”的政策，一方面是为打造方便快捷的生活圈，另一方面是对贯彻落实低碳环保行为的呼吁。

---

① 张汉东. 新加坡社区“邻里中心”对浙江的启示［J］. 浙江经济，2018（23）：21.

图3-2 法国巴黎街区
（来源：unsplash）

而后各国专业学者又通过不同的理论指导，将“BLOCK模式”不断深化。

新城市主义理论。20世纪80年代，美国居民广受城市交通拥挤的困扰，纷纷迁往郊区。由此，新城市主义理论出现，旨在重新定义城市，并塑造有生活氛围的紧凑型城市住区。在新城市主义理论的指导下，社区成为有明显分界线的城市独立区域，打造了一个集住宅、休闲和商业等不同性质于一体的开放型生活空间，具备功能混合且形式多元的特性。城市理论家简·雅各布斯（Jane Jacobs）认为，充满活力和多样性的城市和住区应具备：城市活动的高密度、混合的土地使用、小尺度步行友善的街区和街道、保护古建筑并与新建筑相结合这四个先决条件[①]。新城市主义也逐渐成为美国在城市和居住街区发展领域最具影响的住区理论，它的实践模式包括TND和TOD两种模式。TND模式是一种在更高层次上重新配置社区资源，最大限度发挥社区功能的社区模式，主张小尺度的街区、网络状的街道、系列多样化的开放空间、不同功能的混合；TOD模式则强调以公交站点为中心，步行距离为半径的区域作为基本单元，通过公共交通线路将社区连接起来，形成一种高密度、多功能混合的社区，该模式针对小尺度并且是适宜步行的街区尺度，强调中强度的混合的土地使用、高密度的网状道路和一系列公园和开放空间[②]。新城市主义强调功能混合，实现了公共空间利用率的最大化，

① ［加］简·雅各布斯. 美国大城市的死与生［M］. 金衡山，译. 江苏：译林出版社，1992.
② 王红卫. 城市型居住街区空间布局研究［D］. 广州：华南理工大学，2012.

即使在高人口密度的住宅区也能满足居民的多样化生活需求；紧凑型的社区布局，使城市能够充分发挥其功能。

社区适宜居住理论。该理论源于城市居民向郊区的大规模搬迁，引发郊区周边基础生活设施、住宅的无序化分布，居民的生活体验大大降低，于是人们开始探讨适宜居住性社区的模型。主要包含以下内容：

（1）多样化的土地利用：具有混合土地使用的住区和适合各个阶层混合的住区，为各个收入阶层的人们提供高质量的住宅类型。

（2）吸引人的、以步行为主的公共领域：以步行交通为主的社区，是人们希望居住、工作、学习和休闲娱乐的地方，是最适宜居住理论的重要组成部分。

（3）交通选择的多样性和没有交通拥堵：一个适宜居住的社区的道路体系应该呈现出网络式的结构，这样可以提供更多的出行路径，避免交通拥堵。

（4）方便的社区公园和开敞空间：建造一个连续、变化、多功能的公共开敞空间系列，并将众多开放空间有机组合在一起，形成一个完整的整体。

（5）强调当地文化、历史和生态：创造一个富有地方特点的社区，保护历史文化建筑和设施，形成有历史感的社区文化，防止住区的单调和千篇一律。

（6）安全感社区：主张社区应该为社区居民所接受，让所有居民都有一种归属感。倡导社区和谐，混合不同类型的住宅，容纳社会各个阶层的居民，使所有人都感受到家的温馨。安全是产生社区感的前提，混合性社区使社区街道充满人流和各种社区活动，也使社区时刻在人们的视线中，这是保证社区安全的最重要手段。

“开放式居住街区”模式。20世纪80年代后，大量的现代化社区建设，带来的是一成不变的城市住宅规划布局，呆板的空间分布和单调的景观建设，还造成了城市功能低下、居民生活不便、交通拥挤等一系列城市问题。网状式城市道路系统改善了交通拥挤的局面，紧凑式街区布局使“步行式生活圈”再次回归，丰富的城市景观也为步行生活增添色彩，复合型的功能布局和大面积的开放空间促进了居民交流，各项设施重新回归生活本身。

街区式住区是一种全新的社区模式，强调街区是组成城市的基本元素。它提倡住区应该是适合步行的紧凑式混合街区，有功能混合的土地使用和混合的住宅类型，重建富有活力的城市街道。

（三）加拿大“Quayside未来社区”

2017年10月，多伦多政府与谷歌旗下的智能城市子公司步道实验室

（Sidewalk Labs）达成协议，将联合开发多伦多市中心以东的工业滨水区。第一阶段的开发区是码头区（Quayside），占地面积约5hm^2，将采用最新的设计思路和最先进的科技手段重塑废弃水岸。项目团队征求了全市居民、研究人员、社区领袖和政府机构的意见，确定了打造水岸之城的核心理念——建设“以人为本的完整社区”。

2019年6月，在经历了18个月的公众磋商之后，步道实验室公布了多伦多东部海滨的创新与发展规划——《多伦多的明天：实现包容性增长的新路径》（*Toronto Tomorrow: A New Approach for Inclusive Growth*）。这一计划的核心是采用软硬一体化技术，通过大量传感器，搭建一个使物质空间层面与科技数据层面能够相互渗透的标准化平台，从而更好地了解人们居住和出行等问题，精确匹配城市服务的供需，改善城市生活体验。物质空间层面，从建筑、交通、公共空间、基础设施四个方面来创造更加灵活开放的城市空间，创建一个新的“海湾”，新公共空间以水为中心，将所有人连接到湖滨。科技数据层面则作为变革性元素贯穿物质空间的各个方面，通过分布在整个社区的传感器，在信息技术支持下构建数字化运营的模型，用数据感知的方式收集社区周边环境的实时数据并反馈到中心地图，便于人们理解和改善社区，打造宜居宜业宜游社区的同时，实现低碳化生产生活、低成本居住、高效率交通等目标。

创新与发展规划还提出“Quayside未来社区”建设的五大创新措施：交通、公共空间、建筑和住房、可持续性、数字创新。

（1）交通

设计以人为本的街道系统，将街道级别分为林荫大道（Boulevard）、公交专用道（Transitway）、交通支路（Accessway）以及步行巷道（Laneway），将四种类型的街道巧妙结合在一起，形成一个完整的交通网络，这是整个“城市创新”部分所描述的交通创新的基础。项目团队还专门设计了集成加热、照明和渗透功能的六边形模块化路面铺装，其能够对天气和交通情况进行实时响应，通过LED灯不同颜色的变化对路权进行重新分配，形成新型功能路面组合，满足道路交通不断变化的趋势，使街道空间富有弹性和韧性。

扩展公共交通系统，将轻轨沿海滨延伸，释放东部海滨的潜力；推行15分钟街区计划，扩大安全、舒适的步行和自行车网络，鼓励自行车共享，提供电动自行车和其他低速车辆选择；利用新的交通和自动驾驶技术打造行人友好型社区，采取自适应交通信号技术确保行人的安全和优先权；重新设想城市物流体系，通过协调垃圾、场外储存和借用、集中进出口货物，大大减少当地街道上的交通流量。

（2）公共空间

为了实现完整社区的愿景，步道实验室认为最关键的切入点是建立舒适的公共空间，包括公园、小市场、底层零售空间、人行道以及任何能够让人们聚在一起的地方，即能够对社区中人们的实际需求作出空间响应的场所（图3-3）。

图3-3 Quayside未来社区效果图
（来源：Archdaily）

创造更多的开放空间，将街道空间重新回收并主要供行人使用，最大限度地建设新公园、广场和开放空间。提升开放空间使用率，促进街道的设计创新，将增加至少91%的行人空间。重塑建筑底楼的作用，将步行巷道沿街的建筑底层空间全部变成公共区域，为公众提供室内室外无缝交融的体验。设计适应各个季节的户外舒适系统，做到四季都舒适宜人，增加33%的居民底层活动空间，倡导人们在户外共度更多时光。

（3）建筑和住房

为加快施工进度，在社区建设中大规模采用木结构建筑。这一设想的背后是因为加拿大拥有得天独厚的木材资源作为强有力的支撑，不仅可以使项目进度提高35%，还能够有效降低建设成本，扩大住房负担能力，实现比市场价格低40%以上的住房计划，大大提高未来社区的整体可操作性。

改进家庭空间布局，建造一个适合多种用途的“阁楼”空间，一个灵活的廊柱底层空间，以及可适应自动驾驶的灵活停车库。通过加快建筑室内墙系统的修缮、翻新进程，使得建筑空间实现更加高效地转手、再利用；设计经济实惠且空间灵活的住房单元，帮助社区和家庭发展。

（4）可持续性

创建低能耗建筑，“被动地”保持舒适的室内温度，不需要主动加热和冷却装置，从而减少能源需求。优化建筑能源系统，未来的建筑能源调度人员，将通过综合建筑内外部实时系统的信息数据，来管理能源使用的系统和设备，甚至能考虑到诸如天气等外部因素。减少垃圾并改进回收利用体系，社区中构建的垃圾智能处理链，从一组气动垃圾槽开始，就能够保证垃圾“流”的分离，减少污染。这些倾倒垃圾的斜槽将废物运输到附近的一个地下收集点，以待后期集中清理。有机垃圾还能转变为清洁能源，在拟建的垃圾处理系统中，有机垃圾将从邻近的收集点输送到厌氧处理设施，以转化为清洁的沼气和肥料。积极管理雨水，雨水管理系统通过使用绿色基础设施（例如树木种植和土壤细胞）作为雨水保留的第一步，减少了对大型地下储罐和管道的需求。建立可持续发展的新标准，构建真正气候友好的社区蓝图。

（5）数字创新

Quayside未来社区拥有100%的WiFi和5G网络覆盖。为居民提供更经济、更灵活的数字基础设施；设置开放安全的数据标准；创建可靠数据使用的新流程；推出能够对接第三企业的核心数字服务，促进数字创新以应对城市发展的挑战。

所有的一切都描绘出一个科技与生活和谐交融的未来城市蓝图，步道实验室希望通过技术手段，打造一个乌托邦式的智慧城市，使多伦多成为全球正在快速兴起的城市创新的新型工业中心，将该项目打造成多伦多乃至全世界的可持续社区典范。

遍布街区的传感器可以从市民和城市基础设施处收集到海量的数据，而如何处理好数据收集和隐私保护之间的平衡，成为人们担忧数字压迫的起点。多伦多市议员提出，这座智慧城市将基于数据和算法运转，而不是公民的决议。那么，谁是未来城市所有数据的拥有者和管理者？谁有权操控这些数据？哪些法律条例将被应用？在街道尺度，另一个担忧是城市创新被放大的同时会削弱人际间的交流。如果河岸的椅子通过线上方式被预约，那么邻里间还有机会见面吗？如果人们通过APP预定食物并在分开的柜台取餐，人们无须交流就可以取到食物，这就削减了城市中人与人的大量互动。

虽然“Quayside未来社区”计划拥有许多创新和可持续的概念，但围绕连接性建立社区的想法已经引发了当地居民对隐私和数据收集的担忧，加上新冠肺炎疫情来袭引发经济发展的不确定性。

2020年5月，这个曾举世瞩目的未来城市项目仅走过了不到四年时间便遗憾地宣布终止。但多伦多水岸之城项目失败的背后，本质上是一场对于隐私不同理解的“数据邻避”冲突。智慧街区带来的究竟是技术赋权还是技术缚权？获取、发掘与运用用户数据服务于城市治理的同时，如何实现数据的合理合法使用？这些问题都为后续城市的数字化转型探索提供了深刻警醒。

（四）日本“社会5.0”

近几十年来，日本社会发展条件日趋复杂，发展环境持续变化，经济发展阻碍重重。其中，人口挑战极为显著。2019年日本自然人口减少51万人，连续12年刷新历史新高；截至2018年底，日本65岁及以上人口占总人口的28.4%，少子化、老龄化社会现象日趋严重。其次，自20世纪90年代金融和财产泡沫破裂以来，日本一直面临经济放缓、部分生产设施空心化的症结，以及其他国家，特别是亚洲其他地区经济和技术竞争加剧的问题，使社会矛盾加重、社会发展受阻。此外，2020年新冠肺炎疫情的爆发，也让日本经济形势雪上加霜。

在人口老龄化对国内社会影响日益明显的情况下，出于满足经济社会发展的需求，日本政府在《集成创新战略2020》中提到要推动形成生态系统枢纽城市、实现智慧城市（社会5.0）并走向国际，与各国智慧城市建立数据合作基础，共通城市数据架构和协作，最终形成全球智慧城市联盟等联合体，为国内人口和经济发展提供较好的基础，实现居民便捷生活、健康长寿的宜居智能化社会，为经济发展提供助力。

“社会5.0”是一个以人类为中心的社会，在这个社会中，任何人都可以享受充满活力的高质量生活。它是继狩猎社会（1.0）、农业社会（2.0）、工业社会（3.0）和信息社会（4.0）之后形成的“超智能社会（5.0）”。它的定义是：在必要的时候，向必要的人提供必要的东西和服务，能够细致地应对社会的各种需求，所有的人都能接受高质量的服务，并克服年龄、性别、地区、语言等各种差异，实现舒适生活的社会。

物联网、大数据、人工智能和机器人将成为实现“社会5.0”的基础。例如人工智能对大数据进行分析，并将分析结果反馈给人类所在的物理空间。机器人参与到人们的日常生活中，解放人类的双手。所有人的生活将更加舒适，健康、移动、制造业、基础设施和城市建设、金融等方面将更为可持续。日本力求使“社会5.0”成为现实，成为一个将这些新技术纳入所有行业和社会活动的新社会，同时实现经济发展和社会稳定的目标。

总体来说，上述例举的智慧城市建设是世界各国应对城市化成熟阶段各类社会挑战的最新成果，是经济和技术发展进步的显著体现，是大胆而创新的探索，特别是其中各种高新技术的发展和融合，代表的是未来发展的大趋势。放眼世界，取长补短，谋划未来城市，编织城市未来，无论是日本经验还是德国实践，都需要社会各界坚持不懈地研究、探索和实践，形成符合中国国情和实际的解决方案。

二、未来社区的中国探索

（一）上海“15分钟社区生活圈”探索实践

在2014年10月的首届世界城市日论坛上，上海率先提出了“15分钟社区生活圈”的概念——强调在步行15分钟以内的生活范围，满足人民日常生活的基本需求。基于此，上海分三个阶段进行了探索，构建了一个自上而下和自下而上相结合的工作机制，逐步形成了一套有理念、有规范、有方法的完整模式。

2016年8月，上海市规划和国土资源管理局发布了全国首个《15分钟社区生活圈规划导则》（下称《导则》），提出15分钟社区生活圈是上海打造社区生活的基本单元（图3-4、图3-5）。2017年12月，国务院正式批复了《上海市城市总体规划（2017—2035年）》（下称“上海2035”）。“上海2035”进一步提出构建15分钟社区生活圈，使得行动影响力和受益面进一步扩大。城镇社区生活圈按照步行15分钟可达的空间范围，完善教育、文化、医疗、养老、体育、休闲及就业创业等服务功能，提供全年龄段学习成长环境，建设老年友好型城市，打造全时段运营的城市，形成宜居、宜业、宜学、宜游的社区生活圈。

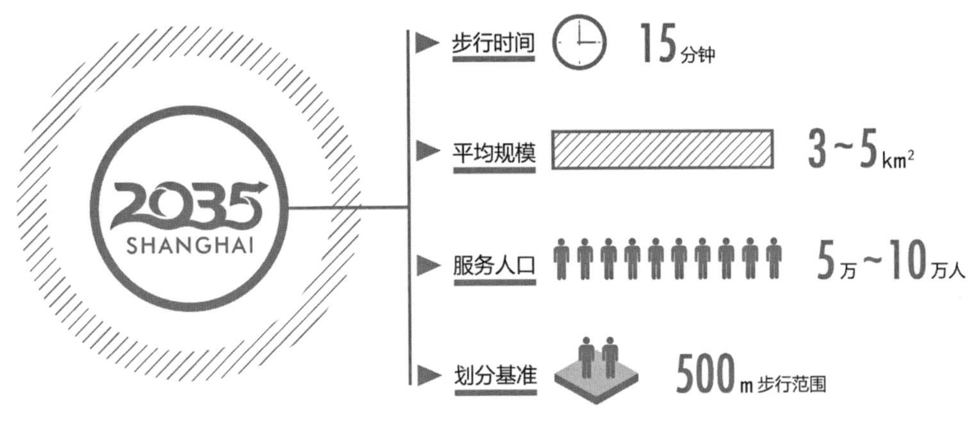

图3-4 15分钟社区生活圈示意图（自绘）
（数据来源：《上海市城市总体规划（2017—2035年）》）

城镇社区生活圈建议配置：

公园

3000 m² 的社区公园

每 500m 服务半径布局一处社区公园面积不小于 3000m²

公共空间

4 m²/ 人的社区公共空间

包括社区公园、小广场、街角绿地等，实现人均 4m² 的规划目标

90% 的 5 分钟步行可达覆盖率

每个居民 5 分钟能步行至公共开放空间的可达覆盖率约 90%

社区文体设施

15 分钟步行可达

社区文化活动中心、青少年活动中心

健身馆、游泳池、运动场等

社区商业设施

社区菜场、社区食堂等

家政服务、修理服务、快递收发、菜店等

社区医疗养老设施

社区卫生中心

卫生服务站、老年人日间照料中心

老年活动室

社区教育设施

初中、高中

小学、婴幼儿、儿童托管点

幼儿园

按需设置老年学校、职业培训中心、儿童教育培训等社区学校

图3-5　城镇生活圈建议配置内容

（数据来源：《上海市城市总体规划（2017—2035年）》）

2019年起，上海选取了15个试点街道全面推动“社区生活圈行动”，组织开展三年行动计划，发挥街道在社区治理方面的群众基础和独特优势，发挥规划资源在空间统筹上的作用，更大范围强化行动的整体性、系统性和协调性，更好地发挥社区生活圈为人民服务的作用。针对空间品质和社区治理两大短板，聚焦规划空间统筹和资源政策供给，尤其充分运用“城市体检”等空间信息化手段为社区“问诊把脉”，重点提升教育、文化、医疗、养老、体育、休闲及就业等设施的配建水平和服务功能。工作方式从单一方式、单一项目，转变为多目标、多项目地协同推进，把散点条线的更新，提升到了区域系统的实践。《导则》中的服务设施设置标准如表3-1所示。

《导则》中的服务设施设置标准　　表3-1

类型		项目	步行可达距离	最小规模（m²/处）
文化设施	基础类	社区文化活动中心、青少年活动中心（图书馆、信息苑等）	15分钟	4500
	提升类	文化活动室（棋牌室、阅览室等）	10分钟	200
教育设施	基础类	幼儿园	5分钟	5500
		小学	10分钟	10800
		初中	15分钟	10350
		高中		13300
	提升类	社区学校（老年学校、成年兴趣培训学校、职业培训中心、儿童教育培训）	—	1000
		养育托管点（婴幼儿托管、儿童托管）	10分钟	200

续表

类型		项目	步行可达距离	最小规模（m^2/处）
医疗设施	基础类	社区卫生服务中心	15分钟	4000
		卫生服务站	10分钟	150～200
养老福利设施	基础类	社区养老院（养老、护理等）	—	3000
		日间照料中心（老人照顾、保健康复、膳食供应）	10分钟	300
		老年活动室（交流、文娱活动等）	5分钟	200
		工疗、康体服务中心（精神疾病工疗、残疾儿童寄托、残疾人康复活动场所、康体服务等）	—	800
体育设施	基础类	综合健身馆	15分钟	1800
		游泳池（馆）		800
		运动场（足球场、篮球场、网球场、羽毛球场等）		300
	提升类	健身点（室内、室外健身点）	5分钟	300
商业设施	基础类	室内菜场（副食品、蔬菜等）	10分钟	1500
	提升类	社区食堂（膳食供应）	10分钟	200
		生活服务中心（修理服务、家政服务、菜店、快递收发、裁缝店）	5分钟	100

注：1. 步行可达距离：5分钟（200～300m）、10分钟（500m）、15分钟（800～1000m）；
2. 本表根据《导则》整理。

2019年11月，习近平总书记在上海考察的时候提出了“人民城市人民建、人民城市为人民”的重要理念，深刻回答了“建设什么样的城市，怎么样建设城市”这一重大命题。15分钟社区生活圈是践行“人民城市”理念的重要抓手，是推进人民城市建设的出发点和落脚点，有助于充分挖掘存量空间资源，全面提升空间治理水平和空间品质，最终实现城市的内生发展。

2021年6月，在充分吸收上海、北京等地实践经验的基础上，自然资源部批准、发布行业标准《社区生活圈规划技术指南》TD/T 1062—2021（以下简称《指南》），并于2021年7月1日起实施。2021年9月，在上海城市空间艺术季开幕式上，上海等52个城市共同发布了《“15分钟社区生活圈”行动·上海倡议》。结合2021上海空间艺术季的举办和《指南》的实施，进一步把相关理念和行动向全国推广。

从概念的提出到倡议的发布，7年时间上海做了诸多努力。一个个艺术园区、一个个健身苑点将上海的高楼大厦、弄堂小巷逐一点缀，最终形成一张“15分钟社区生活圈”的大网。

新冠肺炎疫情发生以后，国际社会对社区在城市生活中的作用越发重视，对社区功能的要求更加复合化。以社区应对城市问题，让居民回归社区，提高健康人居环境正在成为国际共识，巴黎“15分钟之城”、墨尔本“20分钟社区”、渥太华“15分钟社区”等实践，与我国“15分钟社区生活圈”的理念高度契合。

中国“15分钟社区生活圈”的思想理念和生动实践，不仅在推动生态文明建设和以人为本的新型城镇化中发挥重大作用，也成为后疫情时代全球健康城市、宜居城市、智慧城市的重要组成部分。

（二）青岛“成坊连片”改造模式

青岛市自2016年启动了城镇老旧小区改造工作，可分为三个改造阶段。第一阶段：2016～2019年，青岛市城镇老旧小区改造投入的资金仅为100元/m^{2}左右，改造内容限于拆违拆临、安防设施、环卫设施、道路整治、建筑物修缮等基础类，这是青岛市城镇老旧小区改造的1.0版本。第二阶段：2020年以来，青岛市坚持基础类应改尽改的同时，对于“建筑节能改造”“海绵城市”“无障碍及适老设施”等完善类，以及“养老设施”“文化设施”“社区食堂”“智慧社区”等提升类两类改造，实行能改则改的政策，大幅提升了改造标准。第三阶段：2022年计划改造老旧小区803万m^2，计划投资39.6亿元，平均改造成本约为493元/m^2。这是青岛市城镇老旧小区改造的2.0版本。

随着这项民生工程的逐渐深入推进，青岛市老旧小区改造工作“迭代升级”的脚步还在继续。青岛市的相关政府部门和业内人士发现，仅靠老旧小区改造难以满足群众对于公共服务的需求，因此，提出以老旧小区改造为核心，形成“成坊连片”的老旧街区（老旧小区）改造模式，打造市政配套设施完善、公共服务设施健全、社会治理体系完备的街区，进而更好地满足人民群众对美好生活的需要。目前，青岛市正在研究制定相关政策，即将启动试点工作，这也标志着青岛市城镇老旧小区改造迈向“以老旧小区改造为核心，形成‘成坊连片’的老旧街区（老旧小区）改造模式”的3.0版本。

2021年1月，青岛市发布《关于加快推进城镇老旧小区改造工作的实施意见》（下称《实施意见》），根据工作目标，到“十四五”期末，力争基本完成2000年12月31日前建成的城镇老旧小区改造，按照急缓程度、结合财力状况推进2005年12月31日前建成的城镇老旧小区改造，改善居民住房条件，促进区域经济发展，提升基层治理能力。

《实施意见》规定了老旧小区的改造范围。城镇老旧小区是指2005年12月31日前在城市国有土地上建成，失养失修失管严重、市政配套设施不完善、公共服务和社会服务设施不健全、居民改造意愿强烈的住宅小区。城镇老旧小区改造是指对城镇老旧小区及相关区域的建筑、环境、配套设施等进行的改造、完善和提升（不含住宅拆除新建）。符合条件的部队零散公寓应纳入改造。

在改造内容方面，应按照基础、完善、提升三类，对城镇老旧小区和周边区域进行丰富和提升（表3-2）。

青岛市城镇老旧小区改造内容清单 表3-2

类别	序号	内容	要求	选项
基础类	1	拆除违法建筑	拆除小区内违法建筑，清理小区乱堆乱放，恢复小区空间	必选
	2	道路铺装	硬化小区道路、活动场所，维修破损甬道	应选
	3	海绵化改造	通过透水铺装、下沉绿地、模块化蓄水池、雨水花园等技术措施，建设海绵型小区	应选
	4	完善公共照明	更新、补齐公共部位照明设施	应选
	5	完善专营设施	改造和完善小区供水、供电、供气、供暖、雨污分流排水、通信设施设备，保障安全使用	应选
	6	管线改造规整	小区架空线路实施入地改造，管线规范整齐，无乱拉乱搭现象	必选
	7	健全安防设施	加装、维修监控设施设备和单元防盗门，保障小区安全	自选
	8	加强消防安全	完善消防设施设备，配备消防器材，设置消防车通道、消防救援场地、消防标识	必选
	9	完善环卫设施	设置垃圾分类箱，实施垃圾分类投放	应选
	10	环境绿化提升	增补小区绿色植被，绿植布局合理，养护到位，无裸露土地	应选
	11	建筑物修缮	加固外檐、围墙，维修屋面、楼道，补齐门牌、楼牌	应选
	12	加强物业管理	引进物业管理企业，实施物业管理、业主自治管理或网格化管理	必选
完善类	13	公共服务管理	增建社区服务、党员活动、物业服务用房、公安警务用房	应选
	14	建筑节能改造	实施节能保暖改造	必选
	15	完善停车设施	合理设置停车场地，有条件的建设立体停车位	应选

续表

类别	序号	内容	要求	选项
完善类	16	增设无障碍设施	补充增设小区盲道、坡道等无障碍设施，方便残疾人、老年人等出行	必选
	17	增设健身设施	具备条件的小区，增补完善配置体育健身设施及休闲娱乐场所，满足小区居民健身锻炼、休闲娱乐需求	自选
	18	电梯加装	遵循居民自愿原则，实施加装电梯改造	应选
	19	完善快递服务	增设智能信报箱、快递驿站	应选
	20	增设充电设施	合理设置电动车停放场地、集中装配充电位	自选
	21	设置宣传栏	在小区适当位置设置包括垃圾分类在内的公示栏、指示栏（牌）、宣传栏、信息发布栏	应选
	22	便民市场建设	新建、改建便民市场、超市、便利店，满足居民生活需求	应选
	23	卫生健康服务	新建、改建社区卫生服务机构，满足基本医疗和基本公共卫生服务需求	应选
提升类	24	养老设施建设	每个社区建成1处居家社区养老服务站	应选
	25	托幼设施建设	新建、改（扩）建托育、托幼（小学生管护）服务设施、场地	自选
	26	增设家政服务	引进家政服务机构，满足居民日常需求	自选
	27	智慧社区建设	根据居民需求，推进智慧社区建设	自选

注：1.“必选”是指只要有改造必要，必须无条件实施改造；
2.“应选”是指对于有必要改造的内容，视小区客观条件和多数居民意愿，实施改造；
3.“自选”是指资金满足需要、小区客观条件具备、多数居民同意的情况下，可纳入改造。

基础类主要包括拆违拆临，改造安防、环卫、消防、道路、照明、绿化、水电气暖、光纤设施，进行建筑物修缮、管线规整（入地）、垃圾分类等。

完善类主要包括完善社区和物业服务用房、公安警务用房、智能信报箱和文化、体育健身、无障碍、卫生健康、交通安全设施，实施建筑节能改造、海绵化改造、加装电梯、停车场建设等。

提升类主要包括提升养老、托育、托幼、家政、商业以及智慧社区等服务功能。

青岛市于2022年初启动了城市更新和城市建设三年攻坚行动，将老旧小区改造作为一项重要任务。2022～2024年，计划开工城镇老旧小区1108个，惠及居民30万户。力争实现主城区范围内2000年底前建成的577个老旧小区改造清零，惠及居民17万户。

2022年是青岛市三年攻坚行动的开局之年，老旧小区的改造也在快马加鞭。2022年，青岛市改造老旧小区318个，涉及居民约9.3万户，改造体量较2021年增加102个小区、2万多户。这些数据的变化，也折射出青岛老旧小区改造工作正在“加速破题”，不仅在改造数量上不断提速，还在改造质量上持续突破。如今，居民共担、长效管理、协同改造等多项创新机制的探索建立，从资金、政策、技术方面全方位支持老旧小区改造工作落位，让青岛市老旧小区改造的实施路径越走越宽。

1. 创新集资路径，引导居民共担

老旧小区改造，资金保障是关键。《实施意见》提出了六大资金保障，其中包括落实财政资金、加大信贷支持、鼓励专营单位投资、引入社会资本、引导居民出资、创新融资模式。2021年，青岛市积极拓宽老旧小区改造资金来源，降低对财政资金的依赖。根据去年的统计数据，区（市）基层财政直接投入资金占比仅为12.52%，即以不足13%的基层财政为支点，撬动了27亿元的老旧小区改造资金。积极引入社会资本，引导居民“适当出资”，让老旧小区改造加速落地。改造中，不仅要让居民愿意出资，还要做到让居民感到物有所值、物超所值。青岛一个又一个老旧小区如愿焕发新活力，背后是其探索老旧小区改造居民出资建设模式的一次次成功的实践。

2021年，青岛市出台的《西海岸新区老旧小区改造工作实施方案》创新采用老旧小区改造“入围打分制”，根据评分高低在年度投资计划限度内筛选实施改造的小区，确定改造计划。其中，居民改造意愿、业主出资情况都是重要得分项。社区能否“借力”破题？隐珠街道金河社区党委书记在得知政策后，第一时间召集安居小区党员、居民代表和小区物业召开改造方案实施会议。小区党员代表迅速行动，建立业主群，在群里用通俗的语言解读政策，居民代表与社区人员同步入户填写征求意见表。仅用时3天，就收到295张同意书，占总户数的92%；又用时3天，完成了290户的自筹金收取。在确定改造范围后，社区党委书记带领工作人员继续畅通协商议事渠道，并收集民需、汇聚民智，邀请居民全过程参与监督，及时根据居民提出的建议优化改造方案，让小区改造真正“改”到了居民心坎上。

2. 完善政策支持，优化审批流程

在完善支持政策方面，首先应规划土地政策。对在城镇老旧小区内及周边新建、改扩建公共服务和社会服务设施的，在不违反国家有关强制性规范、标准的前提下，可适当放宽建筑密度、容积率等技术指标。因改造利用公共空间而新建、改建各类设施涉及影响日照间距、占用绿化空间的，可在广泛征求居民意见基础上一事一议予以解决。建立支持大片区统筹改造或跨片区组合改造、城镇低效用地再开发项目统筹谋划、深入挖掘城镇老旧小区内空间和周边零星碎片化土地资源等相应的土地出让支持政策。

为了保证三年攻坚行动计划的顺利推进，青岛市成立了城市更新和城市建设总指挥部，统筹安排老旧小区改造等三年攻坚任务；成立了旧城旧村改造建设指挥部，具体负责统筹推进全市城镇老旧小区改造工作；同时在各区（市）组建旧城旧村改造指挥分部，具体负责实施辖区内老旧小区改造工作。这种三级指挥体系能够有效发挥集中力量办大事的制度优势。

针对318个小区的年度攻坚任务，建立项目台账，确保责任分工到人、压力传导到位，加强与区（市）对接。以老旧小区加装电梯为例，通过这种畅通的工作机制，将老楼加装电梯数量由原来的247部提高到377部，增加130部；积极优化审批流程，建立了由住房和城乡建设、发展改革、财政、自然资源规划、园林林业等部门对项目改造方案的联合审查机制，压缩审批时间约15天；组织各区（市）按照就近原则将318个小区捆绑打包成120个项目，统一开展项目前期工作，压缩了1/2以上的前期工作量。

3. 成坊连片模式，强化长效管理

在青岛市过去的试点工作中，是以一个街道为整治主题，形成了“各自为战”的局面，没有集中有效的资金来打造“以点带面”这种扩展形式。2022年，青岛市旧改开始尝试采用针对整个市南区连片的总体化设计，来加快提升整个市南区老旧小区的建设进度。而针对老旧小区改造的新需求，提出了从全局规划、资金筹措、一体化实施、长效运营、基层治理、片区商业激活、区域经济激活等多方面入手的新举措，为多种类型城市的老旧小区改造、城市有机更新探索提供可行路径。

未来老旧小区改造，除了将形成成片改造模式之外，还要植入大数据和5G技术的应用，让众多老旧小区也能用上高科技。在社区搭建智慧管理平台，不仅可以运用大数据对居民进行有效管理，各种安防摄像头甚至可以准确抓拍高空抛物，捕捉识别公共场所老人跌倒的动作，并及时帮忙报警。智慧水表系统更是可以每半小时进行自动扫描，发现“长流水”时自动报警。

由街道办事处会同区（市）物业管理部门在征求居民意见的基础上，对拟纳入改造的城镇老旧小区先予确定物业管理方式，推行社区党组织领导下的社区居委会、业主委员会和物业服务企业事务共商协调联动的管理模式。改造后的老旧小区实行分类施策管理，建立健全城镇老旧小区房屋专项维修资金归集、使用、续筹机制，促进改造后的小区实现自我管养。

（三）厦门“完整居住社区”的创新实践

完整居住社区是未来社区理念的重要组成部分。然而我国不少居住社区存在规划不合理、设施不完善、公共活动空间不足、物业管理覆盖面不高、管理机制不健全等问题，与人民日益增长的美好生活需要存在一定差距。正是在这种情况下，“完整居住社区”概念应运而生。

2012年福建省住房和城乡建设厅以“点-线-面”三个层次开展完整社区实施计划。厦门以《美丽厦门战略》为引领，发动群众共同参与完整社区建设，在实践中实现了由试点探索、典型培育向全面推进的转化。厦门完整社区则采用了“六有”“五达标”“三完善”“一公约”的指标体系（表3-3），要求在城市社区里要有1个综合服务站、1个幼儿园、1个公交站点、1片公共活动区、1套完善的市政设施、1套便捷的慢行系统；要求外观整治达标、公园绿地达标、道路建设达标、市政管理达标、环境卫生达标；要求有完善的组织队伍、完善的社区服务、完善的共建机制；要求制定形成社区居民公约。

厦门完整社区指标体系　　表3-3

指标	内容	具体措施
六有	1个综合服务站	提供基本的社区服务、卫生服务、养老服务，提供图书等文化资源，设立社区快递点等
	1个幼儿园	考虑儿童出行的交通安全性，避免大门出入口直接面对车流量大的公路
	1个公交站点	尽量在居民步行区500m范围内，综合设置自行车停车设施
	1片公共活动区	利用街头巷尾、闲置地块改造为公共活动空间，在老龄化社区注重建设无障碍设施与友邻中心，在北方社区注重增加室内公共空间
	1套完善的市政设施	建设海绵城市与绿色基础设施，配备消防设施、分类垃圾桶、公共厕所等；在老旧小区解决上下水排放、电力漏损等，农村社区推广雨污分流、生活污水再利用等
	1套便捷的慢行系统	包括步行和自行车道。慢性系统与车行道分离，串联社区公共节点与主要居民区
五达标	外观整治达标	没有不符合要求的广告牌，建筑外观整洁
	公园绿地达标	公园绿地开放，配备良好的休憩设施、简易的健身设施
	道路建设达标	保持消防通道畅通，与外部联系的路网便捷，停车位管理规范
	市政管理达标	排水、电力系统完善，实行雨污分流、污水集中收集处理，实行生活垃圾分类处理

续表

指标	内容	具体措施
五达标	环境卫生达标	倡导垃圾分类，配备垃圾桶，细化门前“三包”要求，定期保洁
三完善	组织队伍完善	社区党组织、居委会和居民自治组织完善，培养专业化、高素质的社区工作者队伍
	社区服务完善	群众公益性设施完善，鼓励开展社区特色活动，培育社区共同精神
	共建机制完善	社区居民广泛参与社区管理事务，实现社区居民共建共管
一公约	形成社区居民公约	社区居民通过共同商议，达成共识，拟定社区环境卫生、停车管理、自治公约、物业管理公约等社区公约，形成保障居民参与、相互监督与约束的共识性条例

来源:《完整居住社区建设指南》(建办科〔2021〕55号)。

厦门“完整社区”试点也显示出成效，其经验逐渐被复制和推广。住房和城乡建设部在总结厦门、沈阳等地方实践经验的基础上，组织编制了《完整居住社区建设指南》。2020年8月，《住房和城乡建设部等部门关于开展城市居住社区建设补短板行动的意见》(建科规〔2020〕7号)，同时随文印发了《完整居住社区建设标准(试行)》，其对完整居住社区的基本内涵进行了明确。完整居住社区是指在居民适宜步行范围内有完善的基本公共服务设施、健全的便民商业服务设施、完备的市政配套基础设施、充足的公共活动空间、全覆盖的物业管理和健全的社区管理机制，且居民归属感、认同感较强的居住社区(图3-6)。

图3-6　完整居住社区

2021年12月，《住房和城乡建设部办公厅关于印发完整居住社区建设指南的通知》(建办科〔2021〕55号)，要求各地充分认识完整居住社区的深刻内涵和重要意义，以建设安全健康、设施完善、管理有序的完整居住社区为目标，以完善居住社区配套设施为着力点，大力开展居住社区建设补短板行动，提升居住社区建设质量、服务水平和管理能力，增强人民群众获得感、幸福感、安全感。

建设完整居住社区，从保障社区老年人、儿童的基本生活出发，配套养老、托幼等基本生活服务设施，促进公共服务均等化，提升人民群众的幸福感和获得感；通过构建规模适宜、功能完善的基本细胞，优化调整城市结构，完善城市功能，激发城市活力，从根本上解决“城市病”问题，推动城市转型发展。

三、未来社区的浙江实践

我国城市建设的快速发展和居民收入水平的大幅提高，促使居民追求越来越高的生活品质。但我国老旧小区建设水平参差不齐，社区品质和配套服务与居民需求相差甚远，再加上环境污染、交通拥挤、住房紧张等“城市病”集中爆发，使社区建设难以匹配新时代城市文明的发展要求。

2014年，住房和城乡建设部印发了《智慧社区建设指南(试行)》，旨在利用物联网等现代技术，构建智慧社区综合信息服务平台，整合既有的医疗、养老、文化和物流等社区服务设施资源，实现社区的智慧管理。2015年2月，国家发展改革委组织发布了《低碳社区试点建设指南》，以指导和推进低碳社区试点建设工作。然而这些社区规划都是各部委针对社区建设某个单一的问题而提出的专项工作指导，缺少一个系统的统筹规划。

那未来的社区到底是怎样的？应该怎样全方位实施才能满足居民需求，同时又符合未来城市的发展理念？在这一背景下，2018年浙江省的《浙江省大湾区建设行动计划》中提出建设“未来社区”，随即在全省范围组织开展大规模的社区问卷调查，共收回有效问卷3万余份，旨在厘清社区居民生活需求和社区发展亟待解决的问题。浙江省由此成为我国首个提出“未来社区”建设理念的省份。

由于传统社区功能单一、设施落后，难以满足现代居民的生活需求，社区转型刻不容缓。而在未来社区理念的指导下，老旧小区可以实现从以住宅楼为主体转向各种功能建筑(或设施)的集成配置，实现房屋与社区、房屋与网络、房屋与配套、房屋与自然关系的改变与提升。因此，未来社区建设问题的提出，既顺应了人民群众过上更美好生活的愿望，又带动经济的持续发展和产业转型升级，促进政府社会治理和服务水平的提升。

2019年，“未来社区”概念被正式写入了浙江省政府工作报告中。报告指出，未来社区是以满足人民美好生活向往为根本目的的人民社区，代表着我国城市居住区规划、建设和社区治理的创新方向，围绕着社区全生活链服务的需求，聚焦人本化、生态化、数字化三维价值坐标，突出高品质生活主轴，以和睦共治、绿色集约、智慧共享为内涵特征，构建以未来邻里、教育、健康、创业、建筑、交通、低碳、服务和治理九大场景创新为重点的集成系统，打造有归属感、舒适感、未来感的新型城市功能单元，以及多功能、复合型、亲民化的人民群众共建共享现代化生活的美好家园（图3-7），具有美好生活、美丽宜居、智慧互联、绿色低碳、创新创业、和睦共治六个方面的独特内涵。

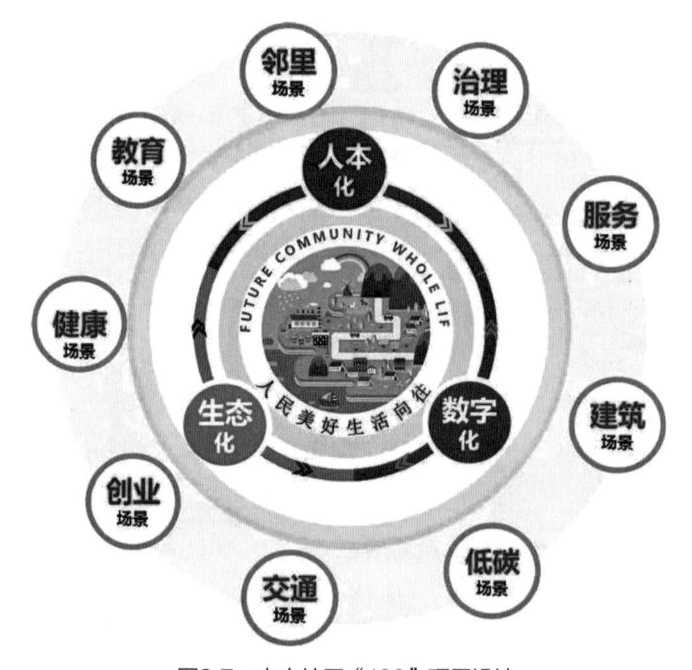

图3-7　未来社区“139”顶层设计

建设未来社区被视作浙江省面向“十三五”规划实施的一批最具比较优势、最能带动全局的重大创新举措之一。作为智慧城市的重要组成单元，未来社区是一个科学规划、精心布局、智慧先进的生活空间，是全面提升社会基层服务和综合治理能力的一场变革，是深度促进社会文明进步和文化传承发展的重要载体。浙江推行未来社区建设，既是满足人民对美好生活向往要求的政治初心，又是推动浙江高质量发展勇立潮头的时代使命，还是建设未来社区人本化美好家园的典型模式。未来社区创建项目应突出人本化、生态化、数字化，加强文化建设，坚持需求导向，因地制宜开展各类场景打造，鼓励特色创新。并重点关注“一老一小”特殊需求，加快打造育儿友好型、老年友好型社区。

浙江省以领跑推动“有底线无上限”的指标体系建设，以大胆探索、创新设计、迭代优化、适度留白为工作方针，设置未来社区建设综合指标和九大场景分项指标，充分兼顾指标的合理约束性和引导性，倡导未来社区建设群众获得感和“有底线无上限”的浙江追求。“有底线”就是约束性指标“一票否决制”，“无上限”就是以不断提升的“领跑者”指标体系为动态上限引领。根据未来社区九大场景，设置33项指标。

综合指标为直接受益居民数（主要指回迁安置人数）、引进各类人才数的总量，这是检验未来社区建设服务人群成效的根本，是决定全省各个未来社区建设试点项目综合排名的独立指标。对新建类未来社区，原则上要求将九大场景33项约束性指标作为未来社区的标配场景指标，即是基本门槛。引导性指标可以在现有设定的33项基础上，自行弹性增加。各试点项目可根据自身特色和优势，因地制宜，选择弹性化设置建设指标体系。基于试点实践经验积累，推动九大场景创新指标体系持续优化升级，推动未来社区建设浙江标准的不断完善。

（一）浙江“未来社区”的特色改造

在未来社区的改造中，浙江省各市以大胆探索、创新设计、迭代优化、适度留白为工作方针，充分兼顾改造指标的合理约束性和引导性，倡导“有底线无上限”的浙江追求和浙江特色。

首先是内部道路的规划布局。温州市部分社区的改造，在社区内部道路布局上下足了功夫。例如，对街道空间层次的清晰划分，将部分道路空间划分为车行、绿化、骑行、人行、特色过街人行道和过街连廊，沿街配套建筑则设置了固定雨棚、建筑挑檐或活动遮阳篷等，为居民提供室外休闲的设施与空间。在连廊的连接节点处可设置以广场为主的共享休闲空间，有条件时还可以与周边的滨河、绿地相衔接，实现建筑与景观的互相渗透。设施的分散布局，以住房类型为基本指导，有针对性地设置相关设施，比如安置住宅内设老年活动室、幸福学堂、文化活动室、养育托管点、卫生服务站，其中老幼设施采取的组合布置有助于促进社区代际融合；人才住宅地块设置健身房、养育托管点、文化活动室；人才公寓裙房处布局共享办公、创业服务、路演大厅、共享餐厅、创客讲堂等就业空间，完善了现阶段住宅区可配备的空间需要，并基本实现社区服务空间的全覆盖。

再就是社区地下空间的更新。地下空间结构简单、用地宽敞，多用作停车或储藏，但由于管理不善，以及其空间属性的原因，该区域难以发挥社区交流的功能。近年来，政府也提出要脱离地下空间单一的利用方式，鼓励在保障战备效能的情况下，优先用于补充城市交通、市政、商业等设施。于是浙江省在改造时通过中心公共空间来连接各类别使用空间。如根据空间布局，设置了以服务老年群体为主的老人活动室、老人阅览室，以服务儿童及学生为主的早教教室、儿童活动室、社区学校等，以服务青中年群体为主的社区会议室、社区活动室、洽谈室等，实现集多样化、全龄化和功能性于一体的共享开放空间，不仅充分发挥了空间利用率，也有助于促进邻里间的沟通交流。

物流保障方面，配套设施站点有序分布，单元内设置快递智能分拣室和休憩空间；并采用智能配送模式，如末端配送机器人等，实现30分钟“社区—家庭”配送服务；或是以楼栋为单位，设置智能快递柜等终端设备，为居民生活带来便利。

扩容停车空间。大多数老旧小区年代较久，受社会环境和经济水平的影响，小区在最初建造规划时并未留有太多的停车空间。但随着时代的发展和经济的进步，居民的停车需求逐渐增大，而小区有限的空间也为社区居民带来停车难的问题。国内研究者提出了多种途径增加居民停车供给，如推广立体车库、改建草坪和储物间成为停车位（库）、合理控制居民汽车保有率、提高停车费用、加强停车规范和管理等对策建议。以宁波市为例，其先从小区内部资源出发，挖掘一切可利用的空间进行改造。采取绿化补偿方案，在不降低社区绿化覆盖的前提下，将一些废旧的绿化区改造成路边停车位，既有效利用了废旧区域、增加了车位，又不影响社区绿化面积。再就是加大对周边可利用资源的开发，例如上文提到过的对废旧厂区的改造，或是结合周边菜市场和学校等公益类单位的改造，建设地下停车位，促进公共和居住停车场的资源共享等。

在文化建设方面，各地各社区可以根据自身文化形态，打造特色文化社区。衢州市有深厚的“南孔儒学”文化底色，因此文化可以成为其社区改造的重点，将文化建设贯穿整个社区。通过丰富基础文化设施、打造文化主题公园、组织开展各项文化活动、建设极具文化特色的邻里交往空间等，形成浓厚的儒家文化氛围。这些也成为衢州老旧小区改造的特色和标志，并为小区打上深深的儒家文化烙印。社区的教育场景中，衢州市的部分社区从托育全覆盖、幼小扩容提质、幸福学堂全龄覆盖、知识在身边四个层面打造“人人有礼”的教育方式，促进全龄素养提升。

创新融资模式。持续拓宽社会资本引入渠道，探索央企投资、地方国资、民资、外资“四个轮子一起转”，创新建立金融和社会资本多元投入机制。鼓励资金来源多样化，加强居民参与，共同筹措改造资金。宁波市在老旧小区改造过程中，倡导居民加入，积极与区供电部门对接，获得了老旧小区强电改造提供的改造资金，在居民出资方面，则引导业主众筹共议，实现“共同缔造”。

生态景观建设。浙江省地处我国水系十分发达的东南沿海区域，依然留有江南风貌特色，因此不少老旧小区周边都有滨河分布。浙江老旧小区改造充分利用这一优势，致力于对生态环境的建设。比如大量绿植覆盖的生态化步行道，以及步行与骑行功能分层的交通体系，并采取了步行道与车行路相割裂的策略，用管制物品严格区分两种道路，禁止越界。公共开放空间具有极高的绿化覆盖率，并且在步行道安排了多个休憩节点，将社区中心、健身、特色街道等共享空间串联起来；有条件的社区还建设了健身行道，行道将跑步路线和健身器材相结合，以供不同居民的健身需要。行道边有大量绿植相衬，并与周边滨河衔接，形成独特的生态景观。部分连片式改造项目还引入了社区公园、主题广场等建筑，这些举措充分考虑了居民生活需求和安全保障，为社区居民提供了安全、舒适、健康的生活环境，其生态景观建设也在一定程度上实现了老旧小区改造从“造房子”迭代到“造生活”的美好愿景。

（二）未来社区建设政策梳理

为加快未来社区建设落地，浙江省各部门陆续发布了多个政策，全方位支持未来社区的建设工作。

2019年3月，浙江省人民政府部署开展未来社区试点建设工作，印发了《浙江省未来社区建设试点工作方案》，明确了未来社区建设试点目标定位、任务要求、措施保障，为下一步全面开展未来社区建设试点指明了方向。

同时，浙江省发展改革委印发《关于开展浙江省未来社区建设试点申报工作的通知》，首批未来社区试点工作正式启动。

2019年11月，浙江省人民政府办公厅印发《关于高质量加快推进未来社区建设试点工作的意见》，该意见将“未来社区”分为了“改造更新类”和“规划新建类”两大类型，并明确未来社区建设以改造更新类为主，注重分类推进、精准施策，确保到2021年底，培育建设100个左右省级试点项目，建立未来社区建设运营标准体系；到2022年底，全面复制推广未来社区。

2019年12月，浙江省发展改革委发布《关于开展浙江省未来社区建设第二批试点申报工作的通知》，跟首批相比，试点创建主体除县（市、区）人民政府还提到了开发区（新区）管委会；细化不同类型项目的进度管控时间、细化申报方案应达到的深度和符合的条件；修改部分九大场景分项评价指标内容。

2020年3月，浙江省文化和旅游厅、浙江省发展改革委印发《高质量打造未来社区公共文化空间的实施意见》，意见包含了打造未来社区公共文化空间的总体要求、空间形式、建设要求、管理运行和保障措施五个方面。并强调公共文化服务与社会教育、党群服务、体育健身、全域旅游等各类资源的整合，强调公共文化空间与未来教育、健康、创业服务等其他资源的多跨场景叠加。

2020年6月，浙江省发展改革委、浙江省住房和城乡建设厅经省政府同意并印发《未来社区试点建设管理办法（试行）》，提出有效指导、规范和保障未来社区试点建设，打造有归属感、舒适感和未来感的新型城市功能单元。

2020年8月，浙江省发展改革委印发《浙江省未来社区试点建设全过程工程咨询服务指南（试行）》，提出规范和指导未来社区试点建设项目开展全过程工程咨询，充分发挥全过程工程咨询服务对未来社区试点建设的支撑作用；浙江省发展改革委还联合浙江省财政厅、人行杭州中心支行、浙江银保监局印发了《关于进一步加强财政金融支持未来社区试点建设的意见》，明确未来社区作为重大民生工程，要为其试点建设可持续推进提供强有力资金保障，包括加大银行信贷支持力度、精准授信加强换代保障、畅通金融多元支持渠道、规划土地出让收益管理、建立完善监管激励机制。

2020年10月，国家印发《关于贯彻落实习近平总书记在扎实推进长三角一体化发展座谈会上重要讲话精神的意见》，首次明确“在长三角地区率先探索旧城改造与房地产市场健康发展相统一的‘未来社区’建设模式”。

2021年3月，浙江省发展改革委、浙江省住房和城乡建设厅发布《关于开展2021年度未来社区创建的通知》，全面启动未来社区创建工作，加快从个案“试点”到面上推广。该通知明确开展未来社区创建工作要坚持四种属性，防止四种倾向，并指出，未来社区创建主要分为整合提升类、拆改结合类、拆除重建类、规划新建类和全域类等类型。其中，整合提升类和拆改结合类为当年工作重点。

2021年5月，浙江省卫生健康委办公室印发了《浙江省未来社区健康场景建设方案（试行）》，围绕“健康大脑＋智慧医疗＋未来社区”的建设思路，提出“智健康站”的建设框架和建设要求，并着力推进老年慢病数字健康新服务。

2021年6月，《浙江省教育厅、浙江省发展改革委印发〈关于高质量营造未来社区教育场景的实施意见〉的通知》（浙教规〔2021〕23号），明确了要完善全民终身学习推进机制，扩大优质教育资源覆盖面，满足居民个性化学习需求，高质量营造富有浙江特色的未来教育场景，加快建设泛在终身学习的学习型社会。

2021年9月，浙江省民政厅发布《面向未来：浙江社区治理的创新》蓝皮书，书中提到，未来社区治理在实现路径上要集中“一个中心、三个方向”：以构建基层党组织领导下的多方参与治理体系为中心，深化“平安社区”建设方向，让社区切实成为维护社会安定有序的坚强堡垒；着力“美好社区”建设方向，让社区成为居民实现美好生活的幸福家园；聚焦“智慧社区”建设方向，让科技智慧成为社区治理的重要支撑。

2021年11月，浙江省城乡风貌整治提升（未来社区建设）工作专班办公室发布《关于开展2021年度浙江省城镇未来社区验收工作的通知》，对未来社区验收条件、验收程序、场景响应度、数字化落地、可持续运营、特色营造等做了明确规定，并以居民满意度调研作为未来社区建设的支撑材料（附录六）。

（三）未来社区和完整居住社区的关系

未来社区理念提出时，完整居住社区的理念就已经提出并开始在全国普及，但是两者并非是相对孤立的概念，未来社区没有脱离完整居住社区的理念，而是完整居住社区的前瞻发展。同时，两者均秉承着以人为本的发展理念，以满足居民对美好生活的向往为出发点。

当然，两者也有区别。完整居住社区强调社区规划与建设要关照居民的切实利益，不仅包括住房问题，还包含服务、治安、卫生、教育、对内对外交通、娱乐、文化公园等多方面因素的统筹建设和共享，体现了城市政府重建城市公共性的价值取向。而未来社区建设是将社区纳入未来发展的视域之下，引入技术、生态、社会、生活等变量，运用整体、综合性的观念和行动来超前性地解决社区所面临的各种问题，致力于社区经济、社会、文化、生活环境等各个方面发生的具有积极意义的变动，进而使得社区生活获得长远而持续的改善和提高[①]。

完整居住社区建设与老旧小区改造的结合，着重强调因地制宜地补齐居住社区的短板。而未来社区的“未来性”，则是立足于浙江省数字经济实力和智慧城市基础建设，明确了它是具有引领性、创新性、综合性特点的城市建设和治理模式。因此它和老旧小区的改造结合，在于用不断迭代的新技术、新理念、新设计，进行高标准的改造，不仅着眼于补齐当下的老旧小区建设短板，更强调超前的长远布局，使老旧小区改造能够获得可持续性发展。

① 田毅鹏．“未来社区”建设的几个理论问题［J］．社会科学研究，2020（2）：8-15.

四、未来社区的典型模式

“未来社区”理念是全球研究的热点问题，而以未来社区理念推进的老旧小区改造并非闭门造车式的建设工程。因此，我国除了对本土实践的经验借鉴，还需要深入研究世界范围内现存的未来社区案例。目前世界范围内已探索出未来社区的六种典型模式可供参考①。

（一）TOD模式

TOD模式是指以公共交通为导向的开发模式（Transit-Oriented Development），最早由美国规划学家彼得·卡尔索普（Peter Calthorpe）于1993年正式提出。这一规划设计理念强调去郊区化和土地集约式利用，在世界范围内受到了众多地方政府的青睐，并涌现出一批典型的开发案例。近年来，随着我国轨道交通建设的快速发展，TOD模式受到了规划从业人员的广泛关注。

作为目前被广泛认可的开发模式，TOD模式有着较为丰富的内涵。通过引入技术、生态、社会、生活等变量，TOD模式能够对社区经济、文化、生活环境等多个方面产生积极影响，从而贴近人们对未来社区的美好畅想，因此在未来社区中被广泛采用。与我国过去的社区规划模式相比，围绕TOD模式建设社区，具有以下优势：

（1）能够建立良好的5分钟、10分钟社区生活圈

在我国传统的城市规划设计中，路网密度较低，道路间距较大，从而导致街区功能相对单一，想要实现功能完善的5分钟社区生活圈难度较大。而TOD理念融合了新城市主义所倡导的“密路网、小街区”的规划模式，提出以人的需求为根本来设计建筑、街区和道路的尺度。TOD理念的高密度建设和功能混合原则能够使住宅、商业、休闲娱乐、公共服务等设施分布在站点周边，提高了社区生活的可达性和多样性。

（2）有益于社区的步行化发展，符合社区低碳场景建设

TOD模式重视步行公共空间的塑造，高度连通的社区街道使得居民出行路径选择较多，土地混合利用开发也让居民不需要过远出行即可满足大部分基本需求。围绕TOD模式开发的社区环境非常适合慢行，大大增加了街区的活力，同时也符合生态低碳的未来社区理念。

（3）能够结合智慧化运营和交通、创业、健康、教育等特色场景共同开发

① 宋维尔，方虹旻，杨淑丽. 基于“139”理念的浙江未来社区建设模式研究［J］. 建设科技，2020（12）：16-21.

在智慧城市的建设背景下，部分城市的TOD模式规划开始尝试将创新街区、智慧社区等模式融合。比如，加拿大多伦多滨水区将城市轨道站点结合创新街区模式进行建设；日本大阪将创新街区融入火车站交通枢纽的建设中，形成了代表性的大阪站前综合体。在社区建设中，围绕TOD模式进行规划，同时利用交通站点高人流的特性，植入其他场景设计，往往能激活整个业态，塑造独特的空间形态。

尽管TOD模式的概念并不新鲜，但总体来说，我国的社区TOD模式规划仍处于起步阶段。未来社区中大量的TOD模式设计是针对不同城市和社区环境的一次有益的尝试，适应城市资源集约下的内涵增长和创新需求，进一步集约利用存量资源，实现提升城市功能、激发城市活力、改善人居环境、增强城市魅力。

（二）EOD模式

EOD（Ecology-Oriented Development）衍生于TOD理念，在20世纪90年代由美国学者提出，该理念源于景观生态学，强调区域的生态环境价值与土地开发的经济价值，在时序、空间和数量上相协调。从国内外实践来看，EOD理念主要应用于城市新区的规划与开发建设等方面，在未来社区开发方面应用较少。

EOD理念下的未来社区开发内容主要包括两个方面：一是通过生态治理形成沿线土地增值的空间；二是通过土地开发收益来量化生态治理的正外部效益，并在土地开发收益、文旅开发收益与生态治理成本三者之间构建补偿机制。通过找到经济社会发展与生态环境保护之间的平衡点，努力把环境资源转化为发展资源、把生态优势转化为经济优势，最终实现生态文明建设和新型城镇化建设的融合发展，对丰富新型城镇化建设发展的实践具有重要意义。

在生态文明建设的大背景下，未来社区开发可以看作是践行绿色发展理念、实现新型城镇化建设发展的创新样板。EOD理念下的未来社区开发是将生态文明建设的理念和目标植根于未来社区建设，形成新时代“生态＋社区”理念，让生态建设在新型城镇化建设中发挥效益、产生价值，产生“1＋1＞2”的效果。促进城市向注重长期运营方向转型；促进社区向智慧化、智能化、生态化方向转型；促进城市生活向资源绿色可循环方向转型。

值得注意的是，未来社区开发过程具有长期性、复杂性和不确定性，因此需要统筹推进。在未来社区开发过程中应结合EOD理念，立足长远，将生态建设和社区功能建设有机融合、贯穿始终，通过生态环境的规划塑造，将区域内的生态资源要素转化为经济要素、产业要素和科技要素；同时根据开发区域的要素禀赋差异有针对性地制定发展模式，使未来社区开发真正成为可复制、可推广的新型城镇化建设发展样板，为“十四五”时期生态文明理念在新型城镇化建设发展中的实践提供新思路。

（三）POD模式

POD模式指生活圈导向（Pedestrian-Scale-Oriented Development），即注重人的美好生活需要，优先考虑5～10分钟步行社区生活圈的活动交往与生活需求，统筹规划、整体营造10～15分钟社区生活圈，以功能复合的邻里中心、就近便民的生活驿站、楼宇单元的共享客厅等为载体，有机叠加高品质公共服务，构建24小时全生活链服务体系，为全龄段居民提供友好生活环境。

POD模式强调根据居民的出行能力、设施需求频率及服务半径、服务水平划分居民日常生活空间。在很大程度上能够覆盖居民的生活需求，体现居民的真实生活内容。该理念的提出，正表明以人为本的城市发展观逐渐得到重视。从以往居住区公共服务设施强调的“千人指标”“服务半径”等内容，转变为以人民的需求为中心对公共服务设施进行配置，这也正是精细化管理阶段社区居民的个性化需求被满足的重要体现①。

POD模式对我国社区规划建设具有重要意义：① 完善社会治理的基层单元。党建引领下的基层善治是国家治理体系现代化的基石，未来步入城镇化快速发展的中后期，需要通过构建社区生活圈增强市民的认同感和归属感。② 治理大城市病的解决方案。大城市病的重要表现是交通拥堵，原因之一是城市功能分区导致的通勤距离过长。15分钟社区生活圈试图在步行尺度范围内，采用高强度、复合化的利用方式，实现居住—就业—游憩的平衡，以“化整为零”的方法保持大城市的优势、缓解大城市的劣势，增强市民的便利感和舒适感。③ 满足品质生活的空间载体。社区生活圈的研究以人口结构和需求变化为依据，对社区公共产品提出了与时俱进的改善提升要求，能更好地回应人民对美好生活的向往，增强市民的获得感和幸福感②。

---

① 黄泓怡，彭恺，邓丽婷．生活圈理念与满意度评价导向下的老旧社区微更新研究——以武汉知音东苑社区为例［J］．现代城市研究，2022（4）：73-80.

② 《城市规划学刊》编辑部．概念・方法・实践：“15 分钟社区生活圈规划”的核心要义辨析学术笔谈［J］．城市规划学刊，2020（1）：1-8.

（四）HOD模式

HOD模式指人文链接导向（Humanistic-Links-Oriented Development），即注重本土地域文化和社区场所记忆的挖掘与传承，建立社区情感链接，创造面向新时代的社区新文化，塑造社区共同价值观与归属感。

老旧小区在改造过程中既要改善人居环境，又要深挖社区底色，展现社区人文风采。结合小区所处位置和历史遗存，着力挖掘小区、片区乃至城市的历史文化记忆，营造烟火味、人情味、市井味三味交织的宜居宜业宜游新家园。将老旧小区改造与背街小巷的提升治理“打包”，统筹安排，协同推进，综合考虑街区风貌、建筑历史、社区文化、城市色彩等因素，以“一街一品味、一街一特色、一街一文化”为目标，制定科学合理的改造方案。在改善居住条件、提升环境品质的同时，着力挖掘历史文化内涵，尽量保持环境的历史延续性，力争更好地传承历史文脉。

（五）ROD模式

以EOD模式为导向的生态宜居和以ROD模式为导向的安全韧性，是在新时代背景下落实生态文明建设的关键指标所在，也是城市体检八项指标中的重点指标。其中，城市的生态宜居是城市可持续发展的保障，也是居民幸福生活的根本需求，而安全韧性则是在城市面临突发灾害时，保障城市居民切身生命财产安全的底线[①]。

ROD模式指韧性安全导向（Resilient-Oriented Development），具体包括以下几点：① 优先考虑防范与应对重大突发性事件的策略；② 建立完善的应急自治管理体系和避灾系统；③ 作为平时社区的“镜像”，具有应急状态下“一键切换”的能力。

韧性安全聚焦于城市在遭受重大灾害后，可维持城市的基本功能、结构和系统，并能在灾后迅速恢复、进行适应性调整、可持续发展。据学界对ROD模式的解读，目前安全韧性主要集中在抵御威胁和解决问题的能力、系统的可靠性、抗冲击能力、冲击后恢复力、应对外界环境变化的自适应性等方面。

ROD模式需符合下列原则：① 问题导向。以延续住房和城乡建设部2020年城市体检在生态宜居和安全韧性的指标为基础，选择能够有效反映城市在生态过

---

① 李洪澄，杨耸，白伟岚等. 以城市体检为导向的城市生态宜居和安全韧性指标体系及关键技术研究［J］. 建设科技，2021（6）：29-34.

程、生态服务及城市安全等系统性的阶段问题，避免问题“碎片化”“片面化”。② 可获取性。城市体检工作要求“一年一体检，五年一评估”，因此在原始数据的收集获取方面必须要做到可获取，且获取的数据要真实有效，避免数据“求全求高”。③ 以人为本。城市体检工作的根本是解决“城市病”，通过解决“城市病”使得城市更好地为人民服务。因此，指标选取上应以人民需求为导向，将问卷调研的结果吸纳到指标体系中。

（六）DOD模式

DOD模式指数字孪生导向（Digital-Oriented Development），即注重发挥数字技术赋能生活的作用，以社区数字CIM平台和智慧服务平台为中枢，建立智能感知响应和线上线下融合的智慧支撑系统。依托数字平台激发共享经济潜能，促进社区资源、技能、知识全面共享，使供给和需求零距离对接（图3-8）。

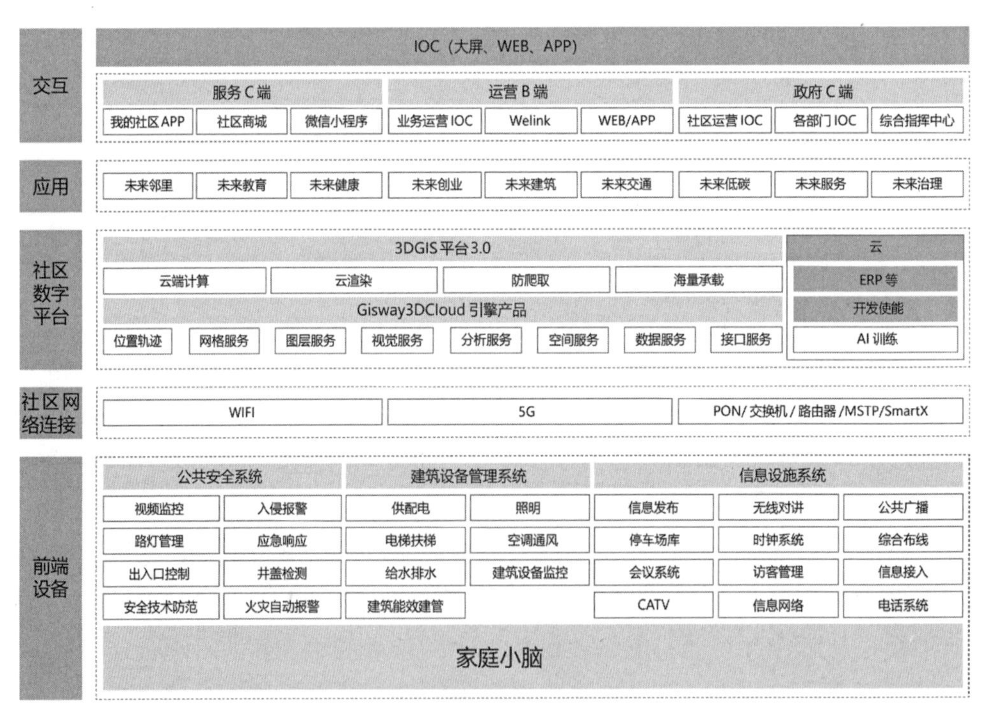

图3-8 数字孪生社区系统

早在1960年，美国宇航局就提出数字孪生的概念[①]，其目的是在地球上对外

① 杨滔，杨保军，鲍巧玲，等．数字孪生城市与城市信息模型（CIM）思辨——以雄安新区规划建设BIM管理平台项目为例［J］．城乡建设，2021（2）：34-37.

太空的航天器进行仿真模拟，从而推演外太空的航天计划，避免航天器发生事故或遭遇灾害。在社区语境下，数字孪生除了对实体空间进行复制和映射外，还需要基于数字空间加入社区运行信息，基于真实运行数据将不断演变出智能应用进而来承载现实物理世界。

现实社区和数字社区的孪生：以传统意义上的物理真实社区为基础，叠加规划、建设、运营全过程数字信息，全面对接现实社区的空间结构和功能载体，实现社区高效率运作，提供高质量服务。

数字孪生致力于通过构建现实物理世界和数字虚拟空间的一一对应、相互映射的复杂系统，实现与现实对应的数字社会环境，进而实现实时在线协同化和智能化，并可以广泛应用在城市、社区、园区、校园等各级场所环境，以及社会治理、产业经济等各个领域。从DOD模式下的社区来看，拥有协同化和智能化的数字信息，不仅能够便捷高效地进行社区治理和社区服务，还有助于未来社区数字化理念的推进。

第二节　从技术到人本：未来社区的价值与内核

未来社区建设是开展城市更新和社区治理的一次新尝试，是新时代中国城市更新语境下的社区建设新体系。基于“满足人民美好生活需求”的核心目标，未来社区用更新迭代的新理念和创意优化的新实践，着力实现从技术转向人本的创新。

一、新战略：未来社区的顶层设计

未来社区的顶层设计，即在党建引领下，立足一个中心——人民对美好生活的向往，三个价值导向——人本化、生态化、数字化，九个场景——邻里、教育、健康、创业、建筑、交通、低碳、服务、治理场景，遵循“人的需求—人的体验—人的感受”的闭环逻辑实现体系建构，并详细阐述了与百姓日常生活密切相关的九大场景的总体思路、实现路径和技术方案。

（一）坚持党建引领

未来社区理念进一步丰富了老旧小区改造的层次性和多样性。以改造项目党组织为圆心和引擎，描绘老旧小区“最大同心圆”、激活老旧小区“最强驱动力”。以党的十九大召开为标志，中国社区治理步入了党建引领社区建设的新时代。在我国完善共建共治共享社会治理制度的改革进程中，党建引领已成为推动多方主体协同共治、提升基层治理能力的重要制度安排。近年来，社区党建工作引起了多方重视。坚持党的领导，是未来社区建设和治理方向正确性的前提，是当代“中国之治”的核心要素。

要把加强基层党的建设、巩固党的执政基础作为贯穿社会治理和基层党建的一条红线。将党建工作贯穿于未来社区建设的全过程、各要素，发挥好党委政府及有关部门、基层一线的主力军作用，坚持上下贯通、条抓块统，充分听取群众意见，扩大群众参与，提高群众口碑，兼顾人民对美好生活的需要和问题导向，切实为群众创造高品质生活，逐步构建“党建引领、多跨融合、数智赋能、共建共享”的未来社区建设新格局。将党建引领与老旧小区改造工作双融合、双促进，贯彻落实“我为群众办实事”的生动实践，共下一盘棋、共绘一张图、共织一张网，补齐老旧小区改造短板，构建美好家园，建设宜居城市，推进城市更新，助力共同富裕。

（二）立足一个中心

未来社区建设，要始终坚持满足人民对美好生活向往要求的初心。党的十八大以来，以习近平同志为核心的党中央提出，要坚持以人民为中心，把人民群众的获得感、幸福感和满意度作为检验工作成效的第一标准。居住社区是城市居民生活和城市治理的基本单元。相关研究显示，我国城市居民平均约75%的时间在居住社区中度过，到2035年，我国70%左右的人口将生活在居住社区。社区越来越成为提供社会基本公共服务、开展社会治理的基本单元。当前，居住社区存在规划待改进、公共活动空间较少、设施待完善、物业管理覆盖面较小、管理机制待健全等问题，与人民日益增长的美好生活需求还存在一定差距。在未来社区理念指导下，老旧小区改造要牢牢把握“以人为本”的基本原则，充分尊重居民意愿，凝聚居民共识，兼顾“面子”“里子”，加快实现老旧小区“逆生长”，让百姓生活更有幸福感。同时，老旧小区改造还要以新时代党建为统领、以满足人民对美好生活的向往为核心、以解决居民的实际需求和问题为导向、以数字化赋能为驱动力，打造高品质的15分钟完整居住社区生活圈层，构建人本化的美好家园，促进城市有机更新。

（三）遵循三维价值坐标

《浙江省未来社区建设试点工作方案》指出，未来社区聚焦人本化、生态化、数字化的三维价值坐标，体现实施方案的系统性、完整性、落地性、创新性。

人本化的核心是以人为本，坚持问需于民，以居民意愿为依据，兼顾美好生活需要与问题导向。同时要把人文价值塑造放在首位，融合特色文化，建立社区共同价值观，塑造邻里文化内核，构建邻里互助氛围；要用科技服务生活，通过打通线上线下各类服务，提供与市民生活息息相关的新教育、新医疗、新交通、新物流、新零售等创新服务模式，以科技重新诠释人文关怀，建设人本化全生活链服务的活力社区。

生态化不仅包含低碳场景的绿色化、信息化等具体的技术措施，更重要的是注入低碳生活方式的理念。实现生态化要突破社区数据壁垒，打造社区数字基底，整合社区数字运营资源；要以统一信息服务平台为载体，实现资源共享和价值交换，提供高效便捷的政务服务及社区管理；要整合社区各类资源，动员、凝聚社会力量，创新基层治理新模式，擦亮生态环境底色，将绿色低碳理念应用到规划、设计、建造、运营全生命周期，共同营造绿色低碳、开放共享的生产生活方式。

数字化要求搭建数字化规划建设管理平台，构建社区信息模型（CIM）平台，实现规划、设计、建设、运营全流程数字化，建立数字社区基地。以设备智能为前端，物联网数据为触觉、视频数据为视觉、服务及民生数据为听觉，对人实现精准画像，对物实现万物互联，对事实现智能辅助，智能分析和全面展现未来社区中人、物、事的全要素，全面赋能社区场景的智能应用，打造数字孪生社区。

人本化、生态化和数字化不是孤立存在的，而是互为基础、相辅相成的，人本化、生态化是数字化建设的基本导向，数字化是实现人本化、生态化的技术平台和管理平台。因此，以未来社区理念推进的老旧小区改造应该始终坚持系统性和完整性思维，确保实际成效的落地性和创新性。

（四）推动场景落地

通过对未来社区建设的实践经验进行及时凝练总结，对现有未来社区试点和创建项目进行跟踪评估，围绕场景建设、政策创新、工作机制、建设运营、技术集成等方面形成若干较为成熟的经验模式框架，对照老旧小区改造的实施路径，适时将其纳入老旧小区改造中，并将其进行推广。

开展以未来社区理念推进老旧小区场景扩容的研究，应进一步挖掘文化特色和居民潜在需求，因地制宜丰富“X场景”内容，打造人民欢迎、主题鲜明、文化意涵丰富、惠民利民的场景成果。例如，结合“一老一幼”的高频需求，开展儿童友好场景、老年友好场景等专题研究实践；结合新冠肺炎疫情对社区治理的新考验，探索防疫场景、韧性场景等长效运维新场景；深化数字赋能，在如何更灵活配置社区医疗资源、无接触社区服务、数字化防灾防疫响应机制等方面开展深入研究。

实施场景落地，还应加快推进老旧小区改造技术方案和政策标准迭代创新，探索建立分层分级、灵活适用的标准体系和评价体系，按照国家部署实施城市更新的相关要求，针对老旧小区改造方案全面应用于城市有机更新统筹协调、以生活圈理念创新城市规划方法、以共享理念配置老旧小区改造中“未来场景”等问题开展进一步研究。

二、新导向：以人为本的时代要求

老旧小区改造要坚持以人为本，全力满足居民需求。未来社区建设的基本要求之一，就是要突出人本化。高品质生活在未来社区中的人本化体现，能给居民带来安全感、舒适感和归属感。《国务院办公厅关于全面推进城镇老旧小区改造工作的指导意见》（国办发〔2020〕23号）明确提出“坚持以人为本，把握改造重点”的基本原则，即从人民群众最关心、最直接、最现实的利益问题出发，征求居民意见并合理确定改造内容，重点改造完善小区配套和市政基础设施，提升社区养老、托育、医疗等公共服务水平，推动建设安全健康、设施完善、管理有序的居住社区。

面对老旧小区改造过程中遇到的困难，同样应秉持以人为本的理念，贯彻落实党建引领，将居民、政府、部门、企业等主体纳入老旧小区改造的队伍中来，充分发挥基层党建的动员、组织、协调、统筹和参与作用，达成各部门、各条线高度共识，将各方凝聚成一个紧密联系的多元化网络和共同体，在互动中建立信任关系，在参与中发挥主人翁精神。

坚持人本化，要满足“6C”价值核心，即多变建筑空间（Changeable Space）、品质生活圈层（Communication Sphere）、悠然社区休闲（Community Leisure），精细社群服务（Community Service）、多维数场交互（Cloud Technology）、共富现代社区（Common Prosperity Modern Community）。构建“共商共创共享”的生活共同体，力争做到问需于民、问计于民、问效于民（图3-9）。

图3-9 未来社区人本化价值核心

（一）多变建筑空间

（1）功能多变，功能集约开发创新；

（2）场景多变，多种场地融合营造，增加空间体验性和互动性；

（3）全龄适宜，适合全龄段全体居民活动；

（4）形式多变，建筑形式布局错落有致。

老旧小区的规划设计受限于建成时期的规划指标、人民生活水平等因素影响，布局形式较为单一，没有考虑到居民日常活动内容和活动特征，无法匹配居民日益多元化的娱乐、活动、交往需求。

“集约化”源于经济领域，可理解为“集合要素优势、节约生产成本”。从建筑学角度来看，在老旧小区的改造提升中引入集约化设计，能够充分利用有限的土地资源，通过紧凑型的功能布局和合理化的空间组织，深入挖掘空间潜能，提高空间的活动承载力和使用率。

小区中不同人群需求存在多样化，老年人希望增加休憩设施，中青年更加关注运动空间，儿童则需要游戏场所。小区居民活动时段也具有差异性，上班族在早、中、晚对场所的使用频率较高，退休老人和学龄前儿童主要集中在上午和下午时段进行活动。因此，空间多变一方面指不同功能在空间上的复合，另一方面指同一活动空间在不同时段上的分配。

在充分了解居民生活习惯和需求后，老旧小区改造时应将相关功能进行整合，打造“时差共享复合”的空间模式，使同一空间满足全龄段居民的活动，从而提高空间利用效率、全面激发社区活力、加强居民交流。还可以结合小区实际情况，在垂直方向上寻找空间，打造空中连廊、下沉广场等活动空间，增加更多的可利用面积，同时丰富公共空间形态。让居民望得见星空、看得见绿色、闻得到花香、听得到鸟鸣。

（二）品质生活圈层

（1）打造文化教育学习圈，适合全龄全覆盖的教育学习圈；

（2）打造乐龄养老生活圈，为老年人提供有健全康养服务的养老生活；

（3）打造便民商业服务圈，满足居民生活需求；

（4）打造适老化无障碍生活圈，为老年人提供畅通可达的适老化无障碍生活空间；

（5）打造公共休闲生活圈，娱乐、运动、文化休闲全覆盖。

社区生活圈的构建，强调的是以社区为单元的整体环境营造，既包括“硬件”上的设施，又包括“软件”上的服务，既涵盖物质空间，又面向居民个体。与传统居住区规划不同，它是一个更开放、复杂的系统。现今，社区生活圈越来越成为我国居住区规划转型的重要概念，2021年7月由自然资源部组织发布的《社区生活圈规划技术指南》中这样定义社区生活圈：“在适宜的日常步行范围内，满足城乡居民全生命周期工作与生活各类需求的基本单元，融合‘宜业、宜游、宜养、宜学’多元功能，引领面向未来、健康低碳的美好生活方式，同时，生活圈也承载着更为丰富的社区治理内涵。”

社区生活的丰富性在一定程度上能反映出社区的品质。保障社区生活圈健康有序运行，高品质、多样化契合社区需求，可以包括住房改善、日常出行、生态休闲、公共安全、社区服务、就业引导六方面内容，并重点配置社区服务建设，社区服务可细分为健康管理、为老服务、终身教育、文化活动、体育健身、商业服务、行政管理和其他（主要是市政设施）八类。

打造有品质的生活圈层，坚持保基本、提品质两手抓，要在补齐民生短板、满足美好生活需要的同时，主动适应未来发展趋势，引领社区全年龄段全体人群全面发展，特别是面向“一老一小”配置品质提升型服务，推进无障碍和老人、儿童友好型设计，根据对生活圈一天、一周、一年及全生命周期内的生活行为的模拟，形成复合的空间尺度关系，配置更全面的公共资源，提高可达性、宜人性，体现更有温度的人文关怀，塑造更融合的社区。

（三）悠然社区休闲

（1）娱乐休闲，提供有可娱乐的休闲设施；

（2）运动休闲，提供有可运动的活动场地；

（3）文化休闲，提供有特色文化的交流空间；

（4）生活休闲，提供能满足基于生活日常的休闲场所。

1933年出台的《雅典宪章》强调，城市的四大功能包括居住、生产、休闲和交通。人民的生活水平在提高，对美好生活的需求也在提高，“休闲时代”随之而来。建设社区休闲文化，是构建文明城市的客观需要。塑造社区宜人环境，是丰富社区休闲文化的基础保障。

未来社区要以特色为导向，构建“小街区、密路网”的社区生活圈空间结构，加强空间有效利用，提升公共资源配置，依托社区公园绿地、附属绿地、小微公共空间等，根据社区不同人群特征和活动类型，建设覆盖均衡、点线面相结合的绿色开放空间，营造尺度宜人、集休闲娱乐健身于一体的活动场地，加强文化性、地域性内容的植入，配置满足社区文化表演、小型展览、集市活动需求的交流空间。

未来社区建设在给予居民休闲生活更多关注的同时，既要扩大社区休闲的供给来源，大力发展社区休闲产业，还要促进休闲与社区文化的整合，建立吸引社区居民自发、主动参与社区各类休闲活动的机会和机制，达成居民普遍认可的行为规范和价值观念，形成居民“共同体”模式的社区文化。

（四）精细社群服务

（1）灵活的社区组织，建立居民自发的各种社群团体；

（2）多样化的社群交流，组织邻里共融的社团群体活动；

（3）贴心的管家服务，构建党建引领的服务治理体系。

未来社区以系统思维整合社区资源，按照上下联通、多跨协同、科学布局、有机衔接的管理服务方法，培养“建造运营一体化”的服务治理模式，建立全生命周期的运营管理机制。鼓励居民自发建立社区组织，开展有利于增进社区互动和凝聚力的活动，搭建参与平台，发掘培育社区“热心人”，带动业主和住户有序参与自我管理活动。深化九大场景系统集成运营模式、群众持续参与机制的探索实践，合理安排各类功能，推进社区各类资源的开放共享和复合利用。调动在地企业、社会组织和社区居民多方式、多途径参与社区事务，形成共商、共建、共治的社区治理格局，营造富有“人情味”“烟火气”的可持续运营模式。

精细的社群服务不等于均质化，应该是对社区居民差异化、多元性诉求的关注；精细的社群服务不等于无限度管理，应该是将管理权进行合理让渡，探索社区自治和多元共治的灵活模式；精细的社群服务不等于精确化，社区是一个动态生长的生命体，应该要考虑到多方具体诉求的动态变化，通过留白的方式对社区治理的创新留出余地，构建一套“动态更新”的社区治理体系。

（五）多维数场交互

（1）孤立空间的多跨联动，串珠成环构建生活圈层；

（2）高效的为民服务，实现线上线下互动，“最多跑一次”；

（3）便捷的生活服务，引源入区共享优质资源；

（4）优质的配套服务，实现街区一体化、圈层一体化。

未来社区建设是数字化改革成果落地惠民的关键路径。数字孪生是搭建优质资源共享的平台，是建立居民与各方供给主体连接的桥梁，是畅通供需匹配的通道。高质量、多维度推进未来社区数字建设，打造共同富裕现代化基本单元，要扎实推进多跨场景的有效落地、有机联动。

以未来社区理念多跨场景应用为抓手，契合社区发展和居民生活新需求，运用智能化手段，配置面向不同人群多样化、全周期的服务要素，不断探索、迭代优化，减少“脱网人群”占比，消除“数字鸿沟”障碍，构建面向未来的“多中心、网络化、组团式”社区生活场景，实现物与物、物与人、人与服务之间的全连接，实现数字技术和实体经济、居民生活、配套服务、社会治理的深度融合。

（六）共富现代社区

（1）重建居民共有生活空间，促进邻里往来，强化邻里连带关系；

（2）重建居民共有价值理念，凝聚全体居民，增强居民社区认同感；

（3）完善社会保障服务功能，为社区居民提供基本生活和社会保障；

（4）完善社区经济价值功能，采用灵活多样的运行机制来配置资源，实现社区居民福利最大化。

现代社区承载着生产、生活、文化、治理、生态等多元要素和综合功能，直接关乎百姓幸福指数，是社会建设的重要组成部分，是社会建设的具体场景。推动建设共富现代社区，要通过精设计、补短板、聚合力，推动“抓建设”“抓配套”“抓服务”，办好“民生事”，打好“党建牌”，谋好“善治招”，下好“共富棋”。

推进共富现代社区建设，要探索实现社区空间数字化、社区服务一体化、社区政策精细化、社区生活共享化的便民、为民、惠民、助民“社区共同体”。构建“舒心、安心、省心、暖心”的社区生活共同体，凝聚归属感、认同感，营造信任合作、和睦友爱的“熟人社会”；构建社区文化共同体，深化居民和居民、居民和社区的联结，培育价值认同，形成社区公共价值观；构建“人人有责，人人尽责，人人享有”的社区身份共同体，培育公民意识、权利意识和公共参与意识；构建社区利益共同体，解决社区服务需求和社区资源供给不平衡之间的矛盾，维护居民利益的最大公约数。

三、新焦点：宜老宜幼的体系建设

老有所养、幼有所育，是涉及千家万户的重大社会民生问题。国家“十四五”规划中着重强调要统筹兼顾“一老一小”问题，实施积极应对人口老龄化国家战略，制定人口长期发展战略，优化生育政策，以“一老一小”为重点完善人口服务体系，促进人口长期均衡发展。以未来社区理念推进老旧小区改造，要真正把民生实事做到老百姓的心坎里。“一老一小”配套服务需求，是老旧小区供给矛盾最集中、最突出的需求。聚焦“一老一小”人群特质，保障“一老一小”幸福生活，解决老旧小区共性、个性问题，是改造过程中打造小区基层治理体系和治理能力的一场深刻革命。

（一）构建社区宜老生活圈

随着我国社会老龄化程度不断加深，老年人高品质、多层次的养老需求不断提高，与养老相关的社区规划设计问题逐渐受到人们关注。现阶段，我国居家养老占比高达90%。就这一现状构建社区宜老生活圈，可以针对社区老龄人口建设老年生活圈“三步走”。一是健全完善社区养老服务体系。加快养老服务体系建设，是积极应对人口老龄化，改善和保障民生的重要举措。积极应对人口老龄化，聚焦老年人“急难愁盼”问题，依托现有医疗设施资源，完善扶持政策，加强养老服务人才队伍建设，整合社区养老资源，打造社区医养体，形成多元化、个性化的养老服务体系，扩大有效供给，优化服务结构。二是改造补齐适老化设施。要完善社区卫生服务站功能体系，政府层面要加大政策支持和资金投入力度，建立“养老陪护中心”“养老医疗护理站”等康复护理机构，社区层面要增加门诊科室，更新适老化配套医疗器械，优化医风医德，多方合力，共同营造舒适、专业、安全、温馨的就医环境。三是拓展老年人活动空间。关注邻里交流需求问题，整合社区可利用文化资源，将老年文化、教育、体育、休闲、娱乐融为一体，为老年人提供文化活动场所和配套设施，把老年文化活动中心办成老年人求乐、求美、求知、求健康的精神家园。如设立社区老年学校，打造健身公园，组织书法、绘画、戏曲、乐器等文化娱乐活动。社区文化是社区居民共同生活的真实写照，是一种“家园文化”。发展社区文化可以强化老年居民的主人翁意识，维系社区良好的人际关系，建立健康和谐的民风民俗，提高老年人的获得感、幸福感、安全感。

（二）打造数智宜老生活圈

从满足老年人安全性、便捷性、活动性、舒适性等角度考虑，通过设计模式的创新转变，打造数智宜老生活圈，“三大”数智互联助力社区养老，关注老年人健康生活。一是为老年人发放智能手环，监护高龄生活。智能手环操作界面简单，具有紧急呼叫和定位功能，监护人可通过手机APP与老年人定位手环绑定，实时监测，对老年人进行居家安全保护，对可能存在的安全隐患进行监控和排查，如煤气安全、用电安全等；还能够密切关注老年人出行安全和健康情况，监测老人心率、血压、温度、计步等数据，发现问题及时处理；通过智能手环实时播报，及时与医院联系会诊，对行动困难的老年人，医生、护士、家庭护理员等可以提供上门就诊。智能手环的普及为老年人提供了及时、便捷、优质的生活保障。二是建设智慧养老数字化集成平台。可为社区60岁以上的老年人建立个人健康档案，详细记录个人健康状况并及时更新，定期为个人开展健康体检，条件具备时，个人健康档案可以与市区大型医疗机构实现区域联网，做到信息数据共享，为老年人大病转诊、检查治疗提供便捷一体化服务，通过大数据将信息和资源整合起来，合力协作为老年人提供整体性、系统化的养老服务；通过网络视频、线上咨询的方式开展医疗保健知识服务、健身锻炼指导、就医用药咨询等，促进康养融合发展。三是引进护老智能机器人。除了面临疾病危险外，日常生活照料和精神抚慰是老年人群体面临的主要困难。在护老智能机器人的设计中，具有日常提醒功能、助行功能和突发状况救援求救等功能；还可以运用语音合成技术，设计智慧陪聊、情感唤醒等功能，实现老年人和机器人的语言交流互动，同时通过信息互联将音频、视频传送给远方的子女，打破距离感。数字化与老龄化均为当前我国发展的主要特征。大数据技术，对养老服务进行更有效的监管，实现“小病不出小区，养老不出远门”，打破空间障碍，实现老年人健康生活与数智设施不断完备发展的双向促进，让老年人享受新时代的宜老智慧生活。

（三）构建社区宜幼生活圈

随着“幼有所育、学有所教”这一基础性的民生问题越来越受到重视，对新时代幼儿服务体系的重构，要以满足广大家庭的现实需求为出发点，构建社区宜幼生活圈。可以针对社区少儿、幼儿人口建设乐龄生活圈“三步走”。一是建设儿童活动娱乐空间。儿童活动娱乐空间不仅仅是摆满活动器械的场地，更是一个给儿童提供知识性、趣味性的活动空间，帮助儿童树立热爱自然、热爱运动的思想，调动儿童的兴趣和思维能力。推进适儿空间改造，可建设儿童主题公园、游戏角、阅读空间、手作坊、灾害事故防范警示馆等，建立“15分钟内”儿童娱乐活动空间，让社区孩子随时随地享受到安全、便捷、愉悦的户外社区生活。二是促进社区托育服务发展。发展托育服务，解决带娃难题，已成为促进人口长期均衡发展的重要举措。以未来社区理念推进老旧小区改造，要推进3岁以下托育全覆盖，按社区人口规模配置3岁以下设施完备、安防监控设备全覆盖的养育托管点。依托社区基层力量提供集中托育、育儿指导、育儿养护培训等服务，加强对婴幼儿身心健康、社会交往、认知水平等方面的早期发展干预。三是规范管理托幼教育机构。随着社会经济发展和人民生活水平的提高，特别是受2021年“三胎政策”的影响，3岁以下幼儿托幼需求越来越大，目前各地在实际托育教育的运营管理中还存在不少突出问题，如监管制度缺位、师资队伍参差不齐、托育财政投入不足等。政府部门要加大对托育的财政投入，对托育机构的办学审批进行严格把控，加强对办学条件、教职工资等条件的审核力度，加强对托育机构日常运行过程的监管和监督，组建社区管理协会，对托育机构进行合理规划与调控。着力解决“一小”照护问题，注重少年儿童成长需求，增强少年儿童生活的愉悦度、幸福度、满意度。

（四）打造数智宜幼生活圈

从满足少儿和幼儿安全性、趣味性、便捷性、舒适性等角度考虑，通过设计模式的创新转变，打造数智宜幼生活圈，“三大”数智互联助力幼年成长，关注少儿和幼儿的成长需求。一是为婴幼儿发放智能手环监测生长发育。智能手环具有良好的便携性和交互性，佩戴舒适，材质安全，家长可实时掌握婴幼儿的身体状况，实现家长、医护人员数据共享，一旦孩子身体参数出现异常，医护系统及时分析原因，并及时给予父母应急处理方法，在一定程度上减少了孩子在医院接受检查的时间。二是打造全方位一体化幼教平台。围绕3～15岁年龄段课外教育需求，打造社区青少年线上线下联动的学习交流平台和多端交互式教学场景，集成素质拓展、兴趣活动等多种类型的教育服务。通过公建民营、幼托一体等方式，引入公益性、高端性等多层次托育机构，探索家庭式共享托育等新模式，推进幼小扩容提质，做好与社区外义务教育资源的衔接，扩大优质幼小资源覆盖面，打通社区与学校近、远程交互学习渠道。三是运用人工智能助力督促儿童学习。人工智能技术能够为儿童带来更广泛的教育资源，无限的数据资源和知识储备能让儿童接触到更广阔的世界，丰富的知识体系足以满足孩子对不同知识的好奇心。人工智能技术还能提高教学效率和教学质量。通过自动化管理，可以帮助教师、家长实现批改家庭作业、拍照搜题、在线答疑等功能，还能增加学生和老师、老师和家长之间的零距离线上互动，即时反馈，进行一对一教学。让少年儿童感受新浪潮下的宜幼智慧社区生活。

聚焦“一老一小”推动配套设施向“全龄服务”迭代
——以杭州市翠苑四区为例

作为杭州典型的“高龄”小区，西湖区翠苑街道翠苑四区常住6500余人，其中60周岁以上老年人就有1400余人。为满足小区老人的养老需求，翠苑四区以打造“一老一小”活动空间为改造重点，利用改造后的新增空间建起4800m^{2}的民生综合体。

“以前搞活动场地都要抢，现在舞蹈、太极、合唱、戏曲等各类文体团队都有了专属的活动场所。”不少爱好文艺的小区居民称赞道，如今再也不用为场地发愁。不仅如此，综合体里设有居家养老服务中心，养老床位、中医馆、老年食堂、多功能活动区、健康评估室、老年辅助器具租赁、康复训练区等设施空间一应俱全。“一老一小”需求的满足，首先需要足够的空间。在改造过程中突出资源挖掘，通过整合社区用房、产权置换、征收改建、插花式改造等方式，打造配套完善的服务设施。

除“一老一小”群体外，针对小区内各年龄段居民的需求，改造仍在深入推进、迭代升级，从而实现全域全龄全周期的服务覆盖。

在西湖区翠苑四区的民生综合体内，紧挨着居家养老服务中心的便是文化家园。这里的迷你健身馆和阅览室，成为年轻居民最喜欢的场地。“阅览室里空调和WiFi齐全，来这里做事效率高多了。”居民楼女士居家办公时，喜欢带着电脑来阅览室工作。

而200m^{2}的健身房，成了小区内健身达人们的“刚需”。“基本健身器材都有，24小时全天开放，还使用智能人脸识别门禁系统，特别方便。”小区居民张某以前都是花大价钱去外面健身房办卡，现在果断转战小区健身房，“每天上午9点至11点是免费的，其余时间办卡也很实惠，包两年才不到1000元。”

翠苑四区通过多措并举的改造提升，为居民腾出了空间，提供了配套服务，真正让社区变成有温度、有活力的“生活共同体”。

第四章

未来社区理念推进老旧小区改造的道与术

未来社区理念，是新时代下开辟城市未来图景的新要求。以未来社区理念推进的老旧小区改造，对老旧小区改造的全过程、各方面都提出了新标准，树立了新规范，有利于实现老旧小区改造形态、品质、服务、技术的全面升级，促进城市有机更新，形成可持续的城市发展之路。

第一节 耦合：锻造高质量发展强引擎

一、政策导向

（一）老旧小区改造

2020年7月发布的《国务院办公厅关于全面推进城镇老旧小区改造工作的指导意见》（国办发〔2020〕23号）是和老旧小区改造有关的重要政策，全国各省市也基于此，陆续发布了关于本省市的城镇老旧小区改造的实施方案和规划，大范围推进老旧小区改造工作。

2020年12月，浙江省发布《浙江省人民政府办公厅关于全面推进城镇老旧小区改造工作的实施意见》，指出："鼓励城镇老旧小区分类开展未来社区试点，探索'三化九场景'体系落地有效路径，形成具有浙江特色的高级改造形态。不断总结经验，加快推进未来社区试点建设，实现城镇老旧小区'一次改到位'，努力打造以人为核心的现代化城市平台。"

（二）未来社区建设

2019年开始，浙江省开始逐步推进未来社区建设，同时颁布了各种政策以提供全方位支持。

2019年11月，浙江省人民政府办公厅发布《关于高质量加快推进未来社区建设试点工作的意见》，并明确未来社区建设以改造更新类为主，强调要分类推进、精准施策，全省各地开始着重推进改造更新类项目的试点。

2021年3月，浙江省发展改革委、浙江省住房和城乡建设厅发布的《关于开展2021年度未来社区创建的通知》，强调此次创建工作将坚持普惠属性、防止"盆景化"倾向。把未来社区建设理念和要求贯穿到城市旧改、有机更新的全过程，丰富创建类型，鼓励百花齐放，加快推动从个案试点到面上推广。

（三）现代社区建设

《中共中央关于制定国民经济和社会发展第十四个五年规划和二〇三五年远景目标的建议》和国家发展改革委印发的《2021年新型城镇化和城乡融合发展重点任务》中明确把“建设现代社区”作为提高城市治理水平，推进新型城市建设的重要内容之一。现代社区培育的主要内容包括：完善社区养老托育、医疗卫生、文化体育、物流配送、便民商超、家政物业等服务网络和线上平台，城市社区综合服务设施实现全覆盖。

2022年1月，国务院办公厅印发的《“十四五”城乡社区服务体系建设规划》，以丰富城乡社区服务体系为切口，从完善服务格局、增强服务供给、提升服务效能、加快数字化建设、加强人才队伍建设等方面就现代社区建设作出安排部署，确定了社区固本强基等14项新时代、新社区、新生活服务质量提升行动。较1987年民政部率先倡导的“社区服务”概念，它更加强调为民、便民、安民功能，更加强调社区服务商业化、产业化运行逻辑，更加突出社区作为创业、就业、促进消费的生活场域，更加注重生态圈、服务圈和数字化思维，着力营造便捷共享、安全和谐、科技支撑、资源赋能的生活新空间。

2022年5月5日，浙江省召开全省城乡社区工作会议，会议强调，要深入学习贯彻习近平总书记关于城乡社区工作的重要论述精神，以人的现代化为核心要义，以数字赋能为动力，以共建共治共享为导向，以未来社区和未来乡村建设为突破口，以党建为统领，全面强化社区为民、便民、安民功能，着力建设现代社区，构建“舒心、省心、暖心、安心、放心”的幸福共同体，打造高质量发展、高标准服务、高品质生活、高效能治理、高水平安全的人民幸福美好家园。

会上确立了现代社区建设的总纲，提出“564”总体架构，即5方面特征内涵、6大体系和4个机制（图4-1）。

2022年5月19日，浙江省现代社区建设领导小组召开第一次会议，会议指出，现代社区建设的提出标志着全省城乡社区发展进入新阶段，现代社区建设是巩固党执政基础的必然要求，是共同富裕现代化的基本单元，是推进社会建设的重要有形载体，是防范化解重大风险的有力屏障。会议还审议通过了现代社区建设重要指标清单、“1＋N”重要政策清单、重大改革清单、重点攻坚项目清单和现代社区建设架构图（1.0版）。

2022年6月17日，浙江省现代社区建设领导小组审议通过了现代社区建设“六大改革”“十大行动”专项工作方案。

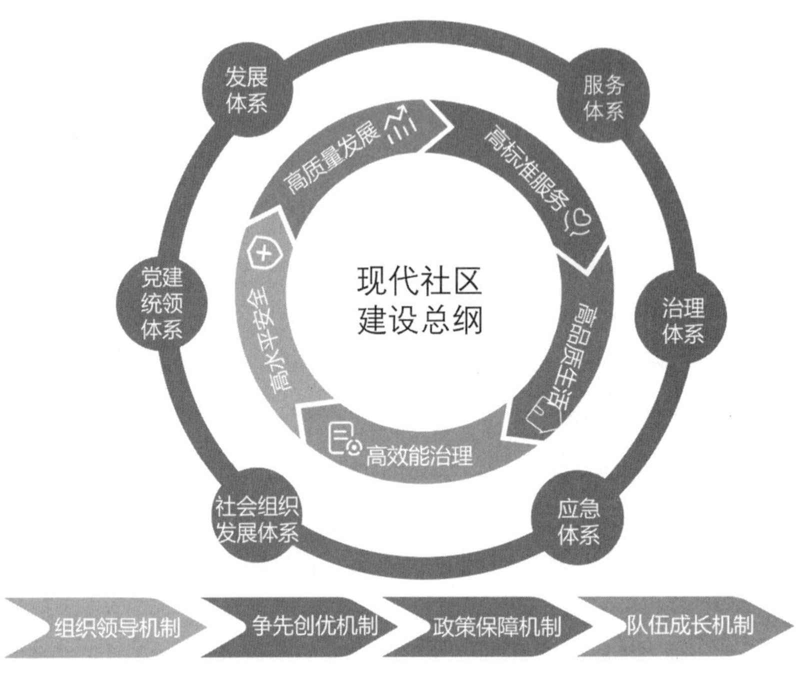

图4-1　现代社区“564”总体架构

“六大改革”是为突破体制性障碍，推动制度重构、流程再造、系统重塑的重要内容之一。主要包括以下几点：

（1）“上统下分、强街优社”改革，重点对区级以上涉及镇、街职能事项的系统进行优化，推动组织体系向下延伸，强化社区统合功能；

（2）“强村富民”乡村集成改革，重点要深化农村“三块地”改革，健全“两进两回”长效机制，以资源要素聚合推动村级集体经济发展；

（3）“强社惠民”集成改革，重点要以集体资产、资源、资金有效利用为切入点，大力发展社区租赁经济、物业服务经济，推进存量空间的高效利用；

（4）社会组织发展体系改革，重点要创新社会组织培育机制、运营方式、服务体系，推动从注重数量增长、规模扩张向结构优化、能力提升转型；

（5）社区应急体系改革，重点要突出平战一体、快响激活，健全完善问题发现和闭环处置机制，以组团式集合社区应急力量，不断提升社区应急处理能力；

（6）城镇社区公共服务集成落地改革，重点要以服务集成落地为核心，聚合服务供给主体，统筹服务事项内容，优化服务设施布局。

“十大行动”包括党建统领网格智治攻坚行动、无物业管理住宅小区清零攻坚行动、“一老一小”优质服务提升行动、融合型大社区大单元智治破难行动、全域党建联盟聚力共富共治行动、除险安民行动、“五社联动”提质增效行动、电梯质量安全提升和老旧小区加装电梯惠民行动、社区药事服务便民行动、全省

“1+4”社区助残服务暖心行动等。

2022年6月28日，浙江省民政厅召开全省民政系统学习贯彻省第十五次党代会精神暨现代社区建设推进会。会议指出，推进城乡社区现代化建设，是贯彻落实习近平总书记关于城乡社区工作重要论述的实践要求，是推进基层治理体系和治理能力现代化的有力举措，是推进共同富裕先行的重要载体，是扎实稳住经济大盘的有效手段，是推动全省民政事业高质量发展的有利契机。现代社区建设是一项全局性、系统性、创新性工作，涉及不同层级、不同部门，需要上下协同、左右合力。全省民政系统要进一步提高政治站位，以守好“红色根脉”的行动自觉，切实增强责任感、使命感，加快推进现代社区建设。

（四）共同富裕建设

党的十九届六中全会指出，要坚持人民至上，坚持发展为了人民、发展依靠人民、发展成果由人民共享，坚定不移走全体人民共同富裕道路。共同富裕中“共同”的主体是全体人民，共同富裕中的“富裕”是在普遍富裕基础上的差别富裕。

共同富裕是社会主义的本质要求，是中国式现代化的重要特征。适应我国社会主要矛盾的变化，更好满足人民日益增长的美好生活需要，必须把促进全体人民共同富裕当作为人民谋幸福的着力点，不断夯实党的长期执政基础。

党的十九届五中全会对扎实推动共同富裕作出重大战略部署。共同富裕具有鲜明的时代特征和中国特色，是全体人民通过辛勤劳动和相互帮助，普遍达到生活富裕富足、精神自信自强、环境宜居宜业、社会和谐和睦、公共服务普及普惠的水平，实现人的全面发展和社会全面进步，共享改革发展成果和幸福美好生活。随着我国开启全面建设社会主义现代化国家的新征程，必须把促进全体人民共同富裕摆在更加重要的位置和高度，并向着这个目标迈进。

然而当前，我国发展不平衡不充分的问题仍然突出，城乡区域发展和收入分配差距较大，各地区推动共同富裕的基础和条件不尽相同。促进全体人民共同富裕本是一项艰巨的长期任务，需要选取部分地区先行先试、做出示范。浙江省在探索解决发展不平衡不充分的问题方面取得了显著成效，具备开展共同富裕示范区建设的基础和优势，当然也存在一些短板弱项，仍具有广阔的优化空间和发展潜力。

2021年6月10日，《中共中央 国务院关于支持浙江高质量发展建设共同富裕示范区的意见》发布，支持鼓励浙江先行探索高质量发展建设共同富裕示范区。浙江将承担高质量发展建设共同富裕示范区的重大使命，计划到2025年推动示范区建设取得明显实质性进展；到2035年，高质量发展取得更大成就，基本实现共同富裕，率先探索建设共同富裕美好社会。

二、关系图谱

老旧小区改造是在城市建设方式转型的背景下启动的，同时也回应了人民群众的迫切需要，补齐了群众“急难愁盼”的事项短板。自2019年全面开展老旧小区改造以来，截至2021年底，已经惠及2000多万户居民。

老旧小区改造是惠及千家万户的民生工程，通过依靠和发动居民，让居民参与老旧小区改造全过程，使得居民从“住有所居”到“住有宜居”，政府能够通过老旧小区改造过程听取民意、顺应民心，让人民群众的幸福感、获得感、安全感和认同感不断提升。

老旧小区改造是潜力巨大的发展工程，通过在改造中进行全域统筹规划，在存量里做增量，能进一步提高城市核心区土地的集约化复合利用程度，发挥土地的价值优势，实现优地优用。既不会造成过度改造和资金浪费，又有利于促进改善民生和城市升级双向同步发展，进一步促进经济高质量发展。

老旧小区改造是一项社会系统工程，集规划设计、建设施工、管理维护、基层治理于一体，既需要党委政府的多层级纵向联动、多部门横向协作，也需要社会力量和千家万户居民的支持配合。在老旧小区改造过程中，要充分发挥党建引领统筹、党员先锋模范作用，指导建立居民自主管理组织，调动居民、社会力量参与城镇老旧小区改造，形成政府、企业和居民共商共建共治共享的良好格局。

老旧小区改造是一项重要的治理工程，老旧小区涉及的部门条线众多，任务涉及面广又十分繁重，不仅需要建章立制、强化政策，还需要顶层设计、规划先行，各部门按照各自职能分工抓好各自工作的落实，推行精细化管理。建好后，需要形成长效的治理体系，维护好改造成果，因此，这是一个提升社会基层治理能力的良好契机。

老旧小区改造是一项建筑工程，每一个老旧小区现状不同、短板不一，它的改造不像新建筑建造，情况较为复杂，不能照搬照抄，而且改造时要尽可能地不影响居民生活，因地制宜、有时序地推进。此外，改造中不仅要保留居民的集体记忆，还要挖掘所在小区自身的文化，赋予老旧小区独一无二的文化内涵。

未来社区建设，以人本化为核心，目标是实现让人民生活在有温度的幸福美好家园。未来社区不仅要有美好宜居的环境，还要有温暖融洽的邻里关系，通过数智赋能提升居民城市生活的品质，描绘未来生活新画卷。

现代社区建设以群众需求为导向，以“强社惠民”为目标，是实现固本强基的必然要求，是深入实施“红色根脉强基工程”的必然路径，是铸魂塑形的新时代建设，既要注重物质生活的丰富，也要打造精神文明高地。

共同富裕建设承载了人们对美好生活的期盼和向往，需要补齐民生保障短板，解决好人民群众急难愁盼问题，要在幼有所育、学有所教、劳有所得、病有所医、老有所养、住有所居、弱有所扶上持续用力，才能使人民群众的生活更加充实、更有保障（图4-2）。

图4-2 共同富裕、现代社区、未来社区、老旧小区改造的核心内涵

老旧小区改造和未来社区、现代社区以及共同富裕是息息相关的。

第一，它们具有统一的目标，都是为了满足人民群众的美好生活需要。

第二，老旧小区改造是四者中的基底和重要内容，其作为基础设施建设，能够提升环境品质，完善服务配套，是重要的民生举措。老旧小区改造能够加快打造共同富裕现代化基本单元，通过改造老旧小区外部环境，加强和完善周边配套，提升治理水平，引入新业态，提升居民就业和创业环境等一系列措施，能够提高居民收入水平，最终让人们实现物质富裕；在新时代党建引领下，老旧小区改造能够充分挖潜社区文化特色，用建筑语言传承历史文化，打造公共文化空间，最终让人们实现精神富裕；老旧小区的改造，能够提升居民的居住质量，最终让人们过上幸福生活。

第三，未来社区建设是老旧小区改造的高级形态，是共同富裕现代化建设的基本单元，是满足人民对美好生活向往的重要举措。社区是居民生活的基本场所，是群众感知高质量发展和共同富裕的主要载体。推进未来社区建设，是浙江省作为当前全国唯一的共同富裕示范区，在新发展阶段判明大势、定位当下、开辟未来作出的重大部署和战略工程，是推动共同富裕从宏观到微观落地、从局部到整体拓展的基本单元，一批批未来社区的落地，将未来蓝图打造成幸福实景，既是共同富裕示范区建设的“细胞”，也是共同富裕示范区建设的缩影。

第四，谋划推进现代社区，则是高质量打造共同富裕城乡融合基本单元，全域全程推动共同富裕现代化基本单元建设，着力缩小三大差距，加快推动城乡融合，进一步增加社区优质服务供给，动员全社会加快建设幸福美好家园，汇聚起高质量发展建设共同富裕示范区的强大合力。为了实现共同富裕，要将未来社区理念贯穿现代社区建设的全过程、各领域，同时要统筹好现代社区建设与未来社区建设的关系，相关牵头部门要分工协同、一体推进，防止重复抓、多头抓（图4-3）。

图4-3　未来社区、现代社区、共同富裕、老旧小区改造的关系图

三、对应融合

在老旧小区改造过程中，浙江在条件具备的老旧小区积极探索以未来社区理念推进改造进行，解决配套设施不足、长效管理缺乏、“一老一小”体系建设等重点问题，推动老旧小区改造全面升级。

未来社区理念之所以能够融入老旧小区改造过程中，对老旧小区改造中存在的难点、痛点提出合理的解决思路，一方面是因为未来社区的创建包含了旧改类未来社区，能够实现建设共推、项目共创；另一方面是因为未来社区场景建设和老旧小区改造内容有对应关系（图4-4、图4-5、表4-1），能够实现路径共通，同时两者都是以满足人民美好生活需要为目标，并且按照以人为本的理念推进，能够实现目标共通、理念共融。

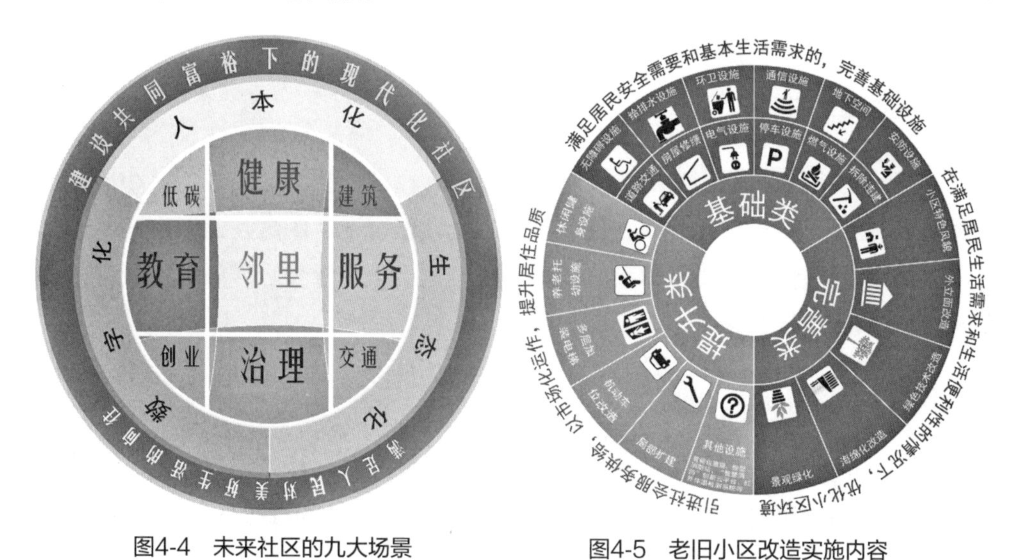

图4-4 未来社区的九大场景

图4-5 老旧小区改造实施内容

未来社区场景建设与老旧小区改造实施内容的对应关系 表4-1

未来社区场景建设	老旧小区改造实施内容
邻里场景	休闲建设设施提升、小区特色风貌完善
教育场景	完善托幼
健康场景	完善养老
交通场景	道路交通建设
低碳场景	海绵化改造、景观绿化完善、绿色技术改造
建筑场景	地下空间改善、房屋修缮、外立面改造完善
服务场景	通信、停车、电气、燃气等设施改善，设置智能包裹箱
治理场景	多种形式下的长效管理

第二节 调研：坚持问题导向清单化

老旧小区改造并非易事，量大面广，情况各异，任务繁重，改得好不好直接关乎老百姓住得好不好。因此，坚持以问题为导向，对老旧小区现状进行调研与评估、对居民改造意愿进行征集与诊断，是确定一体化改造方案的前期工作，是以未来社区理念推进老旧小区改造工作中非常重要的一环，也是确定老旧小区改造范围、形式、内容和方向的依据，同时也便于政府部门以此作为决策依据。

一、老旧小区现状的调研与评估

对老旧小区现状调研包含实地勘察、问卷调查、深入访谈、社区沟通、资料查阅等多种形式。调研的内容包含以下几部分：

（一）基本情况

包括小区地理区位、发展历史、建设范围、占地面积、建筑面积、小区建筑栋数、是否存在历史文化建筑、建筑结构安全评估情况、闲置建筑或空间、国有建筑或公共建筑情况，小区户数、住户年龄结构、租户数量、残障人士数量以及小区现有的管理情况（有无业委会、物业等）。

（二）小区环境

包括小区出入口、围墙、建筑外立面、单元楼门口、楼道建设情况，内部道路、绿化、公共照明、公共广场、垃圾收集设施情况，楼道物品堆放、小区内部违建临建情况，小区非机动车和机动车停车情况。

（三）小区设施

包括小区供排水、供气、供暖、电力、通信等设施情况和管线铺设、管网现状，小区公共服务、社区医疗、健身休闲、娱乐文化、教育设施现状，小区及周边养老、托育、购物、家政、餐饮以及临街商铺等设施现状，小区消防设施配建和维护情况、小区快递设施或驿站现状、小区安防设施建设现状。

（四）居民需求

包括居民的人群画像、对居住满意度评价，对小区基础类、改善类、提升类改造内容需求，对引进专业物业管理需求及缴费承受能力、对参与小区治理的意愿。

（五）其他情况

包括小区所在地的上位规划、小区周围其他老旧小区分布情况、小区周边交通路网和公共交通情况、小区外部可利用的资源、社区在地文化和民风民俗、社区党建组织情况等。

对老旧小区开展详尽的调研工作，包括老旧小区建筑本体、供水、电力、燃气、暖气、消防、垃圾处理等基础设施现状，周边商业便民服务设施、周边交通状况、5分钟生活圈内服务资源、现有数字化建设情况，实施单元内的存量资源清单化，不脱离既有、利旧进行改造提升。

在了解居民实际需求时，应建立问卷调查—分类画像—精准规划—创设场景—兑现需求的闭环，重点要关注“一老一小”的需求，以居民高频次需求和存在问题书写改造提升清单。

在挖掘社区在地文化上，包括但不限于名人轶事、历史传承等，让高品位文化植入改造全程，凝聚成社区韵味。同时结合老旧小区分布情况，以全域视角出发，有条件地实施片区化改造。

最后，根据调研收集的资料进行分析，结合未来社区理念指导，分析老旧小区优劣势，明确创建的主题特色，同时要守护现代社区红色根脉，突出和传承文化元素，在改造中运用“一小区一特色”，起到点睛之笔的作用。

《老旧小区改造项目现状调研表》（附录二）是结合未来社区理念，老旧小区改造前期调研中常用的调研工具，需要由社区工作人员提供部分信息，再结合实地走访获得原始信息，以确保获得资料的精准性，也便于后期的信息核对。

二、居民改造意愿的征集与分析

居民改造需求是前期调研的重中之重，只有明确居民改造需求，才能改到居民心坎里。目前，主要采取入户调研、问卷调查、集中座谈等方式组织开展老旧小区改造居民意愿调研工作。

一般情况下，对于老旧小区全体居民，主要开展问卷调查的方式，获取样本量大，从数据分析中能够反映老旧小区普遍存在的问题和大部分居民诉求。在问卷调研设置时，要科学化、合理化，切勿以主观意识和经验认知做问题预设和引导。在开展调查时，要说明调研目的，展示问卷，在回收问卷时要做好有效性判断，剔除无效问卷。针对具体的需求调研，可以参考《浙江省未来社区居民需求调查问卷》（附录三），每个社区可根据实际情况加以补充。

同时针对不同年龄层群体，可以对重点人群代表做深入访谈，进一步深入了解居民的需求。基于问卷调研结果，针对反映出的居民热点、难点、痛点问题，可以组织召开座谈会，或者上门入户调研。尤其是像老旧小区比较关心的“一老一小”需求，可以参考《未来社区养老与幼托需求访谈提纲》（附录四）进行提问和记录。

从对居民的调研分析，可以获得居民人群画像（图4-6）、小区建筑现状和居民最主要的居住痛点，以及居民对邻里、教育、治理、健康、交通、低碳、创业、服务等多个方面的需求等。

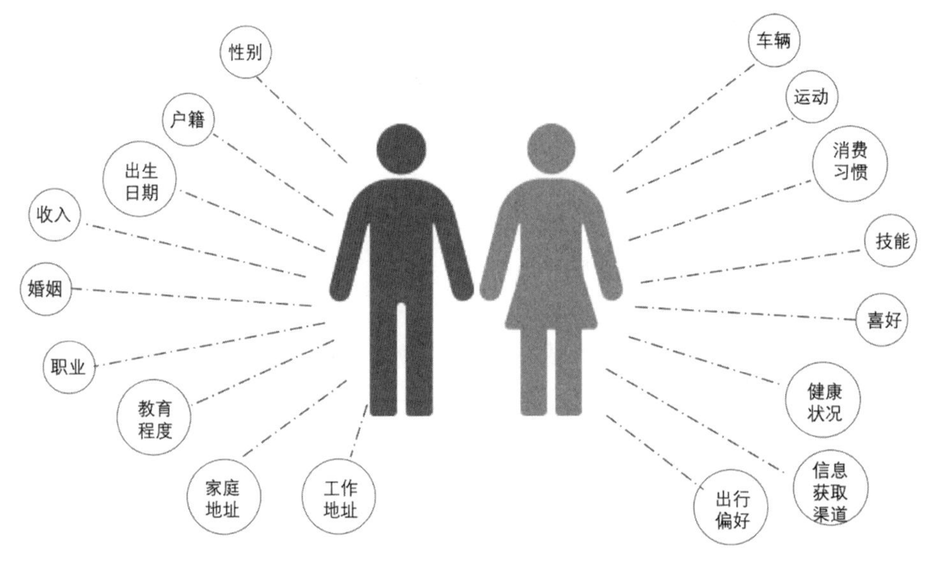

图4-6　居民人群画像情况

这里以杭州市西湖区翠苑一区老旧小区改造前的居民调研作为案例分析。翠苑一区老旧小区改造充分运用未来社区理念，以新时代党建为引领，在改造中提升居住环境、完善基础设施、补齐功能短板，继承和发扬了红色文化，翠苑一区也建设成为居民的美好家园和共同富裕的基本单元。

（1）项目基本概况

西湖区翠苑一区社区建于20世纪80年代，位于西湖区核心地块，小区北侧为文一路、南侧为文二路、西侧为余杭塘河、东侧为学院路。本次改造涉及居住建筑53栋，配套用房9栋，总用地面积为11.15万m^2，总建筑面积为21万m^2，涉及居民3146户、7872人，其中老年人2011人、幼儿428人。

（2）居民人群画像

通过社区记录的数据和对居民的调研分析得出，翠苑一区的人群画像表现为：小区居住的大部分都是本地户籍居民；以中青年为主，同时老年人占比偏高，超过20%；小区中残疾人主要以肢体残疾为主；家庭结构以三口及以上核心家庭、两人的夫妻情侣家庭为主；居民受教育程度普遍较高，居民职业呈现多样化发展，且中等收入居民人数较多（图4-7～图4-13）。

（3）创建未来社区优势

1）居民意愿优势

翠苑一区地处杭州市文教区，地理位置优越，周围教育资源非常丰富，老年居民中有不少曾是周边高校和中小学的退休教职工，中青年居民则主要因为翠苑的学区、就业等因素而购买入住，可以说，翠苑一区居民整体素质高，对于改造的配合度相对较高。

2）内外配套优势

改造实施团队通过对翠苑一区实地勘察调研，进一步明确翠苑一区创建未来社区的优势：一是小区内部配套用房设置相对齐备；二是周边配套设施相对齐全，如幼儿园、小学、中学、医院、养老服务中心等公共设施均有设置，周边附带公园及古荡湾河沿岸适合慢行，还有大型商超、便利店等商业便民设施，且产业园和办公楼楼宇林立，曾孕育过杭州不少知名企业，有外部创业资源和商业服务优势；三是地理交通便利，有多种公共交通直接接驳，包括众多公交线路和地铁2号线、10号线等，能直达杭州大多数区域，这些都和未来社区九大场景的内容相契合。

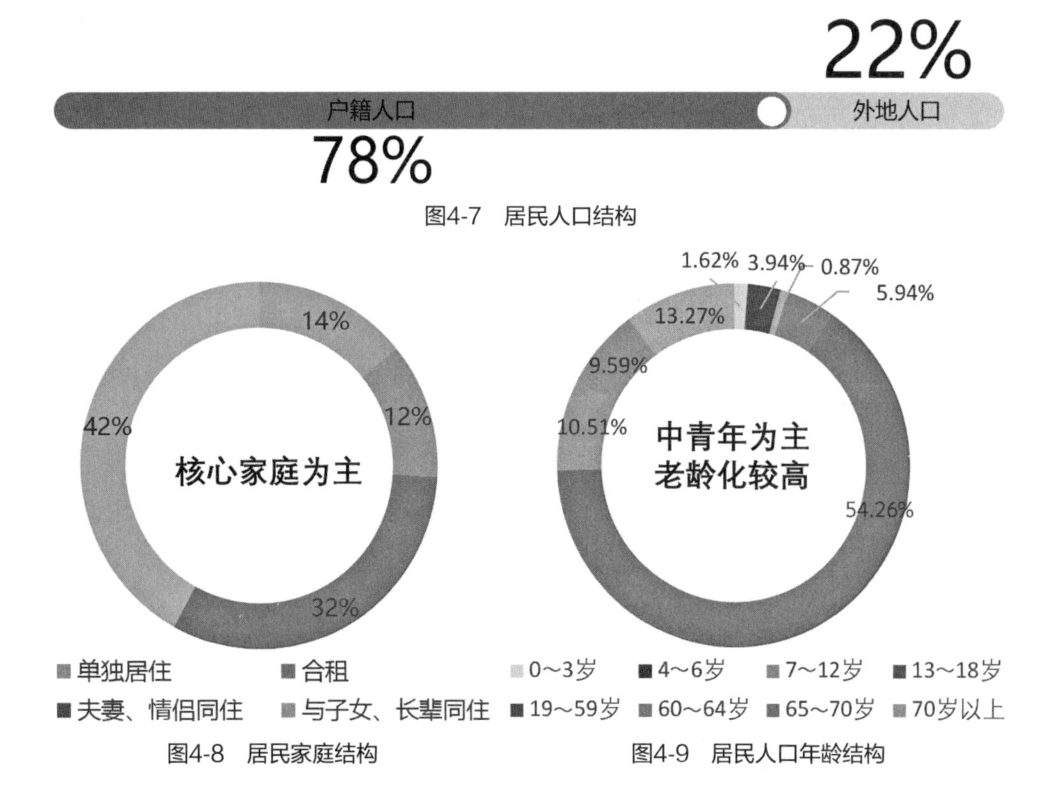

图4-7 居民人口结构

图4-8 居民家庭结构

图4-9 居民人口年龄结构

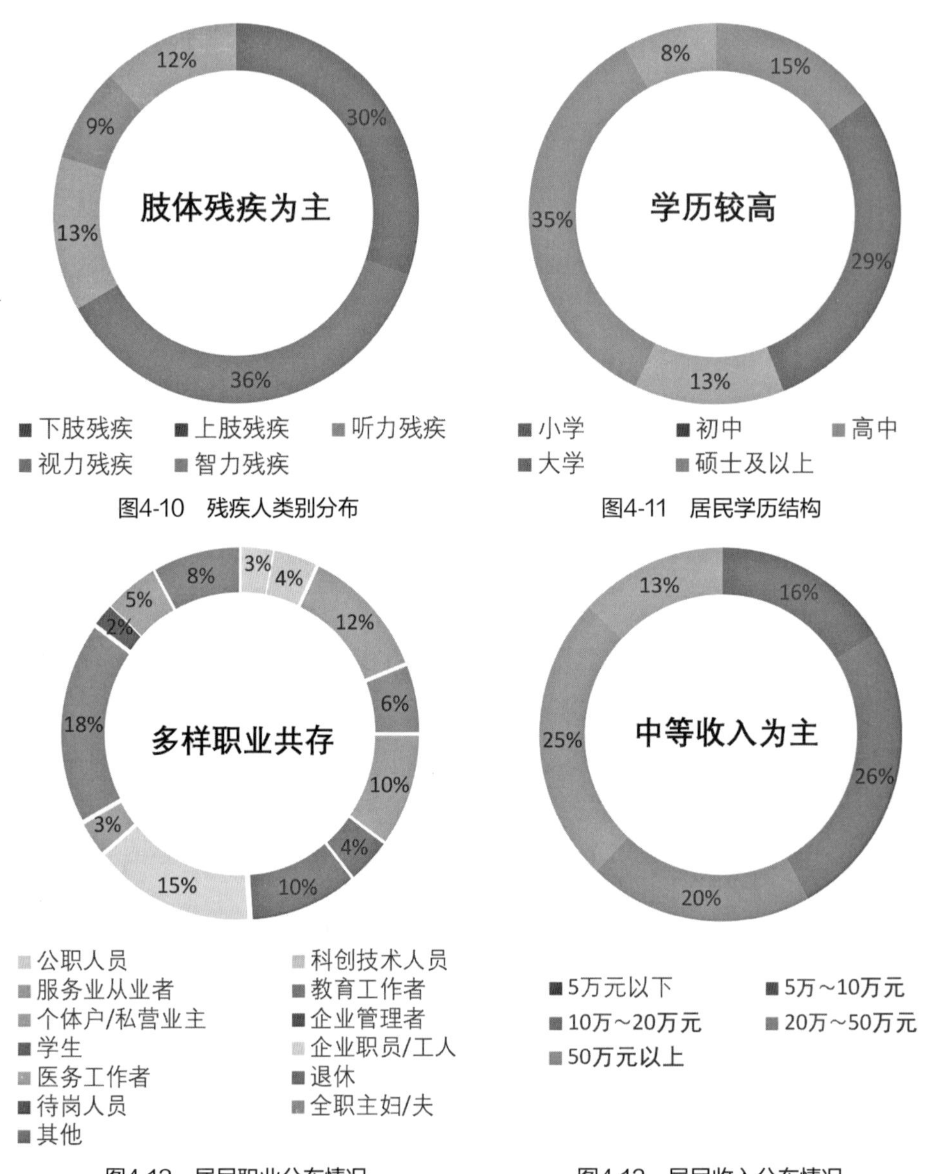

图4-10　残疾人类别分布

图4-11　居民学历结构

图4-12　居民职业分布情况

图4-13　居民收入分布情况

3）文化传承优势

翠苑一区具备独特的文化优势：一是具有红色文化，翠苑一区是杭州市西湖区重要的红色基地，自2003年开始，时任浙江省委书记的习近平同志曾先后三次来翠苑一区调研指导，并两次给社区党委复信，使得浓厚的红色基因深植翠苑一区的血脉之中；翠苑一区也在不断发扬红色传统，建立了红色退役军人服务站和微型党史馆，并实现了资源共建共享。二是具有善文化，翠苑一区居民一直以弘扬中国传统文化为主旨，提出了"善德、善行、善教、善学、善美"为核心的"善文化"；小区打造提供民生服务的"一平台"，在细微之间增进邻里感情。

（4）居民调研诉求分析

结合翠苑一区居民人群画像和居民调研，可以得知对于社区公共服务配套，翠苑一区居民最关注的是市政公用服务、养老助老服务、邻里交流服务、公共体育服务和儿童关爱服务（图4-14）。

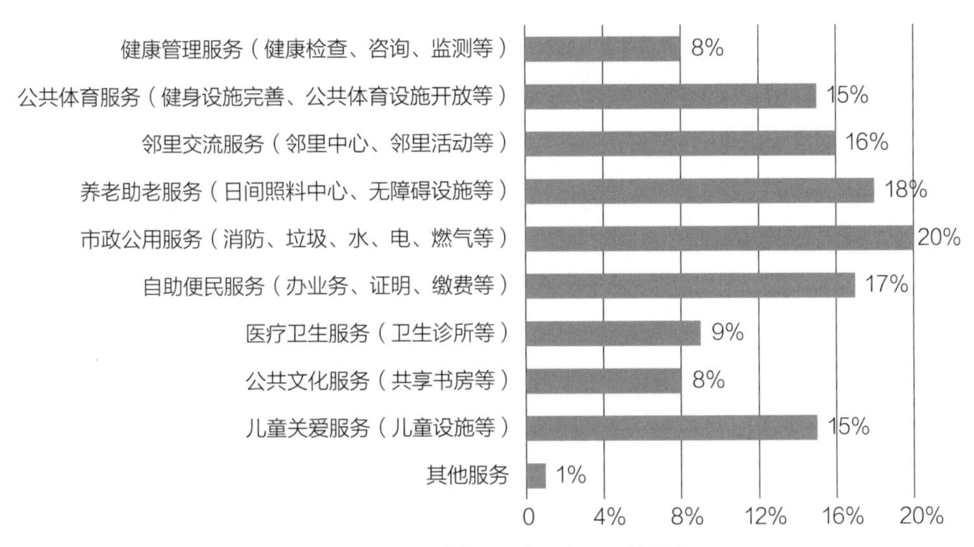

图4-14 居民对社区公共配套服务的需求

在邻里需求方面，由于翠苑一区原有空间受限，居民的关注重点在于提高邻里交往空间，尤其是增加儿童活动场地、增加步道和老年活动场所的需求最高（图4-15）。

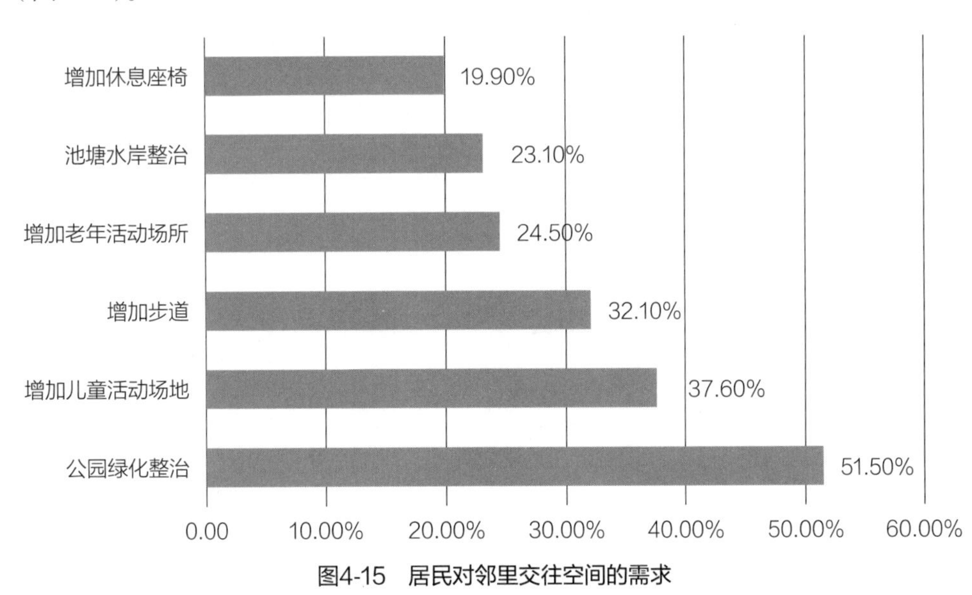

图4-15 居民对邻里交往空间的需求

在社区治理方面，近95%的翠苑一区居民希望参与多种社区治理的方式，其中，居民问卷调查、设置业主委员会、在小程序提供反馈和申诉渠道是他们认为最合适的三种治理方式。居民最希望数字化平台提供的前三项社区治理服务有社情民意收集、活动信息发布和共享、综合信息收集（图4-16）。

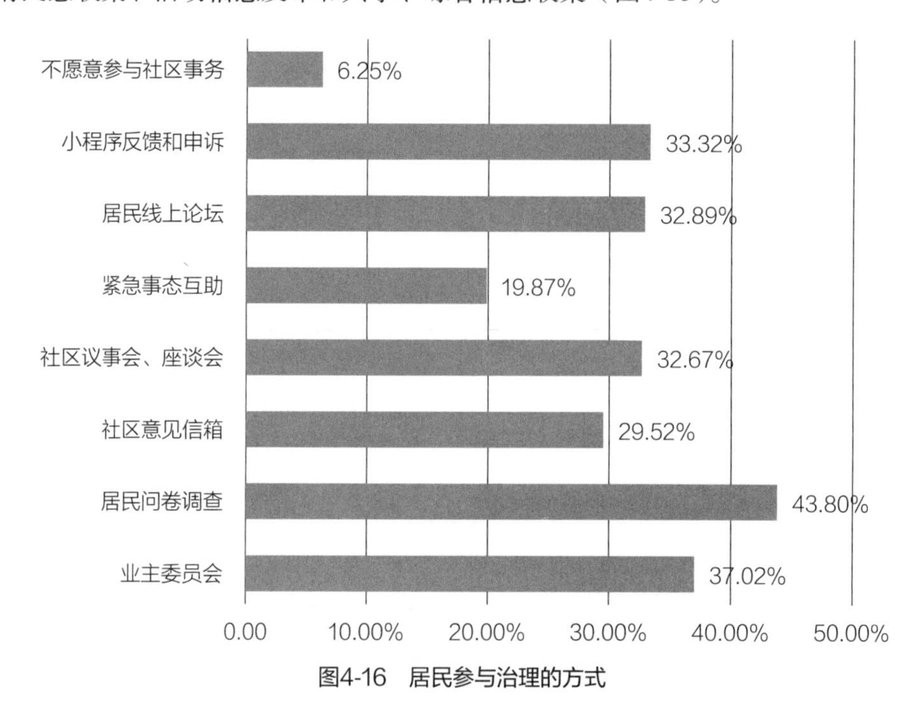

图4-16　居民参与治理的方式

对于居民通过建言献策、志愿服务、邻里互助、见义勇为等正能量行为，获得社区治理贡献方面的积分来看（图4-17），居民希望这些积分的前三大用途是通过爱心超市换取日用品或粮油米面、换取技能培训或兴趣课程以及获得荣誉称号（图4-18）。

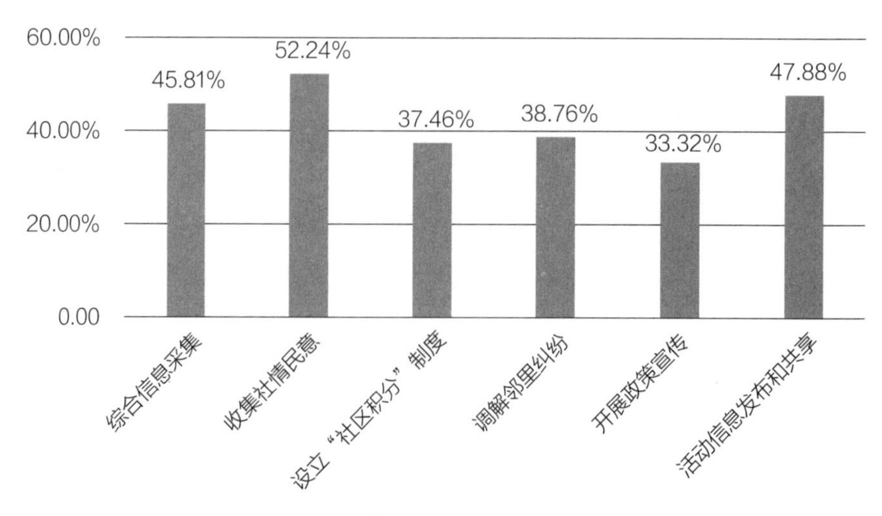

图4-17　居民对数字化平台提供治理服务的需求

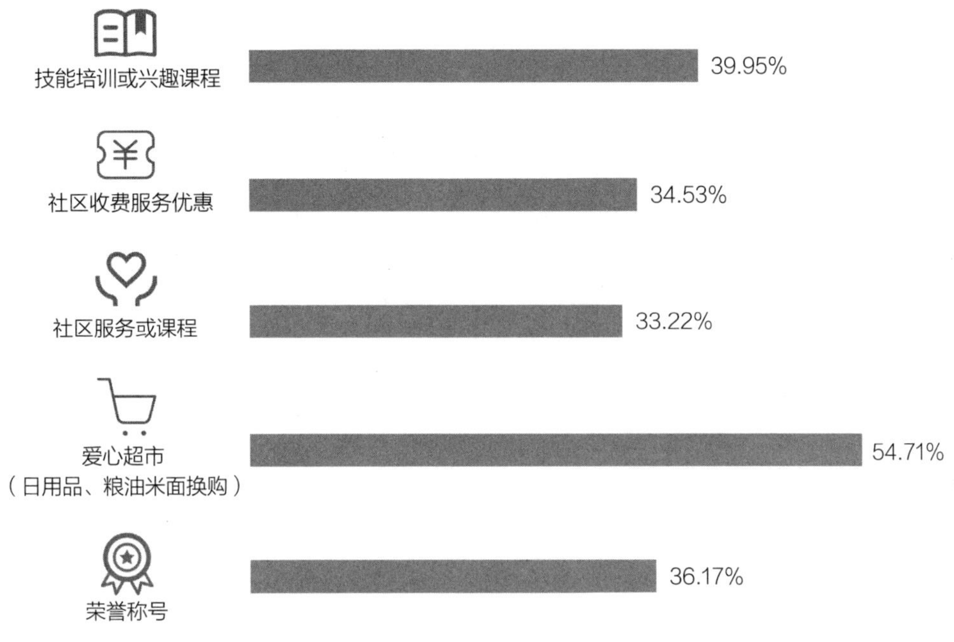

图4-18 居民社区治理贡献积分用途

在教育需求方面，居民最需要的三项教育服务或设施是共享书房、生活技能培训和数字化学习平台（图4-19）。

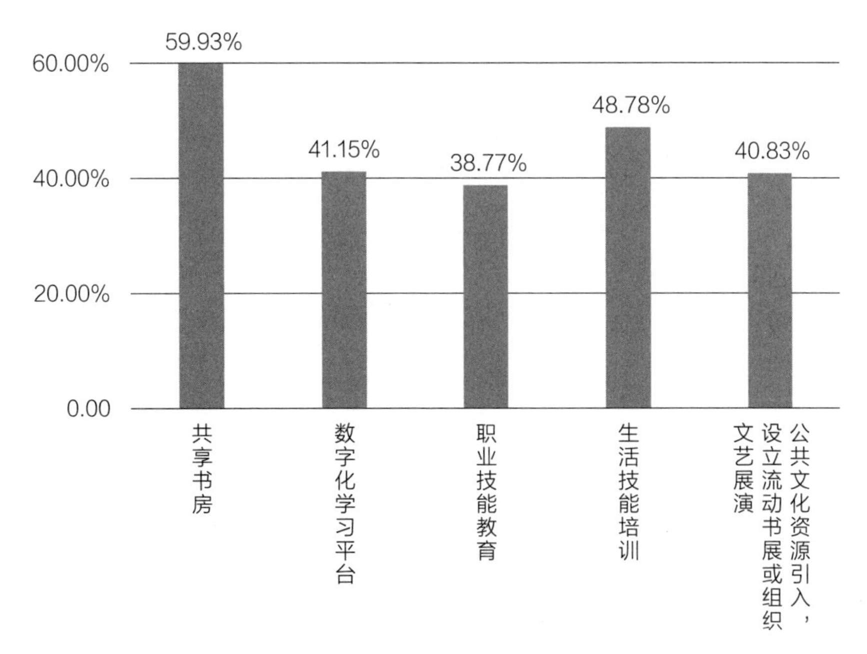

图4-19 居民对教育服务或设施的需求

此外，在婴幼儿托育需求上，翠苑一区居民最需要的前三项是幼儿托育机构、短时照护驿站和“育儿一件事”掌上服务平台（图4-20）。

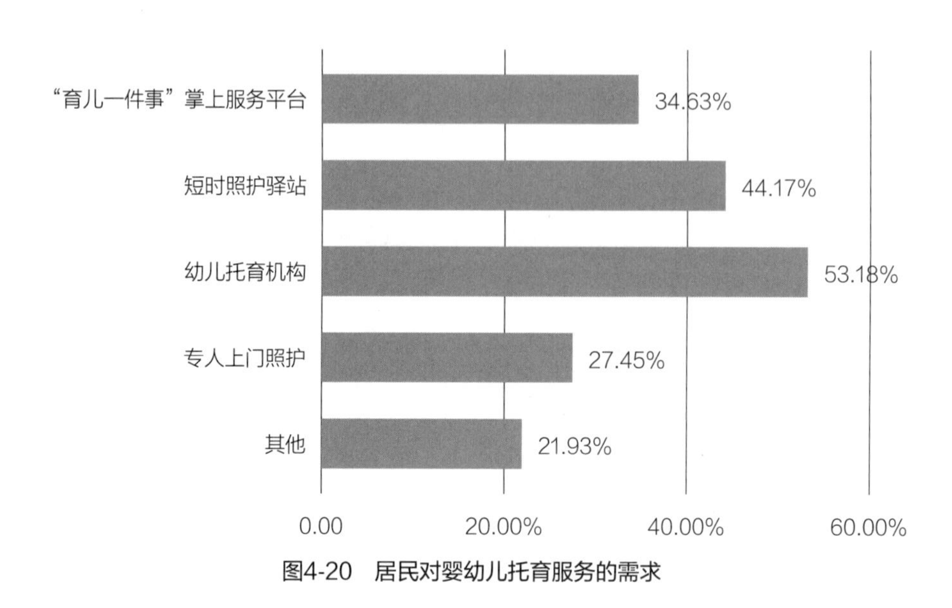

图4-20　居民对婴幼儿托育服务的需求

目前，翠苑一区的儿童也不少，居民中有10.75%是3～18岁的孩子，居民最需要的前三项儿童服务和设施主要有室外活动场地、四点半学堂和组织社会实践或小志愿者服务（图4-21）。

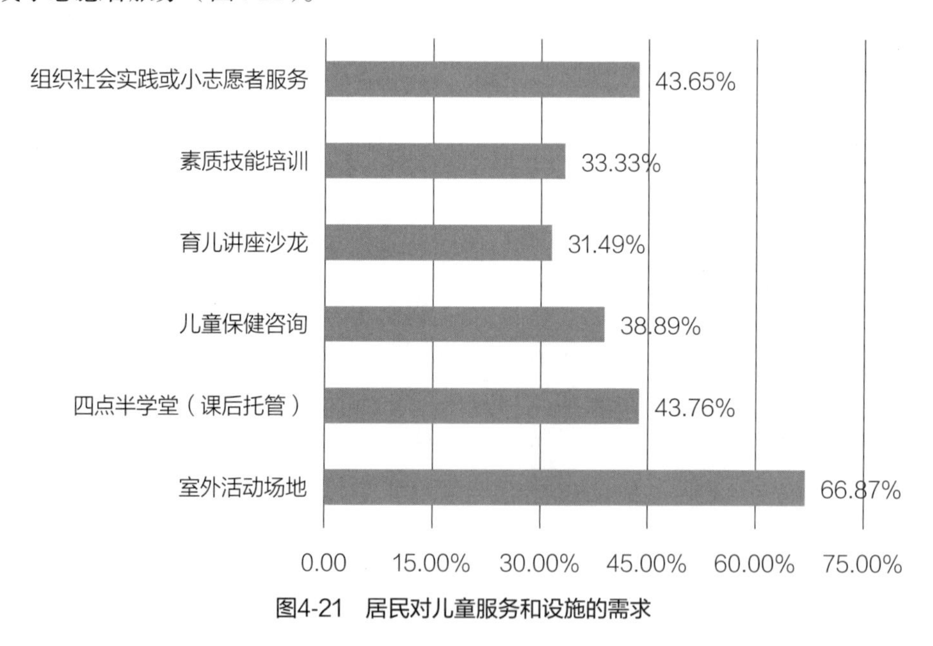

图4-21　居民对儿童服务和设施的需求

在社区健康服务需求上，小区居民最希望拥有的前三项体育设施是健康步道、室内外运动场地（图4-22）；最希望社区提供的前三项医疗服务是医院进社区义诊、定点医院签约转诊、智慧医务室在线诊疗（图4-23）；居民对于健康保健服务需求较为均衡，且诉求较强，其中最需要的3项健康保健服务是基础体检、康复理疗、居民电子病历（图4-24）。

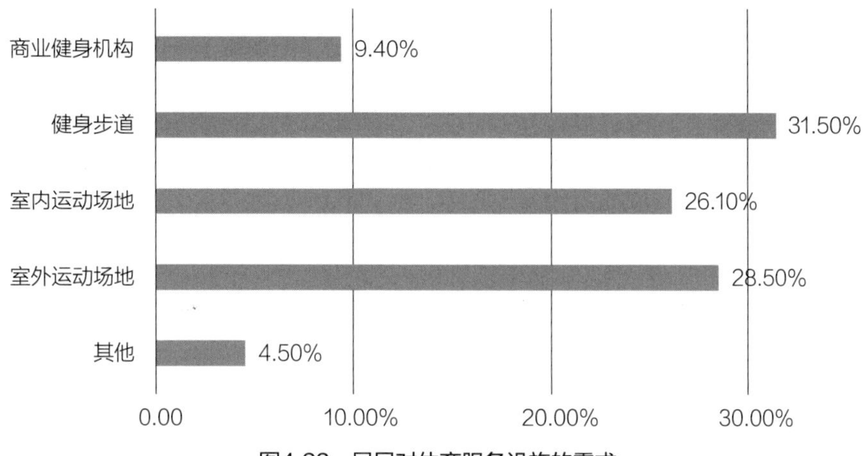

图4-22 居民对体育服务设施的需求

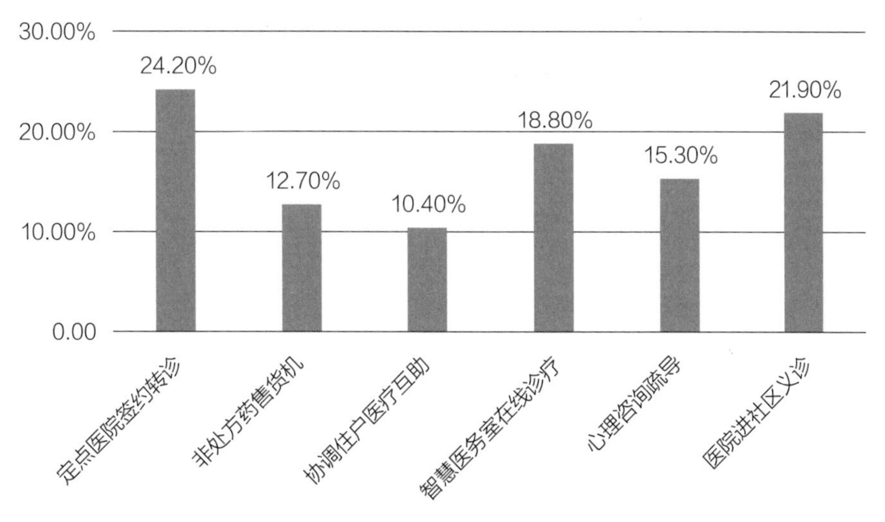

图4-23 居民对医疗服务的需求

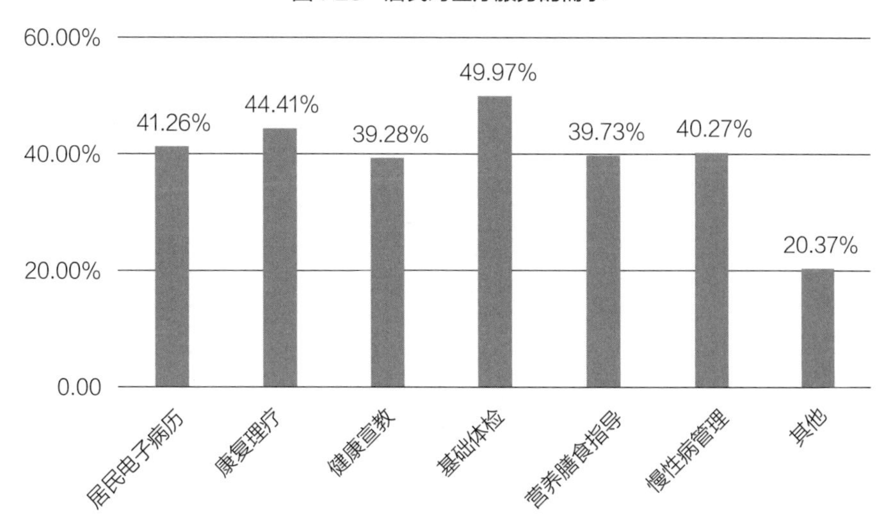

图4-24 居民对健康保健服务的需求

在社区交通方面，居民认为最需要优化的前三项交通管理项目是机动车停车管理、路面养护、交通动线和人车分流（图4-25）。

在交通基础设施优化需求方面，翠苑一区居民最需要的是步行道设置、机动车停放空间排布和非机动车停放空间排布（图4-26）。

在快递配送方面，居民最需要的快递服务是送货上门或放在家门口、智能快递柜、快递驿站或邮政服务点自取，这说明居民总体上希望便捷的快递收取服务，这个意愿在老年人中尤为强烈（图4-27）。

居民对于低碳社区建设非常欢迎，并希望通过环境整治服务建设低碳社区，其中最希望小区提供的前三项服务有定期杀虫灭虫、小区景观绿化维护和设置旧衣回收等环保设施（图4-28）。

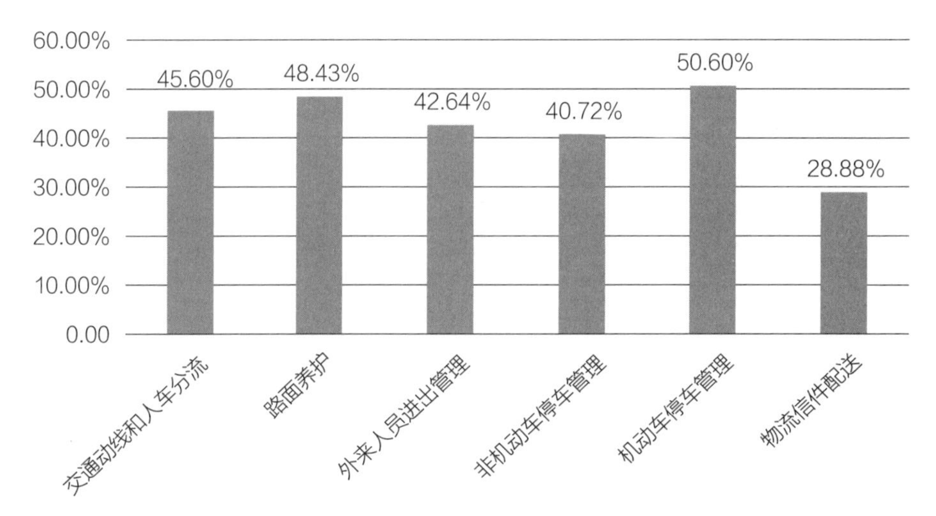

图4-25　居民对交通管理项目优化的需求

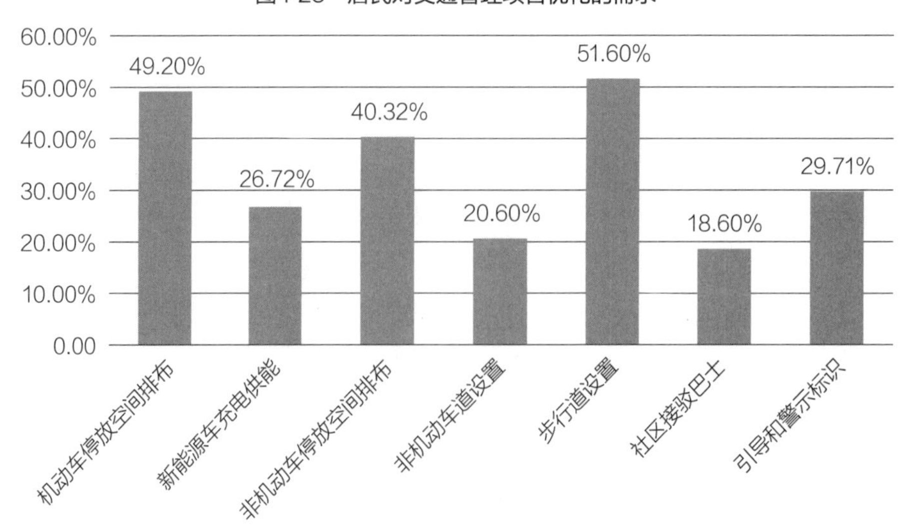

图4-26　居民对交通基础设施优化的需求

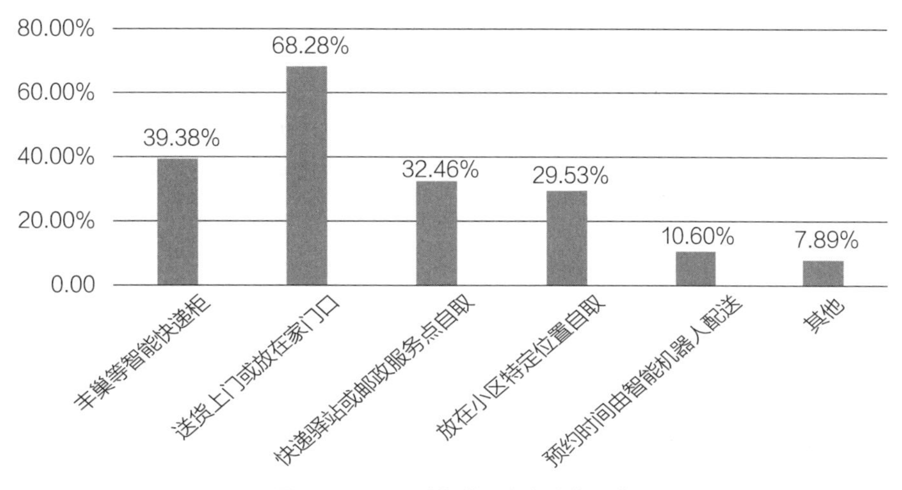

图4-27 居民对快递配送方式的需求

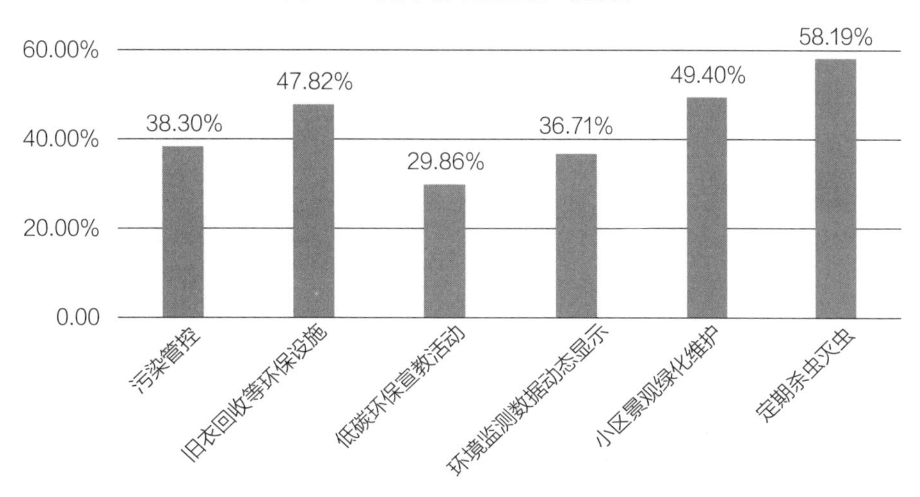

图4-28 居民对环境整治服务的需求

翠苑一区周围有浓厚的创业氛围，很多杭州知名的互联网科技企业和上市公司都发源于此，这对小区居民创业具有积极影响，目前小区居民正在创业或者有创业需求的占比32%（图4-29），居民创业意愿较为强烈。

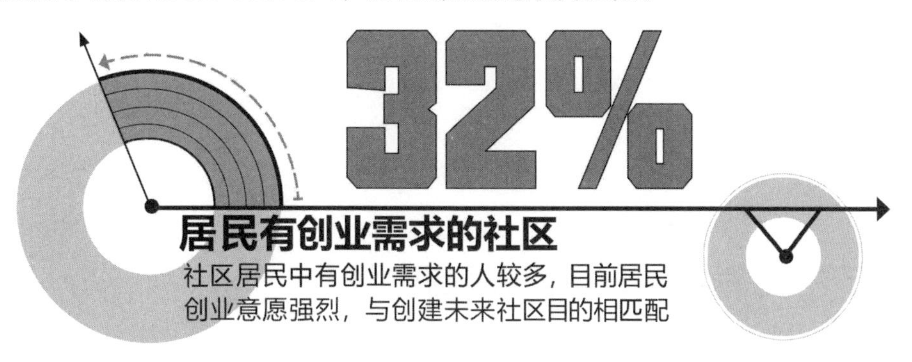

图4-29 正在创业或有创业需求的居民占比

居民对于社区提供的创业服务有较大的需求。其中，居民认为社区就业创业服务平台最应该提供的是创业平台资源对接、创业信息咨询这两项服务；认为建设社区众创空间应该配备茶水间、休闲空间、共享工位或场地；居民认为要完善创业服务机制，如创业补助政策、人才落户政策、创业税收优惠等，能够最大程度激发他们的双创热情。此外，居民还需要的其他创业扶持包括免费提供注册地址、工商税务手续便捷化以及提供免费的法律顾问（图4-30）。

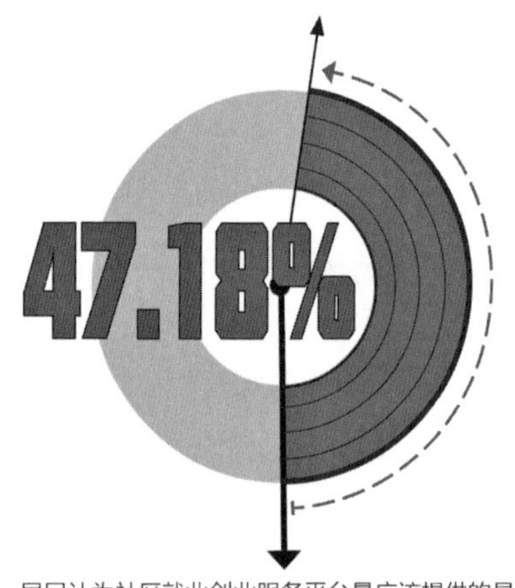

居民认为社区就业创业服务平台最应该提供的是创业平台资源对接、创业信息咨询这两项服务

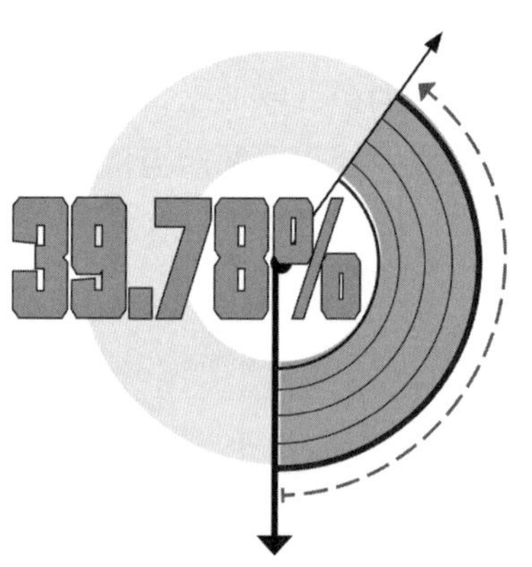

居民认为建设社区众创空间最主要的是配备茶水间和休闲空间，以及共享工位或场地

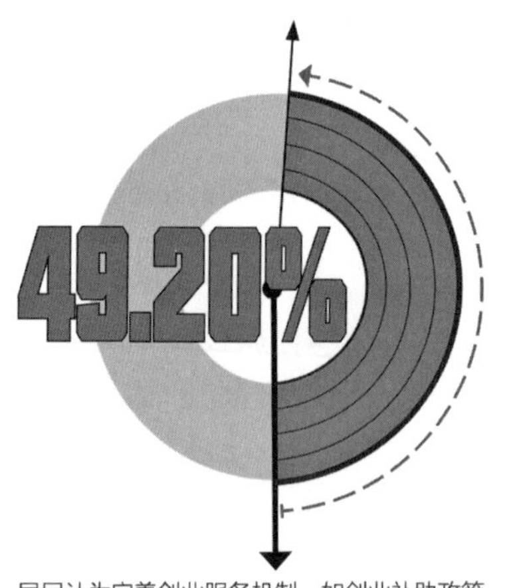

居民认为完善创业服务机制，如创业补助政策、人才落户政策、创业税收优惠等，能够激发居民的双创热情

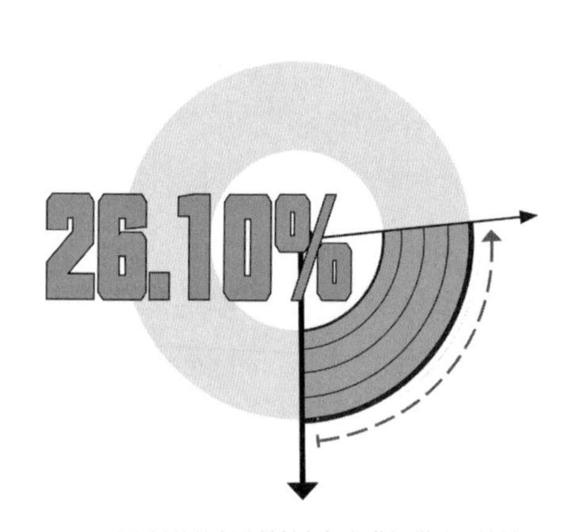

居民认为其他的创业扶持包括免费提供注册地址、工商税务手续便捷化以及提供免费的法律顾问

图4-30　居民对创业服务的需求

第三节　方案：擘画人居环境新蓝图

改造实施单位对于列入改造计划的老旧小区应编制《老旧小区改造一体化方

案》，方案应包括但不限于以下内容：改造项目基本情况、改造目标、空间总体设计、场景系统设计、数字化改造方案、运营组织方案、项目实施推进计划、概算与资金平衡、保障机制、成果附件等。

一、改造项目基本情况

（一）项目区位

明确老旧小区改造项目所在区位。以卫星影像为底图，绘制改造范围图，标注实施单元、规划单元四至范围与面积。

明确老旧小区改造的规划单元和实施单元范围。结合城市行政区划，按照“5-10-15分钟”生活圈需求，合理划定创建范围，原则上规划单元以50～100hm^2为参考，综合城市道路网、自然地形地貌和现状社区管理边界等因素合理确定。实施单元以20hm^2左右为参考，按照实际改造或需求合理确定。

（二）社区情况

详细说明老旧小区所属社区规划单元及周边设施现状，包括且不限于公共服务设施、商业设施、交通设施等；说明社区内各小区建筑年份、建筑安全评估指数、常住户数和人数；梳理实施单元内可利用空间的位置、面积、现状功能和产权情况。

对社区整体风貌进行分析，确保改造效果与周边环境整体协调。对规划单元内已完成或已开展改造的老旧小区，应说明改造的工作情况和效果。充分解读上位规划，全方位分析改造项目在未来社区创建中的优劣势与必要性。

（三）居民调研及分析

老旧小区改造要始终坚持把居民需求放在首位。通过问卷调查、深度访谈等方式，收集并分析居民改造需求和意见。在方案中应当说明调研方式、调研对象、参与人数、人群画像、居民核心场景需求等内容。

二、改造目标

对老旧小区开展改造，要开展文化专篇研究，深入挖掘在地文化特色；结合小区情况、居民需求，提出改造思路、目标定位和特色主题；明确改造后的受益人数，并将其作为衡量改造成效的综合指标。

三、空间改造设计

围绕小区改造目标，明确改造实施单元的具体空间方案，注重营造小区建筑特色风貌，延续历史文化记忆；梳理改造后的空间结构，绘制总平面图和重点改造节点技术图纸，明确改造的建设内容、相应规模和具体措施；如有涉及部分拆除重建的需明确产权变更情况。

四、场景系统设计

推进老旧小区改造，需要确定改造项目的核心场景和打造思路。在老旧小区改造实践中，未来社区理念中的九大场景系统落地存在较大难度，因此要根据小区基底条件和居民需求，因地制宜地打造核心场景、重点场景和基础场景。以翠苑一区老旧小区改造为例，根据场景设计思路，绘制场景空间配置图（图4-31）。同时，明确场景空间的各项内容与规模，编制场景配套空间配置清单（表4-2）、场景技术应用配置清单（表4-3），并填写评价指标响应表（表4-4）。

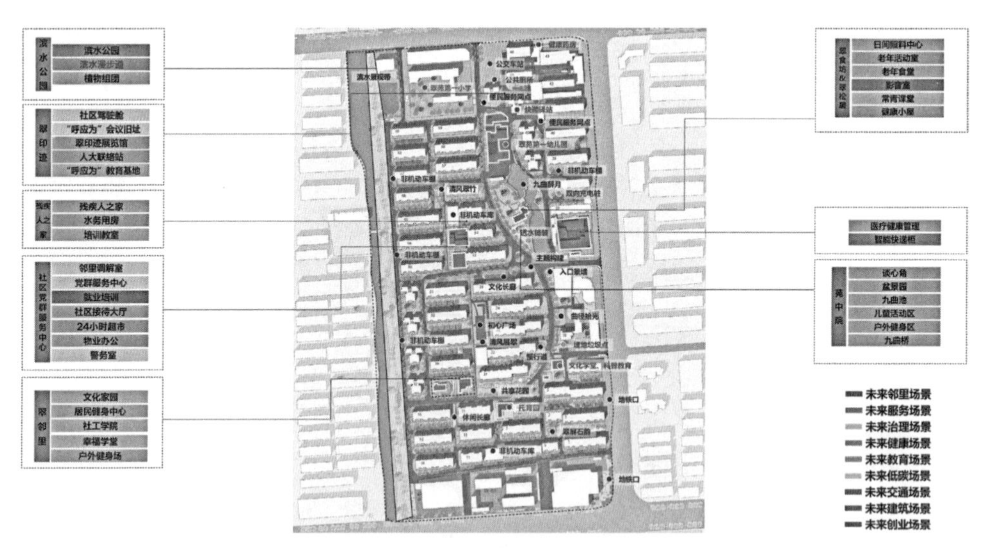

图4-31　翠苑一区场景空间配置图

场景配套空间配置清单（示例）　　表4-2

场景	项目	规模（m^2）	所在位置	空间属性	类型	产权权属	运营主体
邻里场景	多功能教室	240	党群服务中心一层	室内	公益性	政府	政府
	便民服务网点	168	便民服务网点	室内	惠民性	政府	第三方

续表

场景	项目	规模（m^2）	所在位置	空间属性	类型	产权权属	运营主体
邻里场景	苑中院公园	3200	苑中院公园	室外	公益性	公共空间	政府
	初心广场	871.5	23号楼、24号楼西侧	室外	公益性	公共空间	政府
	居民活动中心	964	翠邻里西楼	室内	公益性	政府	政府
	……						
治理场景	社区驾驶舱	120	翠印迹一层	室内	公益性	政府	政府
	邻里调解室	15	翠松居	室内	公益性	政府	政府
	人大服务站	40	翠印迹一层	室内	公益性	政府	政府
	社区办公	312	翠松居	室内	公益性	政府	政府
	社工学院	25	党群服务中心一层	室内	公益性	政府	政府
	……						
健康场景	医疗健康管理	—	社区卫生服务中心	室内	经营性	政府	第三方
	心理咨询	40	翠松居	室内	经营性	政府	第三方
	残疾人之家	425	残疾人之家	室内	惠民性	政府	政府
	健身中心	300	翠邻里二层	室内	惠民性	政府	第三方
	慢步道	—	小区内环线	室外	公益性	公共空间	第三方
	……						
……	……						

场景技术应用配置清单（示例） 表4-3

场景	功能模块	功能描述	运营主体	备注
邻里场景	社区圈子	搭建社区交流平台，平台内支持信息发布与评论、转发、点赞，仅支持社区认证用户在社区朋友圈内进行信息的发布与评论，保证社区朋友圈的私密性及基础信任度	物业	
	线上议事会	利用智慧服务平台的实名认证功能，确保社区内的居民业主身份；议事会可在线发起议事话题讨论，对于议事结论支持发起投票表决，社区的业主居民可在线通过电子签章方式对表决进行签章声明，实现线上化的表决	物业	
	跳蚤市场	通过系统实名认证的社区居民可自主发布闲置的物品相关内容，社区管理及运营方可通过管理后台对内容进行检查与管理，支持对敏感性内容进行编辑、删除操作	物业	
	达人工作室	社区居民可通过在线方式发起达人工作室的开设申请，由社区运营管理方对申请人进行审核确认，通过后即可完成达人工作室的开设，并面向社区居民进行展示。达人工作室的用户可在线发布工作室的各项内容，并与社区居民形成在线互动	物业	
	邻里帮	接入“浙里办”12个应用	物业	
	……			

续表

场景	功能模块	功能描述	运营主体	备注
治理场景	一站式智慧指挥中心	通过社区内的视频监控、智能设备、智能门禁道闸、社区服务应用以及各类型感知设备，实现社区数据、事件的全面感知，并充分运用大数据、人工智能、物联网等新技术，建设以大数据智能应用为核心的“安防一体化服务平台”，形成了街道、社区、物业多方联合的立体化社区防控体系	社区	
	居民工单一键通	居民上传工单信息，对应到网格员进行响应处理	社区	
	社区积分	建立统一化、标准化的社区积分系统，在社区内构建“参与活动得积分，积分换服务与优惠”的运营理念，考虑引入第三方社会资源，丰富积分商品，调动社区职住积极性	社区	
	社区曝光台	居民可在线上发布曝光社区内的不文明现象，进行居民自主监督	社区	
	租户管理	临期、到期组织管理：组织内的租期管理可以设定到期自动解除，即租期到期后自动解除关系。租期到期前15天，会通过消息和短信通知家庭管理员和物管人员。并将临期以及到期未自动解除的组织，统一在临期、到期组织页面进行管理，业主身份的用户可以审核房屋下人员的申请要求，当住户搬离时，业主将其剔除	物业	
	……			
健康场景	独居安全监护	针对社区内的独居老人或者特殊老人的情况，针对性地监测日常水电使用情况，当出现异常数据时，可由系统自动触发消息通知社区管理人员。管理人员可通过管理后台同意查看预警信息	物业	
	居家养老服务	社区或者第三方服务平台的居家养老服务线上预定	物业	
	健康知识	通过内容发布功能，向社区居民发布健康相关的知识和健康信息指导。用户则可通过多种应用终端了解相关的内容信息	物业	
	……			
……	……			

评价指标响应表（示例）　表4-4

一级指标	二级指标	指标性质	指标内容	建设内容	是否响应
邻里场景	邻里特色文化	约束性	打造社区特色文化户外场所；明确社区特色文化主题，丰富社区文化，构建社区文化标志；配套社区文化空间	（1）设置向所有社区居民开放的文化家园、居民活动中心，采用分时共享，复合设置社区礼堂总计1411m^2 （2）设置悦律环翠与清风展翠，打造具有翠苑一区特色的文化公园4981m^2 （3）设置社区Logo、文化地标形象；社区文化活动每年不少于10场	已响应

续表

一级指标	二级指标	指标性质	指标内容	建设内容	是否响应
邻里场景	邻里特色文化	引导性	注重历史记忆的活态保留传承；新建类发掘、传承优秀传统文化价值，引入社区新文化等；落地社区文化数字化场景	（1）保留社区原有记忆的雕塑作品，实现活态传承 （2）新建类则保持小区统一风格，并在数字化场内体现 （3）配置数字化放映设备，满足年轻人的娱乐要求，可进行文化宣传多媒体播放，根据社区大小及功能需求进行配置	已响应
	邻里开放共享	约束性	优化社区“平台+管家”管理单元，统筹公共设施配套，打造宜人尺度的邻里共享空间	（1）引入大物业及一体化运营单位，建立封闭式的小型管理单元，并配置社区“管家” （2）结合便民综合体，统筹公共配套，打造宜人尺度的邻里共享空间	
		引导性	提升“5分钟生活圈”服务配套；建立多形式的邻里服务与交往空间，鼓励多主体参与，建设共享生活体系	（1）明确配套服务内容：社区服务、就业引导、住房改善、日常出行、数字化应用五大方面 （2）社区定时举办邻里活动，如：元宵花灯节、端午敬老节、文化科普日、党史学习日等活动	
	邻里互助生活	约束性	构建贡献、声望等积分体系，明确以积分换服务、参与社区治理等机制；制定社区邻里公约	（1）设置社区积分体系，明确积分换服务模式 （2）积分体系的管理结合智慧平台进行展开 （3）结合积分体系征求社区居民意见，形成邻里公约，明确奖惩机制。并结合未来社区智慧平台、社区文化公园等进行普及宣传	
		引导性	引导建立邻里社群社团组织；鼓励居民积极参与邻里活动；促进居民互助资源共享等	（1）根据社区数字化平台的社区居民信息，利用大数据分析社区居民爱好、特长等并进行归类，倡导成立登山、歌舞、太极、书画、手工、公益等丰富的组织，定期开展活动 （2）社区采用贡献换积分的形式使外来的社区居民能更好、更快地融入社区团体，并在运营阶段结合智慧平台进行邻里互助、资源共享的相关案例宣传	
……	……				

五、数字化改造方案

随着互联网技术融入人们日常生活的方方面面，老旧小区的数字化改造需求日益突显。数字化系统建设应遵循“顶层设计、问策于民、低本高效、融合运营”原则，充分利用现有数字化资源，梳理数字化需求清单（表4-5），提出数字化建设的目标和任务。以翠苑一区数字化改造提升为例，从该社区现状和居民诉求出发，围绕“1N93”总体框架，设计数字化平台架构（图4-32），打造高频应用服务基层治理和社区生活，推动线上线下融合赋能九大场景落地。

数字化需求清单（示例）　　表4-5

场景类别	数字化需求清单
治理场景	党建飞鸽
	党建活动
	党员光荣榜
	居民工单一键通
	红色暖心之路导览
	社区光荣榜
	社区曝光台
	社区声望
	社区积分
	租户管理
	楼道堆积物
	边界预警
邻里场景	社区圈子
	社区活动报名
	热门话题
	跳蚤市场
	社群组织
	志愿者服务
	线上议事会
	达人工作室
	社区邻里活动
	邻里公约
	邻里热点资讯
	通知公告
	邻里帮
健康场景	独居安全监护
	独居老人拜访
	“浙里办”健康场景应用
	离园监护

续表

场景类别	数字化需求清单	
健康场景	健康知识	
	居家养老服务	
教育场景	社区达人资源库	
	教育课程购买	
	透明托管室	
	托管中心介绍及展示	
	体系性课程培训	
	儿童红色教育	
	线上云学堂	
	“浙里办”教育场景应用（与区级平台对接）	
服务场景	居民报事报修	
	邻里管家服务	
	场地云名片	
	场地预订服务	
	共享空间预定	
	物品领用	
	调查问卷	
	常用电话	
	智能门禁	
交通场景	社区内导览	
	人脸通行	
	孝心车位	
	周边公交资源	
	停车引导	
	停车包月	
	临时缴费	
	停车秩序管理	
低碳场景	智能垃圾箱对接	
	旧衣回收	
建筑场景	社区数字孪生建模（含场景导览模式）	
创业场景	就近就业	
集成服务	数据对接	数据对接服务
		物联网平台数据对接服务

续表

场景类别	数字化需求清单	
集成服务	数据对接	平台业主数据对接服务
		平台空间资产数据对接服务
		平台车辆数据对接服务
		三件套数据对接服务
	业务集成	物业平台集成服务
		用户体系关联认证
		西湖码业务集成
		一表通业务集成
		电梯监测数据集成
		老年食堂数据对接

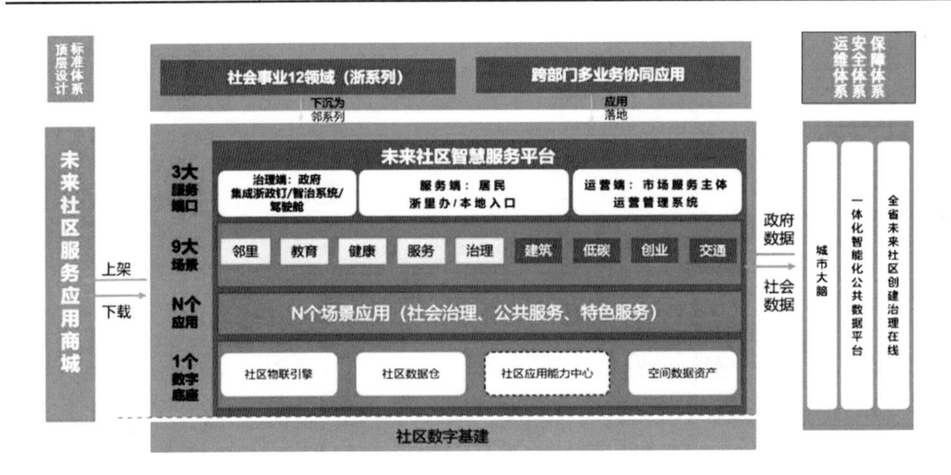

图4-32　未来社区“1N93”总体框架图

翠苑一区在推进数字化改造提升中，以西湖区一体化智能化公共数据平台为数字底座，结合西湖区政务中台能力和一体化智治前台数据共享，打造小区数字化平台（图4-33）。西湖区政务中台与前端一体化智治平台实时同步数据，调用西湖码、区级基层治理相关的社区事件信息，派遣到对应的属地社区进行处理，并反馈处理结果（图4-34）。

翠苑一区的数字驾驶舱涵盖红色党建、人大智联、政协通道、智治社区、数惠民生、善为邻里、贴心物业等板块，社区还为居民开发前端APP和小程序，小程序作为居民端入口，结合物业功能和区级应用，坚决贯彻“民呼我为”方针，做到居民事件第一时间处置、问题第一时间解决，社区工作者可以从移动端及WEB端调阅分析小区运营数据，服务小区治理，“一舱三端”的模式共同建构了翠苑一区的数字化系统（图4-35）。

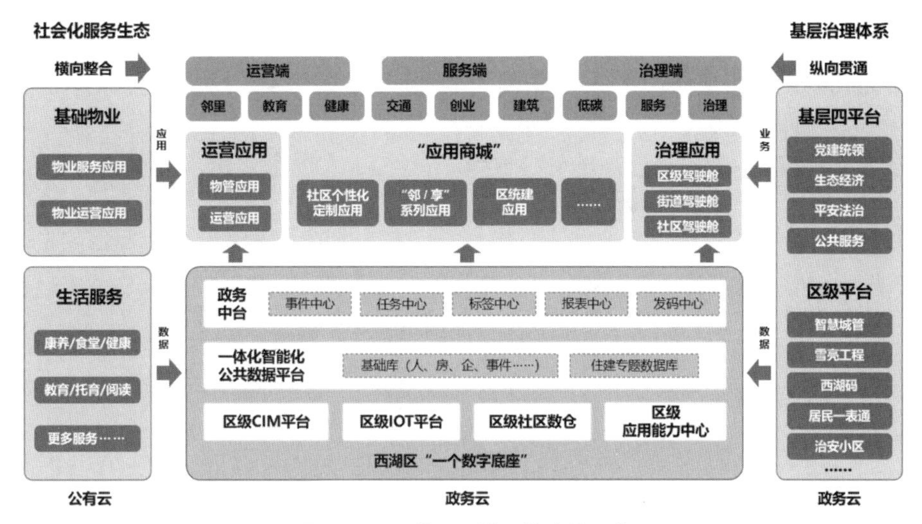

图4-33 翠苑一区社区数字化平台

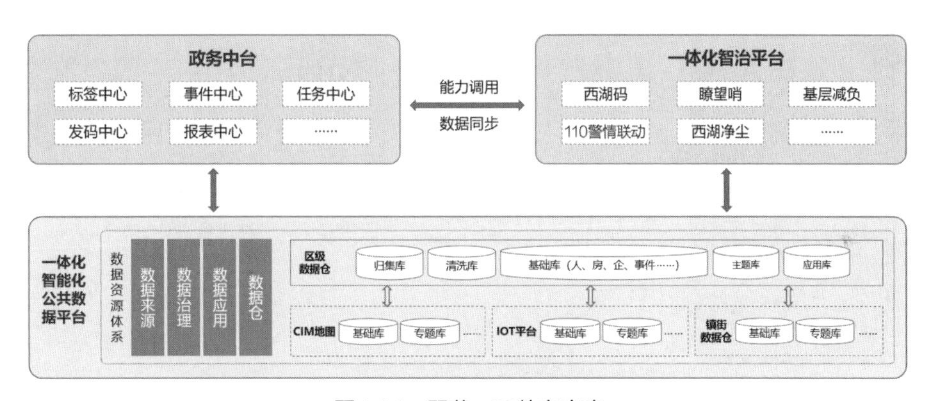

图4-34 翠苑一区数字底座

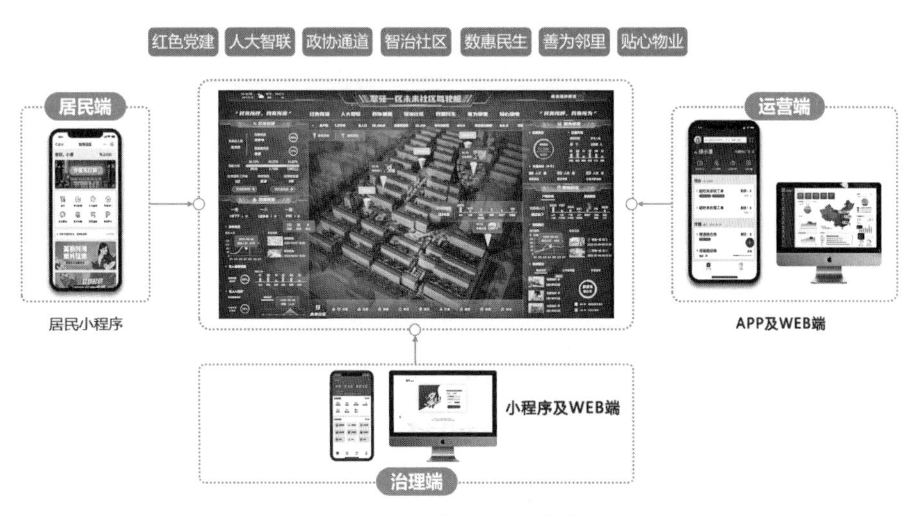

图4-35 翠苑一区“一舱三端”数字化系统

数字化建设始终要与改造后的实际运营工作结合起来，把实战实效贯穿在小区改造提升的全过程中。以实用耐用好用为原则，结合居民需求分析，围绕“一统三化九场景”打造应用功能，保障改造后小区数字化运营所需。

数字化场景应用——以翠苑一区“红色暖心之路”为例

为充分展示习近平总书记“三次调研+两次复信”等翠苑红色特色文化，翠苑一区在治理场景中结合数字化手段打造“红色暖心之路”特色导览，通过手绘地图还原小区红色路线，并植入语音讲解、打卡、寻宝、问答等丰富的任务和活动，鼓励居民和访客“看一看”“听一听”“学一学”“亮一亮”“秀一秀”，进而整体提升党建的趣味互动性。

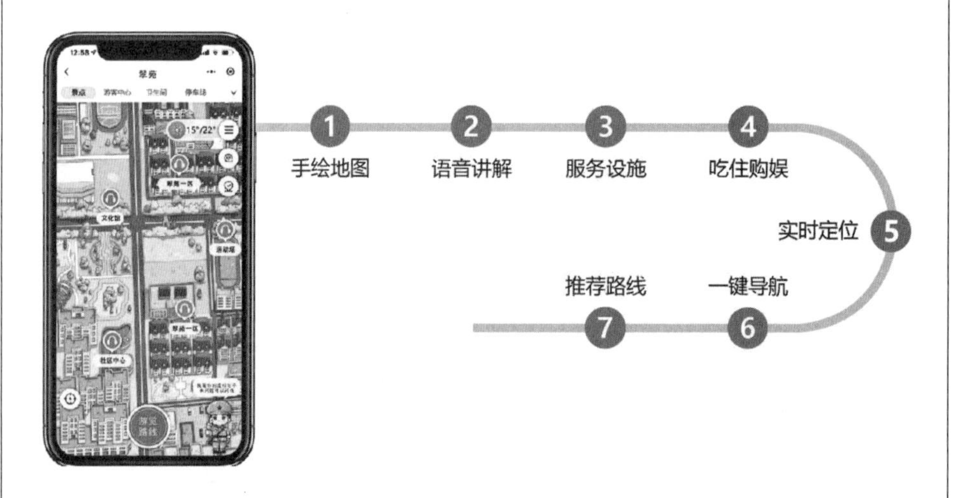

打卡点亮活动：红色暖心之路的节点打卡后在地图中点亮，并在社区圈子发布照片，圈子中的用户可以对别人的发布进行互动评论和点赞；点亮路线中更多的景点，有机会获得积分奖励，积累一定的积分可以在线下兑换文创礼品。

发布任务活动：小区内设有任务发布帖，扫码即可获取任务内容，完成任务后可以用积分兑换礼物，还可以定期开启隐藏任务。

小区寻宝活动：小区内设置隐藏宝物，搜索关键谜题即可开启，寻宝活动老少皆宜，乐趣十足。

红色问答活动：红色文化发布问答，检验居民的知识库，答对所有问题，可获得相应积分奖励。

参观步数：实时记录行走轨迹，计算运动步数，可以选取个性化颜色标记个人的轨迹，每日发布步数排行榜，谁都有机会成为小区最靓的星。

六、运营组织方案

先期改造提升了小区的人居环境，后期则需要持续的精细运营巩固改造成效。社区、街道层面做好辖区内各类资源整合形成规模效应，引入具备较强社区运营能力的品牌物业，突破传统小区的物业管理，以大物业的模式深入社区全生命周期运营（图4-36），快速实现“生活有配套、活动有空间、安全有保障、管理有成效”的“四有小区”。

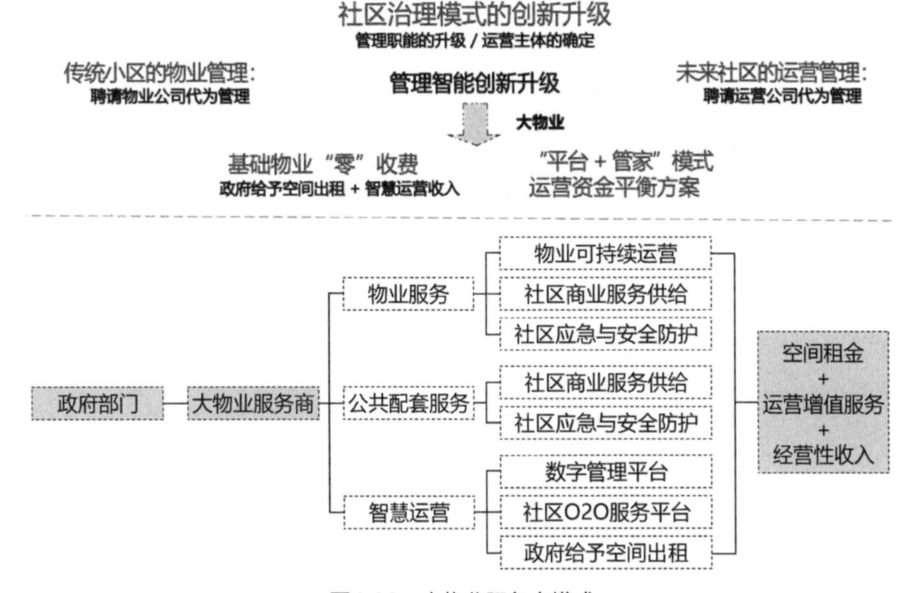

图4-36 大物业服务商模式

在项目前期决策阶段、设计阶段就需要全盘考虑运营阶段的需求，对项目持续租金、可售收入以及不产生收入的物业类型方案进行比选，明确公益性、惠民性及商业经营性、业态空间布局、服务业态与建设规模。引入大物业运营公司，承接物业、普惠及公益三大模块，制定场景运营方案、内容和资金平衡模式，绘制运营模式图（图4-37），从全局角度实现集成化管理。划分管理单元，组建管家团队并对其进行培训考核，为小区提供安全防护、设备管理、秩序维护、环境管理等基础物业服务及资产运营、城市服务、租赁管理、服务商遴选、社区活动组织等增值物业服务。

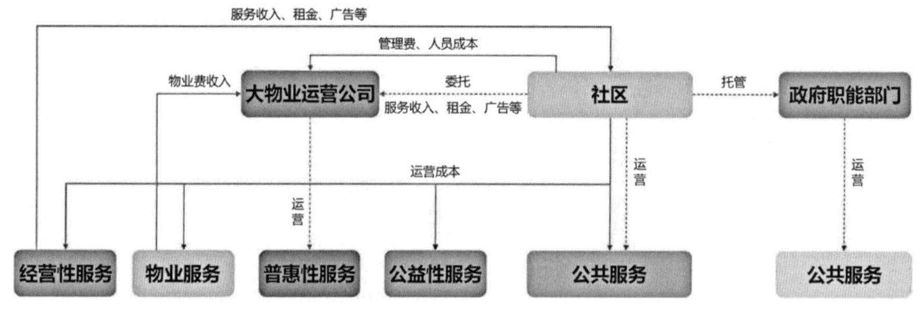

图4-37　运营模式图（示例）

七、实施推进计划

为保证项目有序推进，需根据老旧小区改造相关时间节点的要求，细化项目实施推进计划，明确项目规划设计、资金筹措、建设施工、交付运营等计划安排，确保改造项目有序推进。

八、概算与资金平衡

老旧小区改造项目要明确资金平衡方案。老旧小区改造的先期资金投入主要来源于政府旧改专项资金、第三方综合运营商投资以及小区居民共同出资，根据改造内容编制建设期资金测算表（表4-6），考虑项目孵化期、上升期、成熟期等不同阶段的收益能力编制运营期资金测算表（表4-7），保障项目可持续运营，尽早实现资金收支平衡。

建设期资金测算表（示例）　　表4-6

序号	建设类别	改造项目	投资估算（万元）	资金来源	收益类型
一	合计				
1	老旧小区改造	消防设施			

续表

序号	建设类别	改造项目	投资估算（万元）	资金来源	收益类型
2	老旧小区改造	建筑外立面改造			
3		室内外公共照明			
4		垃圾分类设施			
5		道路工程			
……		……			
二	合计				
1	数字化建设	人房企事物一表通			
2		智慧社区基础平台			
3		硬件设备			
4		治理云			
5		民生云			
……		……			
三	合计				
……					

运营期资金测算表（示例） 表4-7

序号	项目			金额（万元）	孵化期（1~2年）	上升期（3~5年）	成熟期（6~8年）
一	支出						
1	物业成本	人力成本					
		办公运营费用					
2	运营成本	场景运营成本	健康场景				
			教育场景				
			……				
		其他运营成本					
		宣传及活动费					
3	其他支出						
二	收入						
1	物业收入	物业费收入					
		停车费收入					
		……					
2	运营收入	场景运营收入	健康场景				
			教育场景				
			……				

续表

序号	项目		金额（万元）	孵化期（1~2年）	上升期（3~5年）	成熟期（6~8年）
2	运营收入	广告等其他经营性收入				
		房屋租金收入				
		数字化线上收入				
3	其他收入					
三	资金盈余/缺口					

备注：根据运营成熟度，考虑商业、停车位、广告等经营性收入在各个阶段的实际收入比例进行运营测算与推演；无经营性收入的场景可不在测算中体现。

九、保障措施

老旧小区改造的保障措施包括推进项目实施的组织保障、质量安全保障、资金保障、实施效果保障等。

十、成果附件

改造方案设计成果应包括设计总说明、建筑总平面图、室外管线综合图、室外照明总平面图、绿化景观总平面图、改造重点区域建筑平面图及必要的立面图和效果图、改造工程量清单及投资估算等。

第五章

未来社区理念深化
老旧小区改造场景落位

新一轮老旧小区改造，要以问题为导向，聚焦老百姓的实际需求，既要擦亮“面子”，又要夯实“里子”，还要兼顾“院子”。在未来社区理念的指导下，通过数字化、智慧化改造，插花式改扩建和“补短板”式功能嵌入等方式，因地制宜地深化老旧小区改造场景落位。

老旧小区的场景改造具体描绘着居民的日常生活图景，是改出小区新面貌、群众新生活的关键一环。因此，老旧小区地上的改好，地下的也要改好，看得见的改好，看不见的也要改好，光鲜的“面子”让居民舒心，实用的“里子”让居民放心，美丽的“院子”让居民开心，切实提高群众的获得感、幸福感和安全感。

第一节　友好邻里：行要好伴，住要好邻

邻里是地缘相邻并构成互动关系的初级群体，有着显著的认同感和感情联系。邻里效应（Neighborhood Effect）是社区研究的经典话题，其核心观点强调邻里特征会对邻里内部居民的生活态度、社会行为和社会经济地位的提升造成影响，甚至会遭到邻里外部群体的社会排斥。这一理论研究引起了学者们的关注，国际学术界也开展了大量社区如何影响个人生活及发展等的研究，提出了邻里效应与居民健康、教育、就业、违法犯罪等关系的研究理论。学者们认为，人们对邻里差异会作出反应，而这些反应组成的社会机制和实践反过来塑造人们对邻里的感知、关系和行为，两者相互作用，一起决定着社区的社会结构[①]。可见，邻里关系是社区人文环境的重要组成部分，它直接或间接地影响着社区居民的行为表现和思维态势。良好的邻里关系对于增强小区居民的归属感是至关重要的，我国社会也历来注重邻里关系的构建。

因此，在老旧小区中打造友好邻里场景，密织友邻一张网，既要改造活动场地为邻里互动提供空间载体，也要提升配套设施、公共服务为邻里关系提供人文关怀。重点从邻里文化、公共空间和居民互助等几个方面构建友好邻里生活圈层（表5-1），力求实现“睦友邻，传关爱，小家大家一家亲”，营造“一碗汤”的友邻关系和“扬州炒饭”式的立体交流空间，将扁平化的邻里交往升级成立体化的邻里人文交流。

---

① ［美］罗伯特·J. 桑普森，著. 伟大的美国城市：芝加哥和持久的邻里效应［M］. 陈广渝，梁玉成，译. 北京：社会科学文献出版社，2018.

友好邻里指标体系　　表5-1

场景指标	指标性质	指标内容
邻里特色文化	基本项	打造社区特色文化户外场所 发掘、传承当地优秀传统文化，明确社区特色文化主题，丰富社区文化，构建社区文化标志 配套社区文化空间
	提升项	注重历史记忆的活态保留传承 落地社区文化数字化场景
邻里开放共享	基本项	优化社区“平台＋管家”管理单元，统筹公共设施配套，完善公共开放交流空间，打造尺度宜人、功能实用的邻里共享空间
	提升项	提升“5分钟生活圈”服务配套 建立多形式的邻里服务与交往空间，鼓励多主体参与建设共享生活体系
邻里互助生活	基本项	构建贡献、奉献、榜样等积分奖励体系，明确以积分换服务、参与社区治理等机制 制定社区邻里公约 建立针对流动、残疾儿童和空巢、留守、失能、重残、计划生育特殊家庭老年人的居家社区探访关爱制度
	提升项	引导建立邻里社群社团组织 鼓励居民积极参与邻里活动，开展老年人精神文化活动 培育为儿童服务的社会组织和志愿者队伍，发展儿童公益慈善事业 促进居民互助资源共享等

一、邻里特色文化

邻里是一个具有共同文化的群体组织，共同文化是居民凝聚力和归属感的基石。老旧小区因为建成已久，很多是单位福利房，原有的邻里关系是单一又融洽的，但是随着城市发展，老旧小区中许多住宅或几经转手，或用于出租，人员构成逐渐复杂化，这导致原有邻里关系的瓦解，并逐渐趋向于淡漠，而这种邻里关系又导致邻里之间的不理解、不信任，容易引发邻里冲突，而老旧小区又缺乏公共空间或平台化解邻里矛盾。此外，老旧小区缺乏邻里交往空间，导致很多老年人、儿童只能被动地待在家里，而这些群体从主观上是渴望交往的，由于年龄和身体因素限制，邻里交往是“一老一小”两类群体最主要的交往形式。

因此在老旧小区改造时，应注重对传统文化、邻里文化、组织文化等活态文化的继承和发扬，让改造既留得住记忆，又看得见未来。结合居民的兴趣爱好，明确邻里特色文化主题，提取文化标志，配套文化空间。每个小区都有其独一无二的发展历程，为了保留小区承载的记忆和乡愁，在改造中可以从更大的空间尺度系统地挖掘地域历史文化记忆，凝练新的邻里文化内核，既形成小区的文化特色，也融入了整个地域环境的文化背景。按照社区整体的空间肌理划分方式，包括道路、围墙、河流等城市界面，加上人口组成、建筑规模、网格管理等因素，通过资源挖潜共享、部分空间复用等多种形式唤醒小区自身的文化活力。再以居民兴趣爱好为引力，实现邻里交往和“远亲不如近邻”氛围的营造，为居民提供让小儿嬉戏、老人闲聊、邻里交往的公共开放空间。

当今正是“元宇宙”概念风靡全球的时代①，虽然元宇宙能否真正形成还是未知数，但不可否认的是数字化已逐渐融入我们生活的方方面面，线上办公、移动支付、联机游戏、在线诊疗的发展成熟，也在逐渐重构我们的生活方式。因此，在老旧小区的改造工作中，还要积极推动社区文化数字化场景的建设落地，空间邻里与数字邻里齐头并进，让小区物理空间既满足功能，又彰显文化。

二、邻里开放共享

优化“平台＋管家”管理单元。社区管家是社区居民服务职权的代表者、协调者，负责配置各类服务资源，是传统物业管理方式的组织创新，包括社区专职管家、社区志愿管家及负责社区场景运营的外包团队等。利用线上、线下双结合的管理模式，建立社区圈层的邻里信任链接，物业对平台的高效管理则有助于巩固这一链接，实现邻里间的交流共享。在线下交流中，建设开放实用的邻里共享空间也是成就友好邻里的重要命题。从空间的内部设计、布局和设施入手，保持整体规划与共享场所的调性相匹配，完善配套设施，促进氛围与环境适应。

打造“5分钟生活圈”。生活圈的集中化布局缩短了空间距离，使邻里交流更加便捷，有助于提高邻里参与的积极性和主动性；统筹生活圈内服务设施的升级，有利于居民参与体验感的提升；鼓励多主体参与。建立多形式的交往空间，健全休闲社区化服务体系。未来社区的打造意在将居民的活动空间“放大”与“缩小”。“放大”是指立足于居民多样的生活形式，其活动轨迹可以放大至城市功能的多个区域：从居住地，到基本生活用度的采购区、到日常办公的写字楼、到休闲娱乐的商圈、再到管理健康的医院等等。“缩小”则是指为了满足居民如此多样的生活需要，未来社区将这些活动所需从整个城市空间缩小到社区范围内，使居民能够用最少的时间获得最全面的生活体验，随之而来的，是居民在社区活动时间的增多。因此多形式的交往空间是邻里交流的基础，此时对休闲社区化服务体系的完善也十分必要。

---

① 元宇宙（Metaverse）是利用科技手段进行链接与创造的，与现实世界映射与交互的虚拟世界，具备新型社会体系的数字生活空间。

三、邻里互助生活

订立邻里公约，构建邻里积分体系，形成一种“我为人人，人人为我”的自我约束机制，实现小区“礼治”，让居民生活更有品质、更有温度。

邻里公约宜在业主委员会成立后，在社区党委的指导下由业主委员会具体组织开展起草并签订。邻里公约应与社会主义核心价值观、当地人文历史、社区特色文化主题相契合，涵盖小区生活的各个场景，如邻里相亲、邻里守望、邻里互尊、邻里同心、邻里同乐、邻里相容等。从而推动居民间的和谐友好交流，激活邻里关系，促成友好邻里场景的成功搭建。

邻里积分机制由社区服务中心牵头，社区公益组织会发布一些群体志愿活动，在填写服务时间、服务地址、选择指定人群、填写要求人数和每人服务时长等信息后，发布至社区搭建的线上和线下平台；同样的，居民也可以根据个人需求发布相关任务活动，并填写服务时间、服务内容、服务地址等信息。对应到不同的志愿服务内容和相应的时间，按一定比例折算成积分，该积分将在志愿者因客观原因需要被服务时，转换为提供相应积分的服务或物质（图5-1）。

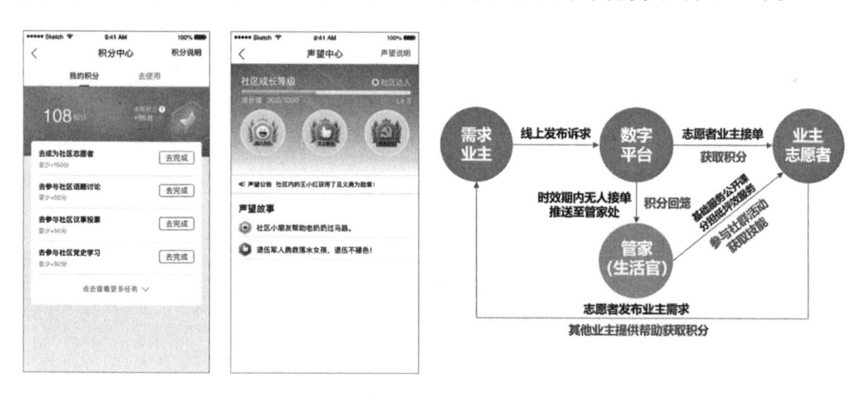

图5-1 志愿活动获取邻里积分

小区居民通过“服务换积分，积分换服务”的机制，共创共建互帮互助、爱心公益、绿色低碳的小区生活，覆盖交通、健康、低碳、服务等多方面，畅享小区全时积分生活（图5-2）。

老旧小区居民老年人群体多，低收入人群占比大，合理的激励机制可以提高居民参与的积极性，如对积分排名靠前的居民提供相应合理的改造补贴和生活用品奖励；采用以工代赈的方式，为积极参与改造工作的居民提供保洁、门卫、维修等工作岗位，激发居民参与的热情；授予荣誉称号奖励，对积极参与的居民颁发“小区改造参与贡献奖”，并在小区宣传窗进行宣传推广，提高居民参与荣誉感（图5-3）。

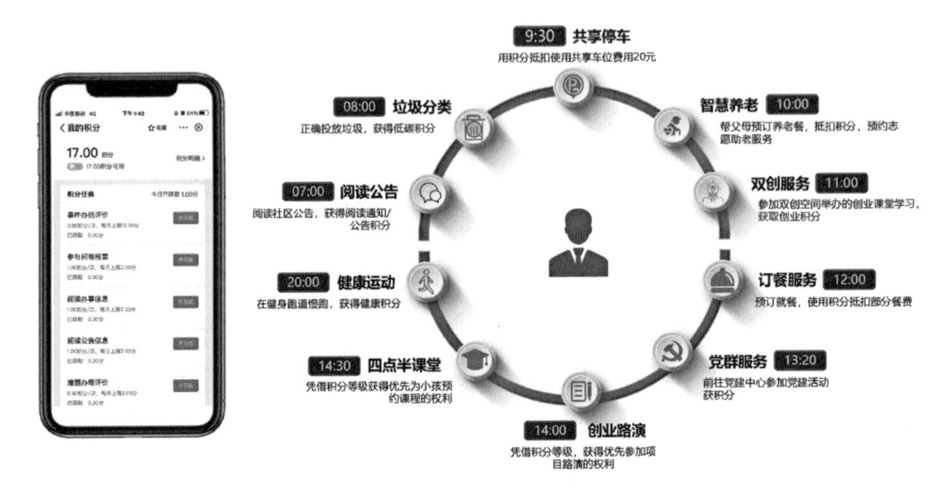

图5-2　小区全时积分生活

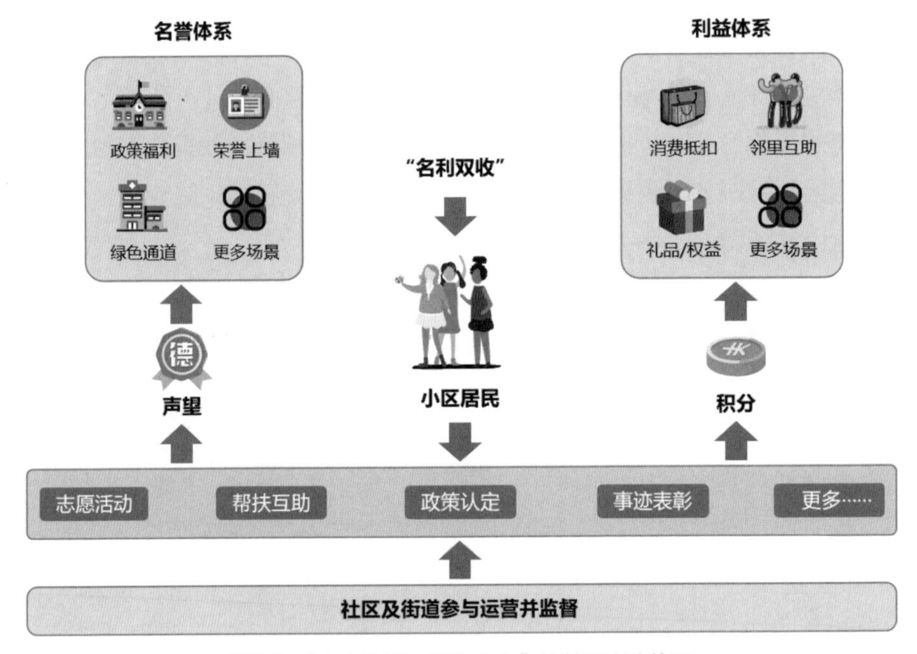

图5-3 "人人为我　我为人人"的邻里积分体系

此外，要推进邻里社群组织建设。由社区邻里服务平台牵头组织居民的社群活动，社群活动应针对核心业主群体的年龄职业、家庭组成等结构特征进行创建，包括但不限于兴趣爱好、公益服务、生活技能、运动健身等。社团组织须设立明确的社团活动章程，包括但不限于日常管理制度、财务制度、纪律制度等，社团组织须确保有特定但不独占的活动设施和场地，鼓励社区资源共享，不同社团共用活动场地和活动设施。

成都市作为全国首批城市更新试点城市，在基层党员、党组织、居民群众凝聚共识下，使得本市老旧小区改造提质增效，改造成果突出，成为老旧小区改造项目的样板。例如成都市和苑小区为打造大型的文化社交空间，新建了“和美亭”，为小区党建和文化活动提供了公共场地。节假日，这里会开展各类文艺联欢活动，社区居民通过党群活动、电影放映、民主协商等方式，建立了向善向好、邻里互助、和谐健康、关心关爱的“和苑生活”；红星苑也是成都市老旧小区改造的典范小区之一，改造后居民的文化生活更加丰富了，室内室外活动场地更充足了，还新建了阅览室，添置了跑步机等运动设备，开展了丰富多彩的党建活动和邻里主题文化活动，为社区居民提供了良好的生活环境，丰富居民的精神生活，拉近了居民间的距离；位于成都市锦江区的五福苑小区，通过“党建引领、基层推动、多元参与、自治共管”的模式，大力推动老旧小区改造。居民反馈，小区最大的变化就是社区文化活动更加丰富了，大家学合唱、练舞蹈、写春联、送福字，邻里间其乐融融，生活更美好和谐了，住在小区更幸福了。和苑小区、五福苑、红星苑旧貌换新颜，处处充满邻里间的关爱，这仅仅是成都市老旧小区改造的一个缩影。成都市发布《成都市城镇老旧院落改造“十四五”实施方案》提出，2022～2025年，计划改造老旧小区2242个，涉及居民近23.3万户，为更多人民群众带来美好幸福生活。

第二节　全龄教育：人人为师，终身学习

随着社会的不断发展，各种新事物、新形势层见叠出，知识也以越来越快的速度更新迭代，不断冲击颠覆着人们原有的思维认知和生活习惯。面对人们日益上升的学习需求，优质的教育资源和内容越来越受到全龄段人们的重视。为服务全人群教育需求，从婴幼儿的保教融合、青少年的素质拓展到中青年的技能培训、老年人的养生学堂，构建“覆盖全龄、惠及全民”的教育场景是居民们十分关切的问题。

从社区治理的层面看，社区教育是一项持续、系统、易触达，并且潜力巨大的社会事业。通过社区教育提升社区居民的综合素养，也能有效驱动社区治理的创新并回应社会发展带来的新需求和新问题，实现双赢。改造时通过整体谋划，盘活区域内师资力量、课程内容、场地资金等教育资源，在社区组团内为全龄段打造“一站式”幸福学堂，推进全民、全线、全面、全龄的教育场景落地（表5-2）。

全龄教育指标体系　　表5-2

场景指标	指标性质	指标内容
托育全覆盖	基本项	按社区人口结构和规模，灵活配置3岁以下婴幼儿照护服务托育机构或社区婴儿照护服务驿站，要求设施完备，安防监控设备全覆盖，搭建15分钟育儿圈

续表

场景指标	指标性质	指标内容
托育全覆盖	提升项	通过公建民营、单位办托、幼托一体等方式举办托育机构，推动普惠托育服务全覆盖 探索家庭式共享托育等新模式 依托数字化平台，搭建社区育儿一件事掌上服务应用
幼小扩容提质	基本项	做好与社区内外义务教育资源衔接，构建四点半、节假日等社区幼小学习兴趣场所
	提升项	扩大优质幼小资源覆盖面 打通社区与中小学近远程非学科类交互学习渠道
幸福学堂全龄覆盖	基本项	根据社区居民实际需求，合理配置多功能的社区幸福学堂，满足多龄段、多类别需求 建立课程灵活、参与积极、居民受益的长效运营机制 社区与街镇社区学校协同制定并公布“社区幸福学堂学习清单”
	提升项	鼓励引源入区，建立社区与兴趣培训机构合作机制 建立项目制跨龄互动机制，组织艺术创作、公益帮扶等活动 组织开展传统文化、区域特色文化专题学习活动
知识在身边	基本项	打造数字化学习平台，设置各类专业技能的达人资源库，建立社区引力学院，挖掘培育社区达人能人参与社区教育服务 构建学习积分、授课积分等积分应用机制 配建社区共享书房
	提升项	引进大型连锁书店、城市图书馆等资源，合建社区共享书房 依托社区智慧服务平台对接社区周边博物馆、美术馆等场馆数字资源，构建社区学习服务圈

一、3岁以下的“普惠托育”

据国家卫生健康委员会（简称“国家卫健委”）调查数据，1/3的婴幼儿家庭有比较强烈的托育服务需求，而我国3岁以下婴幼儿入托率仅为5.5%左右，结合三胎政策，目前我国的托育服务供给和需求缺口还比较大。国家卫健委针对《“十四五”公共服务规划》表示，到2025年，努力实现每千人口拥有3岁以下婴幼儿托位数达到4.5个。

针对婴幼儿不同年龄层，要进行精准供给。社区要为0～24个月婴幼儿家庭提供普惠性保教服务，为婴幼儿的父母、祖父母开展义务的公益讲座和养育课堂，由儿童医院或社区医院医生、带证育儿师、儿童心理专家等人员组成专业教师队伍进行授课，并尝试探索有偿的育儿专业咨询服务。社区为24～36个月婴幼儿家庭提供普惠性托育、兼顾亲子教育等服务，偏向公办托班，同时加强托育专业人员队伍的建设和培训，在高校职业化教育中针对这一人才缺口办学，同时加强资格考试管理和认证，包括保育员证、医护证、育婴师证等，培育示范单位，提高照护质量，提升托幼服务标准，营造养育友好的社会环境。

二、青少年“兴趣课堂”

针对“双减”政策下双职工家庭青少年放学后的托管问题，夫妻一人放弃工作、全职带娃的仍在少数，多数家庭依赖的还是隔辈抚养，虽然老人带娃能很好地帮助解决儿童生活所需，但在教育拓展的问题上却显得心有余而力不足。

在这种背景下，需要建立“家—校—社”协同共育新机制。学校重点抓好学科教育，社区层面整合好家庭与社会的资源力量，为儿童提供素质拓展、兴趣培养、劳动技能、自护教育、法治教育、心理健康等一系列课程，比如将青少年宫的模式延展到社区微型少年宫，邀请社会名师面向高年级和毕业生举办心理健康教育讲座，组织开展感统训练营、少儿财富流沙盘训练营、DIY手作工坊、亲子圆桌派等丰富的落地形式。学校、家长、社会高品质联动，在青少年教育中发挥好各自优势，做到各司其职，各美其美，美美与共。

在寒暑假期间，可以开展社区冬（夏）令营活动，集中管理双职工家庭的孩子。并依托社区力量组建大学生实习基地，让师范高校或者职业学校大学生为孩子们开展文化活动、科普教育、趣味运动会、社会实践等活动，这种双向赋能的形式，既能预防家长无暇看顾导致的儿童意外事件，丰富学龄儿童的课余生活，破解双职工家庭的带娃难题，又能够缓解高校学生缺乏实习培训的压力。

三、幸福学堂全龄覆盖

打造覆盖多龄段需求的“幸福学堂”，通过设计分时段课程制度，使有限的空间发挥出最大的效能。跳出传统的教师角色设定，社区居民深耕不同行业，在各自的领域各有所长，可以相互学习彼此为师，描绘小区内“人人为师，教学相长”的全龄教育图景。同时引进社会师资，或者设立职业志愿者主题日，鼓励社区律师、教师、厨师等各类人才开设能人课堂，实现一个人带动一批人学习的社区自学共同体[①]。

为职业人员打造“乐学课堂”。推进产学研一体的社区职业教育与成人教育新模式，从高校、培训机构等组织引入社会资源进社区，提供成人学历教育、职业技能培训等课程，培训社区学习共同体，探索建立社区全民互动的知识技能共

---

① 徐呈程. 未来社区教育场景的创建思路和路径研究［J］. 中国工程咨询，2021（2）：24-27.

享交流机制，即将线上兴趣小组移植到社区中，分享包括科学、法律、文娱、技能等在内的各种内容，同时探索自我成长，使这种模式扎根社区、服务社区。

为老年人打造“常青课堂”。根据我国第七次人口普查数据，我国60岁以上的老人有2.6亿人，因此老年教育是老龄化社会的重要民生工程。在工作日的白天，儿童上学、成人上班，老人是社区的主要活跃人群，社区可以在这个时间段面向老年人开展“常青课堂”，举办长学制课程和短期学习活动，依托老年大学等机构，为老年学员提供种类多元、层次各异的学习内容，帮助提升老年人健康素养、信息素养、文化素养、科技素养，尤其是要推动老年人群学习新兴技术和智能设备，帮助他们跨越数字鸿沟，更好地融入数字化时代。同时鼓励老年人互助互学，基于每个人的特长和专业，老年人学员和教师的身份可以互换，一个人在这个课堂是学员，在另一个课堂则可以是教师。

2021年11月，《中共中央　国务院关于加强新时代老龄工作的意见》明确提出扩大老年教育资源供给、提升老年文化体育服务质量、鼓励老年人继续发挥作用。有关调查显示，我国60～69岁的离退休老年人中有45.7%的老人希望能再投入工作，80岁以上的高龄老人当中，也仍有8.1%的老人希望能够再就业。老年群体再就业，不仅可以增加家庭收入来源，还能缓解晚年的孤独情绪，帮助发挥自身的社会价值。虽然“银发”再就业需求较大，但受限于信息渠道和就业市场岗位数量少、年龄限制、身体状况等现实难题，大多数老人往往求职无门。基于此，社区可以为退休但有再就业意愿的老年人提供就业信息和咨询服务，帮助他们发挥余热，积极服务社区治理，实现老有所学、老有所乐、老有所为。

四、知识在身边

社区可以引进周边大型连锁书店、城市图书馆等资源，合建共享书房。在共享书房中落地社区智能图书柜，实现图书在社区的线上借阅、自动配送、本地归还等一站式服务（图5-4）。

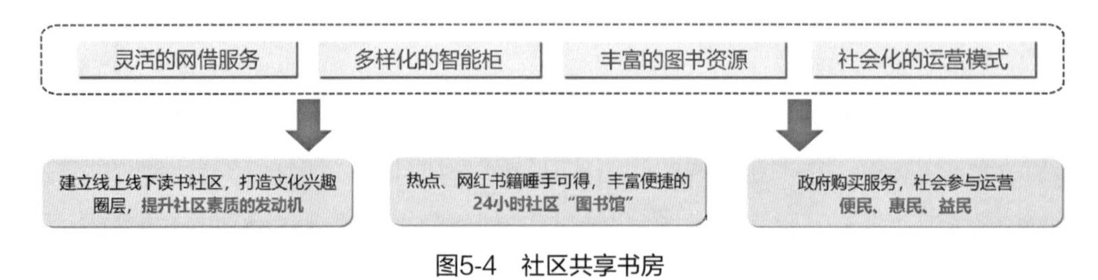

图5-4　社区共享书房

整合社区周边博物馆、美术馆、音乐厅等各类文化、教育资源，根据不同分类呈现于社区居民端应用中，拓宽社区学习地图（图5-5）。居民可以根据自己的需求和兴趣爱好一键获取周边教育资源信息，如学区资讯、文教资源、活动展览等。

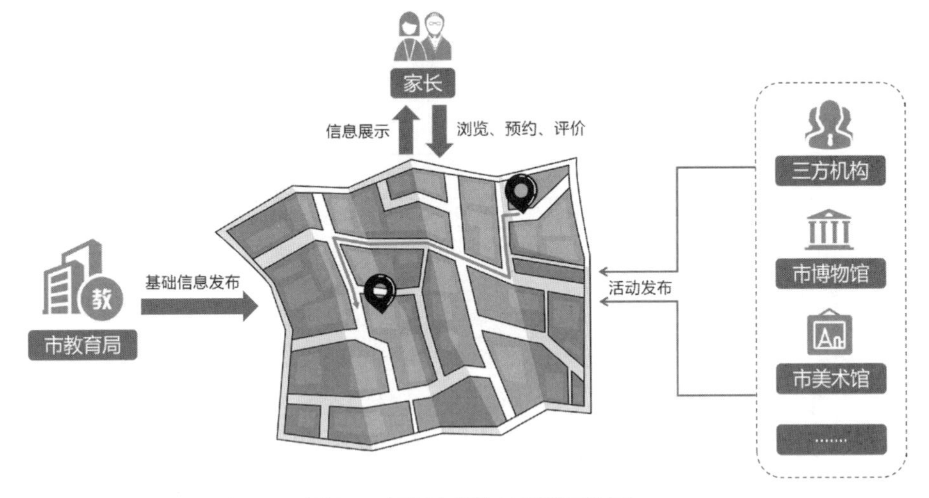

图5-5　知识在身边社区学习地图

打造线上云课堂，接入早教、在线教育广场、国家中小学网络云平台、好大学在线等教育课程资源，居民可通过电脑端、移动端进行课程学习，获取相应的学习积分（图5-6）。支持社区内达人根据自己的特长和喜好开设直播课，贡献特色课程，如手工艺、美食、生活技巧等。通过学习和教育建立起个人与邻里、与社会的连接，对促进友好邻里具有积极推动作用。

图5-6　在线云课堂

第三节　舒心健康：活力健身，医养结合

面对我国日益突出的人口老龄化问题和健康多元化需求，未来健康场景从健康生活、优质医疗、幸福养老三个维度提出面向全人群与全生命周期的“全民康

养”建设目标。老旧小区中，社区医疗“看得起”但“看不好”、养老设施不足与养老服务缺失等问题司空见惯，在改造中要充分关注到居民的健康需求，在社区养老助残、优质医疗服务、活力运动健身和智慧健康管理四大板块下足功夫，为居民打造舒心健康场景，提升居民的幸福感和获得感（表5-3）。

舒心健康指标体系　　表5-3

场景指标	指标性质	指标内容
社区养老助残	基本项	进行适老化及无障碍改造 15分钟步行圈内集约配置居家养老服务照料中心，建设社区老年食堂，提供就餐、助餐、送餐等基础服务，建立社区养老关爱体系 对社会养老机构给予租金减免和税费优惠等政策支持
	提升项	建设小微型养老机构，配置家庭照护床位 开展老年人精神文化活动，形成志愿服务模式 实施“智慧助老助残”行动 探索社区居民抱团居家照料、养老、跨代合租、时间银行等新模式落地
优质医疗服务	基本项	社区卫生服务中心与三级医院合作合营建立医联体，提供远程诊疗、双向转诊等服务 社区卫生服务中心提供护理、中医药等医养结合服务
	提升项	鼓励发展社会办全科诊所、智能医务室、Medical Mall（医疗商场）等 配置心理咨询室，关注居民精神健康 鼓励建立数字化健康平台，构建名医专家远程问诊体系
智慧健康管理	基本项	15分钟步行圈内配置智慧健康站，或智慧化社区卫生服务中心 建立居民电子健康档案，完善家庭医生签约服务
	提升项	推广社区健康管理O2O模式，个人或家庭终端与区域智慧健康平台数据互联 建设“医防护”儿童健康管理中心 提供营养膳食指导等个性化健康管理服务
活力运动健身	基本项	15分钟步行圈内配置健身场馆、球类场地等场所设施 5分钟步行圈配置室内、室外健身点
	提升项	慢跑绿道成网成环 配置智能健身绿道、全息互动系统等智能设施 建立运动社群组织、运动积分机制

一、社区养老助残

随着我国老龄化问题不断加剧，养老成为每个家庭都需要考虑的问题。2021年4月，国家卫健委举行新闻发布会，介绍医养结合工作进展成效有关情况。我国老年人大多数都在居家和社区养老，形成“9073”的格局（图5-7），指90%左右的老年人都在居家养老，7%左右的老年人依托社区支持养老，3%的老年人入住机构养老。这充分说明，在未来很长的一段时间里，老有所养的发力点还是居家和社区。

90% 家庭养老
优点：有亲人陪伴，经济成本低
缺点：生活习惯差异，容易产生矛盾

7% 社区养老
优点：老人可就近在社区享受护理和服务
缺点：服务半径有限，护理专业度有限

3% 机构养老
优点：专业性强、照顾周到
缺点：资金要求较高、专业护理人员供不应求

图5-7 我国养老呈现“9073”格局
（数据来源：国家卫健委）

居家养老以家庭为中心，由子女或亲人照顾老人。存在的问题是由于老人和年轻人生活习惯的差异，共同生活容易产生矛盾。另一个选择是去养老机构或老年公寓，享受专业的护理和服务，但受中国传统观念的影响，这一养老方式在我国目前没有得到广泛接受。而且对于许多老人来说，他们最大的问题不是没钱养老，而是无人养老。老人不愿意住进养老院，离开自己生活了一辈子的家，同时他们更不愿意拖累子女，尤其对50后和60后而言，他们的子女多为独生子女，两个子女需要同时负担四个老人，无论是精力方面还是经济方面都有很大压力，这就造成了许多老人陷入“养老窘境”。贝壳研究院发布的《2021社区居家养老现状与未来趋势报告》也印证了这一点，报告指出，随着家庭结构趋于小型化和核心化，老年人与子女同住的比例逐渐下降。调研数据显示，65.5%的老年人选择独立居住，甚至在80岁及以上的高龄群体中，老年人独立居住的比例都高达48%；与子女或其他亲属同住的老年人比例只占29.3%，入住养老机构的老年人更是少之又少，仅占总体的1/20左右（图5-8）。

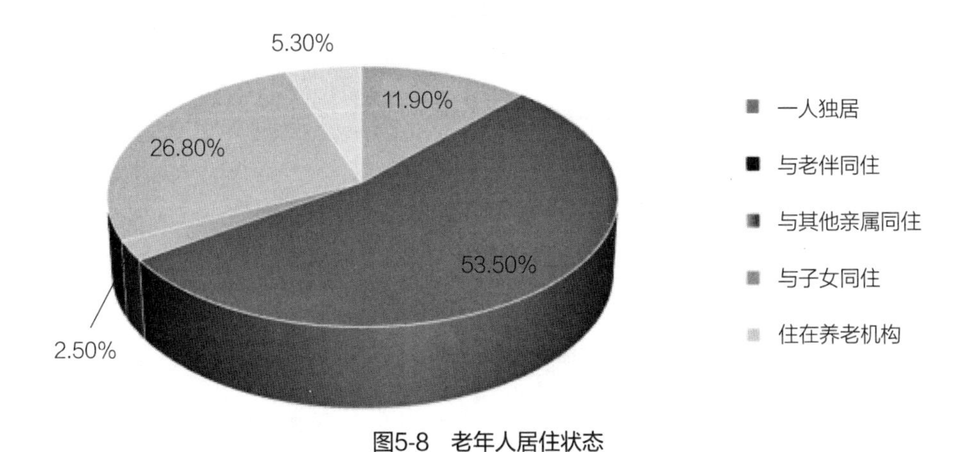

图5-8 老年人居住状态
（数据来源：贝壳研究院）

因此，许多独立居住的老年人开始尝试“抱团”。所谓“居家抱团养老”就是两个及以上的老年人离开传统家庭，组合居住在一起相互照顾。其实，“抱团养老”并非新兴概念，早在20世纪六七十年代丹麦便先行探索这一模式，而后欧美国家将“抱团养老”做成了更加规范的会员制，申请的老人需要符合相关条件才可以加入抱团的养老大家庭。而在小区中，抱团的老人们一般是互相熟识的邻居，有共同的话题和社交圈，生活上可以相互照顾，其中一个遇到紧急意外情况，另一个能够帮忙求助，不至于因为没人发现而错过最佳救治时间。这种养老模式不用麻烦子女，比入住养老机构更经济且更富人情味，逐渐被更多的家庭认识和接受。但由于老人们生活习惯、思想观念存在差异，在选择这一养老方式时要提前约定好相处方式，抱团的同时尽量保有部分独立的空间，相互尊重隐私，避免产生矛盾而影响朋友间的感情。

此外，社区在居民养老助残的问题上也大有可为。

首先是进行适老化及无障碍改造。目前老旧小区中现有的许多软硬件配套无法满足老年人、残疾人等特殊人群的安全性需求。调研数据指出，增配老年人服务设施的需求占比最大，其次是无障碍改造和加装电梯的诉求，再者是公共设施和公共空间的改善提升，都是保障小区特殊人群居住质量和出行安全的重要方面（图5-9）。老年人由于身体机能的衰退，在小区活动时摔倒、居住生活不便等问题日益突出，公共空间和居住环境的适老化改造越来越成为老年人高频呼唤的改造议题。同时，要充分关爱残疾人群体，加强无障碍出入口、轮椅坡道、升降台、安全扶手等无障碍设施建设并配置相应的无障碍标志。

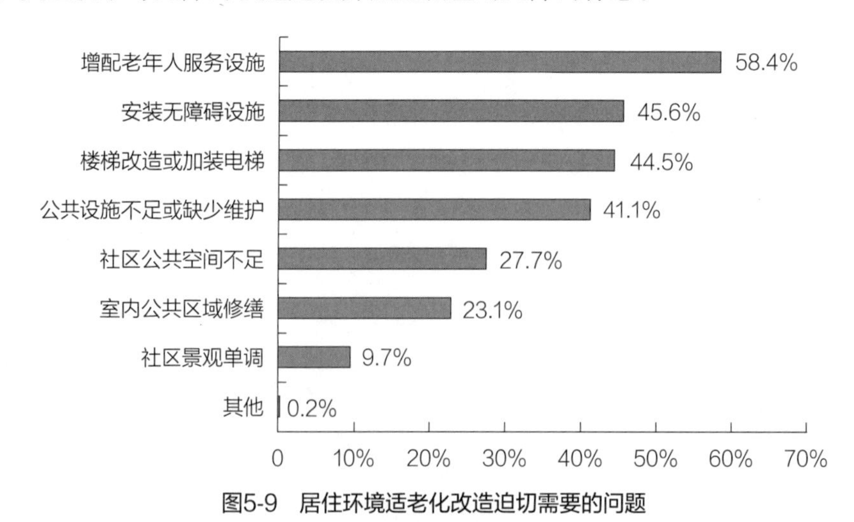

图5-9　居住环境适老化改造迫切需要的问题

除了空间层面的改造，还可以更进一步提升小区数字化层面的适老化水平及无障碍普及率，落实“智慧助老助残”行动。如针对老年人定期开展社区志愿服务，教老年人使用智能手机，学会用手机在网上办事，帮助他们跨越“数字鸿沟”。同时鼓励小区智治平台的开发企业为老年人推出大字体大图标、操作方便的界面交互模式，实现一键操作、文本输入提示等多种无障碍功能。针对不同类型的残障人群，进行相应的无障碍数字化改造，比如解决视障人士的验证码操作困难问题，针对听障人士提高助听器的兼容性，为肢体障碍群体简化交互操作等。做好小区空间和数字空间双重适老化及无障碍改造，真正让老年人和残障群体的生活和出行有“爱”无“碍”。

其次是集约配置社区老年活动空间和服务项目，满足老年人日常生活照料、休闲娱乐、紧急救助等方面的需求。改造中集约建设健康食堂、老年活动室、居家养老服务照料中心等功能空间，健康食堂提供就餐、助餐、送餐等服务，还可以附加为老人量身定制食谱，引导规范他们的膳食结构；老年活动室作为日间休闲、聊天、娱乐的室内场所，可以定期组织歌唱、书法等各类文艺比赛，丰富老人们的退休生活；服务照料中心按需为老年人提供专业的帮助和咨询，如上门保洁、室内维修、陪同出行等服务内容。调研显示，老年人对紧急呼叫、走失定位、陪同出行三类服务项目表现出较大需求（图5-10），但目前小区中相对应的配置情况却不太理想（图5-11），因此在改造中要引起充分重视。

最后是对接专业的社会养老机构，通过给予租金减免和税费优惠等政策支持鼓励机构在小区设立小微型养老工作站，根据实际需求配置一定数量的家庭照护床位。区别于一般的居家养老，家庭照护床位就像是住在家里的“养老院”，主要是为了提升重度失能、重度残疾老年人的专业照料服务和日常生活质量。依托于专业的养老机构进行家庭适老化改造、信息化管理和专业化服务，满足老年人原居安养的愿望。这种养老方式，与机构的集中照料床位相比，一定程度上减轻了老年人家庭的经济负担，实现“一分投入，十分满足”。此外，社区还可以积极探索跨代合租[①]、时间银行[②]等新模式落地（图5-12），实现邻里互助式帮扶养老。

---

① 跨代合租是指老人与年轻人共同居住，建立一种相互给予生活帮助的契约关系。独居老人出租空房间，向年轻人收取低廉房租，缓解年轻人经济压力，年轻人可以一定程度上排解老人孤独，还能在老人发生意外时第一时间采取应急措施或拨打电话求助。

② 年轻时存时间，年老时享服务。“时间银行”是一种政府治理、社会调节、居民自治的养老服务应用，涵盖“助餐、助医、助浴、助洁、助急、助残”六大助老主题，服务内容包含居家上门、生活照料、精神慰藉等 10 大类共计 48 项，每个项目标注了相应的“价格”，其价值正是“时间币”。需要服务的老人可以在线上按需下单，志愿者将点对点上门服务，志愿服务时长会转换成“时间币”，可供后续兑换服务。

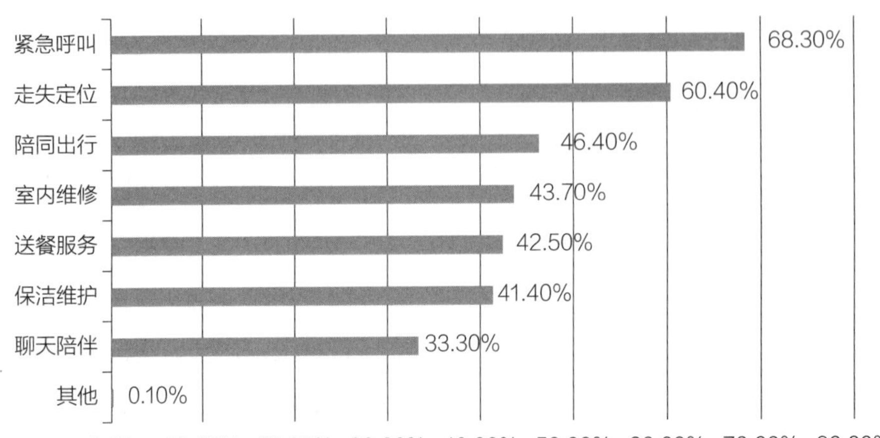

图5-10　老年人需要的社区养老服务项目

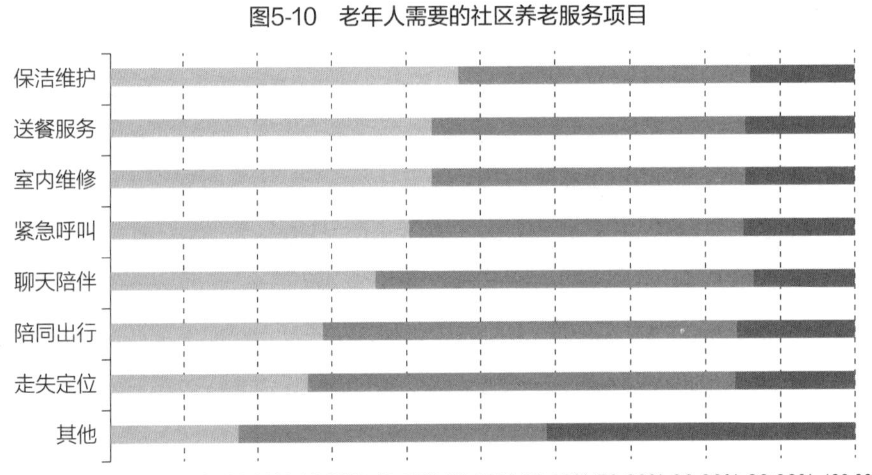

图5-11　社区老年服务项目配置情况

图5-12　时间银行养老助残模式

二、优质医疗服务

便捷、完善的社区医疗是老人最为迫切的刚性需求。相较于年轻群体，老年人的就医频率更高，尤其许多慢性病多发于中老年群体，长期存在且难以治愈，健全社区层面的智慧健康管理是十分重要的。据调查，老年人对健康监测和送医拿药的需求较高（图5-13）。

首先，社区要主动落实国家基本公共卫生服务项目，每年免费为65岁以上的老年人提供健康管理和健康体检。国家卫健委鼓励支持社区医疗为老人提供家庭医生签约和上门医疗服务，努力做到“慢病有管理、疾病早发现、小病能处理、大病易转诊”。其次，社区卫生服务中心可以携手周边医院等优质医疗资源建立医联体，建立“小病进社区，大病进医院”的畅通双向转诊体系；搭建社区数字化健康平台，为居民打通线上问诊的渠道，获取向名医专家远程咨询、专业用药指导等服务（图5-14）；引进社会办全科诊所、智能医务室等，定期在小区内开展健康知识宣讲、公益问诊等活动，普及各类疾病预防知识和国家基本医疗政策，引导居民树立对自身健康的关切意识。

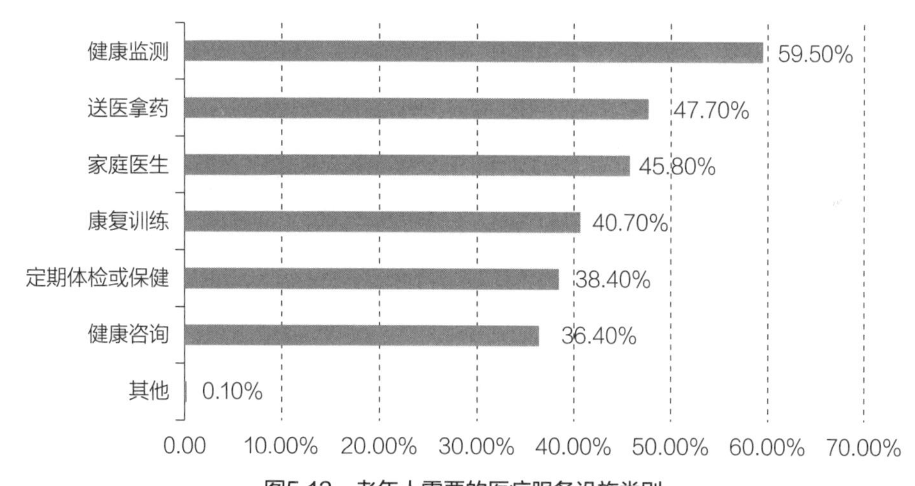

图5-13 老年人需要的医疗服务设施类别

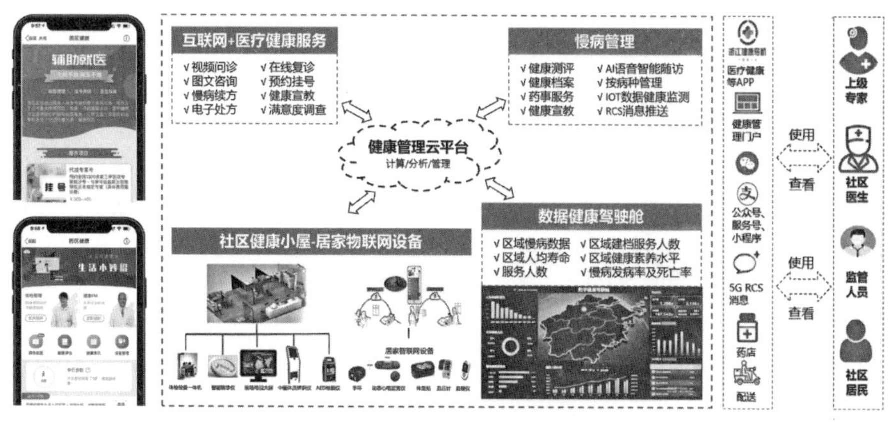

图5-14 在线医疗健康档案

随着公共医疗的普及推广，除了为居民的身体健康提供专业的社区医疗保障，还要充分关注居民的“心理健康”问题。2018年4月，《中国城镇居民心理健康白皮书》发布当前城镇居民心理健康状况调查结果：73.6%的人处于心理亚健康状态，存在不同程度心理问题的人有16.1%，而心理健康的人仅为10.3%。在青少年阶段，孩子可能因为学业压力、亲子关系、同辈关系出现情绪焦虑、抑郁、失眠等问题。心理健康问题低龄化、年轻化的现象在国内日趋严重。百度发布的《2020国民战“抑”图鉴——百度精神卫生日搜索大数据》显示，疫情影响下，心理救助相关内容搜索热度达到近十年最高。反复的疫情冲击导致中国经济正面临前所未有的挑战，不少中小微企业面临破产倒闭，大厂大规模裁员，失业率不断攀升，面对焦虑、失眠的职场人不在少数。随之而来的是，我国应届高校毕业生人数突破千万，规模和增量均创历史新高，很大一部分人承担着巨大的就业压力。

对此，社区层面关注心理健康引导，治愈“心灵感冒”发挥着越来越重要的作用。在改造中配建心理健康咨询室，定期开设心理健康科普、健康成长大讲堂、心理健康筛查、情绪疗愈电台、社区公益站点、各类兴趣疗愈学校等活动，一方面加强儿童、家长双向教育引导工作，对青少年群体心理问题做到早发现、早识别、早干预、早解决；另一方面，也给予了疫情下失业、降薪、求职的职场人和新晋职场人必要的心理疏解和情绪出口。

三、活力运动健身

党的十八大以来，以习近平同志为核心的党中央高度重视体育强国建设，始终把人民健康放在优先发展的位置，将全民健身上升为国家战略。“无运动，不生活；无运动，不健康”的理念深入人心，据国务院统计数据，经常参加体育锻炼的人数比例达到37.2%，健康中国和体育强国建设迈出新步伐。

受新冠肺炎疫情影响，我国减少了线下聚集性群众体育活动的开展，使得社区健身和居家健身的需求呈现井喷式增长。但老旧小区由于建成年代比较早，体育健身设施存在严重不足，有限的小区空闲场地要满足停车需求，导致老百姓健身需求迫切却难觅场所。多重原因对老旧小区增设活力健身设施提出了更高的要求。

破解老旧小区空间资源紧张、体育健身场所不足的问题是居民心之所向。可以从几个方面入手：在居民5分钟步行圈内配置室内、室外健身点，15分钟步行圈内配置健身场馆、球类场地，为居民营造信步可达、类型齐全、布局均衡的健身设施和场所；重新梳理小区绿道，接入小区周边的慢行系统使其成网成环，为居民打造舒适的散步和慢跑环境；规范小区停车空间，腾退场地打造儿童游乐场所和老人休闲空间，合理利用小区林下空间，配置嵌入式体育设施，满足全龄段居民的运动休闲需要；许多社区还专门定制绿色骑行、魅力太极、有氧慢跑等多种活动，建立运动社群组织，真正让“5-10-15分钟健身圈”成为藏在小区生活里的小确幸。

安徽省马鞍山市大北庄小区——让“出门健身”成为居民生活必修课

为切实增强社区公共服务能力，丰富居民体育文化生活，打造“小区健身生活圈”，2021年底，一批崭新的体育健身器材被安装在马鞍山市大北庄小区社区卫生服务站前的空地上，以满足社区居民的日常健身需要。

自从健身器具安装到位并投入使用，健身场地就成了小区居民茶余饭后的聚会场，他们或来一场楚河汉界的对阵，或在健身器具上尽情锻炼，或悠闲地坐在连心廊内看孩子们在沙池里安静地玩耍、在塑胶跑道上快乐地奔跑……

“政府真是为居民做了一件大好事，老旧小区改造改善了小区居住环境，健身器材又装到了家门口，我们的生活现在越来越方便，越来越幸福。”家住大北庄38栋的居民陈师傅开心地说道，现在来这里锻炼身体已经成了每天生活不可或缺的项目。

小区内还有另一处智能化健身广场，这批智能化健身器材不仅自带太阳能充电功能，在夜间能够提供灯光照明，方便居民夜间健身活动，同时，还具备健康监测功能，能够实时反映锻炼者的运动时间和各项健康指标，通过智能化的方式，帮助大家更加直观地了解健康状况。

全新的健身场地、智能化的健身器材，大大促进了基层全民健身活动的广泛开展，成为居民家门口名副其实的亲子乐园和健身房。

随着AR、VR、5G、数字运动、全息投影等技术的发展，体育与数字化深度融合，正成为人们进行体育运动的新潮流，不断满足着人民日益增长的美好生活需要。配置智能健身绿道、全息互动系统等智能硬件设施，在社区智慧服务平台同步社区健康地图（图5-15），居民注册后即可享受体育数字化带来的科技感和趣味性。建立运动社群组织、运动积分机制，居民可以随时查看运动达人排行榜、运动人数、运动里程等实时数据。

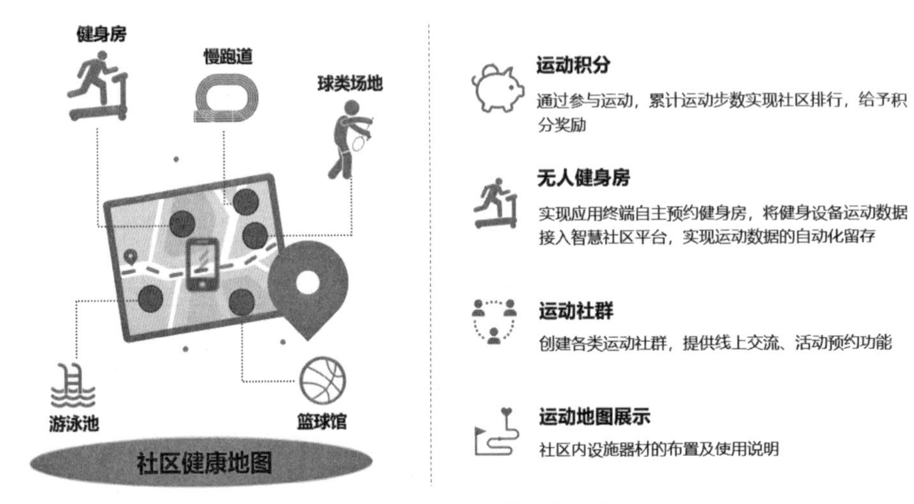

图5-15　运动健身数字化联动

第四节　社区创业：生活无界，服务无距

在大众创业、万众创新的背景下，社区也成为很多创业者立足的场景。尤其是在“六稳”“六保”政策背景下，社区创业能够保障民生、稳定居民就业。

根据国家统计局2022年5月16日发布的数据，4月全国城镇调查失业率上升0.3%～6.1%，创2020年3月以来新高。分不同年龄就业人群看，25～59岁人口调查失业率为5.3%，达到2020年6月以来最高水平。年轻人就业压力突出，16～24岁人口调查失业率达到总体水平6.1%的近3倍，占18.2%，创有历史数据以来最高。

在当前失业率不断攀升的背景下，社区在促创业、带就业方面潜力巨大。社区作为城市生活的基本“细胞”，汇聚着丰富的人力资源和旺盛的民生需求，需求成就市场，也为创业就业提供了商机和土壤。同时，社区是党委和政府联系群众、服务群众的神经末梢，社区工作人员是最贴近群众、最贴近基层的群体，也最了解群众的就业意愿、创业技能，能够提供精准的创业就业服务。因此，在社区中引入创业功能，打造创业孵化服务及平台、开展创业技能课程培训，从居民需求出发培育社区创业就业新形态，让社区成为创业就业的第一站切实可行（表5-4）。

老旧小区虽然有生活和社交场景，也有区位优势，但对比未来创业理念所提倡的创业生活无界、创业服务无距、创业机制无忧，老旧小区还缺乏完善的双创服务、适宜的空间载体和合理的保障机制。因此，在改造过程中重点关注老人、小孩这两大群体，积极挖掘小区的潜在需求和存量资源，是老旧小区创业场景落地的方向。

社区创业指标体系　　表5-4

场景指标	指标性质	指标内容
创新创业空间	基本项	根据小区布局、业态以及居民实际需求，灵活配建弹性共享、复合优质、特色多元的社区双创空间
	提升项	因地制宜建设集中式众创空间，完善创业服务配套
创业孵化服务及平台	基本项	完善创业服务机制
	提升项	提供创业孵化的金融服务 建立社区创客学院，加强和企业以及社会组织的联系，创新劳动力培训方式，有针对性地开展职业技能培训课程 促进社区资源、技能、知识等全面共享
创业技能课程	基本项	定期开展公益性的创业技能课程
	提升项	与人力资源和社会保障系统打通，依托社区智慧服务平台搭建创业者服务中心功能模块，提供更精准的创业指导、就业需求和政策扶持

一、创新创业空间

老旧小区受场地资源限制，大都难以集中布局完善的创业空间供居民使用和施展。在实际改造中，要充分考虑小区场地条件以及居民的实际需要，灵活设计共享型创新创业空间（表5-5）①，集约配置弹性共享、特色多元、高性价比的创业办公场所。比如利用小区底层空间和配套用房，引入咖啡吧、美甲店、网红打卡空间、小夜市、文创小店等年轻人喜欢的业态，激发创业活力的同时，让老旧小区多一些“潮流”感；引进第三方家政公司、养生馆，提供保洁、保姆、陪护、推拿等服务，优先选择周边居民就业，通过培训上岗，为小区居民尤其是“一老一小”家庭提供便利。

共享型创新创业空间模式　　表5-5

类型		创业盒子、创业胶囊	公共孵化器
规模		人均工位需求（$300m^2$以下）	$300m^2$以上
内容概述	布局要点	依据社区空间灵活布设	结合邻里中心等社区公共服务中心配置
	功能配置	共享工位	共享办公室、会议室等 办公服务可与周边公共服务共享
	服务对象	初创者、社区创业者	初创团队、社区创业者

① 潘媛，孔维颖，胡适人. 以社区为空间组织单元的城市创业发展新模式——浙江省“未来社区”建设中的双创实践路径探索［C］// 面向高质量发展的空间治理——2020中国城市规划年会论文集，2021.

二、打造创业孵化服务及平台

社区创业要打造以人与人交流为基础的共享创业服务平台，这个平台可以依托社区公共空间，也可以线上开展，以“平台+生活+社交”的形式促进创新资源的富集和灵感的碰撞，可以邀请社区更多不同领域的创业者们聚集，比如让一些有想法、懂技术的草根创业者分享创业经验，提供创业指导，以一个带动一片的形式推动社区创业。这个创业平台可以借助互联网发布创业项目、创业政策、项目论证等方面的信息，让创业人员随时随地利用网络获取有效信息。社区创业平台可以结合国家、城市支持政策，摸查社区消费特征和消费需求，有侧重地引导居民创业，解决需求痛点，有条件的情况下可以通过引荐，提供多元的创业基金支持。

在创业社区的建设方面，新疆乌鲁木齐市做了许多探索和努力，并积累了一些可复制的经验做法。以头屯河区天鹅湖社区为例，为打造电商创业社区，天鹅湖社区专门成立了社区电商服务工作站为创业者提供指导，同时配备了共享客厅、创业路演厅、共享直播间、创客选品中心等共享空间供创业者使用，还引进了空间创新创业孵化基地，为创业人员提供政策咨询、工商注册等一条龙服务，目前天鹅湖社区内已汇聚280余家电商企业。再如沙依巴克区明园石油社区，充分结合社区自身的区位、资源、业态等优势，建设现代服务创业社区，为有创业意愿的人员提供技能培训、职业规划和贴息贷款帮扶等服务。

创业社区开展以来，乌鲁木齐市各区县人社部门联合发力，梳理居民就业需求，举行小型招聘会、就业培训等，方便居民实现家门口就业创业。由于许多创业者缺乏政策、市场以及知识产权等方面经验，社区便送教上门，签约经验丰富的创业导师为居民提供精准专业的指导和帮扶。针对创业的资金困局，乌鲁木齐市专门设立5亿元创业社区发展引导基金，搭建“创业社区金融产品超市”，积极与银行机构开展对接，研究制定不同的金融服务产品供创业者自主选择，降低企业融资难度。为保障小微企业和创业者的合法权益，乌鲁木齐市部分创业社区还通过设立法律工作服务站、税务人员进社区送政策等方式，面对面问需，让各项优惠政策实现精准落地，助力创业社区建设[①]。根据部署结合多措并举的大力推进，预计到2024年底乌鲁木齐市将全面建设66个特色创业社区。

创业者就像小树苗，尤其在创业初期抗风险能力较弱，因此社区更要充当好“护苗人”的角色，为初创企业、小微企业的起步和发展遮风挡雨。从资金、技术、服务、管理等方面提供支持，优化营商环境、厚植发展土壤、为创业者清除

---

① 兵团在线. 精准施策 激发创业活力——乌鲁木齐建设创业社区观察［EB/OL］.［2022-08-01］. http://www.btzx.com.cn/web/2022/8/1/ARTI1659322618019467.html.

障碍，切实激发社区创新创业活力。

三、开展创业技能课程

社区创业要融入社区教育中，尤其是职业技能培训，能够帮助居民快速解决创业就业问题。社区可以与人力资源和社会保障系统打通，向人社部门借力，为社区创业项目提供更精准的创业指导和政策扶持，同时加强和企业以及社会组织的联系，创新劳动力培训方式，以社区居民这一初级市场用户群的需求为着力点，有针对性地开展职业技能培训课程。

通过老旧小区实地走访调研，育婴师、托育师、家政服务等岗位存在较大内需。在社区中开展执业资格技能培训，培养社区社会工作人才，提供诸如餐饮、教育、医疗等服务型业态。此外，健康管理师、收纳整理师、数字化运营师等新兴职业在市场中的需求也在加大，但是从事人员较少，也可以为老旧小区的待就业人员展开培训。

在社区接受教育取得执业资格证书的保姆、保洁、护工、整理师、运营师可以为小区年迈老人、独居老人提供上门家政服务，为双职工家庭的儿童提供托育代管服务，为社区商铺提供数字运营服务等。这种模式的社区创业既能提升居民的劳动技能，点亮社区居民就业梦，还能在这个小的生活圈中为有需要的人群提供精准化的服务，从而有效提升居民的自豪感与认同感。

第五节 安全建筑：面子好看，里子好住

安全建筑场景是针对当前老旧小区中建筑安全性评估不到位、土地集约利用效率低、建筑风貌缺乏特色等问题，以响应新需求、应用新模式、集成新空间为主线，在小区空间改造过程中开展“集约高效利用、人文传承凝聚、科技赋能推动”的创新实践，提升建筑安全、整改消防隐患、塑造建筑风貌，最终构建起公共共享的安全建筑生活圈层（表5-6）。

安全建筑指标体系 表5-6

场景指标	指标性质	指标内容
建筑安全与消防提升	基本项	对小区建筑进行安全性评估，确保建筑安全 消除消防隐患，提升居民安全意识
	提升项	增设消防车道和室外消火栓 增设灭火器、独立烟感报警、应急照明灯、微型消防站等消防设施 组织居民开展消防演练

续表

场景指标	指标性质	指标内容
空间集约开发	基本项	灵活采取集中式或分布式布局，建设综合型社区邻里中心 采用新建建筑底层架空、保留建筑功能改造、复合利用各类户外场所等方式，合理配置社区共享空间
	提升项	推广建筑弹性可变房屋空间模式 实现土地混合利用、空间功能复合利用、地上地下综合开发
建筑特色风貌	基本项	注重延续历史文化记忆、加强历史文化遗存保护，建筑风貌体现地域文化特色
	提升项	基于地方风貌基底与城市肌理，建立完整风貌控制体系 打造小区文化标志建筑物（含构筑物） 采用地面、平台与屋顶相结合的方式，合理配置花园阳台，打造多层次复合绿化系统
CIM数字化建设平台应用	基本项	引入社区信息模型（CIM）平台，建立数字社区基底
	提升项	CIM平台功能向城区拓展，运用到城区的连片开发建设

一、建筑安全与消防提升

在老旧小区中，老旧建筑有其固定的空间形态，随着时间推移，由于以前的工程技术相对落后、施工阶段没有做好相应的处理，加上常年疏于管理与维护，面临不同程度的建筑结构老化、材料质量下降、外观破损、室内基础设备老化等问题，严重影响居民生活质量，还存在很大的安全隐患。因此，在改造过程中常常涉及房屋加固、修缮、外立面改造等工作，不仅可以很好地延续老旧小区的建筑价值，还能协调建筑整体风貌、体现地域文化特色，最大化地保留这些反映城市发展历程的记忆。

首先，老旧小区在进行房屋结构的加固改造之前，应该深入调研房屋现状基础、主体结构等，补齐相关图纸和基础资料，主要包括建筑物整体设计、施工过程中的参数、验收合格的质量检测报告、材料的基本强度以及抗震设防的基础鉴定等内容，同时对房屋周边市政配套和水、电、气、暖、消防、垃圾等安全设施进行彻底排查。其次，要充分认识到新工程设计理念与老建筑整体结构改造之间的差异性，不能生搬硬套。依据现有建筑的现状条件，分析结构、设计、功能，提出最优方案。在此基础上，尽可能采用绿色建材，应用新材料新技术新工艺，选择工期短、性价比高的方案，使居民能够用最小的代价、最快的速度恢复日常生活。

其次，消防安全提升也是老旧小区安全建筑理念的重要实施内容。

据应急管理部消防救援局发布的近10年全国居住场所火灾情况统计，2012

年至2021年，全国共发生居住场所火灾132.4万起，造成11634人遇难、6738人受伤，直接财产损失77.7亿元。2022年一季度，全国接报火灾21.9万起，共造成625人死亡，其中发生在居住场所的火灾就有8.3万起，造成503人遇难，虽然其数量占火灾总数的38%，但死亡人数占总数的80.5%。居民住宅火灾远高于其他场所，伤亡人数也最多（图5-16）。这一连串触目惊心的数据，反映了许多居住小区消防安全现状堪忧，居民消防安全意识亟待提高，在老旧小区中尤其突出。

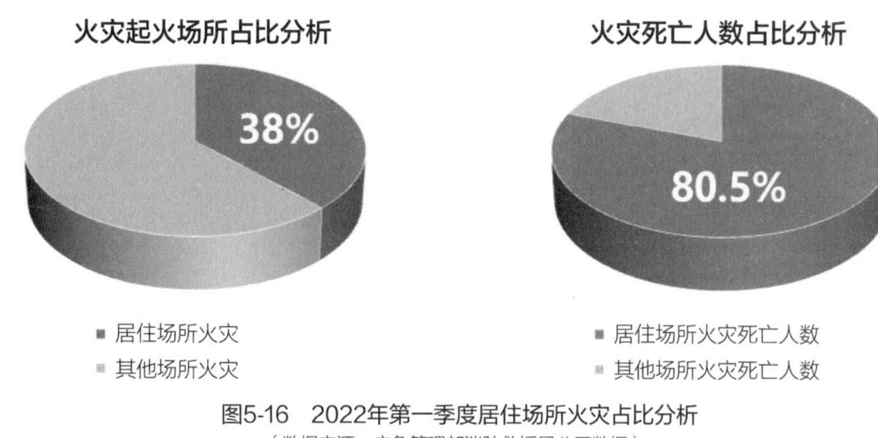

图5-16 2022年第一季度居住场所火灾占比分析
（数据来源：应急管理部消防救援局公开数据）

许多建于20世纪八九十年代甚至更早的建筑，建筑耐火等级偏低，建设之初并没有配备消防设施，而随着居民生活水平提高，不断添加各种电气设备，火灾风险也逐步加大，但相应的消防设施并没有同步配备，消防管理水平较差，长期处于不设防状态。

走进许多老旧小区的楼道和单元门内，杂物乱堆乱放的现象屡见不鲜，使本就不宽敞的通道显得更加拥挤，一旦发生火灾，不仅会助长火势蔓延，还可能断掉唯一的“生命通道”；由于历史和人为原因，老旧小区中私家车占用消防通道、在楼栋间搭建构筑物占用防火间距的现象时有发生，会影响消防车进场救援；老旧小区年龄结构相对老化，消防安全意识也较为薄弱，电动自行车随意停放，私拉乱接电线、飞线充电，还有外出忘关电源火源、乱扔烟头等现象普遍存在。这些问题往往容易被居民忽视，长时间积累叠加，将形成很大的消防隐患，酿成严重的后果。

老旧小区消防工作的落实和提升，需要各级政府、主管部门、物业单位、小区居民四方主体的合力。严格按照《消防法》总则要求，贯彻预防为主、防消结合的方针，按照政府统一领导、部门依法监管、单位全面负责、公民积极参与的原则，实行消防安全责任制，建立健全的、社会化的消防工作网络。

因此，物业、居委会应加强老旧小区的消防安全宣传，关心老人、儿童等弱势群体的消防安全，帮助他们定期排除消防隐患，有条件的小区要增设消防车道和室外消火栓，统一设置电动车充电桩，每个楼层增设灭火器、独立烟感报警、应急照明灯、微型消防站等消防设施。小区物业要做到维护小区住宅楼的消防设施完整好用，有条件时居委会可以组织居民进行消防演练。

重庆市渝中区双钢路小区——智慧消防①

重庆市渝中区的双钢路小区，这里曾是重庆钢铁设计研究院的职工居住区，老人占小区总人数的30%左右。小区内有28栋“高龄”居民楼，都存在不同程度的消防隐患，其中有14栋是10层以上的高层建筑。2020年初，双钢路小区入选重庆市高层消防安全隐患整治试点小区，经过调研和论证，双钢路小区以消防安全整治为契机开始了一场“消隐患、提环境、补功能、留记忆、强管理”的改造行动。

首先是每家每户的雨棚、防盗网存在严重的消防隐患，安装多年，锈迹斑斑。但社区工作人员上门征求意见时，很多居民一开始是有抵触情绪的，雨棚和防盗网虽然老化但并不影响日常使用，而且更换需要居民自费支付总价11%的费用。为完成这项整改工作，党员发挥先锋模范作用，专门成立了党员工作组，给居民打电话、上门走访、开院坝会……向居民宣讲整治必要性和改造政策，耐心细致地做通思想工作，后来许多热心居民也加入其中。

在防盗网和雨棚改造中，纳入试点的603户有590户主动配合整改，整改率达98%。拆除原凸出型封闭防盗网7800m^2，安装划拉式防盗网2026m^2，拆除原可燃雨棚4870m，安装阻燃亚光双层静音雨棚4060m，赠送晾衣杆1480m。同时，社区创新采取“政府支持、居民出资”的方式，政府支持材料费，居民出拆除和安装费，得到了居民的点赞。

解决了雨棚与防盗网的难题，其他同步开展的消防隐患治理工作也顺利推进。消防用水来源由原来的生活水管改造为专用消防管网，更换各类消防管线15268m。修复、更换破损电力表箱787个，表前、表后线2560m，解决用电安全隐患问题。更换锈蚀燃气管道845m、气表185块、调压箱4台，解决燃气安全隐患问题。畅通逃生通道，清理楼梯间杂物83处，拆除楼梯间铁栅栏、储物间、

① 上游新闻. 一个小区的新生：消防隐患一一排除，老旧小区也有了智慧消防“大脑”［EB/OL］.［2021-08-11］. https://baijiahao.baidu.com/s?id=1707788444381271686&wfr=spider&for=pc. http://www.btzx.com.cn/web/2022/8/1/ARTI1659322618019467.html.

直通屋顶的障碍门78处，实现居民逃生线路通畅，让消防基础设施“旧貌换新颜”。

除了“外观”有了大变化，这个老旧小区也拥有了智慧消防的“大脑”。此次改造中，小区为孤寡、残疾、独居、60岁以上老人家中安装路联网型独立式感烟探测器和可燃气体探测器。200多套火灾、燃气泄漏预警终端的分布和运行情况不仅直接联网到小区消防指挥中心的智慧大屏上，还能连接到社区网格员、消防员和物业人员的手机上，如果发生异常，就会实时报警。投入使用以来，已经预警了多场意外情况，阻止了悲剧的发生。

一个小区的和谐，既要有美好的外在，更要有安全的内核。伴随一个个看得见、看不见的隐患整治，如今的双钢路小区已经成为渝中区老旧小区改造工作的典型范式。如今，居民的安全感和幸福感得到了极大提升。

二、空间集约开发

我国的老旧小区普遍存在土地功能单一、公共空间小、存量资源挖潜不足、地下空间未开发等现状，空间开发和利用率较低。近年来城市产业发展所推行的以产业聚集的工业园区、产业园区等大多建设在地价较低的市郊，进一步加剧了老旧小区功能的单一性，既影响了老旧小区居民的择业就业，也影响了老旧小区的经济活力。《住房和城乡建设部办公厅 国家发展改革委办公厅 财政部办公厅 关于进一步明确城镇老旧小区改造工作要求的通知》（建办城〔2021〕50号）明确指出，加快建立健全既有土地集约混合利用和存量房屋设施兼容转换的政策机制，为吸引社会力量参与、引入金融支持创造条件，促进城镇老旧小区改造可持续发展。因此，探索土地混合利用，推行功能复合、立体开发、公交导向的集约紧凑型发展模式，统筹地上地下空间利用是老旧小区存量空间挖潜的重要途径，具体可以从以下几方面着手推进。

系统梳理小区空间，灵活采取集中式或分布式布局功能复合的邻里中心，利用架空层和半户外场所，探索可变的建筑空间模式，为各类居民活动提供多功能的空间载体。推进片区化改造时，挖潜小区边角地、闲置空地，地上地下综合开发，这部分空间可以引入商业、停车、休闲或办公等多种功能，拓展一部分经营性收入。同时要加大政策支持力度吸引社会资本参与改造，例如广州市发展改革委在《广州市鼓励社会资本参与停车设施建设的实施意见》（穗发改规字〔2022〕2号）中指出，停车泊位供给不足的老旧小区，在符合通行、安全、消防要求的基础上，可依法利用小区边角用地、闲置空地、小区道路等公共部分设置临时停车设施，不涉及建（构）筑物建设的临时停车设施免于办理建设工程规划许可证[①]。

三、CIM数字化建设平台应用

城市信息模型（CIM）是以建筑信息模型（BIM）、地理信息系统（GIS）、物联网（IOT）等技术为基础，整合城市地上地下、室内室外、历史现状、未来多维多尺度信息模型数据和城市感知数据，构建起多层次三维数字空间的城市信息有机综合体（图5-17）。

为解决老旧小区改造中“粗颗粒度”决策、成本估算效率低、评价指标停留在纸面等问题，实现老旧小区改造项目全过程管理、改造方案的比选优化以及小区的科学治理，有研究者提出基于CIM技术的老旧小区改造系统设计思路（图5-18）[②]。

从实践角度看，CIM数字化技术在老旧小区改造中主要发挥以下几方面作用。

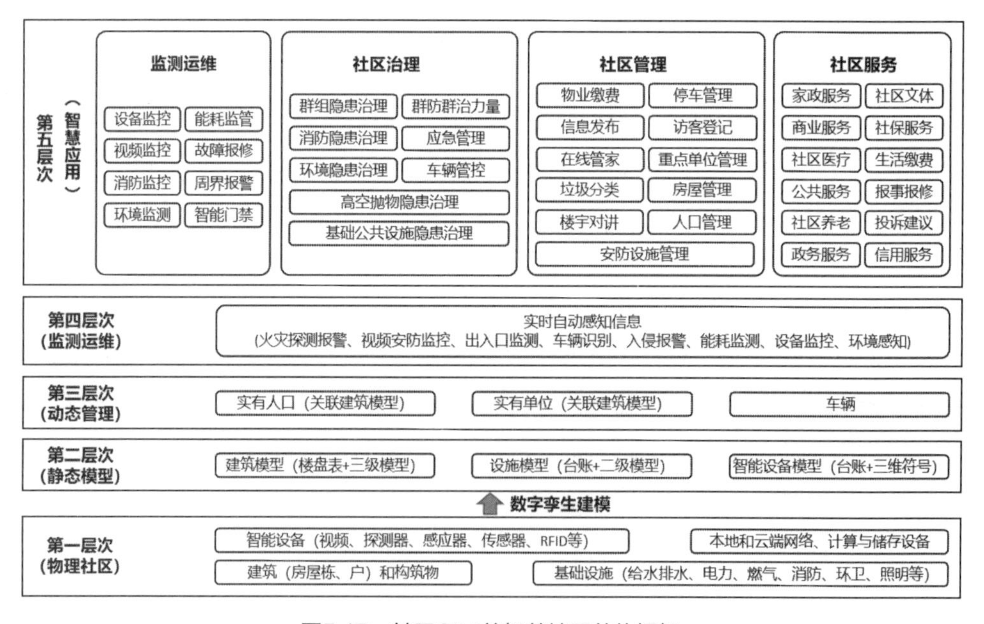

图5-17　基于CIM的智慧社区总体框架

① 广州市发展和改革委员会网站. 广州市发展和改革委员会关于印发广州市鼓励社会资本参与停车设施建设的实施意见的通知［EB/OL］.［2022-07-21］. http://fgw.gz.gov.cn/tzgg/content/post_8436749.html.

② 许浩，谢胜波，李惠等. 基于CIM技术的老旧小区改造系统研究与设计［J］. 电子技术与软件工程，2021（24）：165-169.

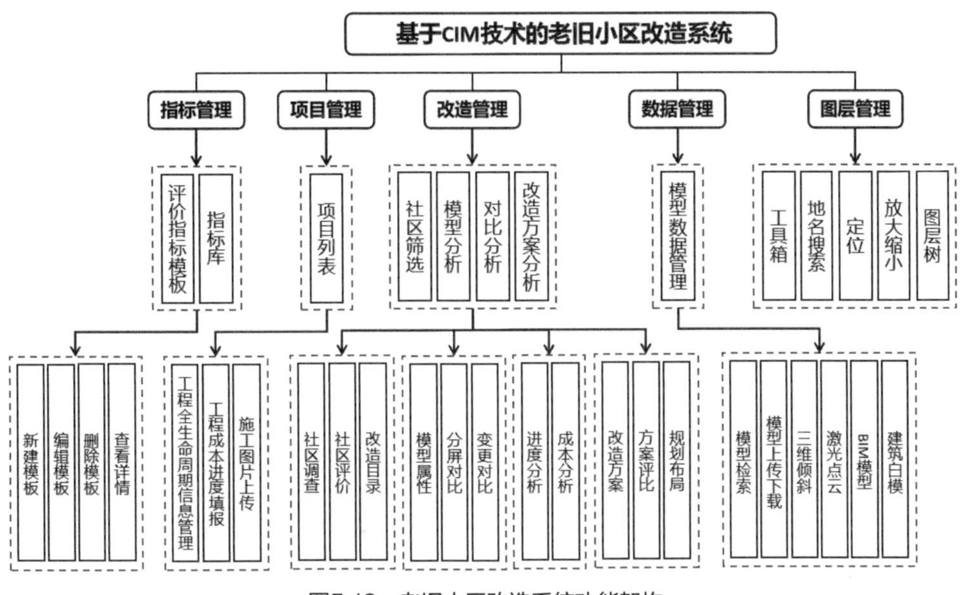

图5-18 老旧小区改造系统功能架构

（一）助力规划

通过CIM技术对小区进行数据采集、翻模和现状模型管理，汇集自然资源、社会政务和规划配套等信息（图5-19）。借助实景三维技术与地质勘探技术，建立地上地下三维模型，实现对小区周边自然资源现状的有效重现；借助倾斜摄影及BIM技术，生成小区样貌；接入第三方数据平台，集成小区相关的政务信息。录入现有社区控规、周边配套信息，为综合评判老旧小区改造需求与价值提供参考。

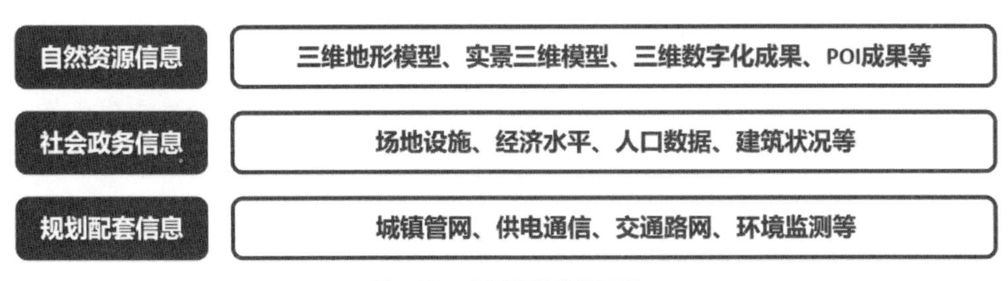

图5-19 小区原始数据采集

对于列入改造计划的老旧小区，基于CIM平台，将三维基底模型与地质模型进行整合形成项目总体实施方案，以可视化的方式呈现社区周边设施的原始概况。在此基础上叠加方案BIM模型，实现对改造方案各项数据的可视化分析，直观展示改造提升前后的对比，同时辅助设计师优化空间落位。

以项目资金平衡为导向，在CIM平台中调整建筑设计方案、建造方案、运营方案、投融资方案等，预演分析不同规划方案的容积率、公共配套、资金测算情况，辅助资金平衡决策，即时得到经济测算结果，辅助改造方案选择比优，提前规避项目建设资金问题。

（二）统筹建设

依托CIM平台，促进设计施工一体化。根据设计方案，模拟预演社区周边交通出行情况，为道路规划调整提供重要依据；模拟建筑日照时长，优化社区内居民楼日照情况，提升居住舒适感；预演小区内一年四季景观绿化的变化情况，为优化社区景观设计提供参考。施工开始前，预演小区改造施工场地布置，有序组织施工流程，提升施工效率，确保施工场地安全；模拟施工实施方案，估算工程进度，提前规避施工过程中的潜在问题，防止返工。结合改造施工现场的实际情况，对图纸进行细化、补充和完善，指导施工深化设计；创建工程量计算模型，对工程量进行计算分析并形成报表；将建筑、结构、暖通、给水排水和电气等各专业模型整合到一起构成完整的BIM模型，进行碰撞检测和三维管线综合，优化净空。CIM平台的建设管理子系统，可接入施工现场各类设备设施、劳务考勤、塔式起重机检测、施工现场监控等信息，实现现场数据的实时采集，提高项目安全生产管理和决策的准确性。

对于实施片区化改造的集群项目，也可以通过CIM平台进行统一管理，包括项目质量、进度、安全、造价、环保等全要素的建设管控，全局统筹建设投资、交通组织、绿建优化、管线协调、场地布置等，辅助决策改造中出现的矛盾，助力建设提质增效。

此外，参与的多方主体在CIM平台建立互通关系，形成一个完整的数字化、立体化、智能化、全生命周期的建设管理平台，能够有效引导参与改造的企业提升BIM技术在规划、设计、施工、运维全过程的应用水平；以三维数字化技术，支撑多部门协同审批，提升工程建设管理审批效率，创新管理模式；进一步响应浙江省数字经济一号工程，促进传统建设行业的数字化转型发展。

（三）优化运营

从规划、设计到建设、施工的每一个环节，CIM平台从建筑设施、人口经济、市政资源等多个维度积累的信息数据（图5-20），在无形中形成数字资产，为老旧小区改造后的长效运营管理奠定基础。深度融合智慧服务平台，提升社区管理与服务的科学化、智能化、精细化水平。面向社区物业管理，结合真实BIM及动态IOT数据，实现立体社区运维管理；面向社区居民，3D社区提供便民服务新思路；面向政府治理，数字社区细胞级复刻，赋能新时代社会治理①。

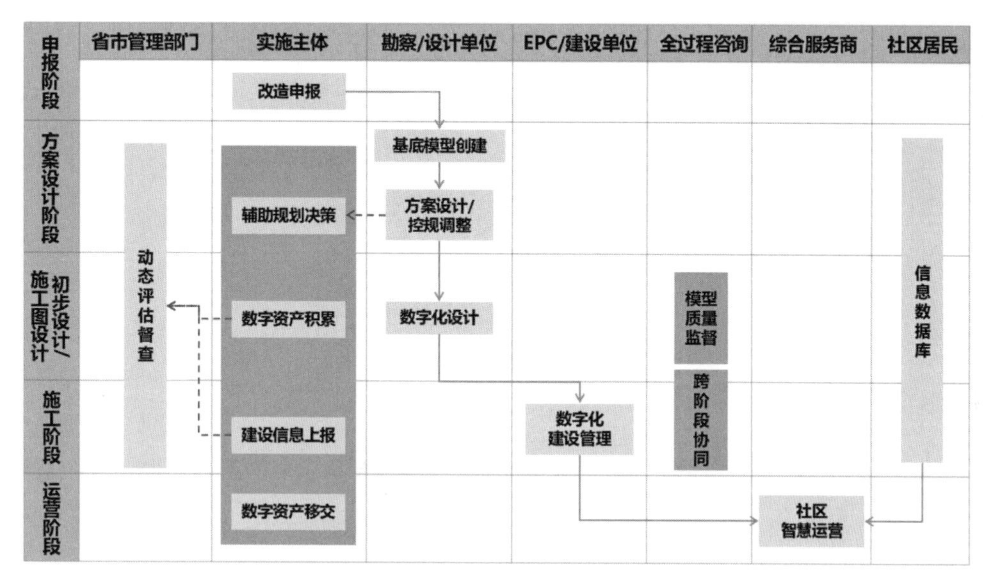

图5-20 CIM平台总体方案流程

第六节 便民交通：路网通达，人车畅行

截至2022年6月底，全国机动车保有量达4.06亿辆（表5-7）。与此形成对比的，是长期以来分配给停车的土地资源不足。老旧小区在建设之初的交通网络规划并未充分考虑私家车数量的井喷式增长，长期的供需失衡导致小区内车辆随意停放、占用消防通道、人车混行程度高等矛盾不断升级，无序“侵占”步行空间，小区内部的慢行系统也逐渐被“蚕食”，居民对车辆管理和停车改善的诉求越来越高。

在未来社区理念指导下，改造要充分聚焦小区“人”的出行、“车”的通行和“物”的配送三大层面需求，着力打造路网通达，人、车、物各畅其行的便民交通场景。科学规划交通路线、实现人车分流，解决小区停车难题、强化交通智慧管理，使居民停车更加规范、出行更加方便，物流配送更加完善。

① 城市学研究网. 浙江省未来社区CIM平台赋能城市社会建设与运营数字化转型［EB/OL］.［2021-02-10］. http://www.urbanchina.org/content/content_7910251.html.

便民交通指标体系　　表5-7

场景指标	指标性质	指标内容
交通出行	基本项	步行10分钟内到达公交站点 做到“小街区、密路网” 打通社区内外道路，提高出行便捷性
	提升项	社区路网空间全支路可达 社区对外公交站点慢行交通换乘设施全覆盖 建立交通信息发布系统和平台；提供定制公交等个性化出行服务
社区慢行交通	基本项	建立安全、完整以及对所有人开放的步行环境
	提升项	建立安全、完整的自行车道网络 提高社区慢行交通网络密度 配置社区风雨连廊等
智能共享停车	基本项	挖潜小区内部空间，增加车位供给 利用小区周边道路、公建配套，实行错时停车、共享停车等服务体系，缓解老旧小区停车难等问题 既有停车位开展充电设施改造，新建车位100%建设充电设施或预留安装条件 公共设施内建立智能停车系统，提供车位管理、停车引导等功能 统一规划非机动车位
	提升项	配建一定比例的公共充电车位 应用自动导引设备（AGV）、自主代客泊车系统（AVP）等智能停车技术
物流配送服务	基本项	设立智能快递柜等智能物流设施 配置物流收配分拣和休憩空间
	提升项	采用智能配送模式，如末端配送机器人等

一、交通出行改造提升

由于老旧小区的建成年代较早，彼时城市尚未增容扩建，因此普遍拥有城市中较为核心的区位优势，并且具有交通配套完善、生活配套齐全的优点，改造中可以充分发挥这一长处，提高便民交通场景的落地实效。

一是梳理小区内部的路网空间。合理规划人的流线和车的通行，有条件的老旧小区尽量做到人车分流。从街区或更大的空间尺度打通小区内外道路，尤其是坐落在人口密集、城市核心地段的老旧小区，最大化支持全支路可达，打造“小街区、密路网”，有利于提高土地利用效率，实现空间的集约开发；实施片区化改造的老旧小区，可以基于片区的道路整体规划实现空间联动，通过“绣花针”式的修补方法打通小区间的道路和片区支路的末端死角，充分挖掘片区内原有闲置、低效道路资源，完善片区道路微循环，形成一个结构清晰、布局合理、通达性强的片区路网结构[①]，助力城市交通路网实现系统化的升级换代。

二是了解小区居民的慢行行为。慢行行为是在POD模式（以生活圈为导向的开发模式）指导下，对社区空间进行规划布局的重要方面。早在20世纪，国外学者就对社区空间内的慢行行为展开研究，就美国旧金山湾地区的居民来看，居住在紧凑型社区中的居民选择公交及其他非机动车出行的比例较高[②]。而在加拿大卡尔加里，步行环境的改善能使50%的居民愿意增加步行距离[③]。同样在美国旧金山湾地区，若300英尺内有商店，居民和工作者更倾向于步行、自行车以及公共交通，若超出300英尺，则小汽车出行方式将更为方便和有效[④]。之后，Cervero又运用数据分析软件GIS对美国旧金山湾的步行者的出行活动进行调查，发现土地的混合利用对居民的步行活动具有促进作用[⑤]。在此基础上，欧美学者将研究范围扩展到亚洲国家，其中在验证邻里环境适宜步行量表在中国的可行性研究时，研究者通过对124名我国香港地区成年居民进行多次评估之后发现，在住宅密度、土地混合程度、街道连接度、基础设施完善程度均较高的社区中，居民有更高的步行水平[⑥]。从我国居民出行现状来看，在具有高密度的路网传统街区更能促进居民的慢行行为发生[⑦]。在慢行交通系统规划与设计理念上，减小街坊尺度、加密现有路网密度，以此来保证路网连接性，从而实现步行的连接性[⑧]。可见社区的空间布局规划是引导和制约居民出行方式的重要影响因素，这点在世界范围内都具有一定普适性。而社区空间的集约化和土地的高利用率，则覆盖了居民大部分的生活需要，使其生活圈被囊括在社区范围内，出行方式也更趋向步行。

因此，在改造中要格外关注老旧小区周边的步行环境，确保老旧小区与周围

---

① 刘强，吴珊，张高华，等. 基于城市更新行动的城镇老旧小区连片改造道路交通系统研究［J］. 安徽建筑，2021，28（12）：143-144.

② Friedman B, Gordon S P, Peers J B. Effect of Neotraditional Neighborhood Design on Travel Characteristics[J]. Transportation Research Record, 1994(1466):63-70.

③ O'Sullivan S, Morrall J. Walking Distances to and from Light-Rail Transit Stations[J]. Transportation Research Record Journal of the Transportation Research Board, 1996,1538(1):19-26.

④ Cervero R.Mixed Land-uses and Commuting: Evidence from the American Housing Survey[J]. Transportation Research Part A, 1996,30(S):361-377.

⑤ Cervero R, Duncan M. Walking, Bicycling and Urban Landscapes: Evidence from the San Francisco Bay Area[J]. American Journal of Public Health, 2003,93(9):1478-1483.

⑥ 常乐. 街区制理念下的城市住区慢行系统优化策略研究［D］. 成都：西南交通大学，2017.

⑦ 潘海啸，沈青，张明. 城市形态对居民出行的影响——上海实例研究［J］. 城市交通，2009，7（6）：28-32，49.

⑧ 任春洋. 高密度方格路网与街道的演变、价值、形式和适用性分析——兼论"大马路大街坊"现象［J］. 城市规划学刊，2008（2）：53-61.

公共空间、配套设施的便捷可达性。完善小区对外公交站点的慢行交通换乘设施，让居民能够通过步行或骑行10min内到达周边公交站。从社区层面搭建交通信息发布系统和平台，了解居民目的地需求，提供定制公交等个性化出行服务。如针对老旧小区老年人多的特点，需要有直达多个医院的公交线路，便于老人看病取药；针对一些入学儿童，也需要有直达小区和学校的便捷公交线路，便于家长接送。

三是优化小区慢行系统的空间布局。步行仍然是小区居民最主要的出行方式，也是最绿色的出行方式，慢行环境改善要坚持步行者优先，为慢行者争夺“路权”。城市住区慢行系统的构建需要遵循系统性、人本主义、多样性、文脉主义与尊重生态五大原则①。坚持“以人为本”的原则，兼顾景观性、便利性和安全性，能促使居民到户外进行休闲锻炼，增加邻里交流的机会与空间，也有利于居民身心健康的发展。同时要考虑小区内部以及周边公共服务设施的“步行可达性”，大量研究数据表明，最为舒适的步行出行时间为5～10分钟，在改造中整合空地、荒地、闲置用房、地下空间，通过改建、扩建、新建等方式，增加停车、养老、托育、体育休闲等公共服务设施，补齐配套服务短板，努力为更多的居民构建“5分钟”“10分钟”“15分钟”生活圈。对小区慢行系统和公共活动空间的重要节点进行适老化改造，增加无障碍设施，保证老弱病残孕等弱势群体的使用体验。

四是融入城市绿道巨系统。随着许多城市轨道交通网络日益完善，地铁成为居民出行、上班族通勤的主要方式，但地铁站与居住小区“最后一公里”衔接不畅依然是人们日常出行要面对的难题。自行车和电动自行车是居民出行接驳城市公共交通的重要方式，因此合理改造老旧小区的自行车道，完善自行车道网络系统，并以此为契机，将住区慢行系统纳入城市慢行交通巨系统之中，鼓励居民通过自行车换乘公共交通的绿色出行方式。

二、多措并举缓解停车难

老旧小区停车问题，一方面来自路窄车多车位少，另一方面来自管理不当违停乱停。破解这一局面，就要双管齐下，“停车难”与“停车乱”一起改，内外双向挖潜扩大车位供给，不断打破空间限制和管理瓶颈，让小区停车从“一位难求”向“有位有序”转变。2021年5月，国家发展改革委等四部门发布的《关于

---

① 赵晓楠. 城市住区慢行系统构建研究［D］. 哈尔滨：哈尔滨工业大学，2010.

推动城市停车设施发展的意见》指出，支持城市通过内部挖潜增效、片区综合治理和停车资源共享等方式，提出居民停车综合解决方案。

（一）挖潜空间，规范管理

老旧小区要解决“停车难”的问题，内部存量空间挖潜非常重要。但不论是利用小区边角空间增设停车位，还是对现有固定车位的公平合理使用、调整停车收费制度，都关系到居民的切身利益，需要征得大多数业主同意。因此第一步要引入物业公司规范管理、改善秩序、保障安全，解决小区“停车乱象”，再通过拆除违建、破除围墙、空间腾挪等方式，对小区空间进行整饬、释放与重塑，增加车位供给。

比如上海市闵行区春申复地城一期的车位改革，2016年小区业委会牵头成立了车位管理改革小组，由地面停车业主、地下停车业主、没有车位的业主和没有车的业主四方代表组成，最后依据“尊重历史、公平现在、优化未来”的原则，制定停车管理办法和细则，调整固定车位收费标准。据物业公司巡查统计，小区每晚约10%的固定车位空置，这部分业主不回家时车位也不愿意借给并不熟识的邻居，为此业委会组织大量业主联谊活动，不仅使免费共享的举措顺利推行，还拉近了邻里关系。

再如杭州市滨江区白鹤苑，共有住户670户，而最初规划的停车位却只有219个。随着小区入住率和居民机动车持有数量持续走高，出现“一位难求”的状况，每天停车要靠“抢”。白鹤苑在改造中因地制宜，对地面空间“见缝插针”“可用尽用”，优化小区内部车位；另外，滨江区住房和城乡建设局还对小区南面湖边的沼泽荒地进行外拓改造，最终增加了550个车位，车位数共计769个，居民们再也不用匆匆赶回家“抢车位”了。

杭州市桐庐县洋塘小区也通过内部道路整治优化，为停车场地腾挪空间。小区内原本只有18个停车位，乱停乱放现象严重。为此，洋塘小区改造时将道路拓宽了4～5m，并在道路北侧增加侧方停车位，新增机动车停车位101个，还设置了交通导行，规范居民停车行为。

（二）片区联动，升级路网

停车困境，仅靠小区“单兵作战”力量有限，还需要不断扩大旧改“朋友圈”，借力借势“协同作战”。老旧小区在城市中往往连片存在，基于片区的规划，打通片区道路的末端死角，充分挖掘片区内原有闲置、低效道路资源，实现空间联动和交通道路一体化规划。完善片区道路微循环，形成一个结构清晰、布局合理、通达性强的片区路网结构[1]，同时助力城市交通路网实现系统化的升级换代。通过“互联网+”的方式引入智慧化停车管理系统，布设监控探头、传感器等硬件设备，打通辖区内停车空间的实时数据，为居民提供信息查询、车位预约、电子支付、通行后付费等便利服务。

比如杭州市富阳区丰泽苑和清风阳光苑，两个小区之间隔着一条断头路，因权属划分不清，这里成为无人管的“边缘地带”，垃圾满地、污水横流、臭味难闻、蚊虫滋生。借着老旧小区改造这股东风，在富阳区多部门联合推动下，两个小区联合将这条“死胡同”改造成停车场，增加了约330个车位，不仅满足了周边居民的停车需求，还一举解决了原来环境脏乱差的问题。

杭州市上城区复兴南苑依托区域内“一纵五横”道路规划新增泊位，在缓解停车泊位供需矛盾突出的同时，还通过智能化设备实现无人停车流程闭环，结合信用管理体系，配合多种支付体系，打造街区社会停车的新范本。

（三）错峰整合，共享停车

针对停车矛盾突出且无改善空间的老旧居民小区，则须“向外要空间”。推行老旧小区周边道路夜间“限时停”服务，交警部门选取道路通行压力较小、靠近老旧小区、停车需求量大的部分行车道，推出白天收费、夜间免费的措施。比如杭州市余杭区花苑新村在小区施工改造期间，林立的脚手架、堆放的建筑材料占据了本就紧张的车位，导致停车难的问题雪上加霜。为此，良渚街道积极争取“外援”，通过与属地交警沟通协商，顺利获批周边路面临时“潮汐车位”40个，并且由于改造期间良好的试运行经验，“临时方案”被正式采纳，该路段已由交警划定并运营单边停车。

利用公共建筑错时共享车位也是比较成熟的做法。根据调查，夜间公共建筑的停车位闲置率大多有超60%，而其中有将近80%的公共建筑分布在居民居住半径500m的范围内，实现错时共享是完全可行的。街道层面整合辖区内企业单位与老旧小区的停车位资源，充分利用商居停车时空错峰的潮汐特性，开放商业停车场闲时车位资源。比如上城区采荷街道青荷苑与周边在建学校共享500个停车泊位错峰停车，解决居民停车问题；拱墅区文晖街道流水东苑与周边公司协商，借用商用停车场为居民提供50余个停车位。

凡此种种，真正做到了资源共用，实现互利共赢，多措并举破解老旧小区“停车难”的问题，消除这个经济快速增长中的“烦恼”。解决好老旧小区“停

---

① 刘强，吴珊，张高华，等. 基于城市更新行动的城镇老旧小区连片改造道路交通系统研究［J］. 安徽建筑，2021，28（12）：143-144.

车难”“停车乱”的问题，需要居民、物业、街道、社区等各方形成合力，才能取得实效。

（四）统一规划非机动车位

除机动车外，非机动车停车、充电桩等日益多元化的停车需求，也推动老旧小区停车改造的探索实践更深入、更精细。统一规划、集中设置非机动车停车区域，集中设置非机动车充电桩，改变自行车、电动自行车停放乱象，腾退侵占的绿地、广场以及公共空间，还给居民一片绿色。桐庐县洋塘小区在改造中通过拆除辅房，新建非机动车车棚46处，让居民停放非机动车不用再打“游击战”；拱墅区大关西苑对小区车闸系统、门禁系统以及地下室空间进行集中改造，增设了1366个电动自行车智能充电桩；滨江区白马湖小区白鹤苑通过分批推进电动汽车充电桩安装工作，为居民生活提供更多便利。

三、物流配送服务

随着电子商务的快速发展，快递配送已经成为人民群众日常生活中不可或缺的内容。在有物业管理的新建小区，投递方式主要采取投送至寄存点、快递柜，但老旧小区由于没有规范的快递投放点，快递员送货时一般是将快递件就近放置在商家店内、楼道等场所。这种无序的、开放式的投递，不仅容易泄露消费者的信息，而且容易产生快递丢失的纠纷，导致拿取快递困难，消费者的体验感很差；快递件的无序摆放、乱堆乱放，不仅容易引发安全隐患，更与文明城市的创建极不匹配。

在实施老旧小区改造项目中，合理规范地配置快递投放点和智能快递柜，按照“就近、便民、安全、开阔”的原则，科学做好投放点选址，切实提高快递末端“最后一公里”服务质量，也是居民的迫切需求之一。针对老旧小区老年人居多的特点，应合理规划投放点。在满足收货、取货等基本功能的基础上，有条件的积极加大基础设施网络建设投入，增设智能快递柜，建设成综合性快递驿站，实现邮件自提、收寄等业务。明确投放点的公共属性，配备视频监控和无障碍设施，规范快递投送标准，并纳入小区物业服务范围，提高邮件的安全性。对确有需要的人群，可以考虑采用末端配送机器人等智能配送模式。既能够极大便利居民的寄递需求，还能拉动城市经济，提升城市活力。

第七节　绿色低碳：循环利用，节约高效

未来社区需要建立一套包括数字化+综合能源系统、分类分级资源循环系统、综合能源资源服务商业模式的未来低碳场景。但老旧小区因为基底条件限制，未来低碳场景难以完全实现，在改造项目实际操作中，垃圾分类、可再生资源利用、私搭乱建治理、绿色化补建、海绵化改造等方面实施的可行性较强。除了因地制宜地做好上述举措，还要注重社区居民绿色行为的引导，打造老旧小区绿色低碳场景（表5-8）。

绿色低碳指标体系　　表5-8

场景指标	指标性质	指标内容
资源循环利用	基本项	建立生活垃圾源头减量机制 生活垃圾分类全覆盖 绿化、环卫用水采用非传统水源
	提升项	促进垃圾分类和资源回收体系“两网融合” 提高垃圾资源化利用率 有条件的落实海绵城市理念应用，鼓励旧改类“+海绵”模式，缓解城市内涝 促进分质供水，提高雨水和中水资源化利用
社区综合节能	基本项	优先采用节能建筑材料和建筑技术，提高社区综合节能率
	提升项	依托社区智慧服务平台，搭建公共设施智慧集成的能源管理及服务平台 创新能源互联网、微电网技术利用 布局智慧互动能源网

一、资源循环利用

（一）垃圾分类与资源化利用

垃圾被称为“放错地方的资源”，我国自20世纪90年代提出垃圾分类，2000年建设部确定8个首批生活垃圾分类收集试点城市，然而二十多年过去，我国垃圾分类似乎还在“原地踏步”，许多城市还陷入了“垃圾围城”之困。经过多年的研究、论证、实践，从垃圾的源头进行减量和分类利用才是解决垃圾问题的真正出路。掣肘垃圾分类推进的原因有很多，如分类处置的垃圾处理系统不完善、相关政策法规滞后等，但根本原因还是在于居民未能有效参与进来。

尽管一直在宣传垃圾分类，但是并没有多少人真正了解什么是正确的垃圾分类，垃圾分类看似简单，要学的东西却很多。其次，与知识相比，观念的内化于心、外化于行则显得更具挑战。再者，居民学习垃圾分类既需要有润物无声的意

识培养，也需要有赏罚分明的制度约束，但目前我国仍缺乏一种比较好的参与垃圾分类的模式与长效养成机制。此外，一些从事垃圾回收的工作人员在垃圾回收的过程中也没有起到正向引导的作用。居民认真做好垃圾分类分筒投递，垃圾回收时却一股脑倒进了垃圾车，这势必会打击居民参与的积极性。

2017年，国家发展改革委与住房和城乡建设部联合发布《生活垃圾分类制度实施方案》，对新时代下的垃圾分类提出新要求，加快建立分类投放、分类收集、分类运输、分类处置的垃圾处理系统，形成以法治为基础、政府推动、全民参与、城乡统筹、因地制宜的垃圾分类制度。随后，上海开始实施号称“史上最严苛”的垃圾分类制度。自此，垃圾分类的重视程度达到了一个前所未有的高度，全国多地陆续进入垃圾分类“强制时代”。

垃圾分类是整个治污体系中相对前置的一项工作，如果这项工作能够做得专业到位，将对整个垃圾后端处理工作起到顺水推舟的作用。小区内部鼓励生活垃圾分类全覆盖，设置垃圾定时、误时投放点，再生资源分类回收点，实现可回收垃圾循环利用，有害垃圾无害化处理。积极倡导建立垃圾分类和资源回收“两网融合”体系，能够有效提高垃圾资源化利用率。老旧小区可以利用边角地块建立再生资源回收站（点），没有条件的则按照社区设立，通过电话、微信小程序预约的形式进行可回收物上门收集。

改变简单粗暴、口号式的垃圾分类已经迫在眉睫。如何把垃圾“分”好仍需要更细致的政策储备、制度设计及技术支持。在这个过程中，社区要成为一个有效的加速器，做好宣传教育和监督工作，为居民垃圾分类观念的落地生根和壮大成林，提供必要的土壤和良好的环境。

浙江省杭州市西溪花园翠竹苑——鲸灵回收环保屋

鲸灵回收环保屋是杭州市蒋村街道联合西湖环境集团在辖区内打造的第一个定点再生资源回收试点，环保屋开张不到一个月，已经成了附近小区大伯大妈们的新“团宠”。一大早，家住西溪花园翠竹苑的王阿姨推着小推车，车上装满了硬纸板和一大袋子饮料瓶，来到“鲸灵回收环保屋”前，环保屋的回收人员一个箭步冲出门，帮王阿姨把车上的废旧物品抬到店里上称。“这里可乐瓶收1块钱一斤，小区里上门收废品的才7毛，纸板这里5毛5一斤，其他人收才4毛。”王阿姨喜滋滋地数着现金，“以前要等人上门来收，家里阳台、楼道里堆满了，现在自己用小推车推过来，就在小区对面，走几百米，如果不想走，打个电话他们也会上门回收，太方便了！”

垃圾减量、回收工作，不能光靠环卫部门，更应该从源头做起，从每个人做起。为了发动居民的积极性，我们前期协调社区、物业，在周边小区里对环保屋进行宣传，并且在小区里发放可回收物蓝袋，公告栏里张贴再生资源回收示意图，引导居民做好再生资源回收。除此之外，蒋村街道还协调交警、城管、社区等部门，对环保屋的回收人员开通小区“绿色通道”，三轮车进出居民小区上门回收畅通无阻。

每天收这么多垃圾，环保屋堆不下了怎么办？街道在距离环保屋500m左右的地方设置了一个再生资源回收中转站。一般像玻璃瓶、泡沫这类占空间、经济价值低的垃圾，流动回收人员往往是不收的，因此要求环保屋应收尽收，送至中转站交由末端回收企业处理，从源头上促进垃圾减量化、资源化、无害化处理。环保屋这种模式让再生资源回收不再仅仅停留于引导和道德约束层面，而是让每一个人感受到实实在在的好处。在全街道范围内开展百日攻坚环境整治，很多安置房楼道、地下室杂物堆积的问题，都能迎刃而解。环保屋将在蒋村街道陆续铺开，以社区为单位，每个社区设置一到两家环保屋，让再生资源回收服务辐射到辖区内每个社区。

（二）节约用水与海绵化改造

近年来，随着工业化、城镇化快速推进和全球气候变化影响加剧，水资源短缺、水生态损害、水环境污染问题日益突出，我国近2/3的城市面临不同程度缺水。2021年11月，为持续实施国家节水行动，加快推进节水型社会建设，国家发展改革委、水利部等5部门联合印发《“十四五”节水型社会建设规划》（发改环资〔2021〕1516号），要求到2025年，基本补齐节约用水基础设施短板和监管能力弱项，节水型社会建设取得显著成效。小区节水作为城市节水工作的重要内容，老旧小区也要积极主动地投入节水工作中。

小区内绿化、环卫用水应采用再生水、雨水等非传统水源，并进行多元、梯级和安全利用；通过线上线下宣讲，提升全体居民节水意识，让每一滴水多循环一次。

老旧小区要因地制宜地进行海绵化改造①，完善小区再生水管网、雨水集蓄利用等基础设施建设。不同于新建小区，在老旧小区、老旧建筑的基础上进行海绵化改造存在较大难度。一方面是老旧小区普遍存在道路破损、积水内涝、排水管网老化、周边水域污染等问题，“跑冒滴漏堵”的现象时有发生，在原有基础上进行海绵化改造需要达到海绵城市管理部门的建设要求；另一方面是每一个小区的具体情况不尽相同，开展改造工作前要充分进行现场踏勘，了解居民对美化、提升小区环境的真实诉求，提出有针对性的“一区一策”的改造方案，使老旧小区在面对环境变化时也具有一定的“弹性”应对能力。

全面收集小区现场踏勘资料，针对改造重点、难点逐一探索有效的绿色解决方案。老旧小区给水排水、燃气、热力、电力、通信、广播电视等管线多为散乱埋设，且时常因故障损坏开挖维修，在海绵化改造时应考虑完善小区的管网系统，对地下空间进行有效控制。其次，充分利用老旧小区地面及屋顶的空间，结合小区当前排水、绿化、环保现状，始终坚持“低影响开发”，使小区原有绿化风貌和海绵改造区域的整体布局得以平衡。此外，还需要考虑老旧小区老人较多的问题，提前告知施工过程可能带来的不便，并最大限度降低施工过程对居民正常生活可能带来的不便。

综上所述，老旧小区的海绵化改造工作主要集中在以下几个方面。

首先是合理利用小区有限的地面空间，对老旧小区现有车行道、人行道、停车场等路面进行翻新改造，降低路面硬化率，同时加强路面排水坡度，从而获得最优的“渗、滞、蓄、净、用、排”效果，逐步实现“小雨不积水、大雨不内涝、水体不黑臭、热岛有缓解”的目标，提升住户体验。

其次是改善小区绿化环境，有条件地推广立体绿化。《国务院办公厅关于推进海绵城市建设的指导意见》（国办发〔2015〕75号）中指出，要充分发挥大自然的积存作用、渗透作用和净化作用，努力实现水体的自然循环②。根据老旧小区场地现状与功能需要增设下沉式绿地、雨水花园等，增强积存功能以满足小区景观用水，优化景观空间。在小区部分硬化率较高的露天场地，如健身场所、停

---

① 海绵化改造是通过转变排水防涝思路，保持开发前后的水文特征基本不变，本质是城镇建设与环境资源的协调发展，目标是让城市“弹性适应”环境变化与自然灾害。

② 中华人民共和国中央人民政府. 国务院办公厅关于推进海绵城市建设的指导意见［EB/OL］.［2015-10-16］. http://www.gov.cn/zhengce/content/2015-10/16/content_10228.htm.

车场等，铺装透水材料以发挥其净化作用，防止内涝。在保证屋面防水和承载力的基础上实现屋顶绿化；在建筑外墙、小区围墙、花架棚架等构筑物以及其他空间结构设计上，选用攀爬植物增加绿化面积，以充分发挥植物的净化作用，并且有利于促进景观提升。

最后是控制污染源头。一方面，要完善小区的网管系统，做好自然渗水的排水系统，尽可能控制污水给居民生活带来的影响。另一方面，在改造过程中，向居民宣传海绵化理念，倡导绿色环保的改造思路，这也十分有利于改造后的维护和管理。

青岛市翠湖小区——老旧小区海绵城市改造“翠湖经验”

翠湖小区位于青岛市李沧区楼山南麓、唐山路以北，总面积27.3hm^2。翠湖小区共有107栋多层建筑，5031户居住家庭，16000多户居民，是青岛市最大的回迁安置社区。2016年青岛市成为第二批国家海绵城市建设试点城市，翠湖小区整治工程列入海绵城市建设国家试点项目之一。针对翠湖小区地形高差大、水土严重流失、绿化率低、宅间空间拥挤、植被退化、基础设施不完善、居民活动空间不足等问题，青岛市住房和城乡建设局本着以人民为中心的核心理念，把为老百姓创造良好人居环境作为改造的动力和目标，积极协调李沧区城市管理局，联合楼山街道、社区居委会，探索以社区为单元、以群众为主体、以楼组长及居民代表为骨干的协调组织，发动小区居民群众共同成立了“翠湖小区改造行动专项协调小组”。小组成立后，发动海绵理念宣传行动，累计征集群众改造意见50余条，收集改造方案意见10余项，协助调解矛盾纠纷10余次，劝说拆除违建20余处，大大提升了改造工作的建设效率以及社区群众的满意度和信任度。

翠湖小区海绵城市改造工程，为老旧小区改造提供了新理念、新思路，形成了可借鉴、可推广的“翠湖经验”。通过工程改造，翠湖小区增加透水铺装约4.3万m^2，新铺沥青路面约8000m^2，整治绿化面积约8.6万m^2，改造排水管道约1000m，建设下沉式绿地、雨水花园约2.5万m^2，新增停车位近500个。根据居民诉求，还将李沧文化公园进行综合设计，既保留了承载居民记忆的公园设施，又对园区的自然景观和公共环境进行了再升级。项目建成后，小区积水内涝、排水网管老化、管道冒溢、雨污混接等问题得到了妥善解决，景观效果和居住环境大大提升。翠湖小区获得省文明社区、全国科普社区等荣誉称号，成为老旧小区改造的样板。

二、社区综合节能

对再生能源利用最为普遍的形式是光伏建筑一体化，但这种方式主要体现在新建建筑中。在目前的老旧小区改造实践中，由于原有建筑屋面、管网等设施的影响，应用仍存在较大阻力，目前多是简单运用太阳能进行楼道、路灯照明。

老旧小区公共空间不足是一个普遍现状，治理私搭乱建、进行必要的绿色化补建也是优化小区空间结构的一项重要工作。搭阳光房、扩建庭院、加建阳台、随意拉绳晾晒……业主占用公区的搭建行为在老旧小区中屡见不鲜，这些行为不仅存在安全隐患，又影响小区整体形象。在改造时与居民取得充分沟通，拆除违建构筑物，同时要了解居民实际需求，考虑是否需要设置集中晾晒区、增加绿色休闲空间等。

进行绿色化补建时，优先采用节能建筑材料，选用对用户干扰小、工期短、节能环保、工艺便捷的建筑材料和施工工艺，提高社区综合节能率。老旧建筑面临结构老化、设备陈旧、技术落后等问题，需进行结构抗震加固、设施提升；在节能技术选择上，多采用外遮阳、门窗节能改造、隔热涂料、用能设备改造等措施。

第八节 品质服务：聚焦需求，便民惠民

品质服务的核心是“以人为本”（表5-9），强调从人的需求出发，周密考量居民的真正需要，因此老旧小区的改造首先要从服务人群画像入手。老旧小区中老年人占比较高，还有一定数量的残障人士，并且由于历史原因，小区基础设施大多忽略了这部分人群的特殊需求，给他们的日常生活造成了不便。再就是备受社会关注的未成年人群体，普遍希望提升小区内部的教育和娱乐设施。如今我国大量的老旧小区还没有基本的物业管理服务，或者居民缴纳了低廉的物业费却无法享受完整的物业服务，这在一定程度上减弱了小区服务的“品质性”。加上后疫情时代，小区封控已然成为遏制新冠肺炎的重要手段，管控期间，居民的活动范围受限，所有物质需要和精神满足都只能在小区内实现，小区内部服务功能的重要性愈加凸显。

针对物业收费与服务品质不匹配、部分老旧小区物业服务水平不足、便民惠民服务设施覆盖不全等痛点问题，应围绕居民24小时生活服务需求，创新服务模式和供给，打造“优质生活零距离”的品质服务场景。从“平台＋管家”物业服务模式、便民惠民社区服务体系和无盲区安全防护网三个方面落位服务，通过完

善小区物业提质、商服O2O建设、安全防护等内容构建品质服务生活圈层，并最终呈现出生活服务高品质以及社区安防智无忧的状态。

品质服务指标体系　　表5-9

场景指标	指标性质	指标内容
物业可持续运营	基本项	引入社区智慧服务平台，构建“平台+管家”物业服务模式 灵活利用空间资源增加公共服务经营拓展，提出物业服务降本增效方案
	提升项	除基本物业服务外，提供房屋增值服务、O2O服务等增值物业服务
社区商业服务供给	基本项	引入优质生活服务供应商，发展社区商业O2O模式，建立社区商业服务供应商遴选培育机制 配置与居民日常生活密切相关的品质服务功能
	提升项	注重创新型生活服务，引入专业化物业服务供应商，提供定制化、高性价比的生活服务
社区应急与安全防护	基本项	建立人房关系数据库，引入社区智慧服务平台，新增小区门禁和道闸等物联系统，实施智慧通行集成创新应用 充分利用数字化手段，加强社区安全管理，建立完善的社区消防、卫生防疫、安保等预警预防体系及应急机制，建立电动车禁入电梯智慧系统 构建无盲区安全防护网，推广数字身份识别管理，建设智安社区
	提升项	通过社区智慧服务平台预警救援、地图定位、一键式求助、联动报警等功能，实现突发事件零延时预警和应急救援

一、物业可持续运营

老旧小区改造后的长效管理，除了依靠居民自觉，还需要专业物业公司的统一管理。

随着科技的发展，智慧服务成为大势所趋，互联网推动物业服务走向规范化、高效率和全覆盖，这些特性也是品质服务的题中之义。社区可以考虑与经营管理企业或集团联合，共同开发社区软件，推广智慧物业。第49次《中国互联网络发展状况统计报告》显示，截至2021年12月，我国网民规模达10.32亿，互联网普及率高达73.0%[①]。可见高度的互联网普及率，有望使智慧化服务完全融入日常生活中，应用软件则成为品质服务改造的重要手段。依托智慧服务平台，实现社区公告、物业对讲、访客通行等更新互动，实时跟踪工单派发、巡更签到、设备维护等信息资讯，共享智慧生活、邻里活动、O2O服务等特色功能，实现物业可持续运营。

① 中国互联网信息中心. CNNIC 发布第 49 次《中国互联网络发展状况统计报告》[EB/OL]. [2022-02-25]. http://www.cnnic.cn/gywm/xwzx/rdxw/20172017_7086/202202/t20220225_71724.html.

（一）“平台+管家”物业服务模式

老旧小区提供“平台＋管家”运营的根本逻辑，就是提供基于价值链的本地生活服务，即构建一套以居民为中心、以管家为连接、以信任为纽带的社区生活服务系统。

依托社区智慧服务平台，实现与城市大脑、物联感知网等平台对接，融合打通内外数据，借助精服务、懂管理、擅经营的小区管家，为居民提供各类精准的生活服务，助力小区空间管理与资产运营，并最终激活老旧小区“共治、共享、共生”的生活内涵。

社区需要搭建“1＋N”管家团队。“1”是指以“1个管家”为服务轴心和服务桥梁；“N”是指围绕社区居民的全方位生活需求，由管家作为社区服务资源供需对接的中转站，提供“N项服务”。社区层面需搭建管家培训体系、管家成长机制，管家在任职初期通过“理论学习＋业务实操”的方式尽快熟悉社区管家服务业务，熟练应用社区智慧服务平台。

灵活利用老旧小区空间资源增加公共服务经营拓展，提出物业服务降本增效方案。除基本物业服务外，提供房屋增值服务、O2O服务等增值物业服务，按照居民基本物业服务免费和增值服务收费的原则，合理统筹物业经营管理的收支平衡。

另外，还可以在社区软件内增添社区内部商业服务消费功能。新增各个商铺线上服务预约、线上采购等功能，实现线上线下商业圈互通。通过广告宣传、减租等策略吸引商铺入驻，对入驻的商铺进行筛选，选定商铺入驻社区的同时也引入平台，发布相关政策支持的本地品牌。

“平台＋管家”物业服务模式，让社区管家有了自己的“ERP”（Enterprise Resource Planning，企业资源计划）。通过信息化系统平台，实现了物业、商业、生活、政务等服务功能的集成，既为管家提供了信息化服务的工具，又让居民能够快捷地分享和使用各种信息，同时还通过大数据的优化算法提升了社区治理的效率和质量，可谓一举数得。利用社区智慧服务平台提供的大数据，还可以帮助物业从传统的以“物”为重心向以“人”为服务重心的创新价值服务转变。通过社区数据采集及分析，让大数据的“政用、商用、民用”形成新的业态产品来提供生活服务、社会服务、公共服务等供给侧创新，真正做到“创新供给，激活需求”，通过增强社区便民利民智能水平，使得社区治理的供给侧服务平台化、扁平化，实现上下联动、流程透明、管控精准、服务便捷（图5-21）。

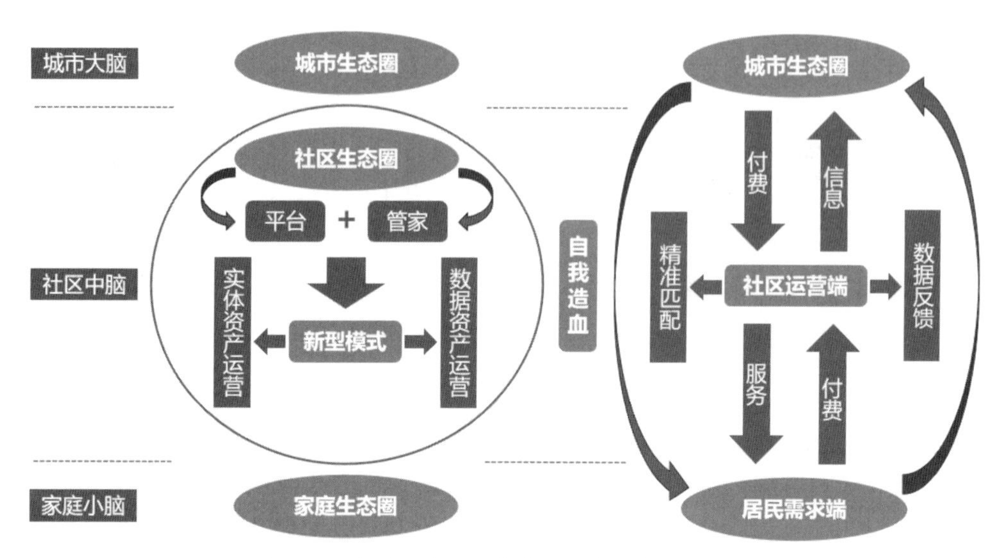

图5-21 “平台＋管家”物业服务模式流程示意图

（二）物业服务内容跃阶

1. 基本物业服务

老旧小区的基本物业服务包括小区公共区域的保修、保洁、保安、保绿四项服务内容。物业通过制定具体的管理制度，规范基本物业服务标准，使小区基础设施得到定期的保养和维护，被损坏的设施能够及时高效地进行维修；除了培养小区居民的环境保护意识，小区的保洁工作也应定期完成；小区的安全保护工作需要专业人员来承担，并且对相关人员进行上岗培训；相关工作人员需要定期完成对小区绿化的维护和修葺。

老旧小区需要完善基本物业服务机制。通过合理明确小区经营用房占比，让渡小区具有商业价值的部分物业的经营权，以“取之小区，用之小区”的方式转移物业服务成本。倡导“基本物业居民零付费”与邻里贡献积分机制挂钩，将居民的日常行为与贡献，例如，参加志愿者活动、公益活动、垃圾分类等，和物业服务收费挂钩，采用先收后返的激励模式。

2. 增值物业服务

老旧小区在满足基本物业服务需求后，可基于居民的日常生活需求，提供全方位、多层次的增值物业服务内容。增值物业服务可按市场价格收取相应费用。具体包括但不限于以下增值服务内容：

① 商务服务，包括代收发传真、代收发快递、复印、装订、票务等服务；

② 健康服务，包括代设家庭健康档案、基础身体监测（身高、体重、血压等）、健康讲座等服务；

③ 教育服务，包括开设四点半课堂、提供各类培训、举办健康养生知识讲座等服务；

④ 餐饮服务，包括电话订餐、代订座位等服务；

⑤ 居家服务，包括代订报刊、水、餐，代购办公用品，以及物品寄存转交、公共场所预订（社区范围内）等服务；

⑥ 清洁服务，包括家居清洁、地板打蜡、家具保养、被子清洗、地毯清洗、抽油烟机清洗、空调清洗、家政保洁等服务；

⑦ 装修美居，包括二次装修、适老化改造、拎包入住、软硬装设计、房屋维修等服务；

⑧ 生活服务，包括保姆、钟点工、搬家等服务；

⑨ 物业租售，包括物业出租、二手房买卖、物业估价等服务。

（三）自助服务与他助服务相结合

有研究指出，社区中出现大量投入使用的各种共享形式的商店、无人便利店、无人超市等，不同程度上减少了人与人直接接触的情况，这一点非常适用于疫情乃至后疫情时期的社区服务设施系统的考虑范畴[①]。在由科技引领的时代，无人化服务场景已逐渐进入大众生活，这种“无接触式”服务模式在后疫情时代发挥了重要作用，符合未来生活的趋势。就老旧小区而言，其特殊性在于老年群体占了较大比重，智能化服务的操作需要花费很长时间来适应，但同时老旧小区也不乏学习能力较强的中青年群体需要智能化便捷服务。

为了中和各群体的需求，在老旧小区的闲置空间或边角料场地内设置一定数量的无人便利店、无人超市、自助快递柜等，同时真人服务的小区场景也不可或缺，这不仅在一定程度上提高了服务效率，也促进了物业人力资源结构的优化，从而使小区服务品质得到提升。再就是优化社区软件的服务功能，通过大数据算法精准匹配不同用户的个性化需求，以提升社区治理的效率和质量。一方面让大数据的“政用、商用、民用”形成新的业态产品来提供生活服务、社会服务、公共服务等供给侧创新，真正做到“创新供给，激活需求”；另一方面通过提高社区便民利民智能水平，使得社区治理的供给侧服务平台化、扁平化，实现上下联动、流程透明、管控精准、服务便捷。

---

① 杨慕，柴蓉．后疫情时代的社区服务设施系统设计研究［D］．天津：天津理工大学，2022.

二、社区商业服务供给

（一）完善周边商业配套

完善小区周边商业服务配套，建立便民惠民的商业体系。社区商业作为最贴近百姓的商业形式，应建立在满足居民日常生活之需的基础上，老百姓需要什么社区商业就引进什么。改造要做到充分调查老旧小区居民需求，设置与日常生活密切相关的超市、菜场、银行、快递、餐饮、洗衣、美容美发、医药零售、文化用品、家电维修10项必备型业态（图5-22），为居民提供舒心、称心、贴心的商业服务。改造中要积极探索可复制、可推广、具有操作性的经验及模式，例如杭州市拱墅区为打造15分钟便民生活圈，启动“美好加油站”项目，以居民步行半径不超过1000m、经营面积300～500m^{2}为标准，采用“1＋N”标准化运营模式——即1个社区生活超市及多项生活服务配套。

图5-22　居民日常生活必备型业态

社区商业服务设施宜分级设置，按“一站式”社区商业综合体—“街巷式”社区商业零售体—“布点式”社区商业集合小站的层级，构建周边商业服务设施体系，具体配置需在对目标小区进行充分调研后因地制宜地规划。

（二）构建社区平台商圈

老旧小区可以依托社区智慧服务平台，进行商品自营或者引进商户入驻，为居民提供特色产品或本地化营利性服务，同时配合物流末端配送体系实现服务或商品快捷送货上门。服务内容包括家政保洁、房产租赁、衣物清洗、生鲜上门、快递服务、旧物回收、生活品配送等。鼓励依托数据分析，制定匹配居民需求的个性化商业服务，实现服务的精准定位和社区资源的有效利用。

此外，社区软件还可增加“跳蚤市场”板块，结合O2O模式实现社区居民内部互利共赢。许多家庭都面临着闲置物品的处置问题，图书、玩具、生活用品、艺术摆件等物品并未失去功能性，但由于其主人爱好或生活工作安排发生变化而闲置。假如挂在二手平台售卖，则会因昂贵的邮费、物流损坏、交易双方的诚信问题等引起损失或纠纷，赠予他人则会受自身接触的朋友圈限制，难以快速找到合适人选。社区O2O模式的“跳蚤市场”可以快速实现供销双方的线上交流和线下交易，促成交易的顺利完成。社区平台商圈能够有效拉近邻里距离，加强邻里沟通，社区作为平台服务的提供方，需要扮演维护平台秩序、保障交易安全性的角色，让业主、物业、商家实现良性互动，并最终达成品质服务的目标（图5-23）。

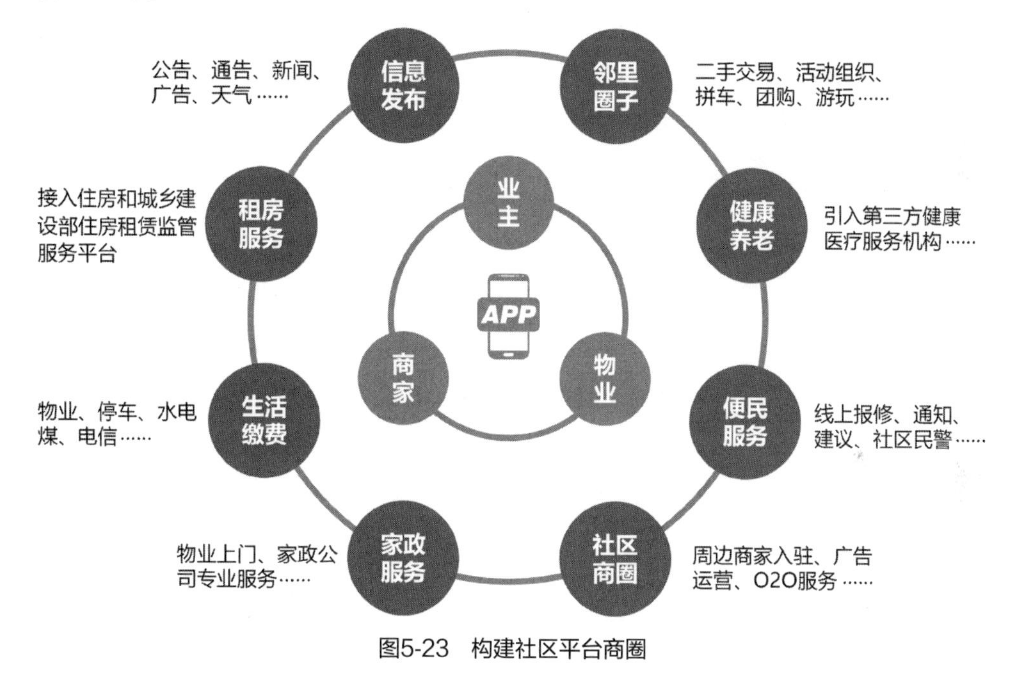

图5-23 构建社区平台商圈

（三）供应商遴选培育

针对与居民日常生活密切相关的基本服务功能，统筹谋划社区商业的市场定位、业态比例、产品组合等，有序开展招商活动，引入优质生活服务供应商。规范社区商业类运营供应商的管理，推动体系化建设，确保运营商有组织、有效率、有秩序运作，搭建更为公平、公开、透明、高效的社区商业供应商服务平台，使之契合商业运营节奏，高度适配各项目节点工作的开展，从而形成长期稳定的合作关系。推进社区超市、农贸市场、便利店等服务商的数字化转型，鼓励发展“无现金支付”“24小时无人值守”等新型服务模式，开设无人店、快闪店、智慧店等新业态，带来线上线下相融合的消费体验。

除此之外，物业服务按照居民基本物业服务免费和增值服务收费的原则，合理统筹物业经营管理的收支平衡。

三、社区应急与安全防护

围绕安全性、智能化、舒适性、便利性、人性化五个递进的层级，社区可以探索全智能化服务，构建社区应急与安全防护体系（图5-24）。

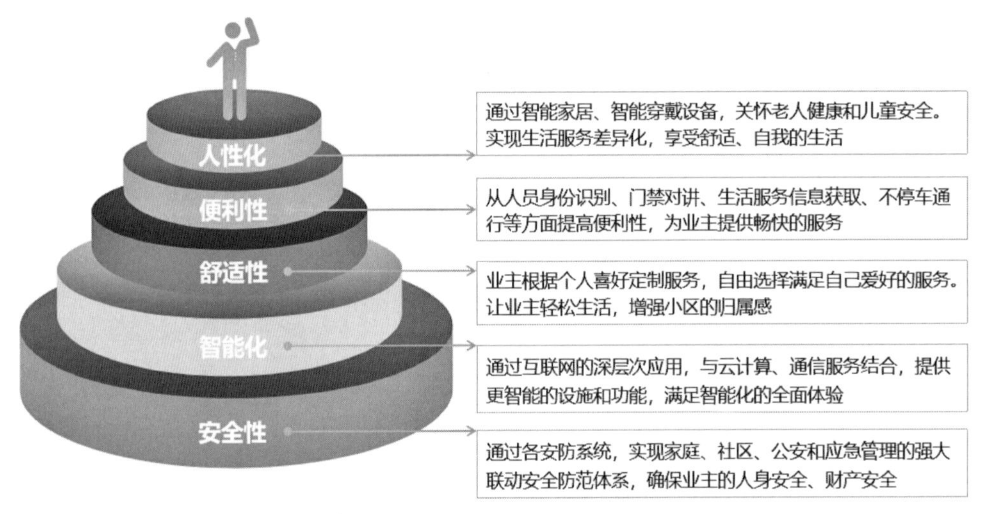

图5-24　社区应急与安全防护体系

（一）无盲区安全防护网

社区可以全面应用五大安全防护模块，构建全方位的统一安全防护措施，实时感知人、车、公共设施，进一步提升社区服务能力，营造安全生活（图5-25）。

老旧小区可以通过人脸识别等技术，推广数字身份识别管理。运用5G技术搭建智能化平台，结合人脸身份数据，依靠人脸识别技术实行智能身份识别，打造更加安全的社区环境。此外，老旧小区可以引入CIM技术，在建筑内部安装感应器与终端互联，实时监测建筑自身以及内部环境的状况，察觉问题并及时发出警报。同时需要完善小区监控系统，在各个出入口和主要路段设置监控探头，探头所在位置应视野开阔、无明显障碍物或眩光光源，保证成像清晰。老旧小区还可以升级车辆出入管理系统，采用车辆牌照识别系统和车位数量预告系统，以保障车辆进出有序通畅。借助各项技术的融合与应用，老旧小区最终建立起无盲区的安全防护网。

1）周界安全防护

老旧小区可以使用AI周界防护技术，守护小区公共安全。小区通过在周界安装AI摄像头，安排安保人员实时监控，能够防止非法入侵或其他破坏活动的发生。当不法分子翻越围墙入侵时，系统将立即向物业安保人员发出警报。

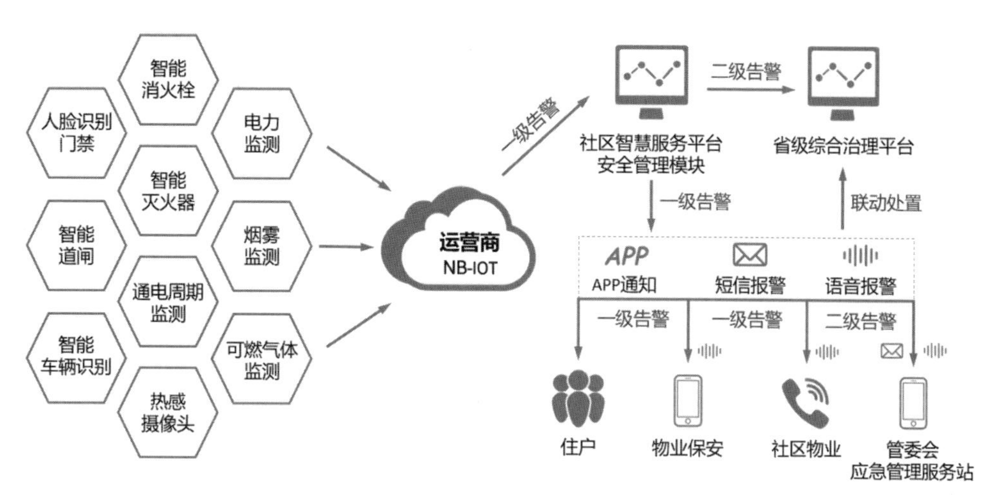

图5-25 安全管理模块应用流程（示例）

2）公共区域防护

老旧小区可以在重点区域安装AI摄像头，应用人脸识别技术，推广数字身份识别管理。当智慧运营管理平台监测到有人误入危险区域或出现人员的异常聚集、入侵时，能够第一时间自动开启应急装置，物业人员则根据危险等级，适时采取有效处理措施。

3）建筑安全防护

老旧小区可以安装消防液位监测系统，物业人员可以通过智慧运营中心实时查看水压水位状态。并在楼道、地下室等公共区域安装智能烟感设备，当监测到火灾隐患时，智慧运营中心首先发出警报，同时系统自动启动应急预案，物业人员听到警报后立即通过运营管理平台确认警情。

4）家庭安全防护

老旧小区可以提供全屋安全传感技术，打造安心智慧家。居民在户内安装入侵报警、紧急报警等设备，当业主或家人在家中遇到紧急情况（摔倒、抢劫等）时，可以就近按下报警按钮，报警求助信息会直接发送到智慧运营中心及业主家人处，智慧运营中心会第一时间进行响应处理及线下查看，保护业主及家人的生命财产安全。

5）特殊人群安全防护

老旧小区改造要时刻关注老人、儿童的安全，为特殊人群提供关爱服务，建立特殊人群安全防护系统，有问题系统则直接预警（图5-26）。当小区出入口的AI摄像头监测到老人、儿童独自靠近大门时，将通过APP弹出预警信息，提醒其家人。智慧运营中心同步收到预警信息，紧急情况下业主可联系安保人员协助查看。

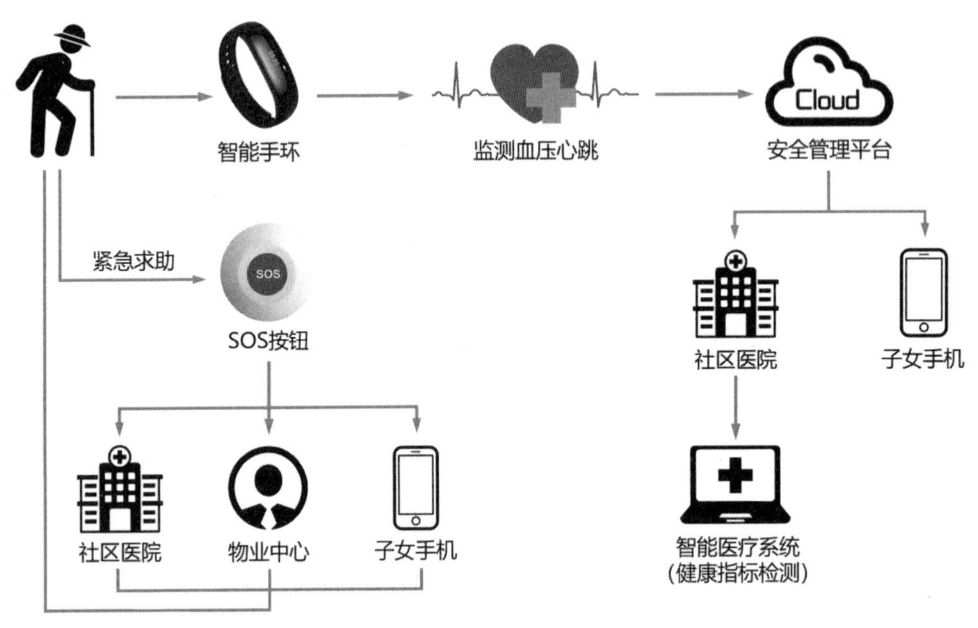

图5-26　独居老人管理应用场景示例

（二）预警预防及应急机制

1）报警安防联动

在老旧小区改造中，可以围绕社区消防和安全生产，依托智慧服务平台，建立应急预案执行闭环管理，实现突发事件零延时预警，打造社区应急救援体系。全面配置基于人脸识别的人员管理、电子周界防护、高清智能监控、智能车辆管理等智慧安防设施设备，搭建地图定位、一键式求助、联动报警等功能，对接联动至公安、消防等部门，实现安防事件联动、消防事件联动、故障事件联动。

2）统一安全运维

社区通过线上线下业务及智慧系统的融合，建立平台安全运维保障体系，全面保障系统稳定运行。社区需要实现安全威胁的统一监控，对安全事件进行统一响应。社区要统一制定安全策略，并在管理过程中提供必要的决策支持，定期对系统进行升级维护，以提高软硬件可用性、降低故障率。社区应该针对软件和硬件使用场景，采取不同的运维手段，保障服务的可用性和通达性。

3）人防指挥建设

社区层面，需要设置人防指挥设施，将指挥平台延伸到社区的数字化平台，做到战（灾）时指挥体系能即转即用；增添人防医疗设施，建立完善的社区卫生防疫，医疗设施配建是构建“舒心健康”场景的重要组成部分，是完善社区战时应急救护能力的重要举措，并在有防疫需求时能方便拓展功能；加强消防智能化建设，维修和完善楼道智能烟感报警系统及独立式烟感火灾探测报警器，安装城市消防远程监控平台，在空巢老人和行动困难等特殊人群的住所安装烟感探测报警装置，以便通过智慧平台预警救援、地图定位、一键式求助、联动报警等，实现对突发事件的零延时预警和应急救援。

人防配套设施主要包括食品库、物资库、供水站、区域电站等设施。依据未来社区场景的实现与完善需求，保障老旧小区居民生命安全的食品、物资、水电应结合社区建设，就近提供充足的基础保障，增强社区的应急安全防护能力。

第九节 精细治理：数智赋能，协同共治

以党的十九大召开为标志，中国社区治理进入了党建引领社区建设的新时代。老旧小区改造后为巩固其“新颜”常驻，需要建立一套长效维护和运营管理机制。在未来社区理念的推动下，老旧小区的精细治理要以党建为统领，探索政府引导、三方协同、居民自治的“三位一体”治理模式，通过数字平台实现和谐建设和精细治理，最大化保障小区收支平衡和改造成效。同时，要充分发挥居民主体作用，实现共建、共治、共享的精细治理体系，从而大力推进小区美好环境与幸福生活的共同缔造（表5-10）。

精细治理指标体系　　表5-10

场景指标	指标性质	指标内容
社区治理体制机制	基本项	建立社区党建引领的治理机制 社区各单位权责明晰、服务优良、管理优化，群众满意度高 深化社区治理体制改革，构建社区综合运营体系 居委会、社区边界统一
	提升项	吸引社会力量参与社区事务，社区事务多元化参与治理体系健全
社区居民参与	基本项	建立持久有效的社区居民自治机制 配置社区议事会、社区客厅等空间载体，建设服务性、公益性、互助性社区社会组织志愿者队伍，建立联合调解机制
	提升项	社会组织活跃，居民参与踊跃，居民社区认同感、归属感强 因地制宜创新社区参事议事模式，建设线上线下结合的参事议事模式
精益化数字管理平台	基本项	依托社区智慧服务平台，建立多跨联动机制，促进“基层治理四平台”整合优化提升，配置社区服务空间，设置无差别受理窗口
	提升项	推进精益化政务流程，实现社工任务清单化 鼓励开展“最多跑一次”向公共区域延伸，建立治理服务社区同步化

一、社区治理体制机制

（一）党建引领，政府导治

老旧小区的精细治理，需要建立和完善党建引领城市基层治理机制，在老旧小区改造中，充分发挥社区党组织的领导作用，统筹协调社区居民委员会、业主委员会、产权单位、物业服务企业等共同推进改造工作。

精细治理需要建立党群之间的有效沟通渠道，群众有困难时找得到党员，有需要时用得到党员，党员根据自身特长为群众开展针对性的服务。党员力量一张图，提高社区党组织整合、统筹、协调社区资源的能力，社区党委在社区管理中起到牵头、宣传、动员、指导、监督的作用，为实现资源共享、优势互补、民主协商、和谐发展提供领导保障。

精细治理还需要搭建沟通议事平台，利用“互联网＋共建共治共享”等线上线下手段，开展小区党组织引领的多种形式基层协商，主动了解居民诉求，促进居民达成共识，发动居民积极参与改造方案制定、配合施工、参与监督和后续管理、评价和反馈小区改造效果等，并将优秀的建议实际应用到老旧小区的改造和管理中。

（二）组建社区工作委员会

小区中诸多问题难以有效化解是由于居委会、业委会和物业公司难以实现联动，存在街道和社区管理体制不顺，各政府部门信息条块分割导致效率低下，以及社会组织发育滞后等问题。在未来社区理念的指导下，社区要进一步发挥其作为基层治理平台的重要作用，在党建引领下，让拉动老旧小区治理的“三驾马车”能够同向发力、同频共振、同轴运转。

为搭建高效的工作机制，鼓励社区邀请居委会、业委会、老旧小区代表和专业社工等人员组建社区工作委员会（图5-27），小区代表由小区内有声望、邻里积分贡献高的居民担任。引入专业社工队伍入驻社区工作委员会，承担社区公共服务职责。多数社工成员可以采取兼职形式，实现灵活调配。

社区工作委员会全面负责社区治理和运营管理，统筹社区居委会、社区工作站、业委会、社区社会组织以及小区代表等力量，广泛搜集民意，培育社区自治力量，构建自上而下与自下而上相结合的社区治理体系。

杭州市大关街道老旧小区的治理体制改革积累了一些成熟的经验。社区为辖区内的多个老旧小区引入专业物业管理公司，并积极探索建立在党建引领下的社区、专业物业、居民自治“三位一体”的长效运维机制。大关街道通过培育2家本土企业、引进1家外来企业，推动物业管理模式清零行动。街道经过前期的公开招标评选，签约了一家第三方物业公司，为4个社区提供服务，签约后将入驻7个小区，服务居民近5800户，首年物业管理费延续准物业收费标准，即0.15元/m^2。

此外，物业公司结合社区实际情况列出物业管理工作要求清单，做好对小区的全面管理和对居民的服务，并接受街道的考核。大关街道立足社区物业整体支出不增，推动物业公司业务连片经营，新增17项事务性物业服务内容，实现“物业增量、社区减负”。在公共管理方面，新增小区停车、垃圾分类、加装电梯维保等5项业务；在公共安全方面，新增安全监控、消防管理、充电桩维护、违建防控等5项业务，实现违建管控长效化；在公共服务方面，新增保安、保洁、保绿和矛调等7项业务，深化“一体化承包、专业化管理、立体化调解”工作模式，提升居民满意度，提高物业费收缴率。

大关街道通过政府引导和居民自治相结合，建立了物业选聘竞岗制度，以自管会议事、居代会决策和政府采购遴选3种形式引进物业公司，统筹开展连片管理和专业化经营。同时，通过上级评比和群众评议相结合，由自管会和居代会主导物业去留，完善物业续签“1+1+1模式”和问题物业退出机制。整个街道在后期的长效管理上，建立专业物业管理模式，物业公司采用网格化管理，对社区基础设施、公共空间、居民服务、安全维护等制定“定人、定岗、定责”管理制度，并组织引导居民参与“院子”管理，贯彻“幸福生活与美好环境共同缔造”理念，实现决策共谋、发展共建、建设共管、效果共评、成果共享。

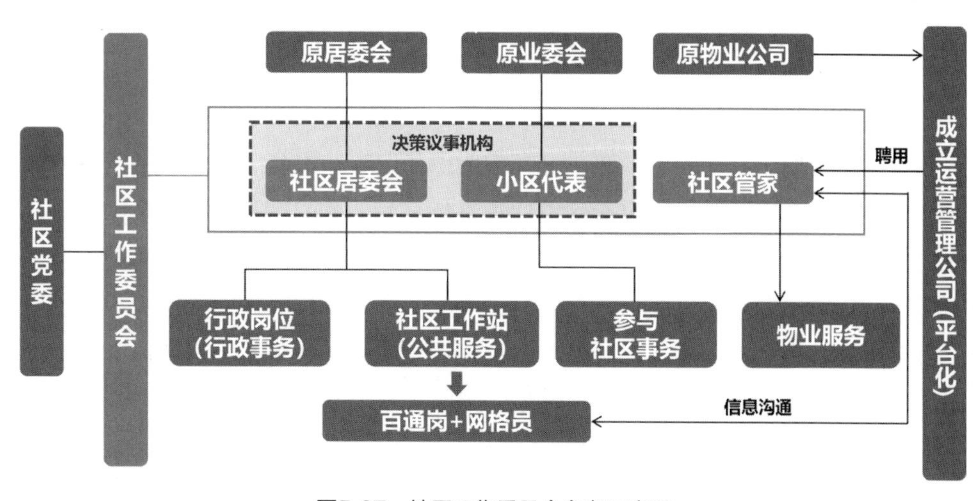

图5-27 社区工作委员会参考示意图

二、社区居民参与

居民参与社区治理能够直接有效地反映居民需求，是老旧小区改造“人本化”的具体表现。社区缺乏“自治性”的主要原因是居民不愿花时间和精力参与社区治理，特别是低收入居民由于生活压力较大，没有精力关心社区治理事务；其次，居民难以享有社区的公共产权，导致居民参与社区自治的主动性不足；再就是社区产权的经济收益也没有合理地分配给居民，使居民参与社区自治的行为缺乏激励[①]。因此，推动社区居民积极参与自治，不仅要有效地保障居民的相关权益，更要完善居民自治管理机制，并对居民参与进行正确引导。

社区需要推动居民自治体系的制度化、规范化，打造以社区自治章程为核心，以社区公约为重点，各类决策议事规则相配套的规章制度。自治过程中积极弘扬社会主义核心价值观，加大对社区文明事迹、道德模范、好人好事的宣传力度，引导形成崇德向善的道德风尚和积极向上的社区文化，真正实现居民自治有效率、有成果、有改善。

（一）培养居民的公共精神

培养居民的公共精神是居民参与老旧小区改造的保障，是摆脱居民“参与度不高”困境的重要举措，是促进居民生活共同体形成的关键路径。居民要自主地投身到社区公共活动、治理、建设中。现实中许多居民对自己拥有的业主权利和义务不甚了解，因此要积极进行业主教育，普及社区治理规则，加强培养居民自助、居民互助、居民合作的治理观。让居民逐渐意识到，自己既是社区的一员，又是社区服务的对象，更是参与社区建设的主人翁和社区改造的受益者，培养每个居民的身份认同感，养成“社区治理人人有责”的大局意识。只有真正落实老旧小区改造的实质性参与力量，让居民进行决策，居民才能变被动为主动，真正以主人翁的姿态进行监督管理。

社区还要加大对老旧小区改造的宣传范围和力度，提高居民对小区改造的认识。只有更深入地了解小区改造的模式和策略，社区才能进一步引导居民发挥自己的决策权和参与感，居民才能有底气、有信心、有动力、有精力参与到改造工作中。让居民掌握“改不改、改什么、怎么改”的话语权，让改造成为一项真正反映民意、汇聚民智、满足民心的工程，更加匹配居民对美好生活的追求、对未来社区的憧憬。

---

① 邹永华，陈紫微. 未来社区建设的理论探索［J］. 治理研究，2021，37（3）：95-103.

（二）建立“社区共同体”

居民主人翁意识既需要自身观念的培养，也需要在社会关系的互动中建立，社区治理问题通过组织化的方式更容易获得关注，也更容易得到解决。老旧小区主要以老年人和年轻租客为主体，同时，老旧小区里退休老党员人数占比多，他们普遍乐于为社区治理和改造贡献自己的一份力，同时他们往往在小区广大群众中具有一定的说服力和信任度。这意味着要打破老年人和年轻人、党员和群众之间的隔阂，在居民之间开展频繁、高效的社区互动，让每一个居民都可以充分地发表自己的意见，让居民由单一的个体凝聚成一个整体，参与到老旧小区的改造中，为社区治理出谋划策。在“党建共同体”的优势下，调动小区先进党员的榜样力量，让党员成为老旧小区改造工作的政策宣讲者、矛盾调解者、过程监督者，实现党建引领下居民、政府、企业、部门等自发联结，建立“社区共同体”，在联结的过程中培育和塑造社会资本，鼓励居民积极参与，推动居民主人翁意识的觉醒和社区公共价值的实现。

（三）邻里积分制

社区需要构建与邻里积分贡献制联动的社区代表聘任制。社区可明确巡查督导、公益活动组织、纠纷调解等社区公共事务作为声望值累计范围，结合积分排名和居民意愿，正式聘任5～10名社区代表。社区代表作为工作委员会成员行使议事决策职能，定期搜集社区民意形成提案并提交审议，同时监督提案执行落实情况。居委会定期对社区代表积分进行核查和排序，将达不到基础积分的社区代表解除聘任。

（四）社区自治组织

社区可以建立由党员、社区代表、志愿者、专业社工组成的社区联合调解队伍。组建调解工作室，调解居民矛盾邻里纠纷，实现矛盾不出社区就地化解；社区通过搭建线上调解室，引入居民自身力量参与邻里调解，并整合到社区综合APP中，打造线上线下融合的调解模式。

社区应该打造体现当地特色的社区自治载体，推进居民参与空间落地，比如建设一批具有参事议事、公益活动等功能的居民会客厅。保证室内空间的多功能布局，在社区客厅内设立社区议事厅，承载参事议事、公益活动、展示展会等功能，与其他场景活动交替共享。建立分散型室外共享空间，在底层架空和空中花园中植入志愿者活动、社会组织活动、经验交流分享等居民自治活动。

社区从需求入手，持续开展公益创投和政府购买公共服务项目，通过骨干人才培养和项目化运作，连接社区内外资源、整合各方力量，化解社区问题。社区可以培育孵化服务性、公益性、互助性的社区社会组织，建立社区志愿者协会，激发广大居民参与志愿服务行动的热情，投身于社区共治、居民自治工作。

（五）参与公益项目

社区可以建立公益基金会，开展慈善救助、社区公益项目资助、公益人才资助的培育工作，为社区社会治理和社会组织发展提供资金、资源、服务保障。社区基金会的慈善财产来源于社会捐赠、承接政府购买服务项目的业务收入、基金保值增值收益等。社区基金会应配备多元化的专业理事会团队和全职化的专业秘书处团队，以保证基金会的正常高效运营。社区基金会应在严格遵守《中华人民共和国慈善法》和《中华人民共和国信托法》等相关法律法规的前提下，开展慈善信托业务和慈善活动。

三、精益化数字管理平台

（一）社区智慧服务平台

社区可以依托地方政务服务网，联动基层治理四平台，基于AI技术，对社区工作任务进行精益梳理，通过业务去重和流程再造，开发面向社区居民客户端的APP。APP功能覆盖社区政务服务、公共服务、商业服务等内容，集成九大场景应用，为居民提供便捷、高效的社区服务。社区可以通过APP连接居民，实现“互动式治理”，居民则依托平台主动上传问题及抢单参与问题处理，并通过社区积分制度保障居民自主参与的积极性。

通过优化“互联网+政务服务”的政务模式，社区可以依托政府公共服务信息系统，统筹政府公共服务网络和信息资源，为社区居民提供基本的便民服务。在社区公共空间、小区楼宇、社区综合体、社区服务网点等布设一体化信息服务站、自助公共服务终端，实现500m服务半径全覆盖。社区可以依托居民360画像，涵盖用户属性、线下场景等多个维度，面向居民提供服务，面向社区辅助管理（图5-28）。

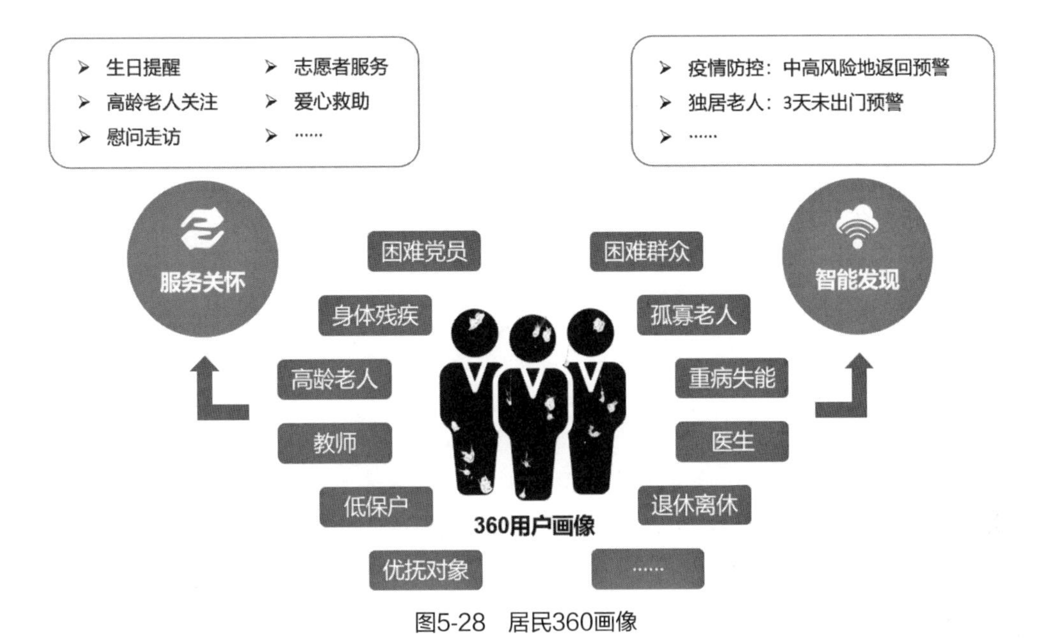

图5-28 居民360画像

（二）社区数字信息库

社区需要运用大数据思维和人工智能技术，构建“一户一档”的社区综合信息数据库（图5-29），为家庭生活、社区服务、城市管理各类场景的应用服务提供技术支撑，实现对人口、房屋、企业、社区部件、事件、社情民意、矛盾纠纷、治安事件等信息的实时采集，为社区管理服务平台提供数据支撑、为各类场景应用提供数据可视化的能力支撑。同时，需要基础数据服务具备与第三方业务系统对接的能力。

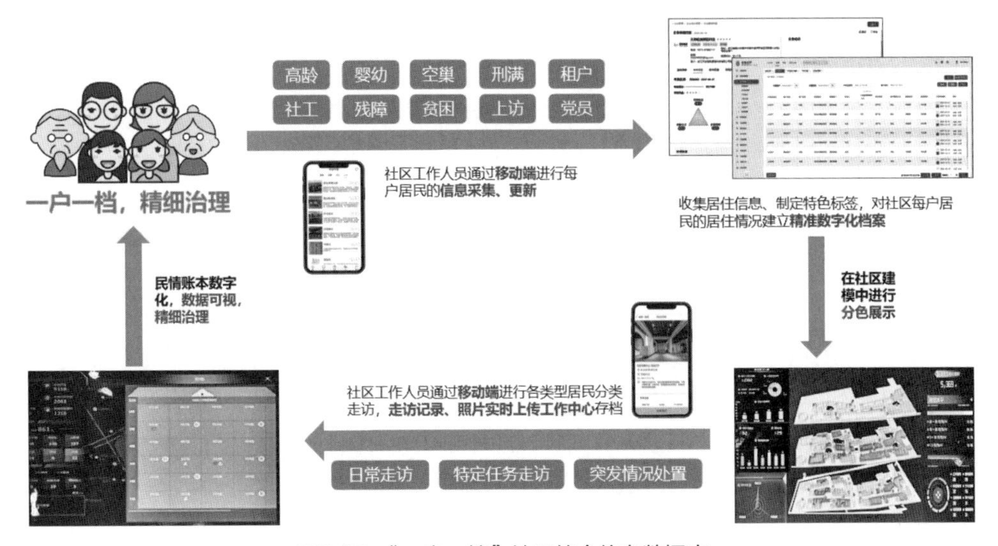

图5-29 “一户一档”社区综合信息数据库

社区需要建立视频资源和政务事件的管理机制。社区可以汇集城管、水利、国土、环保、应急等部门在辖区管理范围内的监控视频资源，结合GIS实现各部门在社区范围内的管区划分、市政设施资源、告警热点区域、网格事件工单等资源的一体化展示，并对所有部门事件情况——包括事件来源、事件办理、事件类型排行等，对社区（管区）或部门各区域办理情况进行统一分析，提高社区网格运行效率，提升社区居民满意度。

（三）社区政务集成服务

社区要实现党建信息线上预览。依托社区智慧服务平台，线上展示社区组织概况，在线公开党务、政务等政府事务制度，采用线上线下结合的参事议事模式。建立有效可行的社区居民自治机制，通过系统自动报警、网格员采集上报、物业人员上报、社区居民自主上报等方式实现社区事件上报管理，对事件派发、受理、反馈、评价的全流程进行管理。

“最多跑一次”原则下，政务平台能够融合各部门业务数据，对社区工作任务进行精细梳理，借助信息化手段改变传统多表填报的工作方式，通过一张报表智能生成多部门填报清单，使社区工作实现“一表集成办公”。社区需要理顺与各部门的业务流程和反馈机制，标准化设置业务处理程序，实现社区政务服务“一网通办”。

（四）社区全科社工队伍

社区需要推行“全科社工＋网格行走”服务模式，制定统一的标准体系，形成统一的服务规范，逐步建立一支素质过硬、业务精通的复合型专业化全科社工队伍。

社区可以整合综合服务窗口，每天由2名全科社工轮流值班，负责接待群众、办理各项社区事务，其余社工负责在社区内根据实际业务情况，定期寻访各类帮扶人群，搜集社区动态信息和突发问题，上传至综合管理平台处理。

（五）社区数据分析服务管理

政府部门可以通过汇集社区数据和设置端口，将公共安全业务下沉到社区。社区智慧服务平台可以提供实有人口分析、异常研判分析、重点对象管控、预警处置、态势分析，并提供综合信息查询、视频监控信息分析调阅等服务，支持通过警务APP或网格服务终端等设备进行实时信息查看和处理。

社区通过信息技术，可以对社区所在的街道办、消防局、卫计委、人社局等提供数据统计分析服务，可提供小区违章建筑、车辆阻挡应急通道、煤气泄漏等信息，提供小区老龄人口、无保低保、残疾人士等人群结构，并进行分布展示。对社区内消防设施、消防物资、可疑消防事件等多元数据进行信息采集和统计，支持应急处理突发事件并进行预案管理。

社区对各项社区事件实现闭环管理。社区可以通过多种渠道，如系统自动报警、网格员采集上报、物业人员上报、社区居民自主上报等方式实现社区事件上报管理，可追溯事件的信息反馈记录和历史数据，提报人可根据提报事件的处理结果对事件进行评价，实现事件从派发、受理、反馈到评价的全流程管理，并据此提升和完善社区服务管理水平。

同时，社区可以为小区租客成立一个单独的平台组织，给予租客参与社区事务的官方渠道，建立租客群体的凝聚力，保障其群体利益，使小区的参与机制符合民意，提升居民对机制的满意度，进而为老旧小区的改造成果保护奠定良好的群众基础，让改造效果更具实效性、长久性、可持续性。

社区的主体是居民，社区的管理也是为了居民生活得更加美满，所以要积极引导居民参与社区管理，当社区居民愿意参与且能够有效参与社区管理时，说明城市发展已经向宜居城市迈进了一大步。

南宁市“老友议事会”

2019年，南宁市在“先自治、后改造”的模式下，组建业主自治组织“老友议事会”，发动居民参与小区改造公共事务的共建与共管。2019年，南宁市老旧小区改造开工率仅31.08%，开工目标尚未完成。2020年，南宁市有240个老旧小区被纳入国家改造项目。为解决意见统一难、改造后期维护难、业委会短期内成立难等错综复杂的现实问题，南宁市开始在15个老旧小区试点，先后成立了“老友议事会”。

在以基层党建为引领，社区主导，业主自治组织发挥主体作用的多元治理机制下，“老友议事会”作为业主委员会成立之前的过渡性业主自治组织，其成立的宗旨是“集体议定改造事宜，共同开展小区治理，共建有温度的小区”。主要负责承担小区居民宣传动员、改造意愿征集、改造方案讨论及制定、居民出资归集、解决矛盾纠纷、改造工程施工监督等工作。“老友议事会”成员由业主自荐、推荐成立，不设置学历、年龄等限制条件，小区业主、租户均可参选，并通过“城区筛选上报”和“面向社会受理报名”、引导党员自发参与、主动担当的形式，把真正有公信力、有影响力的人选出来，带动身边人积极参与小区改造提升。

南宁市在成立“老友议事会”后，引进一家专业咨询有限公司对社区工作人员进行培训指导，引导议事会成员参与规范化、制度化的程序公开议事，规范制定更优解决方案；制订实施《老友议事规则十二条》，严格确立议案审议流程、议事规则、表决比例、工作制度的制定与修改等各项内容，明确各方权利，确保规范、高效、持续性议事。截至2020年12月，南宁市共成立“老友议事会”223个，选举代表1743名，召开议事会议455场，协调解决15%以上的业主诉求与矛盾纠纷。“老友议事会”成为居民发挥主人翁意识的重要平台①。

尊重民意，“文晖和茶馆”居民议事平台

文晖街道流水东苑小区位于大运河畔，地理优势突出。小区作为一个拆迁安置小区，始建于1995年，2021年旧改涉及21幢房屋、1384户居民，总建筑面积8.55万m^2。改造中，整体拆除凸保笼1047个；成片加装电梯，累计完成12部；改造和新建公园3座，改造提升绿化约1万m^2；升级地下车库5个，停车泊位扩容15%；新建非机动车棚3个，增加智能充电桩310个；升级版地埋式垃圾房投入使用；建管并举赋能智慧安防。流水东苑项目实现顺利改造，有一部分得益于党建引领下居民议事协商品牌“文晖和茶馆”的成立。

“文晖和茶馆”居民议事平台的搭建，让居民参与成为老旧小区综合改造提升的最强动力。该平台鼓励引导居民、各界人士参与，大到整体设计规划，小到一棵树的移栽，遇到问题了就坐一坐、品一品、问一问、聊一聊，在其乐融融的氛围中解决繁事琐事。

例如，在居民议事时听说小区加梯很难推进，小区老党员主动扛起协调居民工作的责任，进行入户宣导，广泛听取并采纳民意，严格落实“四问四权”，再通过“文晖和茶馆”居民议事会平台不断磨合意见，最终推进整个小区成片加梯。“文晖和茶馆”建立以来，还有效推进了住宅楼外立面改造、道路拓宽、屋顶补漏、楼道提升、凸保笼拆建、雨污分流等“10+X”项目，共帮助居民调解各类矛盾近500起。在党建引领下，流水东苑形成了共建共治共享的基层治理格局，成为人人参与、形成合力的典范。

① 喻燕，吴凡．“多中心治理”理论指导下老旧小区改造业主自制研究——基于南宁市“老友议事会”案例［J］．上海房地，2022（1）：35-39.

第六章

未来社区理念构建
老旧小区改造特色亮点

未来社区理念始终坚持以人的全方位需求为核心，为老旧小区改造指明了方向。随着生活水平的不断提高，人民对美好生活的需求不断变化，很大程度上激发了人们在价值观念、生产和生活方式等维度的全面重构。因此，重点关注老旧小区的文化内核，并结合现有的科学技术和数据资源优势，打造长效运维的社区经营模式，同时在满足人民需求的前提下，突出老旧小区改造的亮点和优势，实现在未来社区理念推动下的改造品质提升。

第一节　在地文化挖掘：历史与现代的碰撞

城市更新是城镇化建设的必经之路，也是城市发展新的增长点和重要突破口，而文化则是城市发展的核心与活力。过去，对城市旧区的“大拆大建”，是我国促进城市建设更新的重要手段，尽管大部分改造都是十分必要且刻不容缓的，但包括北京四合院和上海石库门在内的传统建筑（图6-1），它们所承载的我国数百年的文化内涵都在这种粗放式的改造中逐渐丢失了。西方国家在20世纪五六十年代，也同样经历过大规模的城市更新。在这个过程中，城市中心的舒适便捷水平得到大幅度提升，吸引城市中产及以上阶层逐渐取代低收入原住民，由郊区迁入城市中心，从而导致内城“绅士化”现象。结果不仅没有提升城市的宜居程度，反而降低了城市居民的多样性，还使部分珍贵的城市文化流失。可见，在这种经济高速发展和城市人口激增驱动下的规模性拆除重建，不仅浪费大量资金，还会损害城市发展的文化内核，直接导致城市更新的不可持续性。因此，城镇老旧小区改造应该注重提品、提质、提速、提效，并通过文化内涵的注入，为老旧小区带来长盛不衰的生命力。

图6-1　北京四合院、上海石库门建筑

城市文化，不仅可以通过口述、文字或者影像的形式传达，还能以民风民俗、历史街区和建筑物等文化形态留存下来。对优秀文化的继承与发扬能够折射出城市的演变，也能使城市文化的集体记忆得到保留，还可以全面展现当地居民的精神文化和生活面貌，是一种有别于其他城市的特色象征。作为城市文化的分支，社区文化同样不可或缺，社区是文化赖以生存的土壤，文化促进社区的融合发展。而社区作为城市文化的基本场域，也必然肩负着实现城市文化复兴的重要责任。有学者认为，“社区文化是社区居民在特定区域内和长期实践过程中逐步形成和发展起来的有一定特点的价值观念、生活方式、行为模式和群体意识等文化现象。”可以说，社区文化是极具价值和潜力的财富。

老旧小区改造是重塑城市基因的重要环节。城市基因是每个城市在独具特色的自然环境和人文特色中积淀而成的，具有包括自然、人文、物质和精神在内的唯一识别性的遗传密码。城市基因既要一脉相承，又要随着时代发展而进化，推动城市焕发生机并不断向前发展。城市基因决定了城市的生命周期，这就要求老旧小区改造应以未来社区建设理念为指引，挖掘自身发展历史、地域特点、优秀建筑、文化共识等元素，塑造“百花齐放”式的社区文化，以成就城市发展的可持续性。改造中还应重视对具有历史文化价值的街道和建筑的保护，实现对原有城市肌理的延续，规避千城一面的时代悲剧，同时确保优秀社区文化的继承与发展，不割裂民族情怀、不斩断居民乡愁。

一、兼容风貌协调和特色突出

以往的老旧小区改造工作存在“批量式”“粗放型”的特点，具体表现为：未能深入挖潜社区文化底蕴、难以发掘社区亮点、缺少传承文化的载体、设计规划无法体现各个小区的特色内核。在未来社区理念的指引下，老旧小区改造的要点不仅在于居民居住环境是否得到改善，还与城市形象的提升密不可分。如此，改造工作应当把握好当地文化特征、社区属性和居住群体特征，并在兼顾风貌协调的同时突出特色。

历经岁月的洗礼，老旧小区地面和建筑外立面均有不同程度的风化陈旧，并且在色彩、材料、风格等多个方面都难与周围环境相融合。因此，风貌协调也是老旧小区改造的重要方面，设计工作不仅要在全面了解当地风俗习惯的基础上开展，还需注意景观与建筑的和谐融洽，保证二者搭配适宜。建筑风格要本土化、建筑色彩要具有包容性、景观要形成代表性强且辨识度高的地域特征，并通过文化元素的注入实现整体风貌的协调统一，让抽象的文明感知转变为具象的视觉表达。杭州在这方面的改造就颇有建树，为保留不同时代特色和地域文化的“老房子”，杭州市启动了历史文化街区和历史建筑保护工程，通过在理念、机制、方式和技术方面的不断创新，破解了实施中的诸多困难。种种努力都取得了明显效果，通过对历史街区的治理，营造出整洁美观、具有江南精致典雅特色的街区氛围，加深了人们对杭州“人间天堂”的印象。因此在改造中融入当地文化元素，打造出各具风格的社区或街区，是突出城市特色、提升城市品格、解决发展趋同化、实现“让城市留下记忆，让人们记住乡愁”的重要举措。

老旧小区的风貌改造，可以重点从整体色彩规划和景观风貌设计方面完成特色化构建。色彩作为地域文化的一部分，是最容易被感知的视觉元素，也是最有效的信息传达媒介，而色彩所具有的极大包容性也为改造工作带来更多可能。因此，色彩规划可以引导社区改造的风格与形式，上承地域文化特色，下启社区环境空间设计。景观风貌方面则要注意保护与改造相结合，充分尊重小区原有的绿色基底，通过改造设计丰富空间的功能性、趣味性，有条件时还应考虑与城市景观的协调与衔接。

处理好老旧小区与周围环境、历史街区的关系。改造时应遵循习近平总书记的要求，采用“绣花”功夫推进历史街区的改造：要尽可能多地保留历史街区和建筑的文化特征；要善待历史遗留下来的宝贵遗产；要让老旧小区充分融入片区自然环境和城市人文历史环境。这样才能确保历史脉络的延续性和真实性，实现人类、建筑、环境三者间的生态平衡，体现城市发展的多层次性。比如有些老旧小区原来是某些单位的职工宿舍，有些老旧小区周围有名人故居或历史景观，有些老旧小区居民具有特定的生活习惯和非遗传承，因此在改造中需要实现“一小区一方案，一小区一特色”，守住居民的集体记忆。

我国也有不少城市在这方面付出努力。以浙江省杭州市为例，作为历史城市和旅游城市，从2000年起，杭州就先后实施了3000多条背街小巷整治，发掘并整理街巷中积淀的历史文化遗存，利用街巷建筑、设施等空间载体，保护并传承杭州城市的文脉。一是通过街巷空间环境的改善，营造能够促进市民邻里交往的空间环境，增强市民对街巷居住生活环境的热爱，促进社区文化建设。二是通过改善景观环境，统筹治理街巷路面、建筑立面、绿化、户外广告及街道家具等各类景观要素，使路面整洁、立面美观、广告设置规范、绿化有序、街道家具精致实用，实现人性化、系统化、景观化、特色化的要求。其中特色类街巷完全实现杆线“上改下”，其他类型的道路力争“上改下”。三是通过改善交通环境，结合交通规划，梳理城市道路“微循环”交通系统，有效缓解交通“两难”问题。四是改善灯光环境，以“绿色照明”理念为指导，解决城市功能性公共照明存在的问题，同时倡导节能节电，整治光污染，提高城市照明技术水平和景观效果。

世界很多文化城市之所以能名扬海内外，都是因其独特的城市符号与本土文化被世人铭记。像西班牙的巴塞罗那在保护历史城区上就做了诸多努力，使之成为极具代表性的欧洲中世纪风格城市；日本京都在传统建筑、绘画、雕刻、园艺、民俗艺术和历史遗迹等方面的保护，也使得日本古韵留存至今。

二、平衡居民诉求和历史保护

每一个建筑体在其生命周期内都诠释着不同的价值，老旧小区的建筑也是如此。建筑初期主要是经济价值的体现，建筑完成之后则更多地显露出区域内部环境价值以及社会价值，而时间的沉淀则会为其附着独特的历史文化价值。作为从过去到现在人们生活和居住的场所，老旧小区处处存留着城镇街区的居住痕迹与文化积淀，尤其是历史文化街区，城镇的每一步自然历史演进都在此留下印记。在老旧小区改造上，历史文化的保护和居民诉求的改善两者间存在一定矛盾，但这种矛盾并非不可调和，寻求历史文化与物质需求的平衡，也恰恰是城镇街区历史真实性的体现。

我国小区属性复杂多样，一些老旧小区本就属于历史建筑，还有不少则是地理位置邻近历史建筑和历史风貌街区。所以，面对这类老旧小区改造，必定要进行全面考量。过去，不少老旧小区的大拆大建导致许多独具特色的生活场景、市井文化和人文气息逐渐消失，这才让诸如“文和友”这些基于过去生活印记的消费场景被众人追捧。可见老旧小区改造并非简单的空间结构变化、表面复原和翻新，因为这种做法必定会对文化产生不可逆的破坏。

时代在进步，社会在发展，人民对美好生活的期待在提高。从民生角度而言，居民需要的是现代化的基础设施和良好的居住环境，而从历史保护的角度来看，一些住宅建筑具有时代性的审美特征，它们是城市发展的见证者，也是城市文化的载体之一。如果单纯为了保护历史建筑而搬迁居民，造成历史文化街区空心化，既会增加政府的财政压力，也使得建筑缺乏生机与活力。如果为了改善居民需求而推倒重建，将彻底改变城市肌理，导致城市历史文化的快速消解。因此，要找准保护历史建筑和满足居民诉求间的平衡点，并对相关历史建筑设施设备进行更新改造以适应现代生活的需要，同时对有损坏的历史建筑要按原样维修以恢复街区的历史风貌，最终实现文化保护和居民生活品质提升两者兼得。

改造时，要充分做到“问需于民，问计于民，听取民意，吸纳民智”。想要留住或再现历史街区原本的场景与格局，就应充分了解该街区的原有建筑、空间格局和历史文化。信息来源可以是历史文献、历史照片，也可以是实地走访收集专家和传统民俗继承人的观点等。同时号召居民参与，多方征集当地民众的意见和建议，群策群力，挖掘居民的共同文化，有助于形成系统、科学的改造方案，以便妥善处理历史建筑的保护问题。

例如厦门市思明区槟榔东里老旧小区在改造过程中通过挖掘历史记忆，保存记忆留住乡愁，通过旧标语张贴、老照片重拍、旧物件收集的形式述说小区故事，传承历史文化，记录一代又一代槟榔“邻里郎”的奋斗与变迁；在小区中庭、党建工作室开辟共享书屋、读书角，书香满盈，积淀文化注入新力。书籍均为小区居民自主提供，居民自愿参与社区历史文化建设，为营造小区良好读书氛围、强化居民自治共享观、培育邻里友好互动、传承闽南风土人情发挥了主人翁力量。

此外，改造是个与时俱进、不断变化的过程，时间的推移、技术的革新和居民诉求的改变，都造就了每个阶段需要优先解决的突出问题。这种“小规模、渐进式的保护修缮”，既能提升居民满意度，增强居民凝聚力，又能大大增强居民的主动保护意识。

武汉恩施街改造提升——重塑居民精神家园

武汉恩施街始建于20世纪80年代，全长1.7km，横贯青山区工业一路、工业二路、工业三路，沿线遍布老旧小区，居住者多为武钢、一冶等国企职工。恩施街承载着“十里钢城”的时代记忆，于2020年开始提档升级改造。此次改造走“老工业区生态化”路线，在促进经济发展的同时，也还原了最本味的工业记忆和时代元素，抒发了周边居民对老武钢文化的共同情怀。

改造后的街区融入了大量的老武钢元素，如用武钢的老旧钢材作休闲椅、街道景观、路牌等，沿街还有各种工业钢铁雕塑，将小区大门设计成武钢门楼，在小区内融入武钢文化墙、工业元素花坛等。

“怀旧”也是恩施街改造的主题之一。工人之家橱窗内展示了老报纸、旧水壶、古早收音机、喜糖铁皮盒、青叶电扇等老物件，每件物品都是居民们的年代记忆，足以让他们津津乐道许久。这条藏在老工业小区里的老街，还聚集了许多网红美食、口碑老店。因此设计了一面“网红怀旧墙”，老字号招牌挂了满墙，周边居民可以随时散步去享受美食，打卡拍照。

改造充分“就地取材”，青山区老旧小区中拆出的老红砖、武钢的钢铁、各大工厂废弃的机器零件物料，重构了改造后的恩施街。红砖上覆铜铁装饰元素的路牌矗立在路口，也是恩施街的门面担当。一代代人的青山记忆，或变作雕塑，或变作招牌，镶嵌在钢管和齿轮间，在街头巷尾不断撩动着武钢人的回忆。

恩施街
（图片来源：武汉市文化和旅游局）

社区是一个具有共同文化的群体组织，如果缺少了共同文化，社区的凝聚力和归属感就会减弱。但共同文化的维持却依赖于周边环境的长久熏陶，所以拥有一个良好的社区居住环境和文化氛围将更有利于社区的精神文明建设。因此在老旧小区改造过程中融入共同文化因素，不仅能改善居民的居住环境、提升文化生活品质，更能重塑社区精神家园。

三、推动活化利用和精细运作

为了打造城市名片，老旧小区和历史街区的成功改造还需要长效管理和精细化运作的加成。通过挖掘街区特色和社区文化的价值，引入以传统老字号为代表的多种业态，完成对老旧小区和历史街区的适当性商业化改造。商业化运作的收益也将成为保护非遗文化、历史建筑和街区等的资金来源，为文化遗产的可持续传承奠定了经济基础。

但需要注意的是，历史文化遗产作为不可再生、不可替代的宝贵资源，要预防因过度商业化造成的传统“生活空间”向“消费空间”的转变。一旦出现原住民大量外流或者“绅士化”趋势，都将破坏原有的社会文化结构和社区生活网络，导致传统文化真实性和完整性的丧失，社区文化也将面目全非，历史街区的生活气息将无以为继。比如，杭州的清河坊历史街区保护工程开工后，政府陆续引导原住民外迁，随后是老建筑全都拆倒重建。随着各大商业品牌的引入，该街区的商业氛围重新浓厚起来，并在取得一定经济效益的同时，成为杭州历史街区开发的一块活字招牌。但却在后续运营上暴露出些许弊端，比如由于街区修缮后风貌改变较大，建筑形态过于单一，传统社会结构开始瓦解，一些低端的商业化产品逐渐取代文化空间和老字号品牌，造成商业业态的逐步同质化。

老旧小区作为集中体现城市“烟火味、人情味、市井味”的场所，是造就三味交织的宜居、宜商、宜游新家园的重要区域。因此在改造工作推进过程中，坚持尊重居民的居住意愿、保留社区文化，并以此为基底宣传城市文化，形成健康可持续的文化发展。

上海石库门里弄承兴里小区

承兴里主门头位于黄浦区黄河路253弄、81弄，处于上海市历史风貌保护街坊，其内有多幢建于20世纪20~30年代的砖木与混合结构的新旧里弄式石库门建筑。小区包括两幢新里和一幢旧里房屋，共涉及公有住宅253户，公有非居住单位8户，合计面积6798m^2。小区整体肌理完整有序，但房屋建成年代久远，因使用过度造成建筑外立面破损、私搭乱建情况严重。此外，由于房屋公共面积小，绝大多数居民还在使用手拎马桶和公共厨房，生活品质差。因此居民对居住条件改善的诉求很强烈。

承兴里改造项目于2018年启动，按照新里和旧里建筑分段实施改造。新里改造于2019年6月完成，103户居民陆续回搬。

2020年，承兴里开始了对旧里的改造。由于旧里居住密度过高，经测算，修缮改造后也难以满足居民的需求。作为公租房，承兴里对42户居民、5户单位实施“抽户”改造的留改探索，即在消除房屋安全隐患与保留保护石库门风貌和里弄肌理的同时，部分居民以解除租赁关系的方式搬离原址，为留下来的居民释放改造空间，实现石库门的“留房留人”。

经过调研，黄浦区确定对四类情况的居民优先考虑“抽户”：处于原始公共部位的、设计方案需要的、居住密度特别高的、居住面积特别小的房屋。此外，在“抽户”方案设计上既要体现改善性，也要体现公平性，兼顾抽户居民与留下来的居民在得益上相当。例如留下来的居民，可以免费住进改造后品质提高的房屋；对“抽户”的居民，可根据居住面积大小，按照一定标准给予相应的经济补偿。

在经过抽户后，承兴里在保留石库门风貌元素的基础上，对房屋进行综合修缮。按照“保基本、保安全、紧凑型”的原则，通过拆除违章搭建、架空线入地，对房屋结构进行加固，恢复石库门的历史建筑原貌，延续里弄风貌；通过对原有结构体系的优化升级，消除安全隐患；在保留原有居住面积的基础上，为每户居民新增了面积为3.5m^{2}的独用厨卫，满足了居民的基本生活需求，提升了小区整体环境和品质。

2020年7月，承兴里改造项目全面竣工并完成全部居民回搬工作，改造成效获得居民一致好评。改造后的承兴里小区，租金比改造前涨了两三倍。承兴里创新性地实施“抽户”改造的形式，将为更多居住密度过高的石库门改造提供有益经验。承兴里的成功改造，既能够保留中国传统的生活方式和邻里关系，留下重要的历史文化遗产，也能让和石库门建筑有情感连接的居民留下来，将石库门的文化更好地流传下去。

第二节　数字科技赋能：软件与硬件的变革

数字化建设的核心是为人民服务，充分体现人文关怀。数字化建设与民生事业的有机融合，给城市发展和居民生活水平带来质的飞跃，“新”技术的运用为老旧小区注入“新”血液，让老旧小区焕发新的生机。国务院办公厅印发的《“十四五”城乡社区服务体系建设规划》中对加快社区服务数字化建设提出了明确要求，要提高数字化政务服务效能，构筑美好数字服务新场景。加强社区数字化建设是助力社区管理的重要手段，对促进社区发展起到重要作用，是政府与居民沟通的桥梁，也是智慧城市建设的必要技术手段。以未来社区理念中的多跨场景应用为抓手，把老旧小区作为消除“数字鸿沟”的重要空间，集约高效一体化推进老旧小区改造和数字社会建设，彰显以高水平整体智治为主要特征的共同富裕现代化基本单元治理体系。让数字化改革红利更好惠及社区居民，是以未来社区理念推进老旧小区改造的重点工作和特色亮点。

一、利用大数据实现资源共享

构建社区智慧平台，依托数字化手段连接家庭小脑、社区中脑和城市大脑，产生数据生态价值。将智能设备与社区空间相结合，打造全新分布式触点体系。通过物联网连接人脸识别系统、AI智能设施和居民智慧生活习惯，逐步生成清晰明了的社区用户画像，并围绕用户画像引入不同的商业服务，打造“多、快、好、省”的在线服务平台，构建数字化社区中脑。

（一）数据信息可视化

社区基本信息进入城市数据库。通过数据库交互平台，将政府的各项管理内容延伸至社区，如水电煤缴费信息、各类证件管理等便利信息，真正实现资源共享。加强社区网站建设。当前社区网站还停留在静态的服务页面，管理维护不到位，更新不及时，致使很多居民无法从网站上实时了解所在社区的情况。加强社区网站推广，引导社区居民熟知利用社区网站获取各类信息的方法。

建立交互式平台，使居民与物业的交流更加便捷。如社区论坛，为居民建立了提交反馈意见的有效途径，让居民可以跨越时空限制，利用各种移动设备随时随地将所思所想及时向物业反映，实现了居民与物业的实时沟通，大大提高物业服务效率和服务品质。协调各信息部门建立共同的信息链。目前各部门都有自己的信息资源，但部门与部门间的信息均处于独立状态，应积极建立共享信息链，使信息资源得到系统的整合与共享，从而促进政府的协调发展。

（二）防疫工作数字化

后疫情时代，我国社会生产生活已基本进入正常运行状态，但不断反复的疫情依然影响着人们的生活，尤其是各地防疫政策的差异，要求人们出行前做好相应的准备。而社区作为基础治理单元，在疫情防控与应对中发挥出重要作用，老旧小区在此背景下，也暴露出其面对城市突发性公共安全事件时应急能力薄弱的特点，更凸显出推进我国城镇老旧小区改造提升的紧迫性。

打造“疫情防控一张图”，推动防控工作可视化、精细化、动态化。社区通过安装智能门禁系统和高清人脸识别监控，将电子监控系统部署在小区的各个角落，最大化地实现社区监控无盲区。这些举措一方面为疫情防控提供助力，另一方面也为社区居民安全带来保障。同时，设置“四码合一”智慧识别系统，接入省疫苗接种、核酸检测、健康码等相关数据接口，结合疫情防控指挥部数据、区疫情防控每日动态和“第七次人口普查”数据，形成汇集人口流动监测、小区人员进出分析、区域管控、隔离住户情况、核酸检测和疫苗接种统计等全方位要素的“防疫数据池”，科学分析社区居民疫苗接种、核酸检测、健康码等信息的实时变化。开启黄码自动报警功能，以便有针对性地开展疫情防控工作。通过实时汇集全方位、多维度数据信息，构建数字化疫情防控指挥体系，不断织密和加固疫情防控“防护网”，实现防疫全程可追溯，有效提升了小区疫情防控的精准度、便捷性及疫情事件处置的响应速度。

（三）社区服务智慧化

引入数字化监测告警系统，并与IOT智能设备连接（图6-2）。由IOT智能设备提供感知能力，社区智慧服务平台可集成感知结果；当设备监测异常时，平台将发出告警，由网格或社区物业等相关人员上门或电话处理。设置管理员对平台进行日常的维护和管理，保障平台正常运行；联动110、119、120对异常设备的报警情况进行处理。同时平台需设置网格员和调度中心人员作为响应报警情况的处置力量。将社区划分为不同的区块并安排对应的网格员负责，一旦有报警情况发生，则出动处置力量对现场情况进行掌握和处理。

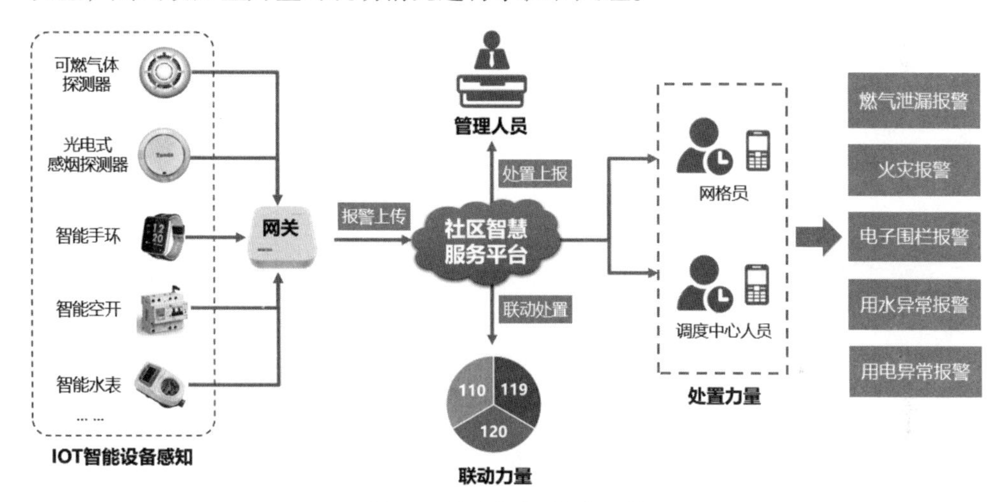

图6-2 数字化监测告警系统

该系统的引入，一方面有助于管理中心对社区安全情况的实时监测，对异常情况的即时接收，提高了物业的工作效率；另一方面，与110、119、120的联动，有助于这些组织的及时有效反应，为维护社区正常运作、保障居民安全作出重要贡献。

二、完善安全的数字社区制度

安全是发展的前提，发展是安全的保障，安全和发展要同步推进。老旧小区要完善网络安全管理制度。对每一位居民来说，计算机和网络安全事故会造成难以估量的损失。因此要建立社区安全领导组织，负责系统的总体实施，加强系统安全管理、制定安全管理制度。

开展数字社会建设和数据安全保障研究。社区作为数字社会城市基本功能单元，社区智慧服务平台和社区信息模型平台均涉及对大量个人数据和三维地籍数据的读取，并涵盖了众多社会第三方机构开发的应用。这就要求改造工作对数据安全和个人隐私问题的重视，研究数据存储、数据共享、数据开放、数据应用等方面的安全保障问题，进一步推动高质量多跨场景应用。聚焦事关群众切身利益的高频、高权重事项，研究通过流程再造、制度重塑、技术创新等手段，进一步推动老旧小区改造中的多跨场景应用。

开展网络安全培训。随着我国网民基数不断扩大、老龄化走势愈加严峻，网络安全成为越来越受关注的社会命题。社区应通过线上线下相结合的方式，定期开展网络安全培训，让居民明辨身边的网络安全风险与隐患，提高安全意识及防护能力。尤其要深化老旧小区中老年、青少年网民对互联网新技术的认知，普及相关的法律意识，提高网络风险防范能力，让“一老一小”学会如何安全使用数字设备，如何提升数字技能，如何建立数字思维。数字化建设让社会越来越智能，让生活越来越便利，但安全问题无小事，维护网络安全，构建网络安全体系，构建生态良好的网络空间，需要居民的共同参与、共同维护、共同努力。

三、数字平台建设和场景应用

搭建一体化数字平台，并围绕邻里、教育、健康、创业、交通、低碳、建筑、服务、治理九大场景开发相应的服务功能（图6-3）。平台作为运营中心和数据处理中心，是为居民提供服务的数字载体，一体化平台的数据共通和信息共享完成了各项服务功能的统筹，让居民在需要不同服务时，不必穿梭于各个平台，为居民生活带来便利。

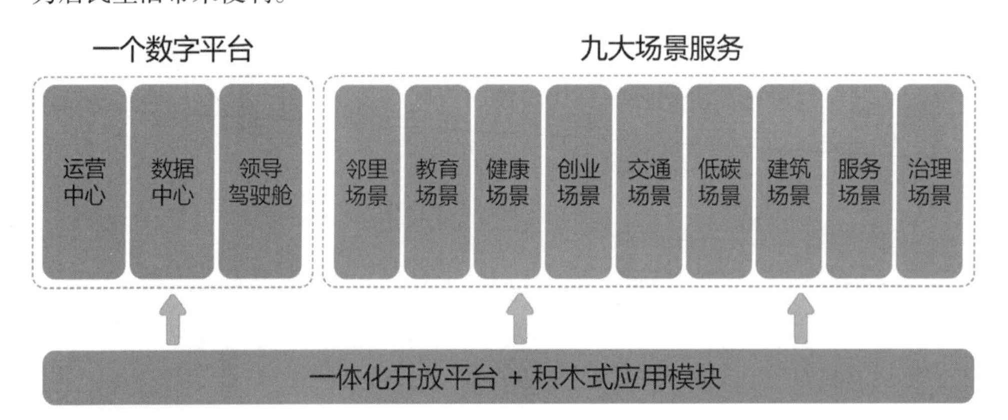

图6-3　一体化数字平台

（一）建筑数字信息化安全系统

老旧小区改造中，房屋建筑安全是第一要务，也是改造中要解决的首要问题，它与居民的切身利益息息相关。利用数字化技术、5G和物联网技术，建立房屋安全数字化信息系统，对提升居民的幸福感、安全感和获得感有着最直接的联系。例如，杭州市拱墅区住房和城乡建设局基于城市物联网感知体系的架构设计了“住安宝”，可对存在安全隐患的房屋安装传感设备，智能识别预警阀值。通过平台自动预警，将隐患直接报告至各监管职能部门、属地街道，由属地街道进行委托鉴定，出动相关工作人员进行现场核实，并出具监测报告，再启动相应的应急预案，及时处置房屋安全隐患。还可以根据实际业务需求对危旧房屋内各类静态资源信息、动态运行数据进行一屏化展示，用“一张图”的方式管理房屋，提供适合业务需求的多维度展示功能，做到对房屋信息、监测设备信息的全面掌控。

1. 平台运作模式

（1）技术设备监测：根据提供的资料及实地踏勘，为建筑物设置变形监测点，再根据不同形式布设传感器采集数据。

（2）平台实时监控：将传感器获取的实时数据，通过网络发送到云服务器进行存储，客户端通过远程监测软件将数据进行汇总分析，获取建筑物倾斜、沉降、缺陷等变化情况。

（3）人员定期巡查：安排技术人员随时巡查，24小时待命，及时掌握房屋状态，维护在线监测系统，对预警信息进行及时分析核实和汇报处理。

2. 平台亮点

（1）预警管理功能：通过远程监测设备对线上异常数据的自动采集，与线下核实相结合的方式，借助平台将预警信息实现自动化预警功能，保障后续房屋应急处置的准确性和及时性。

（2）日常管理功能：根据日常管理的特点，在平台设置巡查APP软件，通过设立“三级预警”和“五级责任人”模式，按照预警级别由相关责任人完成线上和线下任务的布置、处置、闭合等关键环节，形成所有环节的无缝对接，从根本上解决管理不到位、责任不明确、机制不健全的问题。

（3）数据综合应用展示：根据实际业务需求对危旧房屋内各类静态资源信息、动态运行数据进行一屏化展示，用“一张图”的方式管理房屋，提供适合业务需求的多维度展示功能，实现房屋信息、监测设备信息的全面掌控，提供区域范围内房屋安全的综合指数。

（4）应急处置管理功能：当平台自动发送的预警信息等级达到“一级预警”时，平台同时启动应急处置程序，属地街道、关联的监管职能部门按程序开展应急预案，使整个处置过程形成多方联动模式，提高处置及时性、有效性。

（5）档案管理功能：当处置功能实施后，由处置主体对事件进行闭合，闭合程序按相关规定在系统上进行操作，系统对整个从预警到处置过程中的各项资料进行存储，如预警信息、房屋鉴定报告、重建以及加固图纸等档案信息，实现房屋全生命周期档案的信息化功能。

3. 应用成效

（1）推进了危旧住宅解危处置，保障人民群众生命和财产的安全。通过住安宝平台，及时有效地对房屋的危险变化做出风险评估和预警判断，准确掌握房屋重大安全风险点，避免房屋倒塌事故的发生，保障人民群众的生命财产安全。

（2）创新了工作方式，打造了一个可复制、可推广、可借鉴的管理平台。作为接入城市大脑的新场景，可把它当作模板在城市范围内推广，对各市后续的危旧住宅房屋安全动态监测管理提供了借鉴。

（二）社区文化数字化实施

数字化社区建设中，文化建设是不可缺失的一环。文化多跨场景谋划要聚焦宣传文化核心业务，和社区群众对美好文化生活的需要，以数字化手段破解社区文化建设中的难点、堵点问题，统筹文化设施、内容供给、人才队伍的合力发展。以数字社会的文化营造赋能未来社区创建，推动社区在价值引领、文明传播、文化供给、艺术熏陶、志愿服务、文体休闲、文化治理等方面取得突破，构筑具有辨识度的社区精神文化家园，率先实现“文有所化”的建设目标。以新闻服务、文明志愿、公共文化为重点，依托邻里中心、社区礼堂、幸福学堂等线下公共文化空间，融入宣传文化元素，彰显智慧化特征，体现共享共治理念，让社区居民更便捷高效地享受公共服务，接受文化熏陶，提升文明素养，将小区打造成文化与数字双轮驱动的交互式现代社区。

1. 家头条

家头条小程序聚焦“国家大事＋社区小事”，作为融媒体中心在社区的下沉式平台，主要为社区居民提供时政资讯、热点新闻、政策宣传的推送服务，以及其他各类信息服务，打造社区居民的新闻资讯掌中宝。

（1）家关注：与社区相关的各类新闻、服务资讯推送，如社区热点新闻事件、社区礼堂活动、社区交通、停车信息、周边幼儿园和中小学招生、菜场开闭市、超市优惠等各类信息的精准推送。探索与“学习强国”区域平台进行内容合作，增加政策宣传、理论学习等内容，如党史答题、艺术鉴赏等。构建“直通车”模块，对社情民意进行搜集、汇总、交办和反馈，实现民有所呼、必有所应。

（2）家记忆：以老照片、视频等形式反映社区的“前世今生”。对社区历史传承、特色文化、民俗风貌、地方美食进行数字化展示，增强社区群众的共同文化体认同感。如大运河沿线社区，可展示运河文化，并依托邻里中心或社区礼堂建设运河文化数字化体验园。

（3）家有礼：打造社区礼堂的线上版，展示社务公开、社区党建等信息动态。同时，作为社区新时代文化实践的云平台，将动态展示社区风采、和睦邻里、社区好人、文明家庭等。

（4）家故事：开辟数字化专栏，展示新时代未来社区的新风貌，分享社区居民在生活、学习、创业等方面的暖心故事，打造熟人社会，增进互动交流，进一步加强社区居民间的凝心聚力。

（5）家地图：围绕“一卡两圈”在社区落地，搭建15分钟社区文化服务圈，让居民能够一键获取社区周围文化展览、活动、讲座、演出、影讯、体育比赛等咨询，并实现活动和场馆的在线预约、购票与评价。

2. 邻里帮

邻里帮是“志愿浙江”的社区版，重点是通过流程再造，创新打造邻里之间需求与服务精准对接的互助式志愿服务，并使其准确地落地于社区。

（1）志愿银行：志愿银行是社区邻里帮综合场景的基础依托，以弘扬志愿精神，创新建立具有浙江辨识度的新时代文明实践社区志愿服务长效机制为目标，通过时长记录、积分兑换、星级评定，以及相关激励政策的制定和落实，共同营造人人为我、我为人人的有温度的社区氛围。

（2）志愿地图：提供社区周边一定范围内志愿服务的“一图通览”，让各类宣讲、文艺、培训、康养等志愿活动都能一图查找、一键参与，居民能够就近就便做志愿、享服务，实现社区居民“随手做志愿”的愿景。

（3）意愿广场：推出志愿服务意愿广场，根据居民服务意向设置服务类型，居民可以点选相关类型在线发布志愿服务意愿，有需要的居民可以在意愿广场中点选各类服务，实现邻里互助。

（4）共享空间：以线下志愿服务公共空间为基础，打造线上的志愿服务共享空间，居民既可以将书籍、玩具等物品通过共享空间与其他居民分享，也可以将临时需要人照顾的绿植、宠物等放到共享空间，由其他居民提供志愿服务。

（5）一键帮扶：联合卫生健康、民政等部门，依托社区志愿服务团队，为独居老人、残疾人等弱势群体建设电子档案库，部署智能化感知网络，进行实时监测和预警，一旦发现异常，由志愿者上门服务。对社区老人和生活困难群众提供帮助，如生活物资的“一键配送”等，以及社区居民间各类工具和技能的分享与互助。

（6）爱心车位：通过专用车位标识、线上提前预约、资源统一调配，实现车位有序规划。同时，鼓励社区居民在线上发布信息，将自己的空闲车位分享出去，提供预约停车服务，缓解社区车位供需矛盾。

（7）心理援助：加强与卫健部门联动，以未成年人、孤寡老人、残疾人等群体心理健康为重点，建立心理健康电子档案库，定期开展线上自我心理评测，并提供线上线下结合的心理咨询、陪聊等服务，打造有温度的社区心理咨询及援助服务平台。

3. 文e家

依托社区礼堂、文化公园、幸福学堂等线下公共文化空间，借助数字化手段和技术，推动省、市、县公共文化资源下沉，解决“最后一公里”问题，提供更多更优质的个性化、智能化、便捷化文化服务，成为社区居民的文化休闲加油站（图6-4、图6-5）。

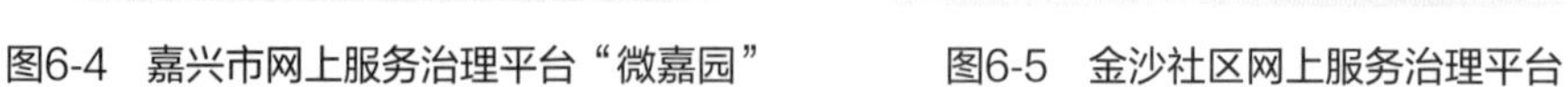
图6-4 嘉兴市网上服务治理平台“微嘉园”　　图6-5 金沙社区网上服务治理平台

（1）文e队：着眼于丰富社区文艺生活，联动省内艺术院团、艺术高校相关资源和文艺志愿者队伍，通过线上平台组织社区各类文艺活动，如戏曲表演、话剧演出、书法展览等，在丰富社区居民精神文化生活的同时，带动传统文化艺术的发展。加强对合唱团、排舞队、摄影队、书画社等文艺队伍的组织策划，壮大文化队伍、培育基层组织、激发社区内生活力。

（2）随e点：集结省属文艺院团、文艺院校、文艺协会的优秀作品资源与人才资源，依托艺文数媒平台资源库和社区礼堂空间的丰富功能，为居民提供公益电影、美术、音乐、曲艺等专场演出，以及艺术工坊产品的点单服务。居民通过线上点单，对相关需求进行定制和按需配送，有条件的社区可利用VR或AR等技术，丰富沉浸式文艺体验。

（3）e学堂：整合现有各类演艺院团和艺术院校资源，构建音乐、舞蹈、美术、书法等系统化线上学习课程资源库。建立社区线上培训平台，并通过课程咨询、直播互动教学、礼堂讲课等方式，提供线上艺术指导培训，实现个性化、智能化、便捷化的文化艺术培训服务。重点是聚焦青少年和文艺爱好者两大群体，提供文艺培训课程，如戏曲、声乐、器乐、舞蹈、书法等，同时增强社交属性、娱乐属性和居民参与感，丰富居民的文化娱乐生活。

（4）e书房：利用社区礼堂空间，为社区居民提供多样化的文化服务。图书借阅点单配送服务是指居民在手机端预约书目后，由图书馆配送至社区礼堂指定区域，居民可从社区礼堂直接借还书籍。e书房汇集了各级图书馆、博物馆的数字资源，可供居民随时随地查询阅读各类文献、期刊、书籍、音视频等内容。结合虚拟多媒体文化中心，构建社区综合学习空间，支持手机、Pad、大屏、电脑等现代化工具随时扫码阅读，并开展线下主题分享，增强居民间的互动性、扩大小程序的功能覆盖面、提高小程序的关注度。

第三节　长效运维管理：建设与管理的并进

在发动社会力量投入老旧小区改造的模式下，企业的前期投入充分改善了居住条件，大大缓解了政府兜底的资金压力。但在这一模式推行之前，依然需要政府提前做好顶层设计和系统规划，充分考虑第三方运营商资金的投入与回收问题。大量老旧小区改造项目的实践经验证明，老旧小区物业管理的独立运行，是难以实现盈利的。有研究指出，想要有效引入社会资本，内部驱动作用最大的就是提高经营性收入；外部驱动较为明显的因素则是政府层面的专项资金补贴和政策支持，消费者层面的居民付费意识增强，以及市场环境层面的同行企业竞争等等[①]。因此只有政府、运营商、居民三方达成共识互相配合，才能保障老旧小区的长效管理。

① 李芊，刘晓，咎亚楠. 基于 DEMATEL 的社会资本参与老旧小区改造驱动因素研究［J］. 现代城市研究，2022（4）：81-86.

一、构建长效基层治理体系

城镇老旧小区改造后，为巩固改造成果，需要构建以社区为单位、以“政府导治、居民自治、智慧数治”为框架的长效基层治理体系。老旧小区的长效治理应充分关注人情烟火和民生需求规律，重视设施设备公益性与商业性的合理配置，以人本化为基石、以创新为灵魂、以数字化为手段为持续运营提供保障，打造百姓参与度高、有人情味、有烟火气的运营生态。

通过积极探索党建引领下的社区治理有效路径，建立社区居民委员会配合、业主委员会和物业服务企业共同参与的联席会议机制，引导居民协商确定改造后小区的管理模式、管理规约及企业议事规则，共同维护改造成果。

1. 社区治理机制

新时代要把握基层治理的新要求，完善党领导下的社区治理机制，着力构建社区治理新格局，推进国家治理体系现代化建设。在社区治理中确立党建统领的作用，实现党支部与物业公司、业委会、社会组织的深度融合，着力打造小区治理共同体。在实践过程中，注意厘清各方职责，党组织应对居民和社区组织能够自主解决的事项适当放手，为多元主体参与社区治理腾出空间。

充分整合小区公共场地资源，建成开放共享的“党建活动中心”。党建活动中心是小区党支部、业委会、物业和居民共同议事、开会、活动的场所，它促进了社区资源的共建共享，使基层组织可以凝聚合力实现居民的需求。在党建活动场所中，可以举办各种社区活动，如红色主题活动、开放式学习培训、听老党员讲故事、认领微心愿、社区志愿服务等。通过实质性的活动开展发挥社区多元主体的力量，促进社区治理工作更加顺畅、社区服务更加高效。

2. 居民参与机制

充分发动居民主动参与基层治理，发挥居民在基层治理中的核心作用，为长效基层治理注入新活力。通过搭建居民议事平台，引导居民使用自身权利，共同协商解决小区的焦点问题。横向上增强小区业主委员会与物业的联系，纵向上把居民参与议事融入网格管理体系中。

加强社区党员管理，积极推进区域化党建。积极组织企事业单位的在职党员到社区报到，动员居民参与社区治理。同时充分发挥社区干部、老党员、退休干部等红色力量的先锋作用，引导他们主动担起宣传员、监督员、调解员等职责，积极收集居民意见、组织协商化解居民矛盾、监督社区管理组织。

基于居民议事平台，要着力构建居民议事全链条流程，全面破解议题确定、事项办结、结果考评等一系列难题。围绕“议什么”，建立诉求反馈渠道；围绕

“怎么议”，建立闭环协商渠道；围绕“怎么办”，建立分类处理机制；围绕“怎么评”，建立跟踪问效机制。通过规范流程，让协商“有的放矢”，最终实现公开、透明、有序的居民自主治理模式。

同时，要积极打造党建引领下的联合调解机制，组建由党委政府领导，由司法局、信访办、派出所、律所、法院等部门或单位协助，居民共同参与的联合调解小组。居民调解员既可以是小区里担任警察、律师、医生等具有专业能力的人，也可以选择有威信、作风好、善调解的优秀党员志愿者担任。形成以“专职＋兼职”调解员队伍为根本，以“工作室＋专家库”资源为支撑的联合调解队伍，推动调解组织走向专业化，不断提升基层治理水平。

舟山市莲花公寓：党建统领旧改，完善监督管理机制

莲花公寓地处舟山市东港街道，于1995年建成，是东港第一个房地产项目，总建筑面积约16万m^2，共有居民2836户。小区改造前面临的问题包括：房屋结构老化、外墙老化、屋顶漏水；道路窄、通行难、停车难；安防缺失，出入无序；无物业管理，无业委会管理。

旧改过程中，为保持与居民交流的畅通，东港街道携手社区共同搭建了沟通议事平台——“社区公共会客厅”，主动了解广大居民的诉求，收集民意，并发动居民积极参与旧改。社区按照“开放空间”议事程序，组织居民讨论“城市角落提升”“封闭式管理”“垃圾分类”等议题，更好地实现了小区居民自治。

旧改完成后，为维护旧改成果，莲花公寓采取业委会自治管理方式，根据业主的实际需求，自行添置公共设施设备，增加服务人员。将小区内的卫生保洁委托给环卫公司负责，垃圾清运一天3次；绿化养护工作整体打包给绿化工，由专人定期负责养护；公共设施设备已基本完成维修改造，落实具体管理。为提升片区安全，还在各出入口安装了摄像头，并与公安系统相连接，结合序化员动态巡查，实现小区治安常态管理全覆盖。2020年底，莲花公寓引入专业物业管理，小区内也有了24小时全天候轮流值班的门卫。

东港街道结合旧改，在片区中较大的安居新村成立了业委会及兼合式党支部。其余4个小区，联合成立了一个兼合式党支部。兼合式党支部及业委会配合社区，负责对小区进行日常管理，由此形成了以党建引领，物业公司、小区业主委员会和业委会监督委、业主代表等多方共担的保障机制，共同维护改造成果，监督旧改工作和长效化管理，给小区带来了舒适便捷的居住环境，切实提升

了生活品质。该旧改项目也被评为舟山市普陀区修缮实践样板点。

莲花公寓改造前后对比

3. 智慧数字管理

在数字化时代，基层治理也应该与时俱进，利用5G网络、物联网、大数据等数字化手段，依托线上平台实现“智”治。

建立“线上事务办理系统”“掌上社区”等数字化基层治理平台，争取和政务公开系统打通，并增设居民知事、报事、议事、办事、评事、公告等基础功能。既方便居民对一些重要事项进行线上表决，又便于社区向居民开展线上宣传。数字化治理平台打破时空限制，实现政府和居民的双向互动，提高居民参与自治的便捷性，并逐步达成管理服务由粗放到精细、静态到动态、分散到集中、局部到全面的转变。

杭州市米市巷街道的“基层民主协商铃”①

米市巷街道隶属于浙江省杭州市拱墅区，辖区总面积3.59km^2。截至2020年6

① 杭州日报．运行1年多时间解决近2000件民生事，“米市协商铃”为基层治理添动力［EB/OL］.［2022-01-25］. https://baijiahao.baidu.com/s?id=1722917024976943941&wfr=spider&for=pc.

月，米市巷街道辖7个社区，人口6万余人。米市巷街道历史悠久，辖区内老旧小区较多。2020年起，米市巷街道开始启动老旧小区改造项目，分为两个批次12个标段，共27个小区，建筑面积达88.77万m^2。

为提升基层治理能力，米市巷街道在听民声、解民忧、聚民心上下沉重心、前移关口，打造贯通街道、社区、居民之间的信息化渠道，从而解决居民中易发的纠纷矛盾。米市巷街道运用“线上＋线下”“技术＋制度”“网络＋数据”等手段，探索建立一键式源头协商平台，创新开发“基层民主协商铃”微信小程序，促进基层治理精细化、民意响应高效化、便民服务智慧化，开辟了智治、共治的基层治理新格局。

居民可以登录手机端微信“协商铃”小程序，或在社区服务大厅智能设备上，一键点按“协商铃”发起协商申请。一键按铃后，会触发受理、协商、反馈、评价等一整套系统化的操作流程。在此期间，社区工作人员会主动沟通确认协商事项，根据事项性质进行分流，对涉及多方主体的事项，积极组织相关条线、物业、事件相对人等召开协商联席会议，确定事项处理方案，形成条块结合、相互协调、运转高效的协商处理机制。

为了更好地发挥“协商铃”作用，米市巷街道创新设立覆盖全街域小区的“小区三方办”，由小区专员、党支部书记、业委会和自管会居民骨干等组成，确定由小区专员担任小区“三方办”主任。按照街道“大工委”、社区“大党委”、小区“党组织”，构建了“街道—社区—小区”三级党建体系，持续推进“党建＋”小区微治理工作，积极吸纳三方党建力量充实队伍，确立小区党组织在小区微治理中的领导核心地位。

“协商铃”平台按照“线上收集、定向交办、线下解决”的工作模式，内置“数据库”功能对申请“协商铃”事件进行多层级细分统计，按照街道六办三中心职能划分，将协商事项分为党建、三方治理、卫生健康、城管城建等方面工作。同时，“协商铃”还建立了后台数据库，将成功协商项目形成案例，为后续类似事项处理提供参考。

此外，街道还明确了“提出协商申请、受理协商事项、发起协商约请、对接协商事项、确认参会信息、召开协商会议、联审协商结果、通报协商结果、评价协商结果”9个步骤的处理流程，制定街道、部门、社区协商联席会议制度，妥善解决了飞线充电、物业纠纷、垃圾分类、设施损坏等一系列问题。米市巷街道的这一数字化协商平台，通过迅速响应居民需求，及时发现老旧小区居民痛点，从源头有效化解小区内部矛盾。

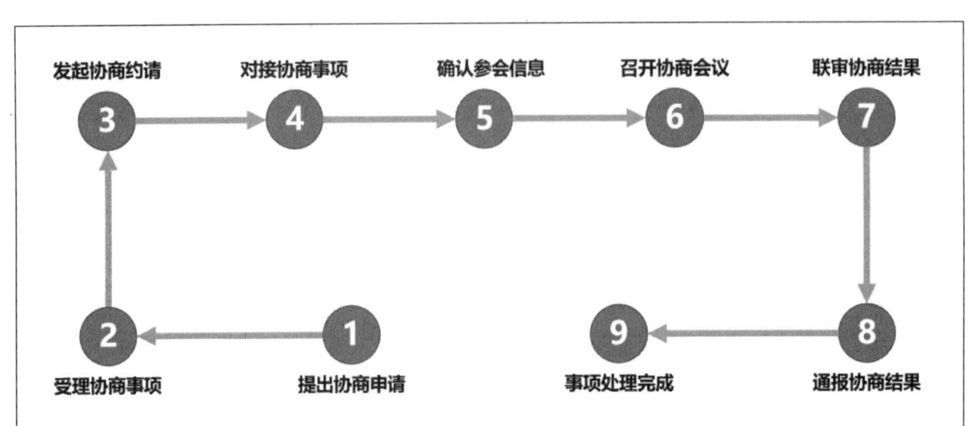

小区协商铃工作步骤

比如，米市巷街道的五一新村边上的公共道路，由于年久失修，破损严重，灰尘漫天，无法开窗通风，住在附近的居民为此抱怨已久。“协商铃”开通后，就有居民通过平台反映了这个问题，社工“接铃”后，进行现场查看发现道路破损，补丁痕迹明显，路面上全是水泥、石子。虽然小区在进行改造，但是小巷由于在小区外，不包含在老旧小区改造项目内，道路铺装经费落实则成为难点。五一新村所在的锦绣社区“三方办”随即通过“协商铃”平台召集旧改办等部门和单位商量此事。街道旧改办给出方案，在经费范围内可灵活选择小区墙绘项目或道路铺装项目。多方讨论后，社区出于实用性和居民受益角度，选择了道路铺装，常年破碎的道路最终焕然一新。

米市巷街道党群服务中心

与此同时，“协商铃”平台还在线上发布小区日常服务、政策宣传等信息，线下定期组织召开居民骨干议事会议，邀请民间监理员参与老旧小区改造、二次供水协商等重大议题讨论，充分利用数字技术，着力营造一个有归属感、舒适感的社区氛围；平台增设了“米市小红帽”“阳光好帮手”等志愿服务品牌，数百名志愿者参与了垃圾分类、飞线整治、平安巡防等志愿活动，激发了居民自治的内生动力。

“协商铃”激活了基层社会治理的新活力，调动了基层治理中的各方力量，形成基层治理共建共治共享的局面。同时，“协商铃”数字赋能协商会议，各方保持信息对称，寻求解决矛盾的最大“公约数”，降低了重复治理成本，形成“数字化支撑、社会化参与、专业化服务、协同化治理”的协商共治模式，提升了改造成效。

二、倡导多元物业形式

长效管理必须落实责任、强化管理，融入智慧管理与辅助管理机制。目前，老旧小区业主已逐渐形成三种管理形式，对房屋及配套的设施设备和相关场地进行维护与管理，并保障相关区域内的环境卫生和秩序。

1. 标准物业管理

标准物业管理指的是小区业主通过选聘确定物业服务企业的管理形式。这是小区比较常见的管理形式，小区在社区居委会、业主委员会的领导下，以公平公开的方式选聘物业管理企业。

体量小的老旧小区，可以和周边老旧小区打通，交由一家专业物业形成片区化管理。同时，老旧小区要不断挖潜存量资源，利用公共文化宣传、停车泊位收费、便民餐厅和老年食堂等居民购买服务带来可持续性收入，通过降本增效形成“自我造血”的业务闭环，以保证物业公司工作的长期顺利开展。

2. 业委会自管

业委会自管是指小区业主通过成立业主委员会来自行管理的形式。专业化分工得愈加精细，使社会服务性行业趋于多样化。单就物业管理的基本内容来说，业主委员会可以选聘一位类似于注册物业管理师的职业经理人，来具体负责小区的物业管理服务工作。同时，相应的业务可以根据实际情况分包给专业公司实施，或是从社会上招聘适当人员来自行完成。

3. 居民自管

居民自管是指小区业主通过自行成立小区管理委员会，来管理小区物业的形式（图6-6）。2007年3月16日，第十届全国人民代表大会第五次会议中通过的《物权法》第八十一条明确指出，业主自管也就是由业主委托业主委员会，直接对小区物业事务进行管理和服务的模式，是对社区管理的一种有益探索与尝试。

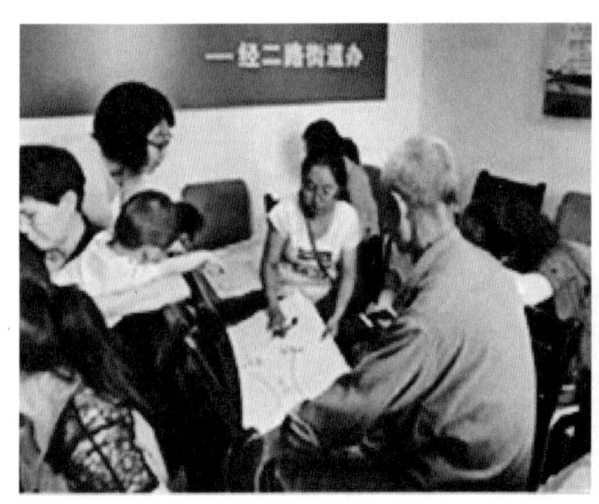

图6-6　居民自管

对于难以请到专业物业的老旧小区，街道、社区可协助指导成立居民自治小组、小区业主委员会或小区管理委员会等居民自管组织。这些组织采用居民自治管理模式，以自治为核心，以共治善治为方向，以“巩固改造成果、提升居民幸福感”为目标，充分发动居民共同参与管理，真正实现居民事“自己议、自己管、自己办”。

三、拓展多元经营收入

与政府补贴为主的基础设施改造相比，在建造技术和产品、地上地下空间的挖潜利用、公共服务产品的提供和收费、后续管理运营等环节，均可以为企业参与老旧小区改造带来一定的经营性收入。比如在土地空间挖潜方面，可以通过优化规划设计，把边角废弃土地和二次开发后的地下空间，改为停车、商业服务、运动休闲、养老服务等场所，为投入改造的企业带来土地经营效益；或是通过土地一二级联动的方式，引入城市运营商，使城市运营商在政府的监督和宏观调控下，实现对相关土地的长效运营，以获得经济效益。在水系统、供热、网络、电梯改造中，鼓励建造商与运营商捆绑，在运营收费中实现资金平衡。

但在老旧小区改造中，如何增强居民购买服务的意识，如何保障改造后的长效运营和管理，都需要政府部门从制度设计、政策法规、技术标准、财政补贴、系统规划、市场准入、群众工作、推动技术创新和集成应用等多方面，做好顶层设计和因地施策，为企业参与提供更好的环境。同时，注意对物业管理、幼育、养老、医护等专业类服务企业的重点扶持，鼓励更多企业参与社区服务的运营，并在政策、资金和税收等方面对企业给予支持。

目前，可引入第三方运营公司参与的服务项目主要有以下几类：

（1）常规性的公共服务。如：房屋建筑主体的管理及住宅装修的日常监督；房屋设施设备的管理；社区环境卫生和绿化的管理；配合公安和消防部门做好住宅区内公共秩序的维护工作；车辆秩序管理；有关公众代办性质的服务；物业档案资料的管理。

（2）针对性的专项服务。如：代办类服务，即代缴水电费、煤气费、电话费等；高层楼宇的电梯管理、外墙清洗等；一般的便利性服务，即提供室内清扫、维修、装修等；住户需要的其他服务。

（3）委托性的特约服务。如：牛奶和书报的代订代送；送病人就医、就医陪同、医疗看护；请钟点工、保姆、家教、家庭护理员，提供家政服务；代接代送儿童入托、学生上下学等；车站、机场和港口的接送服务，代购物品，代洗车辆；为住户提供小花园、绿化阳台、更换花卉盆景等设计类服务。这一服务项目常规情况下是协商定价，并以微利和轻利标准收费。

就目前改造后的老旧小区情况来看，第三方运营公司通过提供服务，获得经营性收入主要有以下几个来源：

第一是物业费，它涵盖了第三方运营公司需要提供的常规性服务费用。随着目前居民生活条件的改善，在确保群众满意和充分沟通的基础上，可以在合理范围内适当调高物业费收取标准，填补企业前期的建造投入。第二是停车管理费，通过整合小区停车资源并对其进行规范管理，整治停车乱象，既能切实缓解居民的停车难题，又可以为企业带来一定收入。第三是企业利用自有资金投资改造，在小区的支持下，盘活小区内闲置或低效利用的空间，建设功能多样且能带来一定收益的活动场所。比如打造社区服务中心，植入社区食堂、养老托育、卫生服务等便民服务业态，由具备专业资质的企业经营，并通过场地租赁和增值服务的方式进行分成。此外还可以对小区中的宣传墙、数字显示屏、电梯广告屏等进行充分的活效利用，从而增加部分广告收入。第四，通过问卷调查了解居民需求，并据此提供居民所需的入户保洁、维修、社区团购等服务，在方便居民的同时创造收入。

有条件的老旧小区改造项目，也可以在小区内采取“物业＋”或“投资＋设计＋施工＋运营”的模式拓展收入。

第七章

未来社区理念健全
老旧小区改造机制保障

未来社区理念和老旧小区改造的有机融合，在政策规划、资金筹措、长效管理、考评体系等方面需要建立完善的机制来保障老旧小区改造有序、管理有效，确保老旧小区改造有章可循、有规可依，积极推动改造工作的健康、可持续发展。

第一节　完善政策措施，坚持规划先行

城市规划是城市发展的方向标，是城市建设和管理的依据，政策引导是城市发展和建设的动力与保障。新时代下的老旧小区改造，既承担着提高整体居住水平、保障民生的作用，又被赋予服务双循环新发展格局的功能，改造工作涉及的相关利益者多，需求差异分散，同时要解决空间限制和资金来源的问题，任务也较重，因此更需要政府完善相关政策体系，确保规划先行。

一、全局谋划：健全政策制度体系

老旧小区改造作为一个长期的重点工程，受到了高度重视。目前，国家、各省市都出台了一系列政策文件，强化政策协调，全面督促老旧小区改造工作的落实。

由于目前我国老旧小区改造工作开展时间较短，在政策制定层面也在逐步探索。但是老旧小区改造具有复杂性和差异化，随着老旧小区改造工作的横向拓展和纵向深化，未来国家还应该针对老旧小区改造涉及的专项内容，完善规范性文件和相关技术标准，各地也需要结合区域实际情况，不断总结经验，构建地方政策体系，探索出适合区域的小规模、渐进式老旧小区改造之路。

（一）顶层设计推进“一盘棋”

从政府层面而言，需要构建老旧小区改造相关政策体系的顶层设计。老旧小区改造是补短板、促转型的重要行动，政府部门要坚持改造工作全面安排，统筹推进“一盘棋”。

以通盘谋划、牵头抓总，在统筹中考虑顶层设计和微观实践，完善老旧小区改造政策体系。对于老旧小区改造所涉及的政策进行梳理，并结合各部门职责，要求在改造实践中逐步将其细化，对于改造中存在的难点和痛点出台独立的政策，并由职能部门进行监督落实。针对老旧小区改造中涉及的社区公共设施配套标准、社区管理、社区服务、社会组织建设、社区医疗服务水平和服务方式、

文化教育设施配置、教育资源共享等方面作出指导要求，政府给予一定的政策支持。

我国各城市老旧小区现状差异较大，城市资金来源、居民需求也有所不同，因此要构建差异化的老旧小区改造政策体系，强化老旧小区改造规划和行动管理。在区级层面要成立老旧小区改造专职机构，形成包含机构设置、专项规划编制、项目评估、资金来源、利益分配、会议制度、管理办法、实施运营机制、审批流程等全套全面的政策保障体系。

此外，老旧小区改造也是城市更新的重要内容，从目前探索来看，国家在顶层上有必要针对城市更新建立明确的法规依据，通过法律条文使城市更新制度具备法律效力，设立或调整城市更新相关的部门机构，统领全国的城市更新工作，引导地方城市加快法规和条例的制定。

（二）技术规范汇编“一张网”

《国务院办公厅关于全面推进城镇老旧小区改造工作的指导意见》（国办发〔2020〕23号）的出台，为老旧小区改造指明了改造重点和改造方向，但既有相关老旧小区改造的条例较为分散，分布于多个不同领域的政策文件中，缺乏衔接协调和有机整合，导致在开展改造实践的过程中容易发生查证困难、信息冲突等问题，大大影响改造执行的时效性和完成度。

针对这一情况，建议尽快汇编出针对老旧小区改造的技术规范指引。通过对相关政策进行分类筛选、重组优化、增补完善，保证改造的各阶段、各流程有法可依、有章可循。

对于老旧小区改造中遇到的技术规范难题，确定在满足相关条件之下，适当放宽技术指标，并对地方涉及住房、土地、规划等相关法规的调整予以支持，以适应城市发展和居民生活的需要。同时，面向社会公开发布政策规范和操作指南，让行业专家、从业者和居民等社会大众参与到技术规范体系的制定和审核中，从而推动技术规范的透明化和专业化建设。

此外，我国很多老旧小区由于建造时间久，缺乏档案和信息管理，加大了后期改造的调研难度。因此在改造中，一定要避免这一问题重现，由于不同老旧小区改造有不同的设计方、施工方，因此需要将老旧小区改扩建历史、产权变更、历史风貌、改造技术等信息进行如实记录，形成完整的小区电子档案，最后形成老旧小区数字储存库，既可以为后续改造提供经验支持，又能为城市整体规划提供资料支撑。

二、敏捷进化：合理设计上位规划

老旧小区改造整体规划，要与城市规划、社区规划相结合，才能让城市焕发生机，展现美好的城市形象。

过去的城市规划都是从城市角度布局功能，但是其对于社区规划层面可能会形成掣肘。而目前提倡的社区生活圈层，是以人的需求为核心，推动高标准、均衡化城市发展，因此现有社区规划需要在该标准下进行完善。

合理设计社区规划，对于老旧小区改造能够起到更好的指引作用。如老旧小区内部因为空间限制，无法新建或改建居民活动中心、养老托育设施等，则可以依据城市规划和社区规划，联动老旧小区周边资源，由相关部门调整，对社区内的闲置和未开发资源进行统筹利用或再开发；或划拨一些待开发土地，为完善社区公共服务设施、交通设施，布局多业态发展提供空间，进而老旧小区之间也能打破界限，实现资源和服务共享。

此外，老旧小区改造涉及的技术较多，如果逐个解决单一老旧小区的问题，工作量大且效率低下，从而造成成本上升。但基于上位规划编制，老旧小区按照建造时期、地理位置、建筑质量等进行分类，实行老旧小区改造统一规划、系统编制、有序推进。

在实施老旧小区改造规划时，明确完善老旧小区改造规划涉及主体及其权责关系，重点包括老旧小区改造内容、改造程序、社会力量参与模式、财政基金、空间权属、改造技术标准、政策支持、服务监管等。

同时，对于老旧小区改造过程中受限于上位规划的问题，比如由于原有土地性质、技术标准等原因而无法实施改造，相关职能部门应该着力解决；针对危房治理、既有住宅增设电梯、存量房屋改建租赁住房、历史地段微更新等暂时缺少规划依据的项目，在编制老旧小区改造规划方案时，应该纳入详细规划和实施路径。

如果现有规划难以满足老旧小区改造实施，可以因地制宜地创新土地管理制度，比如深圳在推进城市更新中，城市改造用地不需要另外招拍挂，可以以协议出让的方式给原权利人或参与改造的社会资本；未被规划用于基础设施和公共服务建设的土地，通过规划整合可进行腾挪置换，由相关部门办理手续，出让给其相邻地块的老旧小区改造实施主体，进行统一更新改造；允许老旧小区周边不具备单独建设条件的“边角地”“插花地”“夹心地”以及非居住的低效用地，作为老旧小区改造后的配套服务设施建设用地，参照低效用地再开发政策办理供地手续，以提高城镇老旧小区的土地使用效率。

此外，老旧小区改造推进过程中，一定要做好历史规划遗留问题的处理工作，并强化监管。老旧小区改造的目的是为了解决人们最迫切、最现实、最根本的居住问题，针对特定的情况切实需要局部突破上位规划的，则可以基于规范进行，推动老旧小区改造项目成功实施。

三、主动增援：构建改造工作机制

老旧小区现状情况各异，居民改造需求也不尽相同。要充分考虑老旧小区改造的迫切程度、个性化需求和居民诉求，制定精准化改造方案，积极配合响应各方诉求。

构建适配老旧小区改造的工作机制，需要建立组织领导机制、方案规划设计机制、居民参与机制、工程管理机制、财务管理机制、长效管理机制等多项机制，由政府切实发挥高位统筹推进职能，结合居民需求明确改造内容，严格把控工程品质管理，确保资金核拨及时到位，严格落实计划投资预算控制，因地制宜建立物业管理模式保障长效管理，加强老旧小区改造的督查和督办。

政府不仅要将各个负责部门及各项工作内容简单汇总，还要做好先统筹再分解，制定工作规则、责任清单和议事规程，各部门齐抓共管，明确各方主体责任，并落实责任到个人，建立无死角、无重叠的协同合作工作体系。

改造设计方需要对老旧小区所处区域展开系统化、精准化、个性化的实地调研，总结本城市老旧小区发展中不断出现的共性和特性问题，用“基本菜单＋特色菜单式”的精准方案替代过去简单的“菜单式”改造计划，以满足不同老旧小区的改造更新需要，传承社区文化，体现小区特色。

在确保基本原则保持不变的前提下，针对具体项目实施的工作机制可根据居民的合理意见进行优化完善，建立政府、企业、居民三方协同推进的老旧小区改造工作机制。

第二节 拓宽资金渠道，建立共担机制

老旧小区改造所需资金总规模巨大，目前各地都在积极探索多渠道筹措资金，但仍然存在资金总体不足、财政资金投不起、居民和社会资金不愿投、后期管护资金缺失等问题[①]。经济基础决定上层建筑，为保证老旧小区改造项目的顺

① 中国日报网. 老旧小区改造陷资金困局，资金筹集多方面难题待解［EB/OL］.［2019-12-9］. https://fang.chinadaily.com.cn/a/201912/09/WS5dede38ca31099ab995f06de.html.

利实施和改造品质，国务院明确提出，要以可持续方式加大金融对老旧小区改造的支持力度，运用市场化方式吸引社会力量参与。

除中央的补助资金、政府的资金投入以外，我国旧改工程的资金来源十分有限，主要是因为不同地区政府的财政能力各异、城市的改造内容各异、小区的改造力度各异。因此需要吸纳居民共同出资和社会资本进入，不仅有利于维系改造工作的资金链，保障老旧小区改造的顺利进行，还可以使改造选项更加多元。在完善物业管理的基础上，充分发挥老旧小区的区位优势，通过公共空间设施对外有偿运营、闲置土地开发等方式，明确收益归属，增强小区自我造血功能，拓宽改造资金来源。探索成立小区旧改专项基金、物业维修基金等，用于小区改造后长效运营，把居民组织好、发动起来，共创共建美好家园。

一、加强政府引导，强化资金监管

2019年6月19日，国务院常务会议指出："加快改造城镇老旧小区，群众愿望强烈，情况各异，任务繁重。"仅靠政府投入一味兜底杯水车薪，难以完成如此艰巨的改造任务，无法形成可持续发展的力量；而如果企业过多介入，逐利的开发行为难以保障居民利益和公共服务设施，造成改造乱象的局面。

老旧小区改造需要一个新的工作和建设模式去面对复杂的房屋产权人和复杂的契约关系，核心是构建老旧小区住户的共识；有了共识才会有集体的行动，社区的公共性才能体现，政府才有财政支持的理由。因此，老旧小区改造工作需要妥善处理政府、市场、居民三者之间的关系，明确责任主体，加强资金支持和政策支持，优化社会资本进入路径，拓宽社会资本参与的深度和广度。政府落实好资金监管的责任，才能促进老旧小区改造的顺利推进和改造工作的不断完善，进一步实现社会、经济与环境效益，个人与集体利益，局部与整体利益，近期与长远利益的综合平衡。

（一）健全资金支持政策，探索多方筹资机制

为鼓励社会力量和居民参与老旧小区改造，政府作为一个引导者，首先要明确准入条件，健全支持政策，制定合理的项目实施细则和专项资金筹措程序。鼓励支持有条件的社会资本以投资主体、实施主体等多重身份与政府展开合作，发挥政府财政资金示范引导作用，探索建立居民合理负担、专业经营单位投资、市场化运作的多方参与筹资机制。保民生就是保根本，对民生类项目政府要给予倾斜政策支持。通过制定财政贴息和税收减免政策，予以社会企业参与改造类项目

等优惠扶持，加大老旧小区改造类政府专项债支持，推动将老旧小区综合改造整治列入城市投资引导基金支持范围；更新出台相关支持政策和完善监管办法，以此减免、降低企业税费，激发社会资本参与老旧小区改造的积极性，为改造工作注入市场化活力。对于绩效突出的企业，政府可制定相应的奖励机制，推动更多社会资本进入，提高其参与性，形成“政府引导、企业共建、居民受益”的模式。

政府引导管线单位或国有专营企业出资参与改造。政府通过明确相关设施设备产权关系，给予以奖代补政策等，支持管线单位或国有专营企业对供水、供电、供暖、供气、通信等专业经营设施设备的改造提升。鼓励国有企业结合“三供一业”改革，捐资捐物共同参与改造提升工作。

地方党委和政府可出台相应政策给予奖励，如利用行业福利政策、企业形象宣传等条件，鼓励各类企业参与改造工程，并说服企业方以优惠价格提供服务；地方党委和政府的有关部门可联合专业机构，双方共同参与改造方案设计，机构的专业建言有利于改造提升品质；推广“社区规划师制”，发挥专业人员作用，摸底民情，为老旧小区改造提供“陪伴式”服务，在细微处回应民生关切；引进新材料新工艺，有效兼顾绿色低碳的改造理念和对改造成本的控制。

（二）调整政府出资结构，完善资金分摊规则

在老旧小区改造工程中，政府财政资金投入主要用于小区水、电、气、热、通信等管网和设备及小区节能环保等公共设施改造，政府补贴资金应由事前事中补贴转向事后补贴，基于改造项目的切实调研进行拨付。对于居民集体出资参与改造的项目，需要合理规划居民和政府的投入比例，在居民资金募集率达到100%后，政府财政再进行拨款，既能培育居民主体意识，又能避免出现群众不配合而影响项目推进的情况，还能切实减轻居民出资压力。再就是政府出资结构应适当简化，由多个部门转向一个部门统筹进行。另外，改造项目应坚持循序渐进的原则，成熟一个支持一个，保障项目实施的规范性和可行性。

（三）优化政府平衡机制，确保资金专款专用

积极探索政府补贴资金分配和资源整合的优化方案。政府投入资金通常是一年一拨付，而老旧小区改造的项目周期较短，一般情况下在3～6个月内就可以完成。因此需要适当引入市场化的运作机制，实施“以奖代补”，针对不同级别的改造内容明确划定奖励的扶持力度，研究制定吸引社会参与的投资融资模式，探索建立区域联动的资金平衡机制，明确政府资金、居民出资与社会资本各自的支

撑重点。

严格奖补资金的预算管理和资金拨付，通过设立资金拨付前置条件，对有关单位和部门的拨款行为实行硬约束，确保专款专用，把每一分钱花在刀刃上，既可以减少不必要的资金浪费，又可以大大提高资金的使用效率。同时，要灵活政府扶持资金的使用限制，由单一的“公共设施建设资金”转向多元的综合建设，如结余的公共建设资金，可在合法合理合规的前提下，用于其他改造内容。

二、引城市运营商，协调共同利益

随着我国城市化进程的加快，城市运营商这种新型的服务企业开始兴起。城市运营商作为城市运作过程中的一个新生产物，以城市总体发展为目标，以满足消费者需求为核心，运用市场化机制和手段，盘活城市资源，结合城市发展的特殊机遇，使自己的开发项目成为城市发展建设的有机组成部分，从而带动城市区域经济的发展。不同于一般的房地产开发或产业运营，城市运营商着重于“城”的建设，拥有更广泛的业务范围，除了传统的地产开发与建设外，还覆盖城市发展中的城市更新、存量资产盘活等业务环节，同时涉足物业管理、社区教育、社区文化等领域，关注长远的社会效益，为政府、开发商提供优化的开发建议和运行策略，为居民提供更好的居住条件和生活环境，推动产业、经济发展，从运营固定资产向盘活区域经济发展，进一步为城市创造价值。

（一）合理让渡政府权力

受长期计划经济体制影响，我国大多数城市的基础设施建设和社会管理由政府统一包揽，政府既当守门员，又当裁判员。这也导致过去的老旧小区改造项目多由政府主导实施，存在政府工作的计划性与居民诉求的多样性之间的矛盾，尽管有时购买第三方服务，但这样的计划式、运动式操作模式不可能长期持续，从而导致改造工作的持续性较差。

古希腊政府“凡是私人能做的事，决不让政府做；凡是低层政府能做的事，决不让高层政府做”的管理原则至今仍有重要的借鉴价值[①]。政府虽然拥有对城市资源加以宏观调控的权力，但应该侧重法则、规则的制定，经营城市的具体性事务还得借助市场的力量。

---

① 李东泉. 城市社区数字化管理［M］. 北京：中国大学出版社，2009.

随着老旧小区改造工作稳步进入正轨，政府应从“全能”向“有限”转变，适当减少行政力量的干预，合理让渡自身权力，最大限度减少政府对市场资源的直接配置，角色定位由行政型干预向服务型引导转变。充分体现以人为本，通过与其他参与主体形成多元合作伙伴的关系来支持小区改造提升。按照“谁受益谁参与”的原则，把改造工作当作一个常态化的城市更新项目来进行，团结整合居民、市场和社会力量共同推进实施。

加强政企合作。一是采取政府采购、新增设施有偿使用、落实资产权益等方式，吸引专业机构和社会资本共同参与旧改社区的养老、抚幼、助餐、家政、保洁、便民市场、便利店、文体等服务设施的改造建设和运营。二是利用改造中的建设停车库（场）、加装电梯等有现金流的改造项目，吸引各类企业的参与。三是利用土地、规划、不动产登记等方面的创新，支持以市场化的运作方式和可持续运营机制，推进老旧小区改造工作。与相关技术企业合作，搭建数字服务平台，支持以“平台＋创业单元”的方式，发展养老、托育、家政等社区服务新业态。

企业在政府的指导下，对城市的各类资源进行优化整合，实施具体运作，这就是城市运营。有实力的城市运营商可以协同政府参与城市规划，制定运营计划，在获得政府授权后可利用运营主体的身份对城市资源进行可持续运营。因此，城市运营商是政府和市场的中间环节，起到“上承政府规划，下启市场化运营”的作用。

（二）“专业的事交给专业的人来做”

建立完善的资源共享机制，充分发掘社区潜藏的专业人才，并组建“顾问团队”，为社区运营提供专业化的意见和建议；对于教育、交通、医疗等方面的社区服务工作，应加强专业人才或组织的参与，从而发挥社区服务的最大效用，确保其经营的可持续性；在社区文化供给方面，政府应适当“放手”，引入市场或社会组织参与合作，优化社区公共文化产品结构，促进社区文化的多样性和包容性。

对城市运营商而言，要主动寻求机遇，根据居民需要及时对改造环节进行调整和完善，优化提升运营、服务水平，从而获得更多的项目机会和收益；同时，要与居民、政府、企业培养良好的关系，定期面向居民开展满意度调查，确保各项工作顺利开展，对居民反映的问题进行有针对性的优化升级；充分接受政府各部门的指导和居民的监督，积极配合各项工作，建立信任感与认可感；充分发挥创新力量，推动科技与城市的智慧融合，提升运营管理效率，渗透数字化运营模式，帮助政府和企业发展项目，优化产业链一体化配套水平，丰富产业价值，用商业服务反哺公共文化服务，因地制宜地为老旧小区提供定制化的解决方案。

当然，必须提出的是，老旧小区改造首先是一项社会事业，其次才是一块市场经济的蛋糕。因此，在平衡社会效益和经济效益时，参与改造的企业应以社会效益为先，在确保群众满意的前提下再考虑经济效益。在此基础上，解决改造资金难题、挖掘小区“造血点”，建立“居民受益、企业获利、政府减压”的多方共赢模式。

例如，北京市朝阳区劲松街道是20世纪70年代末建设的老旧小区，总居民3605户，其中老年人口占比超36%，老龄化问题较严重。作为老旧小区的改造试点，北京劲松一、二区引入愿景集团出资进行改造，政府资金和社会资金共同发挥作用，以专业化的物业管理探索出了“劲松模式”。该模式的核心是“区级统筹、街乡主导、社区协调、居民议事、企业运作”的“五方联动”机制。在该模式下，第三方愿景集团对小区进行改造投资建设、后期持续维护，居民对所享公共服务进行付费，企业获得收入收回前期投资成本，并在后期获得利润。“劲松模式”下，愿景集团作为城市运营商通过收取基础物业费、配套商业用房租金、停车费及部分街道补贴（主要是垃圾收缴费用），利润达到6%～8%，一定程度上使企业获得收益，解决了投资收益回报低的问题①。

三、提升居民认可，培育出资意识

作为老旧小区改造的主体和房屋产权人，居民最了解自己长期居住生活的环境。居民对自身生活空间的改造与维护进行必要的资金投入，对老旧小区的长远发展至关重要。培育居民出资意识和出资责任，在完善小区共有资金筹集和管理制度的基础上，引导业主和产权单位支付相应所需承担的共有资金。一方面，居民投入的资金可用于小区物质实体的改建、修缮、整治。另一方面，则是支付以物业费、公共维修基金等为代表的长期运作维护费用。居民群众发动和组织到位，居民参与性和积极性普遍较高；党员和党员干部带头，发挥党建引领作用，居民配合度和信任度都普遍较高。居民分摊的资金可以是居民自有资金或个人消费贷款，也可以来自公积金贷款，包括但不限于物业专项维修资金（含物业管理专项资金、房改房维修资金），或共有设施设备征收补偿、经营收益、赔偿等资

① 杨帆．民营资本参与老旧小区改造的“劲松模式”［J］．城乡建设，2022（11）：60-63.

金。允许居民提取个人公积金，用于所居住小区的改造、增加套内面积及户内装修。鼓励居民通过个人捐资捐物、投工投劳等志愿服务形式支持改造。小区内公共停车和广告等收益，可在依法且经业主大会同意后，用于小区改造和改造后的维护管理。

在改造过程中，遵循居民参与、平等合作、渐进更新和包容发展的基本原则，以改造小区自身需求为推动力，以居民为主要参与者，以公众参与、社区自治和多方合作为基础，从社会公正角度出发，采取“自上而下”与“自下而上”相结合的方式，广泛征求改造受益者的合理意见和需求，强调改造过程中社会权利和利益分配的公正性。社会资本力量的进入可使改造内容、改造选择更加多元，对于老旧小区的主体居民，如何提升其对改造的认知和认可程度，改变其对改造的传统观念至关重要。社会资本力量进入后，可尝试通过让居民“先享受后付费”的方式，给居民一定的“缓冲期”和“试用期”，让居民切身体验到多元服务带来的便利，使居民成为真真正正的受益者，从而建立对市场化改造的认可度和信任度，自然而然地产生为服务买单的意识。

广西省贵港市第六地质队小区——“红色一家”，幸福大家

广西第六地质队小区位于贵港市港北区七里桥路88号，从1980年建至2014年，是新老住宅混合型小区。小区占地面积约3万m^2，共有房屋26栋1848户，改造涉及房屋11栋346户。在改造前期，贵港市住房和城乡建设局联合贵港市组织部指导该小区设立“红色一家”组织架构，成立党支部，选举业主委员会，组建业主监督委员会，推动支委会与业主委员会、物业公司人员实行交叉任职，把小区内的在职党员、流动党员、离退休党员纳入小区党支部。贵港市委组织部统筹拨款近30万元用于小区建设“红色一家”设施配套，建设党群服务中心，将300m^2的闲置用房改建成1间阅览室、1间棋牌室、1间室内乒乓球室等老年活动场所。

“红色一家”的设立充分激发了党员为人民服务的精神，提高了居民的集体意识，群众自发组建改造施工监督队，协助做好安全监督工作，真正成为推进小区顺利改造的内生力量。党员分组、分楼栋负责管理改造事务，通过设立意见箱、上门走访、电话咨询、网络消息传播等多渠道多平台广泛征集居民改造意见，召开现场议事会商讨改造方案，广泛听取业主对老旧小区改造的民意，成为老旧小区改造的“家长”。小区自行出资近100万元修缮了健身场、室内门球室、党建宣传橱窗、红色悦读站等设施；小区8名志愿者利用周末时间不计报酬主动

加入小区施工队伍，10多名退休职工承担小区工程监督员的工作。小区在成立“红色一家”后，每季度定期由党支部牵头组织召开联席会议，对小区重大事务进行联合协商讨论。在小区改造过程中，通过组织设计师、工程师、运营单位、小区居民共同召开改造事项联席会议20次；改造后小区物业费由0.3元/m^2提升至0.7元/m^2，居民缴纳物业费比例从75%提高到100%；小区党支部组织开展志愿服务、互帮互助活动10余次。“红色一家”助推老旧小区改造成为一个“大家”，居民矛盾纠纷减少了，物业管理服务提升了，主动互助变多了，生活更幸福了①。

第三节　积极统筹资源，实现有序推进

为推进老旧小区改造朝着共建、共融、共享的方向发展，实现共同富裕的目标，应结合区域情况、城市规划和小区规划，在条件允许的情况下，实施“片区化改造，联动周边治理”的模式。老旧小区片区化改造，是指按照区位相近、资源共享等原则，科学划分改造区域，合理拓展改造实施单元，明确老旧小区改造片区范围，形成改造项目，统筹规划、设计、改造以及管理，推进相邻小区及周边地区连片改造②。

老旧小区片区化改造带来的优势也十分明显。

空间上，片区化改造能够缓解老旧小区空间不足的问题，连接多个小区充分挖潜小区外部资源，盘活存量资源。这种改造模式，能够避免老旧小区与周边城市空间脱节，将小地段局部更新与大区域总体更新相结合，促进区域或城市整体范围内的环境改善和经济增长。片区化改造还能够起到连接微观尺度和城市宏观尺度中的衔接协调作用。实现城市功能的完善，兼顾经济效益，有效地避免更新中存在的碎片化和利益分配不均的问题③。

在资金上，片区化改造不仅能够从更大范围内挖掘具有稳定收益的资源，吸引更多社会力量运营，确保在片区内实现资金使用的平衡，多元化资金来源，也可以更大程度保证好的改造成果。

---

① 贵港市住房和城乡建设局．改出幸福味，造就和谐家——贵港市以“红色一家”助推老旧小区改造［J］．广西城乡建设，2022（5）：91-98.

② 刘强，吴珊，张高华，等．基于城市更新行动的城镇老旧小区连片改造道路交通系统研究［J］．安徽建筑，2021，28（12）：143-144.

③ 秦虹．城市更新行业趋势判断与片区更新［J］．中国勘察设计，2022（4）：28-31.

在实施上，片区化改造能够综合考虑规划功能、交通组织、公共配套、自然生态等因素，统筹划定各单元边界，统筹用地贡献和公共服务设施配置，以统一规则协调多元利益，统筹解决片区内的历史遗留问题[①]。

老旧小区片区化改造，通过“以片带点、整体提升”，最终达到资源进一步统筹，成效进一步突显，居民的获得感进一步提高，功能配套进一步齐全的成果。目前，全国已经有部分城市发布支持政策，开始探索老旧小区片区化改造。如广州按照“成片连片，分步实施”的原则，开始逐年推进老旧小区改造；成都也开始着力推动“全市成片、连片更新”，加快推进既定项目建设；洛阳市政府专门印发相关实施方案，要求老旧小区改造“组团连片，集散为整”；青岛市也提出“要形成成坊连片的老旧街区（老旧小区）改造模式”。

基于各地的探索和经验，城镇老旧小区片区化改造的实施应该做到以下几个方面。

一、连片改造，挖潜区域存量

老旧小区片区化改造涉及的范围广、体量大、改造内容多，还需要多个小区的互联互通。如何把片区更新的效果做到最优，需要解决整个空间的资源配置，包括公共空间、居住空间及总体片区的容积率[②]。片区化改造模式的创新，需要更高效的实施路径，因此，片区化改造应该建立“政府主导，多方协调”的机制，政府从顶层设计的角度出发进行总体设计和全局规划。比如，动态建立城市更新项目库，合理安排实施时序，按照策划、规划设计、建设运营一体化模式[③]，同时，考虑片区改造与城市规划的联动、周边功能和资源对片区的补充等因素，推动老旧小区构建15分钟社区生活圈，最终促进安全健康、设施完善、管理有序的社区建设。在这种机制下，可以保证改造工作既不偏离推动城市发展的主基调，又能促进片区和城市的良好互动。

（一）肥瘦搭配，长效管理

老旧小区片区化改造，既要做到改造项目的“肥瘦搭配”，还要注意盈利性

① 戴小平，许良华，汤子雄，等. 政府统筹、连片开发——深圳市片区统筹城市更新规划探索与思路创新［J］. 城市更新，2021，45（9）：62-69.

② 刘强，吴珊，张高华，等. 基于城市更新行动的城镇老旧小区连片改造道路交通系统研究［J］. 安徽建筑，2021，28（12）：143-144.

③ 四川省成都市人民政府. 埋头苦干 勇毅前行 推动住房和城乡建设事业高质量发展［C］. 北京：全国住房和城乡建设工作会议，2022.

项目和服务的规划，实现长效管理。在老旧小区片区化改造过程中，积极吸引社会资本和市场化企业等多方力量入局，不仅可以减轻政府和居民负担，还能创造更大的经济价值和社会效益，更能够调动整个片区居民配合老旧小区的改造，实现改造工作的提质增效。长效管理机制的实现，可以在社区基层党组织引领下，通过引进专业的物业公司对多个老旧小区进行统一管理，以保障管理的有序性和资金的合理化运用。也可以建立片区自管的形式，搭建统一的智慧化管理平台，通过分工协作、精细化治理，实现共融、共治、共享、共创的老旧小区片区化管理机制。

新疆阿克苏市小南街片区化改造，实现旧改提质增效

阿克苏市小南街片区位于阿克苏市团结西路28号，是由西大街、南大街、团结路、人民路围合形成的居住片区，总占地面积14.1hm^2，共有40幢楼房，总建筑面积22.98万m^2，总户数2145户，总人口7500多人。

小南街片区最早是由16个小区组成，分别是南电力小区、金石建业小区、广电小区、市长楼家属院、糖烟酒公司家属院、食品公司家属院、公路管理局家属院、阳光花园小区、修造厂家属院、邮电局家属院、金石三分公司家属院、地质八大队家属院、传输局家属院、国税局家属院、公路管理局家属院。在最初的小区设计建设中，多作为单位家属院使用。片区周围配套资源丰富，但片区内也存在较多的问题：围墙阻隔各小区，居民出行不便；楼梯踏面破损，年久失修；雨污管道不畅；缺少公共休憩活动场所；社区配套缺失。这些问题影响着居民的日常生活。针对小南街片区化改造的策略如下：

1.片区规划交通路网，便捷所有居民出行

小区原本丁字路和断头路较多，导致居民出行不便，也难以满足安全疏散的需要。本次旧改工程中，为便捷居民出行，首先对片区内部破旧的围墙进行拆除，再对片区内部交通路网重新规划和整改，并对小区游步道重新设计，还将片区道路和城市支路打通，使得道路变宽了，车位增加了，交通通畅了，真正做到了“改造为人民”。这次围墙的拆除，打破的不只是物理空间的壁垒，还有人们心中的隔阂。

2.片区挖潜存量资源，共有房屋统筹共享

本次片区改造，充分利用片区内的优势资源和存量资源，合理拓展改造实施单元，同时推进相邻小区及周边地区资源共享，推进各类共有房屋统筹使用。

另外，本次对于国有存量资源进行回收和改造，真正盘活了存量房。如另作洗车服务中心的旧体育馆，经过社区多次沟通，将其收回并改造成阳光之家，补齐了健身功能的短板，便于片区所有居民锻炼休闲；原闲置已久的国税局职工之家外立面破损，将其改造为老年之家，用作老年大学、老年活动室等，补齐了片区内缺乏的适老功能；原地质第八大队职工之家，整体建筑形象良好，改造为少年之家，用作孩子的校外课堂和兴趣培训班；原种子公司整体建筑为砖混结构，改造为社区图书馆，为片区居民提供了一个学习和教育的场地；原锅炉房作为垃圾存放非常浪费，且不利于小区环境美化，改造为社区文化中心，用作党建文化、社区文化和邻里文化的宣传，满足了居民精神文化的需求；原歌舞团排练厅，因周边有相似功能的艺术文化中心，使用率不高，这次改造为社区办公用房，提升社区管理、办公和宣传以及智慧物业的功能；原东兴公司的场址已经荒废，改造为综合服务中心，主要功能包括党群服务中心和社区卫生中心。

这次改造，通过对闲置存量资源的再利用，彻底补齐了整个片区的功能短板，整个片区居民可以共享公共空间和设施，提升了居民的居住环境和生活质量。

小南街片区改造后的社区配套服务功能

3.片区统一物业管理，推进资源优化配置

小南街片区的16个小区彼此交错纵横，原本由五个物业公司各自负责一部分，还有一部分小区没有物业管理，整个片区缺乏数字化管理，且较为混乱。改造后由街道、社区、业委会三方联动，对原有物业公司进行考核，最终只留下一家物业公司，负责对整个片区进行集中的物业管理。

（二）以“盘活存量”促进“发展增量”

老旧小区片区化改造，能够冲破以往空间有限、资源不足的束缚，把曾经割裂的闲置空间高效集约利用，让“边角地”和不规则地块发挥价值，最大限度地整合存量空间，盘活闲置资源，从而达到拓展公共空间的目的，形成如绿化环境、口袋公园、健身场地、停车场、活动社交场所等公共服务设施和场地的共建共享。

在未来社区改造项目中，存量资源的革新和空间拓展也是重要一环，例如对小区周边废旧厂区的利用。由于城市化的步伐加快，厂区周围建成了越来越多的住宅区，迫使工厂不得不停用，造成巨大的场地资源浪费。而这些废旧工厂往往具有极大的改造潜力：一方面工厂内用地强度适中、场地条件较好，能够提供满足多样活动的场所，小尺度的厂房空间可以充分再利用，为社区、商业、办公等多种功能综合置入增加了可能性①；另一方面厂区占地面积较大，可以将其改造成共享空间，以丰富社区的休闲娱乐功能。但是碍于产权与资金的问题，将废旧厂区完全收归小区内部使用，操作难度较大。因此，物业可与工厂达成合作，将厂区改造成能够有效缓解小区停车压力的公共停车场，或是为居民提供休憩和邻里交流的文化商业中心。这样一来，改造后的厂区不仅可以增加物业收入，还能将废旧场地利用起来，促使其由封闭走向开放，形成开敞的外部空间，以供居民休憩、活动。同时，为确保景观丰富性，在建筑屋顶和立面也应设置局部绿化，提升墙体节能效果，体现社区绿色生活的理念。

老旧小区往往具备地理优势，有条件的片区，可以将一些公共服务或设施向社会开放，和城市功能实现互补。也可以规划改造部分娱乐空间和人才公寓，吸引年轻人群打卡消费、租房入住，提高片区人群结构多元化，从而促进片区和周边产业的联动，提升片区活力，增加经济效益。多个小区的融合，还能实现优势互补、错位发展、多方共赢，使不同小区的特色服务和设施覆盖更多的居民群体。

---

① 金磊．基于“15 分钟社区生活圈”的老旧小区公共配套设施改善研究［D］．合肥：合肥工业大学，2020.

二、条线统一，简化审批流程

老旧小区改造是一个大工程，涉及的范围大、内容多、组织结构复杂，导致审批流程繁琐、组织间协调难度大、改造工作难以快速推进。因此，应坚持权责统一，明确责任主体的权利与义务，并适当简化审批流程，在加强监管的前提下，推进改造工作的顺利实施。

在老旧小区改造工作中，各区政府虽成立了老旧小区改造领导组，但在具体实施的过程中，依旧存在工作落实不到位的情况，原因有三：一是老旧小区改造涉及市、区、部门等多个单位和级别的共同联动，协调难度大；二是大型改造内容流程多且审批难，如加装电梯、新加车库等改造工作，容易造成区级难统筹、街道和社区难实施的处境；三是施工过程中，各条线、各单位之间的协调统一具有一定难度。因此，为解决上述问题，应注重各部门间的协调有序和各审批环节的流畅衔接。

（一）规范管理流程

将责任人名单进行公示以供公众监督，不仅要坚持责任的一一对应，还应保证责任主体所拥有的权力与其所承担的责任相适应。科学详细地规划和调整程序，规范管理流程，按照“最多跑一次”改革要求，加强前后流程的衔接整合。同时，灵活运用制度与规则，具体问题具体分析，对有条件简化的流程开辟“绿色通道”，加快审批进程。

（二）建立联合审批制度

对涉及两个以上部门共同审批办理的事项，实行由一个中心（部门或窗口）协调、组织各责任部门同步审核办理的行政审批模式。搭建线上联合审批平台，并与社区综合APP整合，打造线上线下融合的审批模式，同时对审批进度进行线上公示以加强公众监督。加强各单位、部门和组织间的双向合作，并明确各个事项的轻重缓急，合理分配并行处理事件、间歇处理事件和专注处理事件，从而促进双方沟通协调的通畅性。以加强党建引领为准则，不断优化改造工程的管理和审批机制，坚持改造工作管理模式的创新，加强政府公信力和公众号召力，积极解决改造统筹难题、推动民生改造工程顺利进行。

老旧小区改造是由政府组织领导的建设工程，政府的组织领导是推进改造工作顺利进行的重要依托，其工程量大，且涉及多方面的改造内容，需要政府各部门各条线的多方协调与共同推进，这也在一定程度上加大了改造工作难度。

因此，规范和简化审批流程，对于形成老旧小区改造的长效机制，健全政府、业主和企业三者之间的良性互动机制具有重要意义，有利于逐步深化未来社区的建设理念对城镇老旧小区改造的体制改革，从而为各方协调共建提供体制保障。

三、多方共建，确保各司其职

老旧小区改造是利国利民的重要民生工程，力争在满足居民基本需求的同时，符合人民对美好生活向往的建设需要。然而在部分老旧小区改造项目的实践中，一些主管单位隐约存在着责任主体模糊和相互推诿责任的问题，影响了改造项目的有序开展。例如，某小区过去属于单位职工宿舍小区，物业由原单位负责，在老旧小区改造结束后需要把物业管理权限进行移交，然而执行改造时却出现了原责任主体不管、新物业无权管理的问题，造成改造施工管理缺乏相应的责任主体、改造工作无法进行、各部门之间相互推诿的现象[①]。因此，应重视政府与地方在改造项目中的相互配合，加强各方工作的串联和相互监督，同时注意主管单位职责的透明化以确保各尽其责，保证老旧小区改造工作的顺利推进。

（一）明确责任主体，强调工作效率

在改造实施过程中，上级指导的断链直接阻碍了改造工作的执行进度。因此，为贯彻落实政府关于城镇老旧小区改造的决策部署，需要基于现实情况制定相应的规范，切实加强责任主体对城镇老旧小区改造的正确引导，提高改造工作的实施效率。

1. 坚持规划先行

发挥上层规划的指导作用，从城市发展的总体目标和地区协调发展需要出发，统筹推进老旧小区改造建设。在国土空间总体规划、专项规划、详细规划编制或修订过程中，突出责任主体，综合考虑实施进度、所涉及的改造内容、改造工作“重难点”、审批流程、审批时间等因素，推动系统融合和多部门协同，做好改造工作的统筹规划。

2. 加强规范化管理

实行严格的管理制度，明确各项工作的责任主体。搭建一体化管理平台，

---

① 梁叶岚. 城镇老旧小区改造面临的困境与对策［J］. 城市更新，2022（4）：20-22.

支持审批流程和实施进度公示；采取“审核主任制”，如果在审批过程中发生某一环节的卡顿，由审核主任负责监督和推进审批进程；完善奖惩制度，对责任主体在工作过程中的疏忽、错漏、阻碍项目进程等行为，设置严厉的惩罚制度，对责任主体的优异表现和突出贡献再予以相应的奖赏，从而确保各方忠于职守。

3. 协同提升效率

调整审核程序，按照“最多跑一次”的改革要求，加强前后流程的衔接整合。同时，为可以简化审批手续的项目开辟“绿色通道”，以加快审批进程，保障改造工作的高效推进。统筹点、线、面的推进流程，强调改造范围与周边区域的一体化建设，推动老旧小区改造与片区责任主体的有机结合、联动开发、资源共享，协同提升老旧小区改造的工作效率。

（二）重视公共参与，底层协同共建

在老旧小区的改造工作中，政府仍处于主导地位，而“自上而下”的运作方式使公众难以真正参与到社区公共服务工作中，这也有悖于老旧小区改造“以人为本”的核心导向。因此，在坚持党建引领的前提下正确处理政府与公众的关系，为社区服务工作设置灵活的管理制度，加强社区治理的公众参与，以达到老旧小区改造的最佳效果。

1. 变革管理模式

老旧小区改造涉及内容多、范围广，政府职责的增多使其工作变得尤为繁重，不利于改造工作的有序、高效推进。因此，政府可以适当放权，形成由政府引导、社区介入、公众共同参与管理的新模式。改造工作关乎社区居民的幸福指数，加强公众参与能有效推动老旧小区改造与居民意愿相契合，而居民提出的相关意见或建议，也是指导改造工作如何进行的重要参考。

2. 设置社区代表聘任制

建立与邻里积分贡献制联动的社区代表聘任制。将社区公共事务纳入声望值的累计范围，综合考量居民能力与各方面素质，结合积分排名和居民意见，正式聘任2～3名社区代表。社区代表作为工作委员会成员行使巡查监督职能，监督审批流程和工作进度，确保审批的公正性与合理性。同时定期对社区代表进行核查和排序，将不符合要求的社区代表解除聘任。

（三）政府与地方统筹协调

建立由政府部门承担改造工作主责，同时联合多方参与的共建共治共享协调

机制。地方政府层面，实行各级各部门联动、分管领导负责的合作模式，即职能部门、街道、社会力量等联合成立领导小组或联席会，组织地方成立改造统筹小组，并制定相应的工作指引、责任清单、制度规范，以明确各改造单位的职责分工与工作内容。街道层面，搭建有街道办事处、社区居委会、居民代表、社会力量等共同参与的工作平台，并制定相关工作机制。

执行过程中，先由市、区级领导小组或联席会提出改造计划方案；再启动工作统筹机制，由领导小组联合统筹小组共同商议完善改造计划方案的细则；最后，在街道主责、居民同意的前提下，将改造计划方案正式立项备案（图7-1）。这种合作机制实现了各部门、各条线的统筹协调联动，形成上联政府、下至社区、各司其职、科学高效的管理格局，在一定程度上提升了老旧小区改造的工作效率，保障了工作成效。

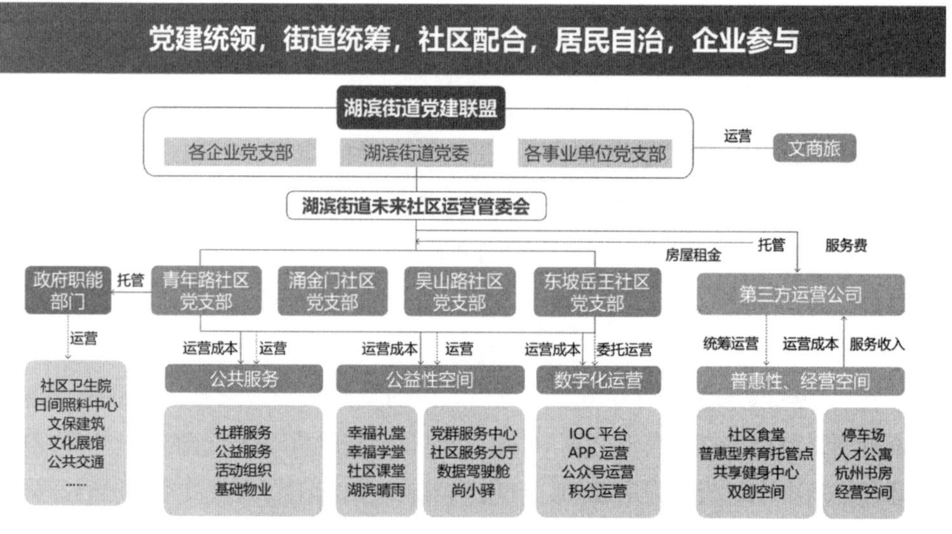

图7-1 杭州市上城区湖滨街道运营模式图

第四节 建立考评体系，衡量改造成效

老旧小区改造是涉及人民群众切身利益的重大民生工程，如何把事情做实，把好事办好，问需于民是前提，问计于民是关键，问效于民是保障。完善老旧小区改造“多评估”机制体系，可以从目标完成、过程管理、改造成效、资金管理、保障措施五大一级指标对改造项目分阶段进行综合考评。对改造前的开工任务、居民改造意愿、改造需求、参与积极性、立项决策、配套设施、治理结构等建立评估体系；对改造中项目的设计方案、工程实施和管理、长效管理、资金管理等建立评估监督体系；对完成改造项目的完成情况、机制保障、宣传配合、综

合效益等建立满意度考评体系。制定科学合理的考评体系，有利于对老旧小区改造的全过程进行评估、分析和检验，为改造项目提供实质性的参考依据，让成效衡量“有尺子”“有板子”。

从城市发展总体目标和区域协调发展需要着手，“纵向到底、横向到边”的整体规划结构应该贯穿于老旧小区改造的全过程。在改造前充分征求居民改造意愿，以满足居民改造需求为目标，调动居民主动参与和监督管理的积极性，优化改造方案，让居民从“局外人”变身“主人翁”；在改造中充分接受居民层层把关，严控改造质量，让居民从“旁观者”变身“参与者”；在改造后充分接受居民监督检验，确保改造工作公开透明，改造成效经得起审核，让居民从“批判员”变身“监督员”。推进落实全局统筹规划，不单单要处理好老旧小区建筑主体以及配套设施等相关问题，还需要保障改造工作的全面性和整体性，防止“面子工程”和“半拉子工程”的现象发生，做到点上精雕细琢、线上彰显特色、面子上系统提升、里子上品质保证，让老旧小区焕发新活力。

一、量化指标，确保改造出实效

2021年12月，《住房和城乡建设部办公厅 国家发展改革委办公厅 财政部办公厅关于进一步明确城镇老旧小区改造工作要求的通知》(建办城〔2021〕50号)，明确提出：“各地确定改造计划应从当地实际出发，尽力而为、量力而行，不层层下指标，不搞‘一刀切’。”

老旧小区因历史成因不同，有集资房、商品房、公房、公私混合房等多种类型，差异性明显；加上我国幅员辽阔，气候特点、风俗习惯、财政实力等均存在较大差异。例如上海、杭州、北京等地开展老旧小区改造工作时间较早，资金储备较雄厚、改造经验较丰富；南方雨水多，夏季炎热潮湿，北方温差大、风沙大，不同地域的居民对居住的需求不尽相同。因此，有必要结合居民的实际需求，为各个老旧小区量身定制改造指标和改造方案。指标的构成可以是相关政策规定的数据指标，也可以是反映居民主观需求的指标，一般可采用问卷调查、访谈、实地调研、居民议事会等形式获取居民真实的改造需求和改造建议。下好“先手棋”，为后续改造工作打下坚实基础，因地制宜，精准推进，迭代优化，动态提升，解决居民实际住房需求，确保改造出实效。

老旧小区改造不是“涂脂抹粉”，各地按照党中央、国务院决策部署，出台具体的老旧小区改造工作实施方案，成立老旧小区改造工程指挥部和专项工作组。例如湖北省房县坚持先规划后建设、先民生后提升、先地下后地上、先功能后景观的原则，针对各小区的实际情况，因地制宜，精准施策，统筹兼顾，广纳民意，按照一个项目、一个可研、一个方案、一抓到底的要求，在保留城市特色的同时，重点解决居民急难愁盼问题，实现改造差异化发展，着力打造老旧小区改造示范标杆，截至2022年7月，房县共改造老旧小区114个，总建筑面积69.6万m^2，累计投资1.8亿元，惠及居民8355户。

二、奖惩有度，护航管理规范化

针对有条件的老旧小区，可以引入专业物业公司管理；而针对一些付费能力较弱、管理不善的老旧小区，则可以按照“党建引领、市场主导、多方参与、共建共享”的原则，把基层党建工作与社区物业管理有机结合，形成公益性物业管理公司，即开展“红色物业”，形成党群资源联动、政企服务联手的共建共治共享新局面。老旧小区有了物业管理后，必须要建立有效的物业考核机制，尤其是物业管理企业的管理水平和物业负责人能力的考核，增加物业人员工作的积极性，形成稳定长效的物业管理水平，从而让业主满意，让企业谋利。

目前，不少地区都出台了针对物业管理的考核标准和细则，街道、社区、业委会可以协商，以地方考核标准为基底，因地制宜地建立针对本小区的考核体系，并定期召开例会，分析总结，对物业管理小区进行考核，及时对外公布结果。小区中的党员骨干、退休人员可以形成监督志愿小组，对物业管理服务进行日常监督，做得不到位的工作可以在例会上进行讨论，并要求物业及时整改。

此外，可以对物业公司、物业管理负责人实行“物业奖补”政策，从多个维度编制详细的物业奖惩办法，由第三方专业评估机构、社区、业委会等多方对物业公司服务的成效进行打分，划定等级，根据不同等级给予不同的奖励补贴。对于不履行职责的物业则进行通报，对于考核多次不合格且不整改的公司，可以要求强制退出，重新聘选新的物业公司进驻。

除此之外，还要定期开展物业从业人员培训，物业管理人员需持证上岗，全面负责小区日常管理的各项工作，对居民关心的日常保洁、秩序维护、维修养护等划分到块、责任到人，并在每个单元楼栋公示投诉电话。

上线小区物业“奖励机制”，保障小区管理效果
——杭州市清波街道在行动

杭州市清波街道辖5个社区，曾是南宋皇城所在地，现有人口3.7万余人（2011年末数据），街道因境内古清波门，历史悠久，老旧小区较多。2020年，清波街道针对老旧小区率先探索专业化准物业第三方管理新模式，实现辖区内小区物业管理100%全覆盖，老旧小区实现精细化管理。

2021年4月，杭州市清波街道召开小区物业管理专题工作会议，向辖区内所有物业服务企业颁布了《清波街道物业考核激励办法（试行）》，以提升住宅小区管理水平，会上还公布了第一批获得奖励的物业名单。

清波街道第一批获奖励的物业公司
（图片来源：杭州网）

根据物业管理团队的专业化程度，考核奖励办法将辖区内的住宅小区物业分为准物业企业、专业物业企业两类，明确规定了考核标准，将重要的考核内容，如垃圾分类等进行单独罗列。在激励措施方面，分为日常考核激励、年终考核激励两种。同时，将奖励中30%～50%的资金作为对项目经理及其他员工的个人激励，剩余其他资金将用于小区物业管理工作经费，如运用在小区环境卫生提升、设施设备维修等改造内容中。

此外，清波街道也制定了《清波街道物业管理项目考核办法》，对物业公司

进行考核处罚，奖惩有度，双管齐下。清波街道通过多举措探索精细化管理方法和机制，进一步健全小区考评体系，打好“组合拳”，为居民创造更规范、更长效的社区管理服务。

三、问效于民，增强居民获得感

老旧小区改得好不好，居民主体说了算。老旧小区改造是一项顺应民心的工程，要始终将“我为群众办实事”的初心和“从群众中来，到群众中去”的工作方法贯彻落实到老旧小区改造的全过程、各方面，维护广大居民群众的知情权、选择权、参与权、监督权，推进改造工作由外延式扩张到内生式发展转化，以居民满意度为最终评判因素，尊重民意、汲取民智、体恤民生，改出居民满意度，造出居民幸福感。

（一）健全居民评价体系

老旧小区改造后的可持续管理更新是一项长期事业，涉及主体多、内容多、细节多、需求多，需要始终贯彻落实“以人为本”的改造原则和“居民满意”的改造标准，制定关于老旧小区改造的居民满意度测评指标体系，通过线上线下相结合的形式构建居民评价的多元化途径，将居民的测评结果反馈到改造工作后续的修整与完善中，结合居民评价不断优化升级改造内容，构建老旧小区改造动态更新、长效发展的开放模式，进一步促进社区居住品质的提升，使改造项目和管理机制更符合民意，使改造结果更顺应民心，使改造效果更契合民情。

（二）构建居民共识，凝聚居民合力

从居民角度出发，要积极配合破解老旧小区内部制约的管理困境。居民作为小区的权利主体，对改造的认知直接影响他们对于改造的态度，可以建立业委会这样常态化和规范化的话语权组织，提高业主组织效率。但老旧小区普遍存在内部组织较混乱、房屋业主难联系、老年人群体占比大、租客参与积极性不高等问题，这些都是业委会组建过程中的阻碍，街道和社区尝试牵头效果也不尽理想。而且从调研情况来看，有些小区即便成立了业委会，也并未发挥出相应的作用。老旧小区改造需要构建一个新的工作和建设模式，来处理复杂的房屋产权人和复杂的契约关系，核心是构建老旧小区住户的共识，化解居民内部矛盾，在达成共识的基础上才会有集体行动的一致性和目标性，社区的公共性和发展性才能体

现。社区工作者及业委会可通过社区宣传媒介进行引导，采取座谈、入户交流等方式改变一些居民传统的主观观念，加深其对改造内容与意义的了解，提升其认可程度；建立交流互动机制，鼓励居民参与到改造的决策中，帮助居民表达诉求，代表居民发声，凝聚居民合力。

（三）建立长效管理机制

改造项目完成后，培养居民树立正确的物业服务观念是建立长效管理机制的重要环节，包括业主对物业服务的消费观念和物业企业对业主资产的管理服务观念。社区、街道办、物业办、物业企业、新闻媒体等各方应加大对物业管理知识、产权知识、权责知识等的解释和宣传，普及基本的产权与物业管理知识。通过各种教育宣传途径提高老旧小区业主对物业管理和产权的认识水平，为更好地开展物业管理工作打通法理、情理的思想观念通道。

老旧小区改造后的整治工作不同于新建工程，过程涉及多个业主和权利人的利益调整，也缺乏相应的法律依据，整体推进较为困难。而且综合整治后，专业物业介入也是长效管理的重要一环，居民是否需要物业服务，能否顺利引进物业服务，都需要居民共同参与、共同推进。社区充分发力，以党建为引领积极推进居民议事协商，与居民、准物业协商制定物业管理方式和内容，制定公平合理的收费标准。将物业公司的服务内容及报价在楼内进行公示，可以通过“先尝后买”等方式，将专业化物业服务引入老旧小区，培养居民对物业服务付费意识的同时，让居民来评估、考核物业服务的专业性和有效性，逐步提高老旧小区物业管理水平，实现由准物业管理向专业化、灵活化的物业管理转型，根据居民意愿完善后续管理模式，保障改造效果，促进良性运维。

红色物业赋能社区治理，文明友爱助力社区服务
——浙江省湖州市在行动

浙江省湖州市自2019年来一直在全面推进“红色物业”创建工作，通过对市本级620个小区、165家物业企业进行全面摸排后，建立了市物业行业协会党委和片组联合党支部及物管党小组的“红色物业”模式，并陆续制定出台《关于全面推进物业党建提升城市基层治理现代化水平的实施意见》《湖州市“红色物业”示范小区（点）创建标准》《红色物业企业管理标准》等多个文件，力求实施打造“五个一”工程，即有一个坚强有力的基层堡垒、有一个尽职履职的小区业委会、有一个专业敬业的物业服务企业、有一支热心公益的党员组织、有一个文明和谐的小区环境。

2021年湖州市“红色物业”示范小区创建完成103个，累计创成“红色物业”示范小区230个。全市共建立物业企业党支部29个，管理物业行业党员260余人；成立小区党支部87个，联系党员1965名。2020年小区物业费平均收缴率达80%，比上年增长8%，共建共治共享的小区治理格局初步形成。

通过扩大党组织覆盖和工作覆盖、实施统一集中换届、优选红色基因、打造红色示范，推动示范小区创建，有效推动了物业党建和社区治理的深度融合；通过将“党建引领”写入《湖州市物业管理条例》、建设系统党建暨“红色物业”创建推进会，开展“红色物业”专题培训，推进“红色物业”机制更顺、融合更深；推行“红色圆桌会”，邀请相关各方面对面沟通，联动化解物业相关矛盾纠纷，打开物业与业主之间的“心疙瘩”；通过“多维度”建构联动机制，如“业账社管”模式、“e家清”掌上平台、“智慧红管家”等“互联网＋物业”智慧平台，破解居民最关心的问题和社区治理难题[①]。

湖州市“红色物业”圆桌会

① 戴健. 湖州：推进“红色物业”创建［J］. 城乡建设，2021（4）：68-69.

第八章

以未来社区理念推进小区旧改案例

第一节　民呼我为，红承未来——打造现代社区治理高地

——杭州市翠苑一区老旧小区改造提升工程

杭州市翠苑一区建于1984年，地处西湖区核心区块，北至文一路、南至文二路、东临学院路、西靠余杭塘河支脉。社区总占地面积约16.5hm^2，建筑面积约21万m^2，总人口近1万人，其中老年人口占比高达20.8%，是杭州市典型的老旧小区（图8-1）。

图8-1　翠苑一区航拍图

改造前的翠苑一区内部仍面临诸多问题，突出表现在：建筑屋面、外立面破损，渗漏严重；楼道线路混乱、杂物堆积，消防隐患突出；室外公共空间较少，可供居民活动和休憩的场地不足，室内公共空间缺乏，可供居民交流互动的邻里空间较少；小区基础配套设施老化严重，与整体区域不匹配；周边丰富资源无法辐射进社区，难以实现资源共享；小区内部水系富营养化，水质较差；小区植物品种单一，影响低层居民采光。通过对这些现状的民意调研，发现这些问题切实影响居民的日常生活质量，居民改造愿望十分迫切。

因此，对于翠苑一区的改造，需要以未来社区理念指导，以人为核心，坚持问题导向，实现系统性、功能性、综合性改造，充分挖掘区域文化根脉，最终结

合老旧小区实际因地制宜地、层次分明地落位场景体系，营造小区特色文化，高标准实现改造目标，真正让小区向“新”而生，增强居民的认同感和归属感。

翠苑一区老旧小区综合改造提升工程于2022年3月正式开工，项目总投资约1.4亿元。本次改造涉及居住建筑53栋，配套用房9栋，总用地面积11.15万m^2，总建筑面积21万m^2，居民3146户7872人（其中包含老年人2011人，幼儿428人），涉及2个主题公园和6个口袋公园，拆除违章建筑2.32万m^2，挖掘小区特色文化11处、小区形象提升6处（图8-2）。

（a）改造前

（b）改造后

图8-2 翠苑一区综合改造提升工程

通过对翠苑一区居民画像的调查分析，社区中青年群体数量较大，他们比较关注机动车停车、家中老人养老及子女教育托管问题；老人和小孩占比也较大，这类人群更加关注日常活动场地、是否加装电梯、社区医疗服务等方面；本地居民对翠苑老底子文化情感认同高，外来人口则更关心小区公共服务设施和生活品质的提升（图8-3）。

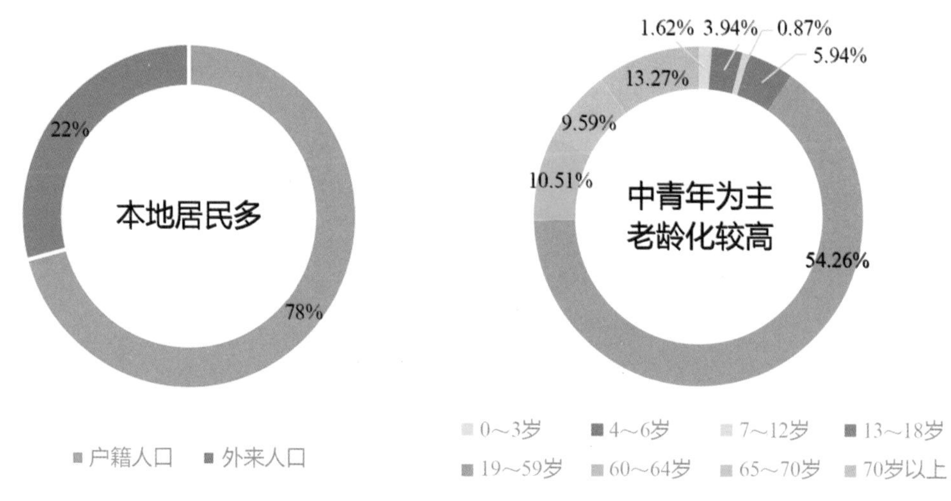

图8-3 翠苑一区居民画像分析（一）

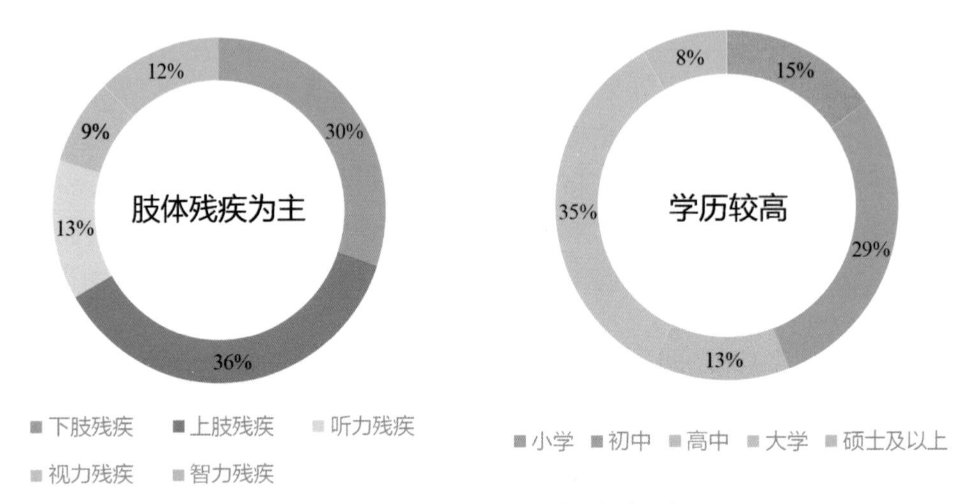

图8-3　翠苑一区居民画像分析（二）

本次改造在充分听取民情民意的基础上，结合翠苑一区实际，以新时代党建为引领，打造邻里、治理两大核心场景，服务、教育、健康三大特色场景，结合交通、低碳、建筑、创业四大基础场景，完善基础设施，补齐功能短板，整体提升小区居住环境（图8-4）。

图8-4　翠苑一区改造总平面图

一、党建引领，红色传承

自2003年起，时任浙江省委书记习近平同志曾先后3次到翠苑一区调研指导，2次给社区党委复信，并提出“民有所呼、我有所应，民有所求、我有所为”的要求和嘱托，将浓厚的红色基因根植在翠苑一区的血脉之中。这也成为此后20年社区党委开展工作的指导思想，本次改造深挖翠苑一区红色根脉，丰富红色板块内涵，策划“民呼我为”红色暖心之路（图8-5）。

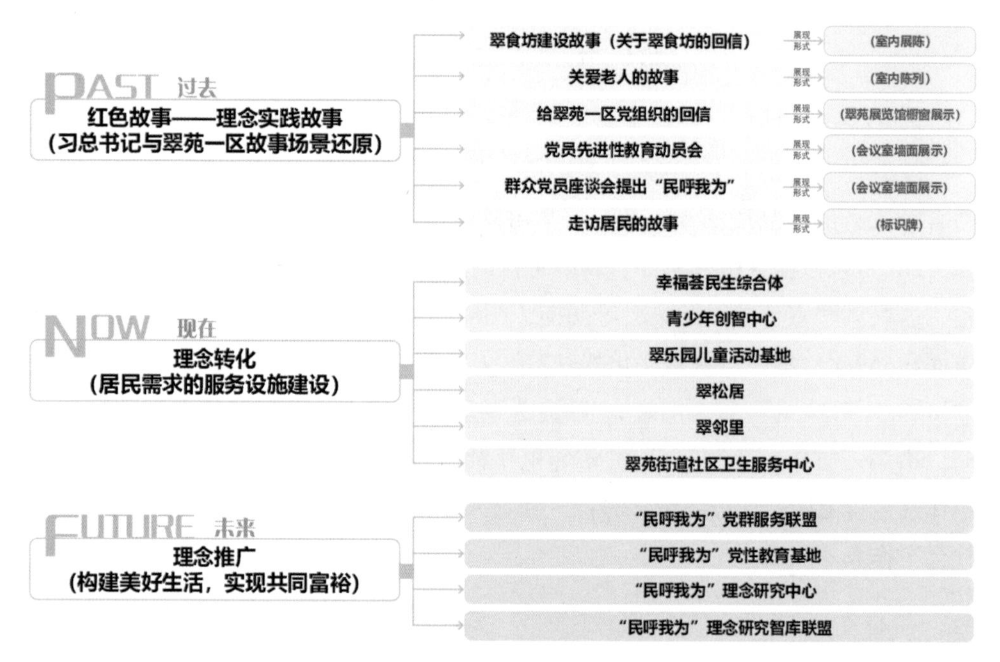

图8-5 “民呼我为”红色暖心之路策划思路

1. 红色＋网格

社区党委推行网格化管理服务，把小区分成6个网格，建立13个党支部。每个网格有11幢楼、居民1600人左右，按“1＋2＋2＋4”配置1名责任网格长、2名专职网格员、2名党支部、4名兼职网格员，约50名在册党员、10名在职党员，按照就近、便利的原则安排每名党员联系10户居民。在网中的一楼一路、一草一木，党员和社工都熟记于心，努力做到及时掌握居民信息、及时化解邻里纠纷、及时发现重大隐患。群众有大事小事，随时都可以找到党员骨干，真正让群众感受到“支部建在网格上，党员就在楼道中，服务融入群众里”（图8-6）。党组织的触角真正延伸到社区的每个“神经末梢”，不变的初心和使命让翠苑一区20年来始终洋溢着蓬勃生机，处处体现着“民呼我为”给居民群众带来的幸福感和获得感。

图8-6　社区党支部网格化组织体系

2. 红色+阵地

改造提升党群服务中心、“翠印迹”“翠邻里”等红色文化空间载体，提供适合全人群的高品质活动、教育、学习阵地。改造后的党群服务中心总建筑面积622m^2，包含社区服务大厅、24小时自助服务、物业服务、警务室、社区办公室、居民调解室、居民圆桌会等功能（图8-7）。“翠印迹”呼应为教育基地总建筑面积669m^2，集中设置数字化驾驶舱、人大联络站、社区党建阅览室、翠印迹展览馆、“呼应为”会议旧址、“呼应为”理论培训中心、居民议事厅等功能空间，由第三方单位负责运营。“翠邻里”社工学院总建筑面积224m^2，设立社区工作红色讲习所，通过组织优秀社工和新入职社工专题培训，进一步扩大和优化社会工作人才队伍。

图8-7　党群服务中心改造前后对比

3. 红色+服务

社区党委不断探索，总结“及时应”“联动应”“精准应”的三“应”机制以实现对“呼”的闭环管理，让居民诉求得到暖心关切。

一是对居民所“呼”第一时间予以明确回应。成立翠苑一区改造工程指挥部临时党委，推行“首问责任制”，同时，专门组建成立117名党员与93名居民骨干的“红之善”社区党员志愿者队伍，每周开一次例会反馈建设情况（图8-8）。二是搭建多种联动回应机制，让居民“呼”的信息在不同层级、不同领域治理主体间同时流动，确保居民所“呼”得到有效回应。首先是政企—社区—居民三方联动，建立“社区吹哨、部门报到”的联动回应机制。其次是社区—物业—居民三方联动，让居民诉求能直接对接到社区和物业。三是做实“读—审—应—复”的精准回应机制。对居民在改造工程推进中持续提出的新诉求认真阅读、精细研判、全程回应，让“问题清单”变成“满意答卷”。

图8-8　居民议事厅

社区还开辟了上情下达、下情上报的“呼应为”党群智治平台，收集社情民意，广泛征求居民群众意见建议，及时把党的方针和政策传达到每一位党员和居民。4月下旬，筹备近3个月的“翠苑一区”微信小程序也投入了试运行，功能涵盖社区介绍、常用电话、自治表决、社区活动、投诉表扬、调查问卷、报修报事等七大板块，居民可以使用手机号在线注册并申请居民使用权限，在平台内了解社区最新动向、参与社区活动等，进而提供全人群、全周期、全链条的多元化民生服务。

二、友好邻里，善见未来

在翠苑一区，最让居民难以割舍的就是融洽和谐的邻里感情，一直延续着“善德、善行、善教、善学、善美”为核心的善文化传统。本次改造充分发扬“善文化”品牌，在细微之间增进邻里感情、点滴之处传递社区温暖。

1. 空间改造，促进邻里交往

针对小区邻里交往空间不足的问题，主要从整治“九曲池”、优化小区绿化、改造重要景观节点、挖掘小区口袋公园、打造健身步道等几方面系统改造提升室外景观载体。累计提升改造绿化2.78万m^2，改造公共服务设施场地逾

5000m^2，挖掘新增口袋公园6处，海绵化改造11处，新增绿道0.614km。

习近平总书记在2003年调研翠苑一区时就曾提出要对九曲池的环境进行优化整治。社区党委广泛征集民情，在原有的基础上多次对小区水体进行整治，本次改造更是引入水质净化系统，合理配置水生植物，彻底使九曲池变成了“清池活水”（图8-9）。在此基础上，着重打造滨水活动空间，使人工景观和自然地景融为一体，增强人与自然的可达性和亲密性。此外，九曲池作为小区重要的自有水体，在小区海绵化改造中作为雨水收集的主要容器，反哺小区绿化，调节小区微气候，成为居民休闲、纳凉的好去处。

图8-9　改造后的九曲池

系统梳理小区现有绿化，描绘翠苑一区美丽宜居的环境底色。改造前由于对大乔、亚乔疏于养护修剪，小区绿化通透性逐渐变差。为克服小区一抹绿的单调性，对乔木和亚乔进行合理修剪，重新配置中下层灌木、花卉、地被植物，选用色叶树种、不同花色花期的植物丰富季相景观，让小区居民能够推门见绿、开窗闻香，营造“四季有花、四时有景”的立体绿化空间（图8-10）。对于软硬景交接部分的道牙也做了特殊设计，创新运用文化元素——“瓦”的拼接，用建筑语言讲述时间的故事，同时在功能方面起到阻隔雨水径流，防止水土流失的作用。

图8-10　改造后的小区绿化

整治提升小区原有的初心广场、苑中园公园、盆景园等重要景观节点，为居民提供丰富的室内外邻里交往空间，同时也作为小区的门面景观。改造完成后，社区还鼓励居民将家中的盆景搬到小区公共空间进行展示，打造具有翠苑特色的“百姓盆景园”（图8-11）。在活动空间改造提升过程中，还充分考虑社区群众的文化需求，比如翠苑十景之一“母子泽雨”，母子情深意长的雕塑映衬在绿树花丛中，欣赏雕塑的同时引发人们对生命历程的思考（图8-12）。

图8-11　百姓盆景园

图8-12　打造社区文化精神堡垒

打造贯通小区的慢行绿道，让居民走出家门就能休闲健身（图8-13）。充分利用滨水空间和林下空间，打造休憩场地和口袋公园（图8-14），将娱乐休闲和生活休闲有机融合起来。在铺装的选择上，取消汀步设计，花园汀步虽然美观别致，但由于每个人的步幅不一，难以确定合理的汀步间距，而且对老人和小孩而言存在较大的安全隐患。此外，小区道路和休闲场地全部实现无障碍设计，满足环线要通、出行要畅、节点要达、服务要便的“四要”要求（图8-15）。

图8-13　改造后的小区慢行绿道

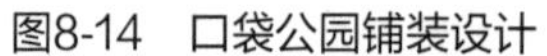

图8-14　口袋公园铺装设计

图8-15　道路与节点无障碍

2. 邻里之家，服务温暖人心

翠苑一区开出了杭州第一家老年食堂，最早创新了孝心车位，最早开办了小芽儿工作室……早在2013年，社区就建成运行“邻里之家”服务平台，整合“雷锋工作室、达式华工作室、调解工作室、心连心社会工作师工作室”等主打服务品牌，引入“俏晚霞艺术团、牵手帮帮团”等10家明星草根社会组织，集理发、中药切片、医疗服务、人民调解、小家电维修等志愿服务和社区社会组织孵化培育功能于一体（图8-16）。让小区的善，从一个人变成一群人，从一个现象变成一种习惯。

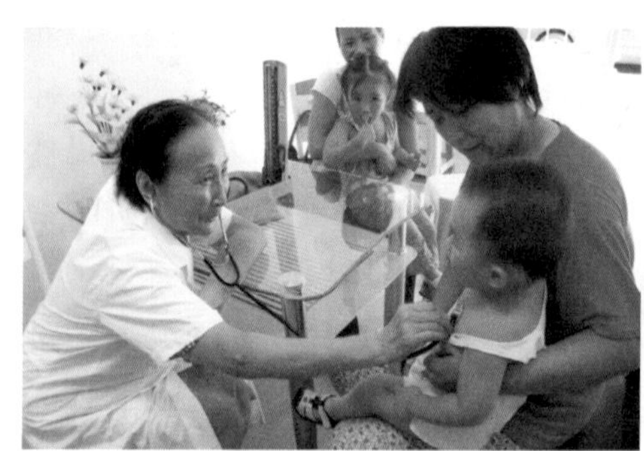

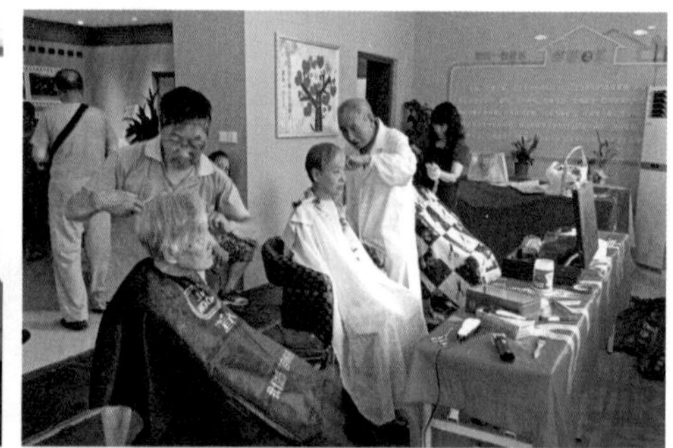

图8-16　翠苑一区邻里服务

3. 活动多元，融洽邻里关系

多年来，社区还积极组织开展“邻里守望”行动和邻居节、“家庭厨艺”比拼、走访慰问、与困难群众结对等活动，“每季集中多项服务，每月定期定向服务”，融洽邻里关系，实现互帮互助（图8-17）。如每年端午节，社区都会组织居民开展送粽子和香袋活动，中秋节邀请社区老人吃长寿面，小年夜组织孤寡老人、独居老人吃年夜饭。时下疫情面前，大家扶危济困、帮老助幼、送菜买药、科普宣传、巡逻值守……凝聚起守望相助的强大力量，构筑着共克时艰的家园防线，使和睦友爱、邻里互助内化成一种无须提醒的自觉。

4. 孝心车位，礼让蔚然成风

由于社区内停车位紧张，为了方便和鼓励子女周末来看望老人，社区党委曾全国首推“孝心车位”（图8-18）。每周六、周日的早8点到晚7点提供给社区作为“孝心车位”，同时推出“积分制”的管理模式。本次改造中，新增停车位100个、序化停车位543个，并引入社区第三方停车智慧化运营平台，居民可以提前在线上预约孝心车位，在车库内应用自动引导技术，实现5分钟内取停车，让一个车位变成一份孝心。

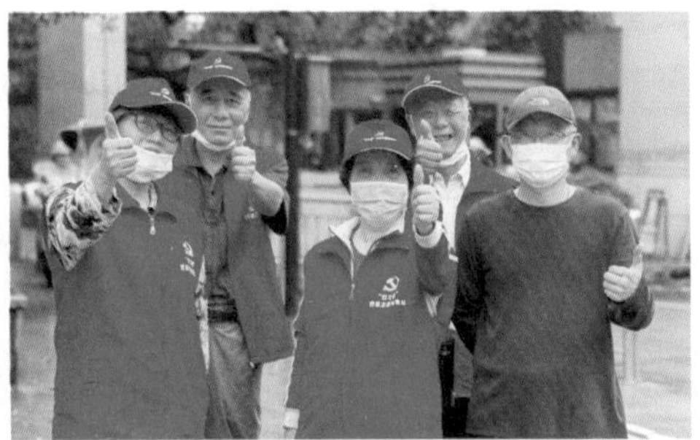

图8-17 翠苑一区邻里活动

图8-18 翠苑一区孝心车位

三、宜老宜幼，扶弱助残

1. 回应“为老”需求，实现“老有所养”

翠苑一区于2003年9月建成杭州第一家老年食堂，至今已更新迭代至智慧化的4.0版本，由开始的委托经营、承包服务逐渐转变到如今的多种经营、配送服务，面积从最早的50多平方米扩展到现在的300多平方米（图8-19）。食堂对特殊老人可以提供免费送餐服务，60岁以上的老人用餐可享受政府补贴，90岁以上老人可在食堂免费用餐。小区老年食堂持续迭代，就餐空间和就餐人数不断增加，就餐次数、就餐服务、餐品质量不断提升，从让老年人吃得好到吃得健康转变，并利用数字化手段为老年人用餐提供健康指导。

本次改造，社区积极对接引入优质的医疗服务资源，在社区卫生服务站提供检验B超、心电图等检查。通过“呼应为”数字化平台，建立居民电子健康档案，实时传输医疗信息，作为上级医院预诊大厅与应急处理中心，基本满足居民常见健康需求。社区还建立了养老服务照料中心、居家养老服务工作站，引入第三方运营单位，老年人可在家门口享受各类优质服务。完善“适老化智能终端”，并引入“乐龄老人组织”医疗服务，构建社区养老助残机制。

针对老年人关切的加装电梯问题，尽管有资金的补贴，群众呼声也特别高，但是在真正建设过程中，还是会遇到很多具体问题，比如六层的楼房，可能三层以上都愿意加装电梯，楼层越高的居民意愿越强烈。但是对于一层或者二层，因为需求不迫切，而且觉得占用了公共空间，对其利益可能有或多或少的损害。在这一点上，翠苑一区社区充分做细群众工作，一个楼门一个方案，在改造中加装电梯7部（图8-20）。设计和工程方案尽量兼顾各层居民的合理诉求，尽可能通过精心的个性化设计，达到利益最大化、影响最小化。

2. 回应“为小”需求，实现“幼有所教”

综合集成小区内原本分散的托幼、课外科普等资源，推动成长驿站、创智基地等实现空间拓展、功能叠加，打造孩子乐学乐玩、健康快乐成长的幸福乐园（图8-21）。翠苑一区内有一所幼儿园、一所小学，家长们对于青少年课外活动场所的呼声较高，为解决“8小时以外教育”的问题，社区党委腾出200多平方米的两层楼、投入400万元，打造了青少年科普活动中心“创智基地”，基地内设置四点半课堂、星空探索、航空知识、防震知识、防火知识、3D打印等20个科普内容，既作为普及科学知识的基地，也为孩子们提供了一个快乐学习的场所，每年由专业的社会组织开展100多场丰富多彩的科普活动，拓展孩子们的思维。建立以科学育儿为主题的“成长驿站”，主要面向0～6岁的婴幼儿及其家庭，通过举办各种公益活动，传播科学育儿方法，为婴幼儿在智力发育、心理成长、认知发展、情绪管理、运动创造等方面提供科学指导。“成长驿站”聘请专业第三方社会组织，每周固定开展2次以上的亲子活动。

3. 回应“为弱”需求，实现“弱有所扶”

充分发挥“呼应为”党群服务联盟单位的辐射作用，与水务公司对接，把小区闲置的水泵房进行改造，建成200m²的工疗站翠心汇（残疾人之家，如图8-22所示），及时更新工疗站设施，增建活动场所，为辖区残疾人提供专业、细致的生活和康复服务，并对他们进行集中培训和管理，社区也有意识地将一些横幅制作等轻劳动交给他们去做，用工作疗法助力他们康复。社区工疗站以医疗、工疗、娱疗和思想教育为主体的“三疗一教育”的工作服务模式取得了很好的效果，不仅提高了残疾人员的自理能力和生活信心，也将相关家庭成员从繁杂的看护中解脱出来，还大大减少了邻里矛盾。

图8-19 智慧化4.0版本老年食堂

图8-20 翠苑一区加装电梯

图8-21 改造后的翠科馆

图8-22 改造后的残疾人之家

四、数智赋能，精细治理

在未来社区理念指导下，数字化赋能、颗粒化运作的精细治理是重塑老旧小区治理系统的关键手段。

1. 创新数字化改革，夯实社区基础

翠苑一区多年来一直积极探索数字化社区治理模式，依托一体化智能化公共数据平台，建立起了覆盖人、房、企、事、物等各类基础数据的“一表通”专题库，构建数据“综合采集”、报表“一键生成”、服务“主动提醒”、报表“准入审核”四大功能，重塑基层表单报送机制、数据更新机制和基层治理机制，社工和网格员结合日常工作走访，建立了数据采集、比对、审核、处置的闭环机制，保证社区基础数据的鲜活准确（图8-23）。

图8-23　翠苑一区数治平台

2. 点亮“小红灯”，助力数字养老服务

2002年，社区推出了“黄手绢、小红灯”助老帮困活动，成立了由80余名党员组成的黄手绢志愿队，与小区内的空巢、孤寡和独居老人结对子。习近平总书记于2003年实地调研时对这一做法给予了充分肯定。2016年“小红灯”的线下服务跃迁至全域覆盖、无盲区的线上数字化服务，全方位守护孤寡、独居老人的健康安全。2021年开始，街道和社区还为孤寡独居老人安装气感、电感、烟感的智慧安防三件套，一旦有情况立即报警并显示在社区数字驾驶舱大屏上，物业即可第一时间赶往现场进行处置。同时，社区还提供差异化服务，为独居老人家庭安装智慧水表，当天家庭用水量若无变化，系统会发出预警，通知网格员上门查看情况。通过老人智能手环上的“SOS”求救呼叫、定位功能与小区数智大屏系统连接，当老人走出小区超出半天或系统收到求救呼叫，系统会报警提示，社区工作人员或医护人员可以在老人发生意外的第一时间开展救援。

信息化平台和智能物联设备为社区助老帮困开启了全新模式，通过“一键养老”的数字化手段，解决小区老年人高频需求场景和生活关键问题，同时也为老人提供应急救助服务和健康监测服务，一步步实现智慧居家养老图景。

3. 数据可视化，提升社区治理精细度

利用“西湖码”平台形成社情民意点点通、急事难事件件办、办理结果事事回、满意与否人人评的工作机制，让社区治理更精准，全程处理可视化。在疫情防控方面，社区通过安装智能门禁系统和高清人脸识别监控，接入省疫苗接种、核酸检测、健康码等相关数据接口，实时汇集多维度数据形成“防疫数据池”，实现防疫全程可追溯，有效提升了小区疫情防控的精准度、便捷性及疫情事件处置的响应速度。

五、居民参与，共建共治

“请群众参与、让群众评议、使群众满意”始终是社区党委一贯坚持的工作理念，翠苑一区改造工程从设计、实施到运营，始终把群众需求放在首位，把居民“共建、共治、共享”落到实处。

1. 激活居民参与感

在规划设计初期，社区党委就秉持“民呼我为”的工作理念，召集党员群众参与方案讨论会，组织党员代表实地考察其他老旧小区改造工作。充分运用“西湖码”开展问卷调查，广泛征求3100余户居民意见，吸收采纳300余条关于建设工作的各项“金点子”，涵盖社区建设、社区服务等多个方面，设计方案十易其稿，让老百姓亲自打造他们生活的翠苑一区。

走进翠苑一区东大门，首先映入眼帘的便是电子屏（图8-24），滚动发布小区近期施工项目、进度。电子屏右侧专门为居民搭建了“材料样品展示区”，供居民选择使用。项目开工后专门成立了建设、设计、施工、社区、街道5个专班，执行每日、每周例会制度，保证工程顺利推进。社区专班是由小区居民组成的“居民监督组”，下设组长、副组长各1名，组员10名，负责工程质量、进度监督以及居民的解释、协调工作；带动群众参与、支持、配合小区改造工作；包干改造区域，到小区改造现场“挑刺”，参与隐蔽工程验收，记录施工中存在的问题，并反馈给社区和施工方及时改进。

2. 建起民意沟通线

建立面对面的民情回应机制，持续深化“民情夜谈”“民情访谈”“民情约

谈”三种面对面回应机制，让“呼”与“应”之间的互动更直接、信息更全面、情感更丰富。探索更加精细化的分类回应机制，对一段时间内居民反映较多较集中的共性问题，除了针对性回复外，还进行主动公告性回应；对一些“合情但不合规”的事情，耐心作出解释回复，最大程度帮助居民消除负面影响；对一些既不合情又不合规的事情，和居民摆事实、讲道理，做通居民的情绪疏导工作。

比如小区内有一所幼儿园，因年久失修成为危房，对于是否要改造，幼儿园众口难调。有的居民支持翻新改建，有的认为不仅要改建还要加高加大，有的则希望拆除改建为停车场，一时间难以定论。社区党委积极通过“两代表一委员”协商议政通道，召集居务监督委员会、和事佬协会、律师咨询团等组织，从可行性方案讨论到实施落地，前前后后与居民们开了几十次协调会，终于做通了居民工作，附近居民也从反对者转变成了志愿者，一同参与幼儿园建设，危旧的幼儿园成了小乐园（图8-25）。

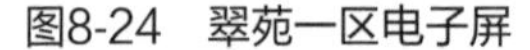
图8-24 翠苑一区电子屏

图8-25 改造后的翠苑第一幼儿园

再比如原理工学院自建宿舍周围有一段小围墙，影响小区环境和视觉感观，社区在前期调研中发现墙虽小、阻力却很大，各个阵营都要维护自己的切身利益，最终社区党委通过“民情三谈”和“居民议事圆桌会”与各方沟通，楼道支部书记包干分片逐户上门将设计师的3个方案进行解释征求意见，将收集的信息与设计单位进行反馈和沟通，经过几轮反复磋商并集中大多数人的意见后，围墙拆除工程顺利推进，美化了环境、保障了生活安全、拓展了停车空间，取得了多赢的局面，也更进一步畅通了民意沟通渠道。

3. 提高居民幸福感

翠苑一区的改造蝶变真正做到了问需于民，在需求与现状间，寻求最大公约数。深入挖掘“红＋善”两大主题文化，打造友爱邻里、精细治理两大核心场景，品质服务、全龄教育、舒心健康三大特色场景，重点关注“一老一小”的需求，改造提升绿色休闲空间和公共服务设施，让社区居民深度参与其中，打造高质量发展、建设共同富裕现代化基本单元。

“里子面子”大改造，小区实现旧貌换新颜。对社区东大门进行形象提升，融入党建元素，同时考虑视觉上与城市风貌接轨。老年食堂4.0、幼托所2.0、可容纳近百人观影的文化家园、有爱无“碍”的残疾人之家、环境优美的九曲池、娱乐与健身一体化的苑中院公园一一落成，还有“西山晚翠、北荡云烟、九曲醉月、东池锦麟”等翠苑一区十大景观。小区环境和居住品质从“居者忧其屋”到“居者有其屋”再到“居者优其屋”的变化，深刻地体现了时代的进步，满足居民对美好生活的向往，最终将翠苑一区建设成为“留得住过去，看得见未来”的美好幸福家园（图8-26～图8-28）。

图8-26 小区东大门改造前后对比

图8-27 小区单元门头改造前后对比

图8-28 小区楼道改造前后对比

第二节　全龄友好，生活无碍——构建完整居住社区

——杭州市德胜新村老旧小区综合改造提升工程

杭州市德胜新村建成于1988年，建筑面积22.46万m^2，共有建筑105幢，小区住户3500多户，人口总数9945人，其中肢残51人、视障25人、老年人2055人，是典型的“高龄”小区。因小区建成时间较久，存在以下突出问题：基础设施陈旧，绿化损坏严重，服务配套缺乏，安全隐患较大，无障碍建设滞后，综合管理缺位，文化建设不足，进一步制约了社区基层治理，难以满足居民对美好生活的追求，居民生活获得感、幸福感、安全感不高，对改造的愿望十分强烈。2020年5月，德胜新村改造项目全域启动，解决了大量历史遗留问题，同年12月完工，居民生活水平得到了显著提升。

德胜新村改造项目立足“万物育德，人以德胜”理念，以满足居民对美好生活的需要为导向，以现代社区和“一老一小”公共服务为核心，用未来社区建设理念联动推进旧改全面提档升级，重点打造邻里、健康两大核心场景，创业、治理、服务、教育四大主要场景，以及交通、建筑、低碳三大辅助场景，建设全龄友好型社区和共同富裕基本单元的新样板（图8-29、图8-30）。

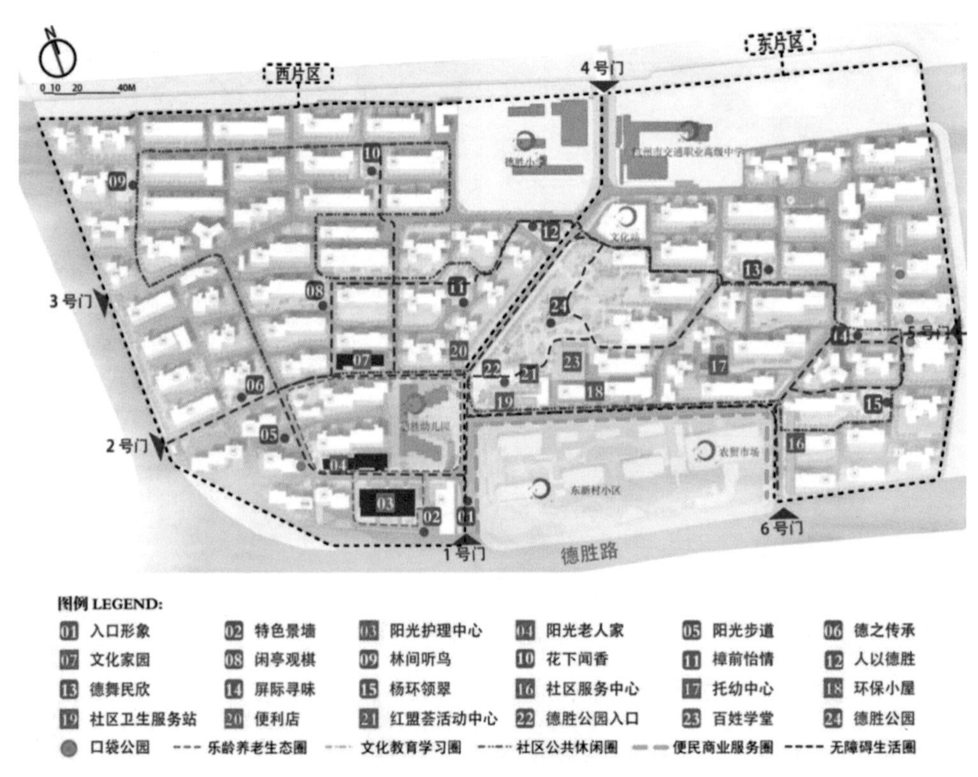

图8-29　改造后的德胜新村总平面图

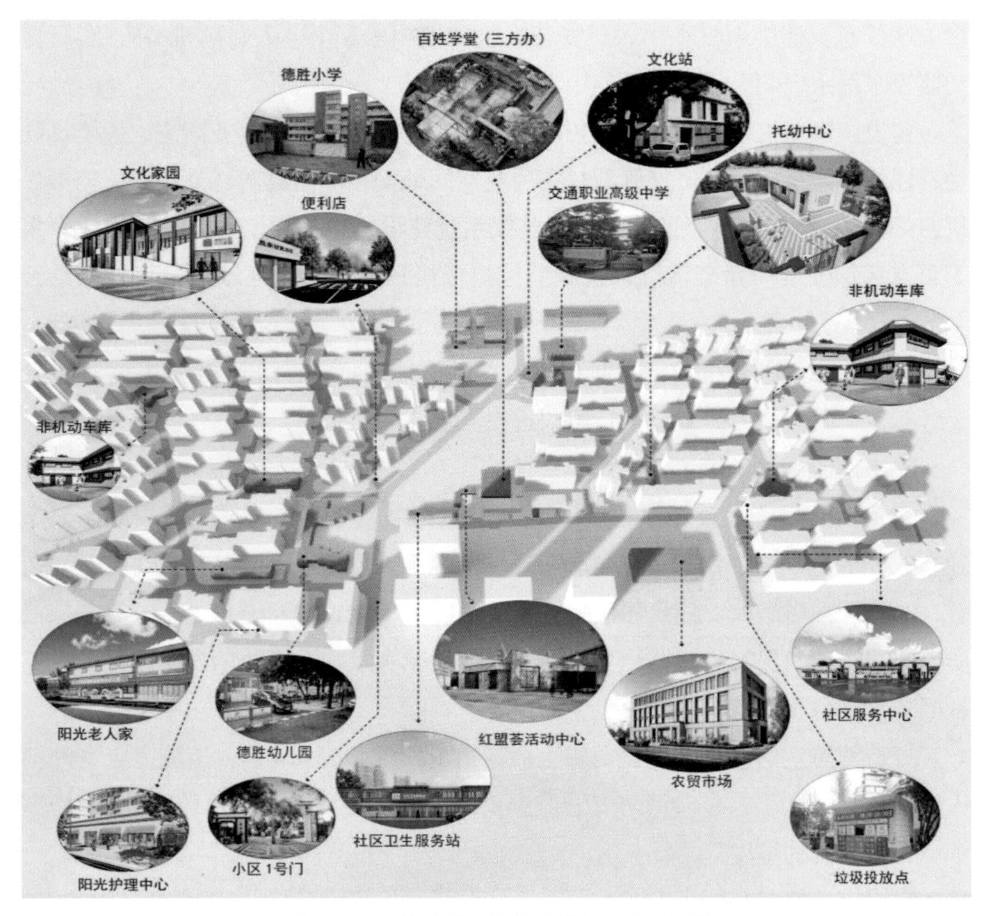

图8-30 改造后的德胜新村服务配套平面图

一、聚焦数字，智慧促和

随着居民对居住标准的要求不断提高，对便民应用的需求也日益多元化。德胜新村社区通过进一步完善功能配套，提高公共空间的复合利用程度，利用数字赋能，在“便捷程度”“办事效率”方面进行提升，形成场景的多跨联动。

1. 构建智慧安防综合平台

建设周界防范系统。周界防范系统是针对社区围墙或栅栏非法翻越的防范，当发生非法翻越时，感应装置可立即将警情传送到管理中心。德胜新村安装周界高清摄像41个，与智慧安防系统管理平台实时连接。

建设出入管理系统。配合视频监控、人脸识别和入侵报警等安全防范系统，对出入口人员人脸数据、出入影像、出入活动轨迹等信息进行动态采集，实时掌握小区新增入住人员、注销离开人员、房屋居住人员等变动情况，动态掌握人、房关联信息。德胜新村在出入口安装人脸识别相机26个，人行闸机6套，车行自动监控跟踪系统4套（图8-31）。

建设园区监控系统。加强视频监控的改造力度，并配备具备高清、智能、联动特性的智能视频监控。德胜新村在公共空间处安装广角高清红外视频监控摄像机238处，完善小区内部公共空间的监控系统建设；在主要交通路口、人口密集等重点区域安装广角高清红外视频监控摄像机12处，部分区域采用360°全景云台控制系统。

建设单元门禁系统。德胜新村安装单元门禁204套，并与小区智慧管理平台无缝对接，确保居民住得放心，家门进得安心（图8-32）。

2. 构建智慧消防综合平台

完善消防报警系统。对社区电瓶车集中充电库等重点公共区域安装了31个独立式光电感烟、感温、可燃气体三种火灾探测报警器，设置525个消防喷淋装置，对小区独居老人、残疾居民家庭安装消防报警装置13户，建立了一套全域消防报警系统，确保24小时监测与预警。极大地减少了消防事故的发生，并提升了社区防火监督管理的效能。

打造消防生命通道。建设消防生命通道专用道路2392m，改造和完善室外消火栓12处，建立了24小时消防安全监测系统。保障了“人民生命的宽度”，提高了“关爱人民的温度”。

建设应急救灾系统。安装小区入口体温红外检测设备5处，建设社区隔离室2处、小区应急疏散广场1处、基于防疫的体温红外检测系统和自然灾害应急救援体系（图8-33）。

3. 构建智慧停车管理系统

建设智慧化道闸系统。新增停车位147个，建立无人管理智能停车系统，自动识别出入车辆。共有980个车位，其中无障碍车位8个，道闸系统3套（图8-34）。

建设新型能源停车位。德胜新村设置新能源车位30个，利用社区智慧停车系统加以统一管理。

建设电瓶车充电场所。设置室外非机动车棚12处，充电车位532个，室内非机动车库8处，充电车位660个，并利用在线监控、实时报警等智慧化措施与社区综合治理平台、区公安救援中心建立实时联动（图8-35）。

4. 优化智慧社区综合平台

建设智慧养老社区，利用社区现有医疗专家资源，建立线上专家问诊（图8-36）。

图8-31 改造后的德胜新村南大门

图8-33 改造后的德胜新村消防生命通道

图8-32 德胜新村单元门禁系统改造前后对比

图8-34 改造后的德胜新村无障碍停车位

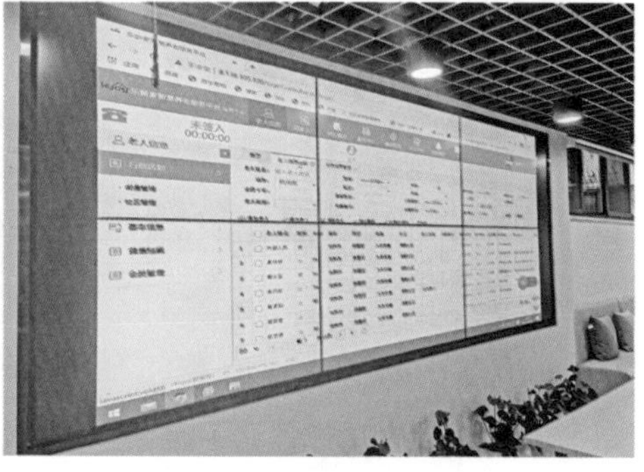

图8-36 德胜新村智慧养老服务平台

图8-35 德胜新村非机动车序化管理

建设全龄教育社区，利用周边学校资源，重点针对育儿教育，打造线上“德”云课堂，培养社区育儿师，同时对中青年人进行职业资格教育。

建设智慧温暖关爱小区，利用数字化技术，建设智慧上学无忧路和数字无障碍圈层。帮助更好地向居民提供社区服务，提高社区办事效率，推动基层服务的完善和提升，实现社区管理智能化、信息化、人本化。

二、聚焦社群，无碍生活

做好老旧小区的适老化改造，是保障老年人获得幸福感的关键。适老化建设满足了小区老人和残障人士的需求，补齐功能短板，促进残健共融。针对德胜小区实际环境，建立一套针对老龄、残障人士的无障碍信息化出行系统，为他们提供有效、便捷、精准、个性化的无障碍出行服务，实现从环境无障碍、信息无障碍到服务无障碍，满足在德胜新村小区及周边2km范围内独立自主出行及生活（图8-37）。

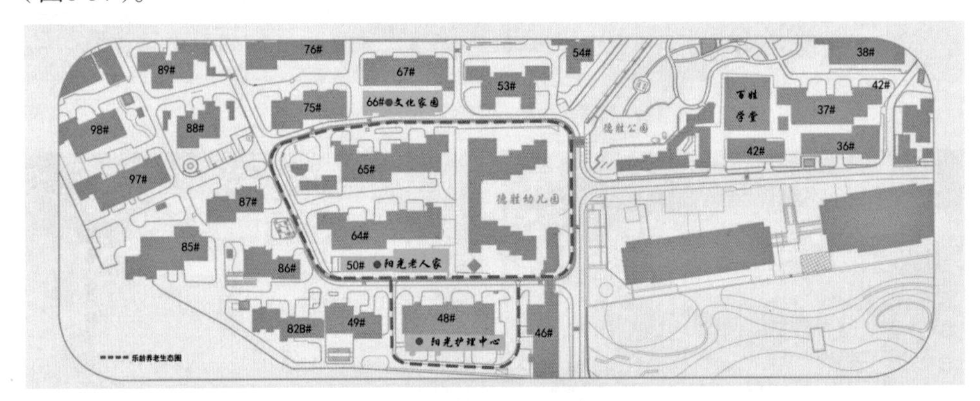

图8-37 德胜新村乐龄养老生态圈

1. 构建社区智慧养老平台

建设阳光管家系统。建立集老年人动态管理数据库、能力评估等级档案、养老服务需求等一体的“老人关爱电子地图”。

建设社区照料系统。建设社区老年人日间照料中心558m^2，满足了社区内生活不能完全自理、日常生活需要一定照料的半失能老年人的个人照顾、保健康复、休闲娱乐等日间托养服务需求；引进专业健康团队，建设全市首个社区级护理中心、“阳光老人家”服务站（图8-38），一层设置康养中心、阳光餐厅和慈善超市；二层设置18张护理床位，为社区老年居民全部建立健康档案，及时提供居家养老服务，还专门配备了心理咨询室，打造集“全托、日托、居家养老、专业护理”于一体的乐龄养老生态圈。

建设乐龄养老系统。建设社区乐龄养老中心830m^2，建立以老年人信息数据库为基础的乐龄家智慧养老服务系统，为社区工作人员及时了解社区老年人需求、为老年人提供高品质服务建立了保障（图8-39）。

图8-38 改造后的阳光老人家

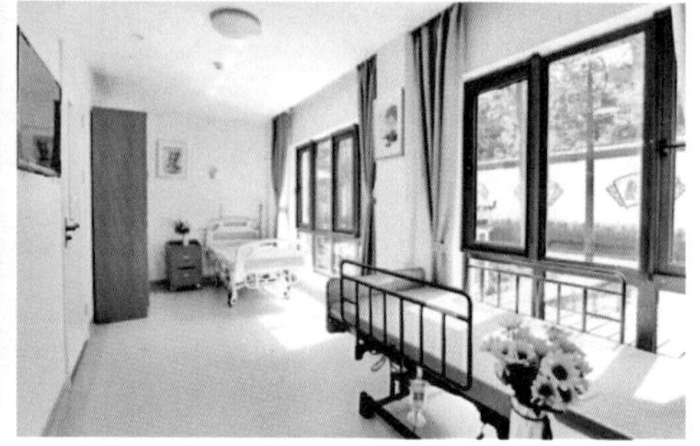

图8-39 改造后的德胜新村乐龄家护理中心

2. 构建信息无障碍系统

建设无障碍地图引导牌（图8-40）。安装于小区的主出入口与盲道止步砖线路，通过可视化地图、盲文地图展示小区分布结构、无障碍设施总览图等。通过汉字集合盲文和标识表示当前位置、设施等，帮助视障人士快速、直观地构造空间概念。还具有发声装置，方便引导视障人士使用，为特殊人群营造安全便利的幸福生活。

建设无障碍综合信息服务亭（图8-41）。当视障人士走近终端时，通过红外感应让用户感知终端，借助盲文、语音提示助其顺畅使用终端，了解社区地点分布及服务信息；当轮椅出行人士及普通人走近时，可浏览区域内道路无障碍情况，搜索选择地点、规划无障碍路线或普通路线。发生突发紧急情况时，全屏闪光预警，提醒听障人士注意，根据应急响应预案提供社区紧急疏散诱导服务；同时为残障人士提供专用的应用程序和智能穿戴设备，还可以接入周边公交、出租车等公共交通，提供一键叫车、公交助行等服务。

建设无障碍辅助提示器。安装于关键节点，为视障人士将视觉信息转换为听觉信息服务，在听觉障碍者频繁出现的场所扩展提供听觉标识和文字信息服务。结合RFID、蓝牙技术感知特定人群，只有需要提供辅助的残疾人士途经节点前，提示器才会服务。室外场景下采用太阳能供电方式，具备防水设计，无须单独布线。室内场景下采用吸盘和挂件的形式，安装方便，满电状态可持续工作一年以上。着力解决老年人、残障人士等特殊群体在运用智能设备时遇到的困难，推进无障碍产品和服务技术推广应用，拓宽特殊群体参与信息社会的渠道，努力弥合“数字鸿沟”，让老年人、残障人士共享美好数智生活。

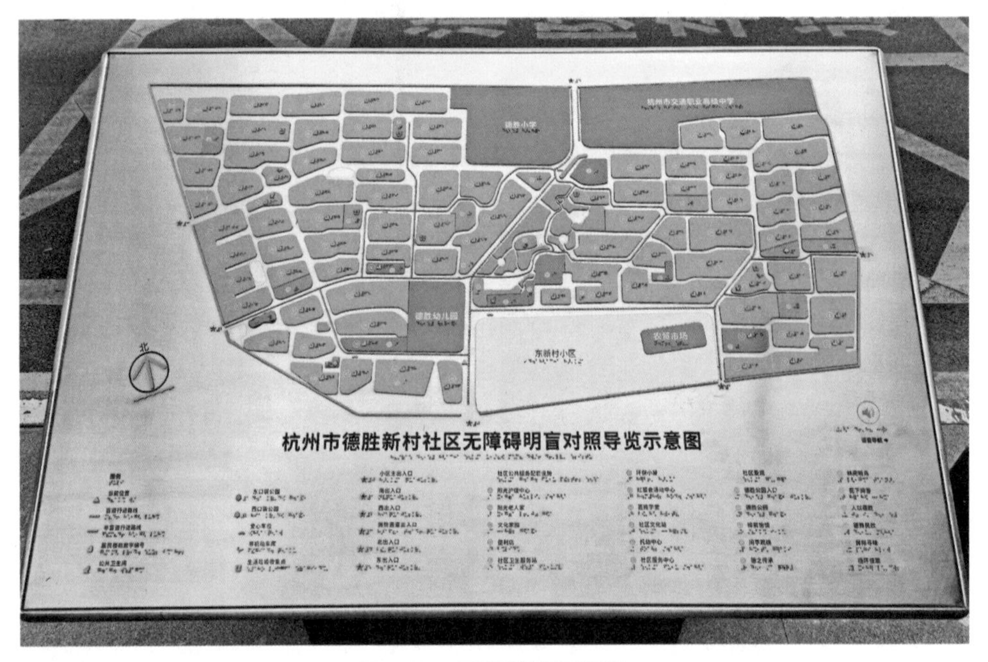

图8-40　无障碍地图引导牌

图8-41　无障碍综合信息服务亭和无障碍辅助提示器

3. 构建居民公共休闲圈

建设无障碍畅通道路。建设改造盲道485m，无障碍坡道22处，残障助力车位12个，平整小区通行道路3980m，改造无障碍环线2637m，新建和改造社区游步道3800m，有效保障了小区无障碍通行的环线闭合要求（图8-42）。

图8-42 改造后的德胜新村步道

拓展公共休憩空间。建设全龄休憩活动场所2处，改造德胜公园7800m^2，建造以“德胜八景”为主题的休息凉亭8处和口袋小公园3处，提升了绿化观赏效果，兼顾增加休憩功能，新建居民休息凉亭、儿童活动场地、居民健身等功能场所，新建110处晾晒点，极力营造安全开放、服务精准、功能复合、可达性强的宜居社区（图8-43）。

图8-43 以“德胜八景”为主题的休息凉亭改造前后对比

建设无障碍配套服务。建设无障碍公共卫生间3处，无障碍坡道22处，低位服务台2处，建设适于老年人和残障人士使用的信息服务设施。拓展德胜“高品质生活区”人文内涵，提升服务效能，实现全龄段通行无障碍、信息无障碍，满足环线要通、出行要畅、节点要达、服务要便的“四要”要求（图8-44）。

图8-44　改造后的无障碍坡道及扶手、无障碍卫生间

三、聚焦德景，文化创新

随着居民居住观念的变化，居民对社区文化建设有了更多的期待和要求。德胜新村通过挖掘和传承历史文化，在改造中留住社区基因，推动历史传承，以文化聚人推进社区治理。围绕“人”的服务，以“公园＋优质服务、多元业态、人文感知”来构筑社区综合体场景体系；以“德”文化为中心，结合“非遗传承”和“德胜历史”“德胜名人”等文化内容，融入小区综合改造提升，同时为居民建设全龄化社区教育学习圈，培养学识，更服务生活（图8-45）。

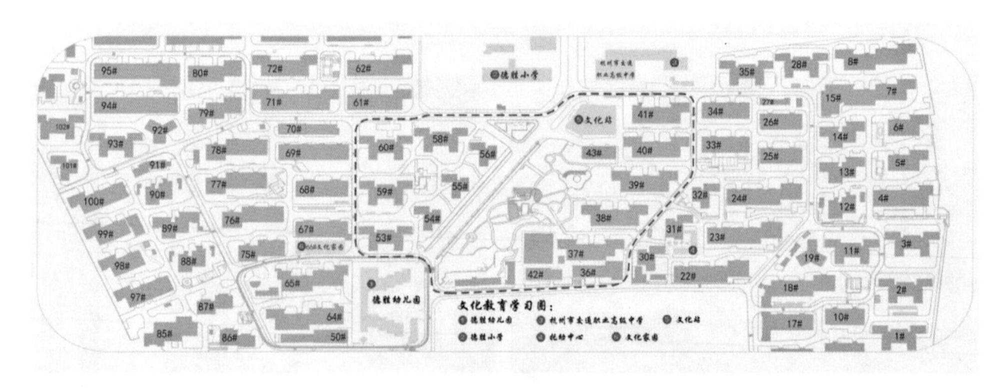

图8-45　德胜新村文化教育学习圈

1. 宣扬名人轶事，传播正能量

增加德胜文化家园和非遗传承人纪念景墙（图8-46）。通过挖掘小区发展历史、地域特点、特色建筑、文化共识等元素，为公共空间确定文化艺术主题，形成德胜特有的社区语言。

以“钱塘剪纸”非遗文化为底蕴，以德育文化为张力，彰显名人轶事（图8-47）。以非遗传人拱墅区首届“工匠”方建国，社区老党员、民间河长汪孙聚等榜样力量为牵引，覆盖不同年龄群体，不同特色主题，定期开展社区活动，弘扬传播正能量，稳固红色根脉枝系。

2. 构建社区文化教育学习圈

建设教育学习型社区。社区内室外节点丰富，配套设施完善，利用智慧化管理手段将小区改造中建设的百姓学堂、百姓戏园、非遗传承人主题公园、劳动模范展示点等场所无缝串联；建设社区文化家园2210m^2，兴建“百姓学堂”培育书香社区，设置“百姓学艺四部曲”“百姓名师直播间”“名家讲堂品精髓”等学习场景，打造了以社区文化家园为载体的教育学习型社区（图8-48）。

建设托育场所。为解决托育难的问题，探索“社区普惠＋市场运作”模式，利用用地面积390m^2，建筑面积160m^2的街道，并由德胜幼儿园出资建设托育园，实现0～3周岁以下80人左右的规模运营，引入专业师资与理念，强化专业化管理，打造环境温馨、设施高端、教学过硬的优质托育服务，实现“一老一小阳光相伴”（图8-49）。

图8-46 德胜新村非遗传承人纪念景墙和风雨连廊

图8-47 德胜非遗文化和志愿文化

图8-48　改造后的德胜新村文化家园及百姓学堂

图8-49　改造后的托育中心

四、聚焦服务，专业运维

德胜新村在改造过程中始终坚持党建引领，建好红色阵地。积极打造“万物育德，人以德胜”的党建文化品牌，以解决民生、服务民生为切入点，打造集党建、文化、医疗、养老、教育五大功能为一体的“五圈”共同体，开创社区大党建服务新格局；在市委组织部、市建委的指导下，整合运河红盟资源，落地全市首个“旧改红联荟”，搭建“民呼我为”基层实践平台；建立专业运维机制，以物业缴费为基础，以便民服务为公益，以商业经营为盈利，确保运营期资金平衡且可持续，打造高品质服务的生活社区，为周边产业平台提供高质量生活环境与社区服务，助力实现产城融合。

1. 健全机制，加强组织领导

成立老旧小区综合改造提升项目工作领导小组，以街道主要负责人、分管负责人、相关科室负责人、社区书记为成员，倒排节点制定专项方案。

编制《大关街道改造公约》，实行“日汇总、周例会、月通报”制度，全力推进省级无障碍社区创建工作。累计召开项目推进会8次，街道主要负责人实地勘察20余次（图8-50）。

图8-50 开展德胜新村改造项目调研及推进会

2. 四问四权，保障群众利益

通过百姓圆桌会、自管会、居民议事会等形式，全覆盖摸底调查存在无障碍改造需求家庭552户，收集意见建议380余条（图8-51）。

项目施工中，由支部书记、居民小组长、楼道长等18人组建居民“智囊团”，全程跟进监督，统筹解决工程整体建设问题12个，妥善处置施工安全、坡道防滑等公共矛盾128件（图8-52）。

3. 建立长效管理机制

四种形式加强多方管理。在党建引领下，小区管理主要由专业物业、社区统筹、小区微治理、居民自管四种形式组成，根据小区的特有属性选择最合适的管理模式使其持续向好发展，满足居民的日常生活需求。

建立专业物业管理模式。物业公司采用网格化管理，对社区基础设施、公共空间、居民服务、安全维护等实行“定人、定岗、定责”管理制度。结合疫情防控和大封闭管理，引进新南北专业物业，并与翠玉社区试行“以大带小”组团联营，使得运营成本下降了30%。改造后居民的物业缴费率达到90%，居民自主管理参与度大大提升（图8-53）。

图8-51 德胜新村开展居民议事圆桌会

图8-52　德胜新村开展议事调解行动

图8-53　改造后的德胜新村服务中心

成立“旧改红联荟”（图8-54）。2020年6月，在拱墅住房和城乡建设局党委的强力指导下，街道联合社区、地下管网公司、项目总包单位、物业公司、居民等各方合力成立“旧改红联荟”，做到了把“支部建在旧改项目上”。在一层设置居民活动室、旧改展示厅，展示旧改成果，提供居民交流活动空间，二层加盖打造科技展厅，通过LED屏放送电影，创造数字化邻里空间。

老旧小区改造只有以小区为支点，倾听居民真心话，在人性化的“细节”上着力，从与居民生活紧密相关的“小事”入手，才能让居民感受到社会的关怀与温暖，给居民一个更舒适、更安全、更幸福、更美好的生活环境。在未来社区理念的推进下，德胜新村小区的建筑本体和基础设施得到了全面提质，功能设施和服务配套得到了全面完善，人居环境和人本关怀得到了全面提升，打造了全龄友好新社区的样板、老旧小区改造无障碍建设的样板①。

① 王贵美. 城镇老旧小区改造中构建完整居住社区的探索［J］. 城乡建设，2021（4）：14-17.

图8-54 德胜新村“旧改红联荟”

第三节 连片改造，传承文化——构建共富宜居生活

——杭州市大关西苑老旧小区连片改造提升工程

杭州市大关西苑连片老旧小区位于杭州市拱墅区大关街道，始建于20世纪90年代，北靠大关路，东接大关苑路，南至观苑路与上塘路，西接红建河，涉及2个社区6个小区，分别为大关西一社区的西三、西四、西五、西八小区和大关西二社区的西六、西七小区。大关西苑连片老旧小区改造涉及建筑68幢，总建筑面积29.24万m^2，惠及居民3964户。此外，片区内老年人口占比高达1/3，老龄化程度极高。

改造前的大关西苑连片老旧小区面临诸多问题，具体表现为：屋顶墙面渗漏，影响日常居住；基础设施陈旧，消防隐患突出，无法保障安全；缺少活动场地，文化难以施展；停车困难无序，居民出行不便；环境卫生较差，人居品质不高；入口楼道破损，小区形象减分。这些痛点都是片区内居民实实在在的感受，不仅影响了居民的安居生活，还成为居民多年的困扰，居民的改造愿望十分迫切。

大关西苑老旧小区成片分布，且单个小区内空间有限，如果按照过去零碎化的方式推进改造，难以彻底改善现有问题。基于未来社区理念的指导，大关西苑连片老旧小区改造工程积极探索片区化改造模式，形成规模效应，于2020年11月开工，2021年6月竣工，总投资约1.37亿元，每户投入约3.5万元（图8-55）。

该项目通过打通片区内循环，实现多场景落位，保留自身文化特色，高标准实现改造目标，增强了居民的归属感和自豪感。本项目运用未来社区理念推进改造的具体做法如下。

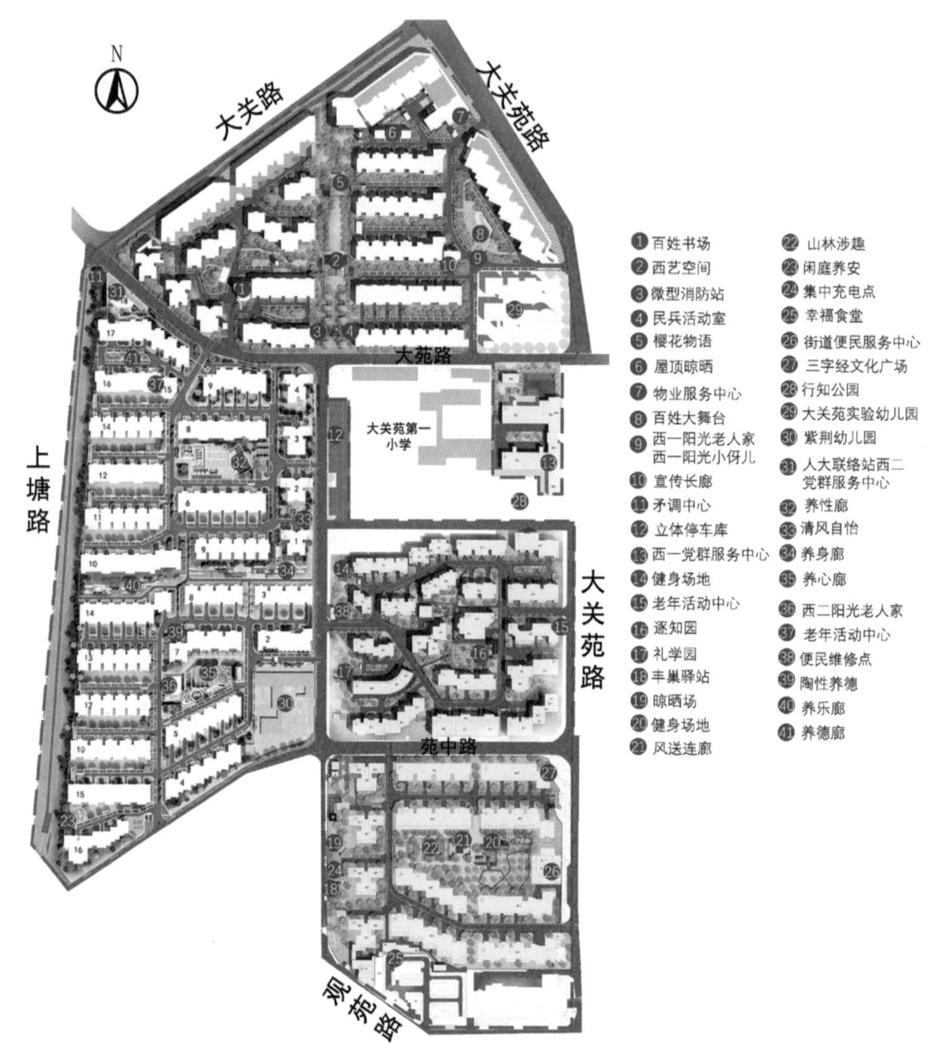

图8-55　大关西苑片区总平面图

一、发挥党建引领，推进精细治理

本次改造充分发挥了党建引领的作用，做好“聚心、聚力、聚智”三道“民心”加法题，推进以未来社区理念为指导的精细治理服务，具体做法有：

1. 完善一套机制

搭实“锚”式组织架构（图8-56），即由社区党委领导社区三方办和片区内的每个小区党支部，统筹协调社区三方工作，小区党支部领导协调物业公司和小区自管会，每个小区配置的小区专员作为三方协同治理的基层推手，充分调动居民参与力量。

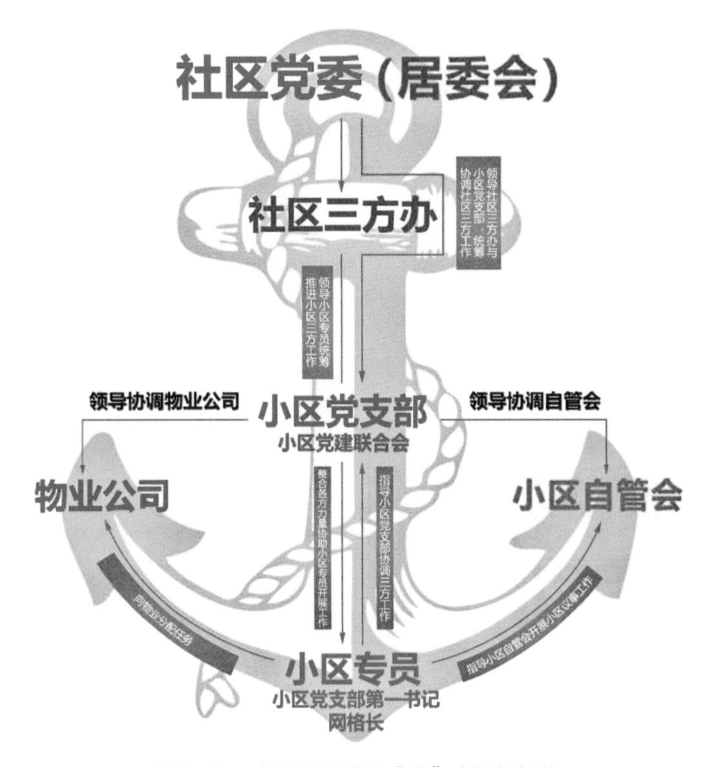

图8-56　大关西苑片区“锚”式组织架构

在改造之初，针对设计方案，街道、社区和业委会三方联动召开征求会；针对立体车库修建、移树迁改等重点工作进行专项居民意见征求会和专家论证会（图8-57）；以居民为中心，充分听取民意，完善自管会圆桌议事法，协调各小区居民利益；同时加快推进智慧物业管理服务平台试点落地，数字赋能优化小区微治理闭环体系。

图8-57　居民意见征求会和专家论证会

2. 建好一组阵地

用好浙西分会、所属街道人大工委联络站、社区矛调中心、三方管理服务中心等重要阵地（图8-58），在这些阵地中了解民意、宣传政策、沟通协调、反馈意见，实现党建引领、居民自治、矛调联调“三位一体”，努力把老旧小区改造这一阶段性的“改造工程”转变为助推基层治理水平提升的“社会工程”。

图8-58　改造后的矛调中心和三方管理服务中心

3. 打造一支队伍

充分发挥骨干老党员、民间监理、自管会成员、热心居民在改造中的作用，组建“旧改管家团”和“老马加梯帮帮团”（图8-59），形成社会支持、群众积极参与的浓厚氛围，先后召开了旧改相关会议149场，收集解决各类旧改问题1200余个，并主动向邻里宣讲、自发收集居民意见、监督改造项目进展、组织和协调居民矛盾，推进电梯加装等工作。

图8-59　老马加梯帮帮团讨论会

二、完善配套设施，补齐功能短板

大关西苑片区化改造中，以未来社区理念为指导，充分利用技术创新、工艺创新等手段来补齐短板，提升居民居住环境。具体做法包括：

改造中修缮单元楼道287个，对屋顶修漏补漏35250m²，完成27个单元墙体消火栓改造。并对181个地下室的1258个隔间进行集中整治，对地下室坡道进行改造，对长期私自隔间、堆物进行清理腾退，安装消防喷淋设施108套，增设智能充电设施1366个，彻底解决地下室消防隐患的问题。

片区还全力打通消防生命通道，打通了西六苑和西七苑之间的道路，建成贯穿南北的“生命主轴”，同时改造提升了2个微型消防站（图8-60）。

图8-60　改造后的道路和微型消防站

在改造中还创新推出消防道路“主动脉＋外循环”法，通过实施道路拓宽、外部道路环通、停车位优化、消防标识规整四步走整改策略，实现最短路径最快救援（图8-61）。

改造中积极推动6个小区楼道强弱电扩容规整，实现弱电线路“三网合一”32000m，根治线路老化和飞线充电安全隐患，维护人民生命财产安全，筑牢片区安全防线。

片区内所有小区均配置智慧安防体系，新增智慧安防设备16套和小区监控290个，全方位保证小区安全。同时改造片区内8个出入口的人行和车辆道闸，运用智能化设备实现无人值守。

本次改造还通过科学规划和统筹协调，充分整合和利用了闲置空间，优化了资源配置，完善和提升了21个公共服务设施配套建设，包括百姓书场、百姓舞台、西一社区党群服务中心、西二社区党群服务中心、幸福食堂、阳光老人家和阳光小伢儿的综合服务体、微型消防站等，补齐了片区缺失的功能短板，打造了完整居住社区（图8-62）。

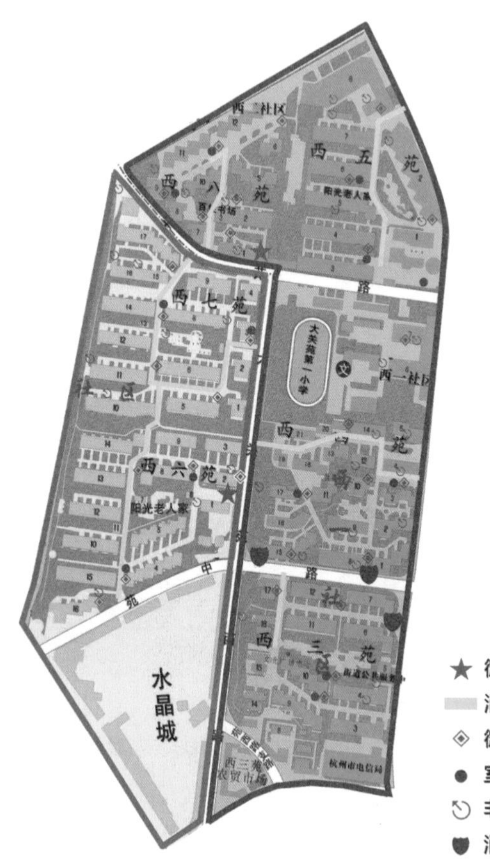

★ 微型消防站
▬ 消防通道
◈ 微型消防点
● 室外消火栓
⟲ 非机动车集中充电点
⬟ 消防应急门

图8-61　大关西苑片区消防设备点位图

图8-62　改造后的公共服务设施（部分）

片区内原有的植物以高大乔木为主，因缺少管理，影响了小区环境的通透性。改造中通过修剪树木枝叶、种植矮小灌木和点缀鲜花，并以点面结合的方式，对绿化空间充分整合、合理布局，改造提升绿化2万多平方米，高标准建设垃圾分类设施8处，增设口袋公园18个，给居民尽可能创造了环境美好的休憩和交往的空间，实现居民“看得见绿色、闻得见花香”的愿望（图8-63）。

改造新增小区休闲场所7处近1240m²，新增休闲活动场地近1970m²，方便了居民锻炼健身（图8-64）。大关西苑片区还建成紫藤漫廊、阳光驿站、“八景五廊”以及200多平方米的西艺空间等特色场景，并以百姓书场为核心，串联评话廊亭、评话廊道等场景，打造杭州市首个评话主题公园，为居民提供了娱乐和文化交流的场地。

图8-63 改造后的口袋公园

图8-64 改造后的休闲活动场地

三、连片布局改造，构建生活圈层

本次改造从城市更新和构建完整居住社区的维度对该片区进行全域统筹规划，打破小区之间的界限，重新定义片区规模，使之与片区资源相匹配，通过组团连片构建生活圈层，将社区分散的设施等进行系统整合，实现资源共享。大关西苑片区化改造的具体举措有：

1. 业态统筹整合，风貌统一规划

本次改造通过对片区内街区的业态进行统筹整合升级，补齐片区缺失的业态，既提升了居民生活的便利度，又升级了街区产业。并对片区统一更新门头设置（图8-65），街区坊巷和小区风貌进行统一规划，充分融入文化元素，形成了风格一致的建筑语言，保证小区与小区协调，片区与城市协调。

2. 打通小区分界，共享活动资源

将部分断头路打通，方便各小区间居民共享整个片区的公共服务资源；拆除小区间的围墙，腾出的闲置空间作为开放的活动空间。

3. 交通整体规划，便捷居民出行

大关西苑片区将6个居民小区与片区内的交通密路网、公共停车、市政配套和公共服务等进行整体规划，打造交通“微循环”，包括将西六、西七小区间的瓶颈路段拓宽，方便机动车通行；增设和序化道路停车位231个（图8-66）；在大关西四苑北侧、大关苑一小操场西侧的空地建立立体停车库，缓解居民行车难和停车难的问题。

4. 利用存量资源，补齐片区配套

如将原$7m^2$的闲置边角地扩充到$80m^2$布置再生资源回收站，促进绿色低碳建设；将$6m^2$原岗亭扩充成$107m^2$的物业管理用房；将2处闲置国资用房，改造成老年活动中心和社区服务中心；针对片区老龄化较高、托育配套缺失的情况，腾出社区办公用房建造老幼综合服务体，引入专业社会公益组织建设“阳光老人家”“阳光小伢儿”，实现“一老一幼”阳光相伴的场景（图8-67）。

5. 数字赋能片区，统一长效管理

通过数字化赋能以及数字化建设，大关西苑片区各小区设置的12套道闸减少至6套，并实现无人值守，片区内所有出入车辆均有数据统计，并在数据大屏显示（图8-68）。

图8-65　小区门头改造前后对比

图8-66　序化后的停车位

图8-67　改造后的老幼综合体

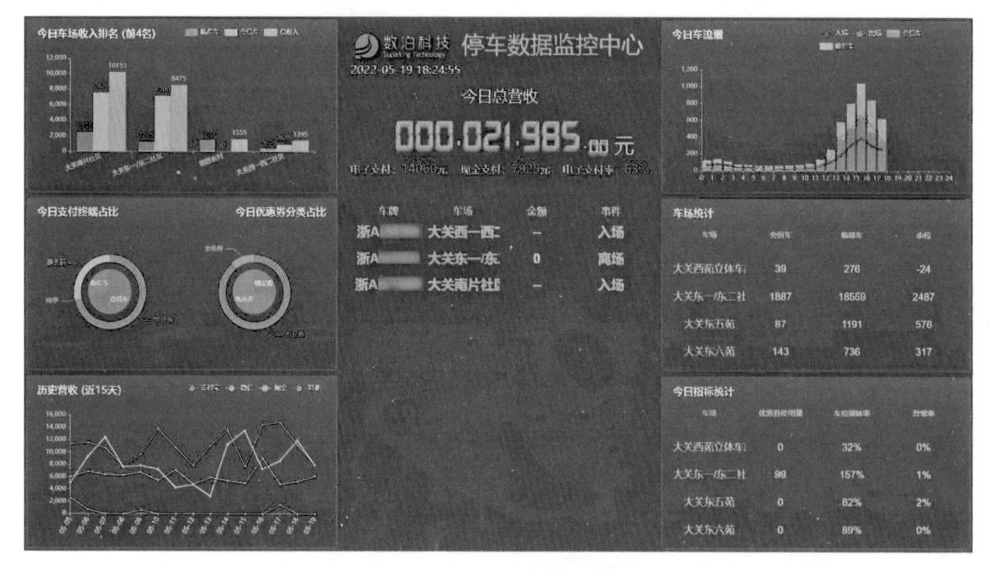

图8-68　大关西苑停车数据监控中心

片区还引入了统一的第三方物业公司（图8-69），对楼道保洁、工程维修、绿化养护、垃圾分类、停车管理等17项内容实现全方位、统一化管理，降低片区长效管理成本。

图8-69　大关西苑片区的物业管理

片区不断增强自我造血能力，拓展多方面资金来源实现“资金平衡”。社区通过统筹垃圾分类、绿化补贴等经费，优化停车收费标准，鼓励物业推出居家维修、自营超市、广告营收等有偿服务，并试点通过以点带面推进物业费从0.15元/m^2向0.56元/m^2提档，整体收入帮助物业公司实现微利经营、良性循环。社区还通过依托街道级物业服务绩效考核管理办法，引导居民参与小区管理，实现物业提质、社区减负、居民满意的多方共赢局面。

四、挖潜社区文化，注重特色传承

改造中坚持“基础到位、特色鲜明、群众满意”的原则，以西一社区“西艺”和西二社区“八景五廊”为中心，6个小区结合自身特色开展个性化改造，6个小区按照“寻味西三”“安逸西四”“颐养西五”“乐活西六”“畅通西七”“传承西八”的模式改造，传承别具特色的历史文化。

同时发挥大关西苑百姓书场16年历史底蕴（图8-70），通过对其改造，提升为“杭州评话红色传承基地”，以活态传承非遗文化，使其成为发扬优秀文化的载体，改造后的百姓书场入选浙江省文化驿站。百姓书场的西侧和北侧正是评话廊亭和廊道，评话廊道一侧印绘着杭州评话的起源、发展、传承与保护，另一侧则是片区百姓书场的发展历史，实现了很好的串联。

图8-70　百姓书场改造前后对比

百姓书场还引进老开心茶馆专业运营团队，将杭州茶文化、江南饮食文化和百姓曲艺文化充分融合，保留独具特色的市井生活。通过定期邀请曲艺艺人开展评话演出、茶艺表演等丰富多彩的活动，引领居民体验文化、享受文化，提升居民文化品位（图8-71）。

百姓书场也成为传承民间优秀文化的开放空间，并培育出大关京剧社、乐迷秀团、旗袍改良秀、书画社、爱心花满屋等文艺团队16支300余人，挖掘“绳编技艺”“民间根艺”等文化项目，培养核心传人17人。

图8-71 百姓书场举办的活动

大关西苑还打造了一个百姓大舞台（图8-72），居民可以定期在这里开展文艺活动，丰富居民的精神文化生活。在空闲时期，百姓大舞台则成为居民晾晒的场地，真正实现了空间资源的复用。

图8-72 百姓大舞台

五、引入多元资本，解决资金难题

大关西苑在改造中发挥加装电梯牵头人示范带动作用，自发组建了“老马帮帮团”，形成连片效应，引导居民自主出资加装电梯18台（图8-73），为居民出行提供了便利。同时制定《加装电梯文明使用公约》，在杭州市首创“15+2”加装电梯全生命周期综合养老保险，为城市解决加装电梯后续维修保养和意外事故理赔等难题提供样板。

图8-73　大关西苑连片加装电梯

为了缓解大关西苑居民停车难的困扰，街道和社区召开了居民意见征求会、专家论证会，引入民营资本投入1000万元，在大关西四苑北侧空地建设西苑立体车库，立体车库有5层共180个车位，其中有22个是地面车位，19个配备充电桩，提供24小时保安值班服务。建设杭州市首个老旧小区立体停车库（图8-74），大关西苑这一做法也为民营资本入局老旧小区改造提供了参考样本。

图8-74　停车场改造前后对比

大关西苑连片老旧小区改造解决了居民居住难题，消除了安全隐患，改善了绿化环境，完善了配套设施，补齐了功能短板，落实了长效管理，并作为杭州市拱墅区大关街道2021年度民生实事工程之一，已被评为住房和城乡建设部联系点示范项目、住房和城乡建设部工程师驻点示范项目、杭州市2021年度老旧小区综合改造最佳案例（图8-75）。

图8-75 改造后的大关西苑片区全景图

此外，该改造工程为老旧小区改造提供了一个完整居住社区的样板，使其成为共同富裕的重要单元，对满足人民美好生活需要、扩内需惠民生、推进未来城市建设具有重要意义。

第九章

结　语

以未来社区理念推进老旧小区改造，是满足人民对美好生活追求的必要举措；是推动城市高质量发展的重要抓手、撬动内需的有力杠杆、扩大投资的有效领域；是“十四五”期间城市建设、城市发展、城市运行和城市治理的重点和亮点。它不仅能直接带动城市配套基础设施和公共服务设施的建设，而且能为城市工业和服务业，尤其是为社区服务业的发展提供稳定需求与合适空间，发挥扩就业、稳增长、优环境、惠民生等多重功能。同时，以未来社区理念推进老旧小区改造，也是习近平总书记提出的“人民城市人民建、人民城市为人民”理念的重要体现，有利于城市更新最终实现从“造房子”到“造生活”的迭代、从“增量扩张”向“存量更新”的转变。因此，老旧小区改造工程既是民生工程、发展工程，又是社会治理工程。

在以未来社区理念推进老旧小区改造的建设工程中，党建引领发挥着举足轻重的作用。坚持党建引领，不仅有利于完善老旧小区改造工程的管理决策机制、提升老旧小区改造工程实施效率、保障老旧小区改造项目顺利开展，还是实现友好邻里、全龄教育、舒心健康、社区创业、安全建筑、便民交通、绿色低碳、品质服务、精细治理九大场景的必要条件。

作为一项重要的民生工程，老旧小区改造在具体实施过程中，面临着不可避免的重重困境。比如居民日益提高的改造需求、顶层设计的不到位、城市文化传承的褪色、资金筹措的困难、改造的碎片化、有待提高的数字化以及相关部门间难以统筹等。但未来社区理念，为这些问题带来了妥善的解决方案：坚持“以人为本”，紧扣居民意愿，积极对改造方案进行合理调整；坚持规划先行，强调以科学的规划指引实践；坚持文化传承、文化培养、文化交流并行，构筑提高居民素养、丰富居民文化生活的精神堡垒；充分发挥社会力量的作用，拓宽资金引入渠道；坚持周边联动，实行各方协同配合的连片改造方案；重视技术的作用，全力将数字化建设贯彻落实到九大场景中；同时致力于一体化平台的搭建，沟通多个部门提高老旧小区改造的工作效率。

以未来社区理念推进的老旧小区改造，也是边摸索边前进的工程，不能一蹴而就，仍需要以持续不断的优化改良和开拓创新，来化解现代性、未来性带来的诸多挑战。浙江省建设未来社区主要遵循四个基本原则：一是以人为本，文化引领，坚持以人为中心，融合先进文化和前沿科技；二是政府引导，市场运作，坚持有为政府和有效市场并重，激发社会活力，探索可持续的未来社区建设模式；三是迭代创新，体系推进，坚持创新设计，充分发挥政策创新牵引作用；四是因地制宜，分类施策[①]。

① 邹永华，陈紫微．未来社区建设的理论探索［J］．治理研究，2021，37（3）：95-103.

其中，由前沿科技引导的数字化建设是老旧小区改造工程的重要方面。实施老旧小区改造，并不仅仅是对老旧小区原有系统的简单提升，而是在原有系统之上的迭代升级，通过自己的云服务平台，集成各方所需，完成老旧小区的新型智能化转型蜕变。比如借助数字平台将服务功能落实到九大场景中，满足社区在数字教育、数字健康、数字服务和数字邻里等各场景中的应用，为居民提供全天候多元化的智能居住体验。同时开发人工智能服务匹配功能，在平台建设中引入AI算法，以算法为工具对社区居民的结构、居住比例、年龄、社会认知和周边商圈构成进行实时运算，分析归纳出最适合社区居民的动态服务方案，实现人性化社区管理。建设相关平台时，政府层面可提前做好各项规划，引导和协调设计单位推出一个具有当地特色的数字平台，同时引入当地的政务、商业、医疗、教育、公益等系统，对接每个老旧小区。人文培养和人口素质也是数字化社区建设的重要方面，政府可通过实施各项体验工程，如“未来社区体验馆”让居民学习和感受社区的变化，鼓励居民不断学习、不断充实自我来提高自身文化素养，增强社区居民凝聚力，形成有地方特色的文化社区。

此外，可持续发展建设也是当下老旧小区改造工作开展过程中的重要一环，更是切实提升群众获得感的关键环节，它包括但不限于物资能源的可持续、社区建设运营的可持续、居民自治可持续、资金流动可持续、文化传承可持续等方面的内容。社区可持续运营的实现需要对运营路径进行创新，比如通过规范化的物业管理模式，加强与城市运营商的合作，引入营利性组织为社区提供服务，从而拓展社区的收入来源，再将盈利部分投入到社区建设中去，最终实现社区运营的可持续发展。这个过程是社区“自我造血”业务闭环的直接体现，能够在一定程度上解决政府兜底建设资金不可持续性的问题。

值得我们参考和借鉴的是新加坡Complex模式下的可持续机制。为鼓励立体绿化发展，新加坡政府于2009年启动打造“翠绿都市和空中绿意”计划，对重点地区的建筑从政策上提出立体绿化的强制要求，并首创性地提出将垂直绿化面积计入平面绿化面积；通过开展“锦簇社区”项目（Community in Bloom）等绿色教育活动，从根本上提升公民素养，培育环保意识；另外，积极推广承包养护制度，目前新加坡90%的绿地养护已推向市场[①]。新加坡对居民绿色意识的培育，为其生态建设提供了强大驱动力，我国老旧小区改造的可持续发展机制可以参考新加坡模式，并立足于本国国情进行相应的调整和优化。

文化传承的可持续同样不可或缺。“文化铸魂，建筑塑形”，文化铸就城市

① 徐呈程. 新加坡组屋可持续机制及对未来社区的启示［C］// 面向高质量发展的空间治理——2021 中国城市规划年会论文集（19 住房与社区规划），2021：807-814.

灵魂，建筑勾勒城市轮廓，用文化灵魂助力城市风貌和城市形态的塑造。日本的老旧小区改造同样强调“历史文化和城市记忆传承”，他们“注重城市风格的营造和历史文化遗存的保留，实现城市街区现代与历史的协调共生”。杭州也为保留不同时代特色和地域文化的“老房子”，启动了历史文化街区和历史建筑保护工程，并将先进技术贯穿整个工程的始终。除却对旧有文化的传承和保护、对新时代文化的挖掘，还应鼓励不同社区立足自身特色，形成独一无二的“社区文化内涵”。因此，老旧小区改造过程中应逐步完成观念上的转变，要将城市文明、社区文化与物质改造融为一体，走可持续发展的改造道路。

以未来社区理念推进的老旧小区改造涉及面非常广泛，需要整合社会力量共同助力，同时注意因地制宜，根据不同老旧小区的情况进行分类制策，以确保基本公共服务体系更加完备、公共服务品质更加到位。动员社会力量，就是要把社会企业的力量和老百姓的自我主动意识连接起来，形成一种“民呼我为”的氛围，政府是制定宏伟蓝图的决策者，社会基层人民是执行者，基层力量的联合是实现政府目标和人民美好愿景的关键环节。社区以外的社会力量同样不容小觑，应大力倡导社会力量参与社区运营，通过免费提供场地、设备等措施，鼓励专业机构、社会组织、个人等社会力量的加入；以捐赠、设立基金、冠名资助、承办活动、志愿行动等多种方式，参与社区场景建设运营。另外，应鼓励各社区探索优质品牌机构入驻的“连锁运营”模式、专家智库入驻的“智力引进”模式、非盈利组织入驻的“公益推广”模式等，积极倡导多种模式相融合，形成义利相生的良性生态循环。

“未来”是一个没有终极答案、永远在路上的目标，以未来社区理念推进的老旧小区改造也将是一项持续迭代创新、以人民满意为本的系统举措。

附　录

附录一

全国城镇老旧小区改造统计调查制度

中华人民共和国住房和城乡建设部制定

国　家　统　计　局　批　准

2022年3月

本调查制度根据《中华人民共和国统计法》的有关规定制定

《中华人民共和国统计法》第七条规定：国家机关、企业事业单位和其他组织以及个体工商户和个人等统计调查对象，必须依照本法和国家有关规定，真实、准确、完整、及时地提供统计调查所需的资料，不得提供不真实或者不完整的统计资料，不得迟报、拒报统计资料。

《中华人民共和国统计法》第九条规定：统计机构和统计人员对在统计工作中知悉的国家秘密、商业秘密和个人信息，应当予以保密。

《中华人民共和国统计法》第二十五条规定：统计调查中获得的能够识别或者推断单个统计调查对象身份的资料，任何单位和个人不得对外提供、泄露，不得用于统计以外的目的。

目　录

一、总说明

（一）调查目的。为指导各地有序有效开展城镇老旧小区改造统计工作，及时了解新开工改造城镇老旧小区数量等指标，全面掌握改造小区情况及加装电梯、改造建设养老托育等服务设施的计划和改造情况，为各级政府制定政策和宏观管理提供依据，按照《中华人民共和国统计法》和国家有关规定，特制定本调查制度。

（二）调查对象和统计范围。本调查制度调查对象为各级城镇老旧小区改造工作主管部门，统计范围是经各省级人民政府确认，并上报住房和城乡建设部、国家发展改革委、财政部等三部门的城镇老旧小区改造计划项目。

（三）调查内容。本调查制度包括城镇老旧小区改造年度计划、改造进展情况、改造效果情况和改造项目基本情况等方面的内容。

（四）调查频率及时间。本调查制度的报告期为月报和年报。

（五）调查方法。本调查制度为全面调查。

（六）组织实施。本调查制度由住房和城乡建设部统一部署，采取分级实施、逐级汇总的方式。

（七）报送要求。各报表的报送时间、受表机关及报送方式按规定执行。

（八）质量控制。全国城镇老旧小区改造统计调查制度实行全过程质量控制。住房和城乡建设部规范统计调查制度，认真组织培训，严格数据审核，加强监督检查，抽查数据质量。各级住房和城乡建设部门要加强统计调查基础工作，建立数据审核制度，及时、完整、准确上报数据。

（九）统计资料公布。本调查制度收集数据中，全国城镇老旧小区改造年度计划小区数、居民户数汇总数据，以及年度新开工改造城镇老旧小区数、居民户数汇总数据，定期通过住房和城乡建设部网站向社会公布。

（十）统计信息共享。信息共享的责任单位为住房和城乡建设部城市建设司，责任人为该司负责人。

（十一）本调查制度不使用部门基本单位名录库。

（十二）本调查制度由住房和城乡建设部负责解释。

二、报表目录

表号	表名	报告期别	统计范围	报送单位	报送日期及方式	页码
老旧小区改造1表	全国城镇老旧小区改造年度计划情况表	年报	经各省级人民政府确认，并上报住房和城乡建设部、国家发展改革委、财政部等三部门的城镇老旧小区改造计划项目	各省级住房和城乡建设部门	于本年1月5日前通过电子邮件和纸质报表报送	6
老旧小区改造2表	全国城镇老旧小区改造进展情况表	月报	同上	同上	于次月5日前报送，其中1～3月份月报免报，从4月份月报开始报送，首次报送时间为5月5日前；12月份月报于次年1月5日前报送； 通过电子邮件和纸质报表报送	7
老旧小区改造3表	全国城镇老旧小区改造效果情况表	月报	同上	同上	于次月5日前报送，其中1～3月份月报免报，从4月份月报开始报送，首次报送时间为5月5日前，12月份月报于次年1月5日前报送； 通过电子邮件和纸质报表报送	9
老旧小区改造4表	全国城镇老旧小区改造项目基本情况表	月报	同上	各市、县城镇老旧小区改造工作主管部门	本表数据报送至各省级住房和城乡建设部门，暂不上报住房和城乡建设部，具体报送时间和方式由各省级住房和城乡建设部门根据实际情况确定	12

三、调查表式

（一）全国城镇老旧小区改造年度计划情况表

表　　号：老旧小区改造1表
制定机关：住房和城乡建设部
批准机关：国家统计局
批准文号：国统制〔2022〕41号
有效期至：2025年3月

________省（自治区、直辖市）　　　202　年

指标名称	计量单位	代码	数量	2000年底前建成的老旧小区
甲	乙	丙	1	2
小区数	个	101		
合计中：城市（建成区）	个	102		
县城（城关镇）	个	103		
居民户数	户	104		
合计中：城市（建成区）	户	105		
县城（城关镇）	户	106		
建筑面积	万平方米	107		
合计中：城市（建成区）	万平方米	108		
县城（城关镇）	万平方米	109		
楼栋数	栋	110		
合计中：城市（建成区）	栋	111		
县城（城关镇）	栋	112		
计划总投资	万元	113		
合计中：城市（建成区）	万元	114		
县城（城关镇）	万元	115		

单位负责人：　　　统计负责人：　　　填表人：　　　报出日期：202　年　月　日

说明：
1. 本表由各省级住房和城乡建设部门填报，汇总后数据报送住房和城乡建设部。
2. 本表填报范围为经各省级人民政府确认，并上报住房和城乡建设部、国家发展改革委、财政部等三部门的年度城镇老旧小区改造计划项目。
3. 本表为年报，汇总数据报送时间为本年度1月5日前报送辖区内本年度城镇老旧小区改造计划情况。
4. 本表逻辑审核关系：
   101项＝102项＋103项，104项＝105项＋106项，107项＝108项＋109项，110项＝111项＋112项；113项＝114项＋115项；
   107项—109项保留2位小数，其余各项取整数；
   1栏≥2栏。

（二）全国城镇老旧小区改造进展情况表

表　　号：老旧小区改造2表
制定机关：住房和城乡建设部
批准机关：国家统计局
202　年度计划项目　　批准文号：国统制〔2022〕41号
＿＿＿＿省（自治区、直辖市）　　202　年　　月　　有效期至：2025年3月

指标名称	计量单位	代码	自开始建设累计情况	本年
甲	乙	丙	1	2
一、总规模	—	—	—	—
小区数	个	201		
居民户数	户	202		
建筑面积	万平方米	203		
楼栋数	栋	204		
单元数	个	205		
其中：无电梯单元数	个	206		
二、正在开展前期准备的项目情况	—	—	—	—
小区数	个	207		
居民户数	户	208		
建筑面积	万平方米	209		
楼栋数	栋	210		
三、正在施工的项目情况	—	—	—	—
小区数	个	211		
居民户数	户	212		
建筑面积	万平方米	213		
楼栋数	栋	214		
四、已竣工的项目情况	—	—	—	—
小区数	个	215		
居民户数	户	216		
建筑面积	万平方米	217		
楼栋数	栋	218		
五、改造资金情况	—	—	—	—
完成投资额	万元	219		
实际到位资金	万元	220		
合计中：1. 国家预算资金	万元	221		

续表

指标名称	计量单位	代码	自开始建设累计情况	
				本年
甲	乙	丙	1	2
其中：（1）中央补助资金	万元	222		
合计中：中央预算内投资专项资金	万元	223		
中央财政保障性安居工程专项资金	万元	224		
（2）省级财政补助资金	万元	225		
（3）市级及以下财政补助资金	万元	226		
（4）地方政府专项债券	万元	227		
2. 社会资本	万元	228		
其中：（1）规模化实施运营主体出资	万元	229		
（2）专业经营单位出资	万元	230		
其中：电力企业出资	万元	231		
通信企业出资	万元	232		
供排水企业出资	万元	233		
供热企业出资	万元	234		
燃气企业出资	万元	235		
（3）产权单位（或原产权单位）出资	万元	236		
（4）其他参与单项或多项改造内容的社会力量出资	万元	237		
其中：金融机构支持资金	万元	238		
3. 居民出资	万元	239		
4. 其他	万元	240		

单位负责人：　　　　统计负责人：　　　　填表人：　　　　报出日期：202　年　月　日

说明：

1. 本表由各省级住房和城乡建设部门负责组织各市、县（区、市）城镇老旧小区改造主管部门填报，汇总后数据报送住房和城乡建设部。
2. 本表填报范围为经各省级人民政府确认，并上报住房和城乡建设部、国家发展改革委、财政部等三部门的城镇老旧小区改造计划项目，包括自2020年起的所有计划项目，项目按计划年度统计。该年既往计划项目全部竣工的，本年不再统计。
3. 按照项目的计划年度分别填写本表，即2020年度计划项目单独填写一张表，2021年度计划项目单独填写一张表，以此类推。
4. 自开始建设累计情况指该年度改造计划项目自计划当年1月1日起至本报告期末的情况，本年情况指该年度改造计划项目中在报告期以前年度未竣工，且在本年度仍需施工的项目，自本年1月1日起至本报告期末的情况。其中，本年改造计划项目仅填写本年情况，累计情况不需要填写。
5. 本表为月报，填写辖区内改造计划项目累计进展情况，汇总数据月报报送时间为次月5日前，其中1～3月月报免报，从当年4月月报开始报送，首次报送时间为5月5日前，12月月报报送时间为次年1月5日前。
6. 本表逻辑审核关系：
   205项≥206项；
   220项＝221项＋228项＋239项＋240项，221项≥222项＋225项＋226项＋227项，
   222项＝223项＋224项；228项≥229项＋230项＋236项＋237项；228项≥238项；
   230项≥231项＋232项＋233项＋234项＋235项；
   203项、209项、213项、217项保留2位小数，其余各项取整数；1栏≥2栏。

（三）全国城镇老旧小区改造效果情况表

表　　号：老旧小区改造3表
制定机关：住房和城乡建设部
批准机关：国家统计局
202　年度计划项目　　批准文号：国统制〔2022〕41号
_____省（自治区、直辖市）　　202　年　　月　　有效期至：2025年3月

指标名称	计量单位	代码	自开始建设累计情况	本年
甲	乙	丙	1	2
基础类改造内容	—	—	—	—
实施供水改造的小区/改造供水管网	个/米	301	/	/
实施排水改造的小区/改造排水管网	个/米	302	/	/
实现雨污分流的小区（含改造前已实现）	个	303		
其中：新增雨污分流的小区	个	304		
实施供电改造的小区/改造供电管网	个/米	305	/	/
实施道路改造的小区/改造道路	个/平方米	306	/	/
接入管道天然气的小区（含改造前已接入）	个	307		
其中：新接入管道天然气的小区/改造天然气管网	个/米	308	/	/
北方供热地区接入集中供热的小区（含改造前已接入）	个	309		
其中：新接入集中供热的小区/改造供热管网	个/米	310	/	/
设置消防设施的小区（含改造前已设置）	个	311		
其中：新增设置消防设施的小区	个	312		
设置安防设施的小区（含改造前已设置）	个	313		
其中：新增设置安防设施的小区	个	314		
实现生活垃圾分类的小区（含改造前已实现）	个	315		
其中：新增生活垃圾分类的小区	个	316		
实现光纤入户的小区（含改造前已实现）	个	317		
其中：新增实现光纤入户的小区	个	318		
实现弱电架空线规整（入地）的小区（含改造前已实现）	个	319		
其中：新增弱电架空线规整（入地）的小区	个	320		
实现强电架空线规整（绝缘化）的小区（含改造前已实现）	个	321		
其中：新增强电架空线规整（绝缘化）的小区	个	322		
完善类改造内容	—	—	—	—
拆除违法建设面积	平方米	323		
实施照明设施改造的小区	个	324		
实施适老化、无障碍改造的小区	个	325		

续表

指标名称	计量单位	代码	自开始建设累计情况	本年
甲	乙	丙	1	2
新增地上、地下停车库	个	326		
新增地上、地下停车库停车位	个	327		
新增地面普通停车位	个	328		
新增电动汽车充电桩	个	329		
新增非机动车充电桩	个	330		
新增设置智能快件箱、智能信包箱的小区	个	331		
新增文化休闲、体育健身场地、公共绿地等	片/平方米	332	/	/
其中：儿童活动场所	片/平方米	333	/	/
体育健身场地	片/平方米	334	/	/
其中：（非标准）足球场	片/平方米	335	/	/
新增设置慢行系统（健身步道等）的小区	个	336		
建筑节能改造面积	平方米	337		
加装电梯	部	338		
合计中：当年改造计划项目加装电梯	部	339		
其他既有住宅加装电梯	部	340		
实施消防车通道划线、标识改造的小区	个	341		
提升类改造内容	—	—	—	—
新增安防智能感知设施及系统	套	342		
其中：高清视频图像采集系统	套	343		
具备车牌抓拍与识别功能的停车库（场）安全管理系统	套	344		
智能门禁系统	套	345		
新增社区服务设施（站）	个	346		
其中：卫生服务站等公共卫生设施	个	347		
幼儿园等教育设施	个	348		
养老服务设施	个	349		
托育点等托育服务设施	个	350		
助餐服务设施	个	351		
家政保洁服务点	个	352		
新增综合超市、便民市场、便利店等	个	353		
新增邮政快递末端综合服务站	个	354		
新增其他便民服务网点（理发店、洗衣店、药店、维修点等）	个	355		

续表

指标名称	计量单位	代码	自开始建设累计情况	本年
甲	乙	丙	1	2
成立党组织的小区（含改造前已成立）	个	356		
其中：结合改造成立党组织的小区	个	357		
成立业主大会、选举业主委员会的小区（含改造前已成立）	个	358		
其中：结合改造成立业主大会、选举业主委员会的小区	个	359		
实施物业管理的小区（含改造前已实施）	个	360		
其中：改造后新增物业管理的小区	个	361		
实施专业化物业服务的小区（含改造前已实施）	个	362		
其中：改造后新增实施专业化物业服务的小区	个	363		

单位负责人： 统计负责人： 填表人： 报出日期：202 年 月 日

说明：

1. 本表由各省级住房和城乡建设部门负责组织各市、县（区、市）城镇老旧小区改造主管部门填报，汇总后数据报送住房和城乡建设部。
2. 本表填报范围为经各省级人民政府确认，并上报住房和城乡建设部、国家发展改革委、财政部等三部门的城镇老旧小区改造计划项目，包括自2020年起的所有计划项目，项目按计划年度统计。该年既往计划项目全部竣工的，本年不再统计。
3. 按照项目的计划年度分别填写本表，即2020年度计划项目单独填写一张表，2021年度计划项目单独填写一张表，以此类推。
4. 自开始建设累计情况指该年度改造计划项目自计划当年1月1日起至本报告期末的情况，本年情况指该年度改造计划项目中在报告期以前年度未竣工，且在本年度仍需施工的项目，自本年1月1日起至本报告期末的情况。其中，本年改造计划项目仅填写本年情况，累计情况不需要填写。
5. 本表为月报，填写辖区内改造计划项目改造效果情况，汇总数据月报报送时间为次月5日前，其中1～3月份月报免报，从当年4月月报开始报送，首次报送时间为5月5日前，12月月报报送时间为次年1月5日前。
6. 303、307、309、311、313、315、317、319、321、356、358、360、362项包含改造前存量数据情况，其余项均为改造中增量情况。
7. 本表逻辑审核关系：
   303项≥304项，307项≥308项，309项≥310项，311项≥312项，313项≥314项，315项≥316项，
   317项≥318项，319项≥320项，321项≥322项；
   332项≥333项+334项，334项≥335项；338项=339项+340项；
   342项≥343项+344项+345项；
   356项≥357项，358项≥359项，360项≥361项，362项≥363项；
   各项取整数；1栏≥2栏。

（四）全国城镇老旧小区改造项目基本情况表

表　　号：老旧小区改造4表
制定机关：住房和城乡建设部
批准机关：国家统计局
批准文号：国统制〔2022〕41号
有效期至：2025年3月

________省（自治区、直辖市）
________市（地、州、盟）
________县（区、市、旗）　　202　年　月

401-1　改造项目名称：________________

401-2　项目包含小区个数：____个；401-3 项目包含小区名称：________________

402　小区建成时间（改造部分）：1. 2000年底以前建成小区个数：____个；
2. 2000年底以后建成小区个数：____个

403　居民户数：________户；

404-1　建筑面积：________平方米；　404-2　楼栋数：________栋

405-1　单元数：________个；　405-2　其中，无电梯单元数：________个

406　纳入改造计划时间：________年

407　是否申请中央补助资金支持（单选）：□ 1.是；　□ 2.否

408 计划改造内容：（相关选项前勾选，可跨类多选；选择"其他"请补充具体内容）	基础类	完善类	提升类
	□ 101 供水设施 □ 102 排水设施 □ 103 供电设施 □ 104 弱电设施 □ 105 道路 □ 106 供气设施 □ 107 供热设施 □ 108 消防设施 □ 109 安防设施 □ 110 生活垃圾分类设施 □ 111 光纤入户 □ 112 弱电架空线规整（入地） □ 113 强电架空线规整（绝缘化） □ 114 建筑物屋面、外墙、楼梯等维修 □ 115 其他________	□ 201 拆除违法建设 □ 202 整治小区及周边绿化、照明等 □ 203 适老设施、无障碍设施 □ 204 停车库（场） □ 205 电动自行车及汽车充电设施 □ 206 智能信包箱、智能快件箱 □ 207 文化休闲场地及设施 □ 208 体育健身场地及设施 □ 209 儿童活动场所 □ 210 物业用房 □ 211 建筑节能改造 □ 212 加装电梯 □ 213 消防车通道划线、标识 □ 214 其他________	□ 301 周界防护等智能感知设施 □ 302 社区综合服务设施 □ 303 卫生服务站等公共卫生设施 □ 304 幼儿园等教育设施 □ 305 养老服务设施 □ 306 托育服务设施 □ 307 助餐服务设施 □ 308 家政保洁服务点 □ 309 便民市场、便利店、超市等 □ 310 邮政快递末端综合服务站 □ 311 其他________

409　截至本月底改造进展情况：
409-1　正在开展前期准备的小区个数：____个，涉及居民户数：____户，楼栋数：____栋，
建筑面积：____平方米
409-2　正在施工的小区个数：____个，涉及居民户数：____户，楼栋数：____栋，
建筑面积：____平方米
409-3　已竣工的小区个数：____个，涉及居民户数：____户，楼栋数：____栋，
建筑面积：____平方米
409-4　暂未开展任何工作的小区个数：____个，涉及居民户数：____户，楼栋数：____栋，
建筑面积：____平方米

410　项目开工时间为：　　年　月（未开工时不需填写）；竣工时间为：　　年　月（未竣工时不需填写）

续表

指标名称	计量单位	代码	数量
甲	乙	丙	1
项目计划总投资	万元	411	
自开始建设累计完成投资	万元	412	
其中：本年完成投资	万元	413	
基础类改造内容	—	—	—
实施供水改造的小区/改造供水管网	个/米	414	/
实施排水改造的小区/改造排水管网	个/米	415	/
实现雨污分流的小区（含改造前已实现）	个	416	
其中：新增雨污分流的小区	个	417	
实施供电改造的小区/改造供电管网	个/米	418	/
实施道路改造的小区/改造道路	个/平方米	419	/
接入管道天然气的小区（含改造前已接入）	个	420	
其中：新接入管道天然气的小区/改造天然气管网	个/米	421	/
北方供热地区接入集中供热的小区（含改造前已接入）	个	422	
其中：新接入集中供热的小区/改造供热管网	个/米	423	/
设置消防设施的小区（含改造前已设置）	个	424	
其中：新增设置消防设施的小区	个	425	
设置安防设施的小区（含改造前已设置）	个	426	
其中：新增设置安防设施的小区	个	427	
实现生活垃圾分类的小区（含改造前已实现）	个	428	
其中：新增生活垃圾分类的小区	个	429	
实现光纤入户的小区（含改造前已实现）	个	430	
其中：新增实现光纤入户的小区	个	431	
实现弱电架空线规整（入地）的小区（含改造前已实现）	个	432	
其中：新增弱电架空线规整（入地）的小区	个	433	
实现强电架空线规整（绝缘化）的小区（含改造前已实现）	个	434	
其中：新增强电架空线规整（绝缘化）的小区	个	435	
完善类改造内容	—	—	—
拆除违法建设面积	平方米	436	
实施照明设施改造的小区	个	437	
实施适老化、无障碍改造的小区	个	438	
新增地上、地下停车库	个	439	
新增地上、地下停车库停车位	个	440	

续表

指标名称	计量单位	代码	数量
甲	乙	丙	1
新增地面普通停车位	个	441	
新增电动汽车充电桩	个	442	
新增非机动车充电桩	个	443	
新增设置智能快件箱、智能信包箱的小区	个	444	
新增文化休闲、体育健身场地、公共绿地等	片/平方米	445	/
其中：儿童活动场所	片/平方米	446	/
体育健身场地	片/平方米	447	/
其中：（非标准）足球场	片/平方米	448	/
新增设置慢行系统（健身步道等）的小区	个	449	
建筑节能改造面积	平方米	450	
加装电梯	部	451	
实施消防车通道划线、标识改造的小区	个	452	
提升类改造内容	—	—	—
新增安防智能感知设施及系统	套	453	
其中：高清视频图像采集系统	套	454	
具备车牌抓拍与识别功能的停车库（场）安全管理系统	套	455	
智能门禁系统	套	456	
新增社区服务设施（站）	个	457	
其中：卫生服务站等公共卫生设施	个	458	
幼儿园等教育设施	个	459	
养老服务设施	个	460	
托育点等托育服务设施	个	461	
助餐服务设施	个	462	
家政保洁服务点	个	463	
新增综合超市、便民市场、便利店等	个	464	
新增邮政快递末端综合服务站	个	465	
新增其他便民服务网点（理发店、洗衣店、药店、维修点等）	个	466	
成立党组织的小区（含改造前已成立）	个	467	
其中：结合改造成立党组织的小区	个	468	
成立业主大会、选举业主委员会的小区（含改造前已成立）	个	469	
其中：结合改造成立业主大会、选举业主委员会的小区	个	470	
实施物业管理的小区（含改造前已实施）	个	471	

续表

指标名称	计量单位	代码	数量
甲	乙	丙	1
其中：改造后新增物业管理的小区	个	472	
实施专业化物业服务的小区（含改造前已实施）	个	473	
其中：改造后新增实施专业化物业服务的小区	个	474	

单位负责人：　　　　统计负责人：　　　　填表人：　　　　报出日期：202　年　月　日

说明：

1. 本表由各省级住房和城乡建设部门自行组织实施，数据报送至各省级住房和城乡建设部门，暂不上报住房和城乡建设部，具体报送时间和方式由各省级住房和城乡建设部门根据实际情况确定，并保证填报完整性和数据准确性。
2. 本表填报范围为经各省级人民政府确认，并上报住房和城乡建设部、国家发展改革委、财政部等三部门的本年度城镇老旧小区改造计划项目，以及截至上年末尚未竣工、本年度仍需施工的既往计划项目。
3. 本表为月报，月报报送时间由各省（自治区、直辖市）和新疆生产建设兵团住房和城乡建设部门根据工作实际情况自行确定。
4. 本表所指的改造项目，由各地根据统计调查数据方便原则自行划分，可以包含一个或若干个改造老旧小区。
5. 416、420、422、424、426、428、430、432、434、467、469、471、473项包含改造前存量数据情况，其余项均为改造中增量情况。
6. 本表逻辑审核关系：
   412项≥413项；
   416项≥417项，420项≥421项，422项≥423项，424项≥425项，426项≥427项，428项≥429项，430项≥431项，432项≥433项，434项≥435项；
   445项≥446项+447项，447项≥448项；
   453项≥454项+455项+456项；
   467项≥468项，469项≥470项，471项≥472项，473项≥474项；
   414项—435项、437项、438项、444项、449项、452项、467项—474项小区数≤401-2项；
   各项取整数。

四、主要统计指标解释及填写说明

（一）全国城镇老旧小区改造年度计划情况表

城镇老旧小区　指城市或县城（城关镇）建成年代较早、失养失修失管、市政配套设施不完善、社区服务设施不健全、居民改造意愿强烈的住宅小区（含单栋住宅楼）。

城镇老旧小区改造计划　指各市、县编制的年度城镇老旧小区改造计划，经本地区财政承受能力论证评估，由省级人民政府确认，并上报住房和城乡建设部、国家发展改革委、财政部等三部门。

小区数　指纳入城镇老旧小区改造计划项目包含的小区总数。其中2000年底前建成的小区单独统计。

居民户数　指纳入城镇老旧小区改造计划的小区包含的所有居民户数。其中2000年底前建成的小区户数单独统计。

建筑面积　指纳入城镇老旧小区改造计划的小区房屋总建筑面积。其中2000年底前建成的小区房屋建筑面积单独统计。

楼栋数　指纳入城镇老旧小区改造计划的小区楼栋数量。其中2000年底前建成的小区楼栋数单独统计。

计划总投资　指按照城镇老旧小区改造项目总体设计方案规定的内容全部建成，计划(或按设计概算或预算)需要的总投资，其中2000年底前建成的小区计划总投资单独统计。

（二）全国城镇老旧小区改造进展情况表

总规模　指经各省级人民政府确认，并上报住房和城乡建设部、国家发展改革委、财政部等三部门的城镇老旧小区改造计划项目的总规模，包括本年计划项目和既往计划项目，既往计划项目自2020年计划项目开始统计。该年既往计划项目全部竣工的，本年不再统计。

总规模相关指标数据应与当年《全国城镇老旧小区改造年度计划情况表》（老旧小区改造1表）中相关计划数一致，不得调整。

其中，单元数指纳入城镇老旧小区改造计划项目包含的单元总数，一般共用一组楼梯、电梯、出入口的多套住宅为一个单元。无电梯单元数指未安装、加装电梯的住宅单元数。

正在开展前期准备的项目　指已纳入城镇老旧小区改造计划的项目正在通过基层党组织、居民自治组织、社区服务组织、产权单位或物业服务企业等开展群众工作，进行广泛宣传、基层协调、了解群众诉求、发动群众参与等相关工作，或者正在进行方案设计、招标投标、办理开工手续等施工前准备工作的项目。

正在施工的项目　指已纳入城镇老旧小区改造计划的项目已完成前期各项准备工作，已完成施工招标，签订施工合同，并办理质量安全监督手续，施工现场发生实体工程量的项目。

已竣工的项目　指城镇老旧小区改造项目按计划或设计方案规定内容全部改造完成，经竣工验收合格正式交付使用的项目。

完成投资额　指城镇老旧小区改造项目完成的全部投资，其中自开始建设累计情况指从项目开始建设至本月底累计完成投资，本年完成投资额指从本年1月1日起至本月底累计完成投资额。它反映本年的实际投资规模，是以货币表示的工作量指标，包括实际完成的建筑安装工程价值，设备、工具、器具的购置费，以及实际发生的其他费用。没用到工程实体的建筑材料、工程预付款和没有进行安装的需要安装的设备等，都不能计算投资完成额。计算投资额所依据的价格：建筑安装工程投资额一般按预算价格计算；实行招标的工程，按中标价格计算；设备、工具、器具购置投资额一律按实际价格，即支出的全部金额计算；国内贷款利息按报告期实际支付的利息计算投资完成额；其他费用的价格一般按财务部门实际支付的金额计算。

实际到位资金　指城镇老旧小区改造项目投资单位本年内收到的各种货币资金。

对于直接拨付到市县级财政，不直接拨付到投资单位的资金，以市县级财政实际收到资金数额填报。

实际到位资金不同于完成投资额。实际到位资金是准备用于固定资产投资的资金数量，而完成投资额则是以货币形式表现的建造和购置固定资产的投资实物量；实际到位资金表示一定时期可能进行的投资量，而完成投资额则是已经完成的固定资产建造和购置工作量。

国家预算资金　指各级政府用于城镇老旧小区改造的财政专项资金，包括中央预算资金和地方预算资金。各级政府一般债券、专项债券也应归入国家预算资金。

中央补助资金　指中央拨付的用于城镇老旧小区改造的专项资金，包括国家发展改革委牵头安排的中央预算内投资保障性工程专项资金和财政部牵头安排的中央财政保障性安居工程专项资金。

省级财政补助资金　指省级财政拨付的用于城镇老旧小区改造的资金。

市级及以下财政补助资金　指市级及以下财政拨付的用于城镇老旧小区改造的资金。

地方政府专项债券 指地方政府为城镇老旧小区改造项目向社会发行的地方政府专项债券。

社会资本 指除国家预算资金以外规模化实施运营主体、银行、产权单位、专业经营单位等通过债券融资、信贷、直接出资等方式筹集到位资金总额。

规模化实施运营主体出资 指城镇老旧小区改造规模化实施运营主体通过市场化方式，运用自有资金、公司信用类债券、项目收益票据、银行贷款等方式筹集到位资金总额。

专业经营单位出资 指电力、通信、供水、排水、供气、供热等专业经营单位通过自有资金、银行贷款等方式出资参与小区改造相关管线设施设备的到位资金总额。

产权单位（或原产权单位）出资 指改造小区的产权单位或者原产权单位给予城镇老旧小区改造资金支持的到位资金总额。

其他参与单项或多项改造内容的社会力量出资 指参与养老、托育、停车、便民市场、充电桩等改造内容中的单项或多项的社会力量出资到位资金总额。

金融机构支持资金 指银行及非银行金融机构提供的用于城镇老旧小区改造项目的融资支持。

居民出资 指改造小区居民本着谁受益、谁出资的原则，通过直接出资、使用（补建、续筹）住宅专项维修资金、让渡小区公共收益，或者个人捐资捐物、投工投劳等方式的出资总额。对于个人投工投劳、捐物的出资额计算标准按照当地已有标准执行，没有标准的不纳入出资额。

（三）全国城镇老旧小区改造效果情况表

改造效果情况 指通过城镇老旧小区改造而产生的有效结果，原则上应包括各类新建和改造设施等情况。统计时，以在建项目实际完成的累计工程量为准填写。已竣工项目竣工当月必须完整填写全部改造效果。

基础类改造内容 指城镇老旧小区改造项目改造建设的供排水设施、供热设施、电力设施、环卫设施、道路、通信设施等市政配套基础设施。

其中，供排水改造指小区内部、建筑红线以内供排水管网新建和改造数量。一般不含市政供排水管网，如果改造中涉及小部分小区周边的市政管网，可以一并统计在内。

其中，雨污水分流指将小区内部雨水、污水管网实行分流制改造，内部没有混接错接，并分别接入市政雨水、污水管道。统计时，统计实现雨污分流的小区数量，包括改造前已实现的小区，同时，单独统计新增加改造的小区。

其中，供电设施改造主要指小区内供电线路改造和电力更新及扩容等情况。

其中，消防设施主要指小区内部和建筑物公共区域内的火灾自动报警系统、自动喷水灭火系统、消火栓系统等固定设备设施，移动式的灭火器等器材不统计。

其中，安防设施主要指小区内部视频图像采集设备、周界入侵探测报警设备、出入口控制设备、楼寓对讲系统等系统及设施。

完善类改造内容　指城镇老旧小区改造项目改造建设的文化休闲、体育健身、公共绿地、无障碍设施、停车设施、智能信包箱和智能快件柜等环境及配套服务设施，以及拆除违法建设等。按照已经竣工的数量分别填写，未施工或正在施工的不要填写。

其中，拆除违法建设面积指城镇老旧小区改造项目拆除的违法建筑的面积。

其中，改造建设适老化、无障碍设施指城镇老旧小区改造项目改造建设的轮椅坡道和扶手、盲道、无障碍厕位（公共厕所）、低位服务设施等无障碍设施，以及残疾人家庭无障碍、老年人家庭适老化改造等。按照已经竣工的数量分别填写，未施工或正在施工的不要填写。

其中，停车库指地上或地下停放机动车的建筑物，也包括机械式停车库。

其中，地面普通停车位指地面施划停车标志线的停车位。统计结合城镇老旧小区改造，新（净）增加的停车库、停车位。

其中，文化休闲场地、体育健身场地、公共绿地等指城镇老旧小区改造项目改造建设的各类公共场地，对于多种功能复合的场地，只统计一次。

其中，建筑节能改造面积指城镇老旧小区改造项目中对不符合建筑节能标准要求的外墙外窗屋面等进行改造后，使其热工性能符合相应的建筑节能设计标准的改造总建筑面积。

其中，加装电梯指既有住宅增设电梯。对列入本年、既往计划项目的既有住宅加装电梯数量，在当年改造计划加装电梯项统计；对未列入本年、既往计划项目的加装电梯数量，在本年计划统计报表其他既有住宅加装电梯项统计；既往计划项目统计报表中其他既有住宅加装电梯项数值为0。

提升类改造内容　指城镇老旧小区改造项目改造建设的安防智能感知设施和卫生服务站、幼儿园、养老服务设施、托育服务设施、助餐服务设施、家政保洁服务点等社区专业服务设施（站），以及综合超市、便民市场、便利店、邮政快递末端综合服务站、理发店、洗衣店、药店、维修点等便民商业服务设施。按照已经竣工的数量分别填写，未施工或正在施工的不要填写。

其中，安防智能感知设施及系统是指实现高清视频图像采集系统、具备车牌抓拍与识别功能的停车库（场）安全管理系统、智能门禁系统等集成应用的系统。一般以小区为统计单元，3项分别统计，每项最多计1套。

成立党组织的小区（含改造前已成立） 指成立党组织的小区（含物业服务企业、业主委员会成立党组织的小区），包括改造前已经成立党组织的小区。其中结合城镇老旧小区改造，新成立党组织的小区单独统计。

成立业主大会、选举业主委员会的小区（含改造前已成立） 指在物业所在地的区、县人民政府房地产行政主管部门或者街道办事处、乡镇人民政府的指导下，按照规定程序成立业主大会，并通过选举建立业主委员会的小区，包括改造前已经成立业主大会、选举建立业主委员会的小区。其中结合城镇老旧小区改造，新成立业主大会、选举建立业主委员会的小区单独统计。

实施物业管理的小区（含改造前已实施） 指实施物业管理包括物业企业服务、居民自治管理、社区物业服务等多种长效管理机制的小区，包括改造前就已经实施物业管理的小区。其中结合城镇老旧小区改造，新增的物业管理小区单独统计。

实施专业化物业服务的小区（含改造前已实施） 指由专业化物业企业服务，实施物业管理的小区，包括改造前就已经实施的小区。其中结合城镇老旧小区改造，新引入物业服务企业、实施专业化物业服务的小区数量单独统计。

（四）全国城镇老旧小区改造项目基本情况表

改造项目名称 可以根据实际工作情况，以一个小区或者相关的几个小区为一个项目进行统计。填写的名称以便于统计调查为原则，由各地自行填写。

应填写纳入2020年及以后改造计划的项目，2020年之前的改造计划项目不需填写。项目全部改造内容竣工后，当月完整填写本表内容，下月不再填写。

改造项目包含小区个数、名称 指本市、县城镇老旧小区改造计划中一个项目包含两个或多个小区的，需填写项目包括的小区个数及名称。所指的小区应为纳入本市、县城镇老旧小区改造计划的小区。填写的名称应与正式公布的改造计划中的小区名称一致。

小区建成时间 指纳入城镇老旧小区改造计划的小区建成年份。如一个小区内包含多个楼栋且建成年代不同，按建成最早的小区或楼栋时间填报，或者根据该项目实际情况填报。

纳入改造计划时间 指纳入本地区城镇老旧小区改造计划的年份。应填写纳入2020年及以后改造计划的项目，2020年之前的改造计划项目不需填写。

是否申请中央补助资金支持 指纳入城镇老旧小区改造计划的小区是否已申请并接收中央补助资金。

改造计划内容可分为基础类、完善类、提升类3类。可以跨小类多选。

基础类　指为满足居民安全需要和基本生活需求的内容，主要是市政配套基础设施改造提升以及小区内建筑物屋面、外墙、楼梯等公共部位维修等。其中，改造提升市政配套基础设施包括改造提升小区内部及与小区联系的供水、排水、供电、弱电、道路、供气、供热、消防、安防、生活垃圾分类、移动通信设施等基础设施，以及光纤入户、架空线规整（入地）等。

完善类　指为满足居民生活便利性需要和改善型生活需求的内容，主要是环境及配套设施改造建设、小区内建筑节能改造、有条件的楼栋加装电梯等。其中，改造建设环境及配套设施包括拆除违法建设，整治小区及周边的绿化、照明等环境，改造或建设小区及周边适老设施、无障碍设施、停车库（场）、电动自行车及汽车充电设施、智能快件箱、智能信包箱、文化休闲设施、体育健身设施、物业用房等配套设施。

提升类　指为丰富社区服务供给、提升居民生活品质、立足小区及周边实际条件积极推进的内容，主要是公共服务设施配套建设及其智慧化改造，包括改造或建设小区及周边的社区综合服务设施、卫生服务站等公共卫生设施、幼儿园等教育设施、周界防护等智能感知设施，以及养老、托育、助餐、家政保洁、便民市场、便利店、邮政快递末端综合服务站等社区专项服务设施。

截至本月底改造进展情况　指截至报告期末项目所处阶段，分为正在开展群众工作、手续办理等前期准备，已完成前期准备、施工单位已进场施工，全部改造内容已竣工，暂未开展任何工作等4个阶段。

开工时间　指城镇老旧小区改造项目开始建设的年月。按项目设计文件中规定的永久性工程第一次开始施工的年月填写。

竣工时间　指城镇老旧小区改造项目按计划或设计方案规定内容全部改造完成，经验收合格或达到竣工验收标准，正式交付使用的年月。

计划总投资　指按照城镇老旧小区改造项目总体设计方案规定的内容全部建成，计划（或按设计概算或预算）需要的总投资。没有总体设计，分别按项目施工工程的计划总投资合计数填报。计划总投资按以下办法确定填报：

① 有上级批准概（预）算投资或计划总投资的，填列上级批准数；

② 无上级批准概（预）算投资或计划总投资的，可填列上报的计划总投资数；

③ 前两者都没有的，填项目施工工程计划总投资。

调整最初设计概算，经批准的可调整计划总投资，未经批准的不应调整计划总投资。

自开始建设累计完成投资　指建设项目从开始建设至报告期末累计完成的全部投资。其计算范围原则上应与“计划总投资”指标包括的工程内容相一致。

五、数据提供和共享清单

1. 向国家统计局提供的具体统计资料清单。

按省（自治区、直辖市）分列的城镇老旧小区改造年度计划小区数、居民户数。

按省（自治区、直辖市）分列的年度新开工改造城镇老旧小区数、居民户数。

2. 向统计信息共享数据库提供的具体统计资料清单。

按省（自治区、直辖市）分列的城镇老旧小区改造年度计划小区数、居民户数。

按省（自治区、直辖市）分列的年度新开工改造城镇老旧小区数、居民户数。

附录二

老旧小区改造项目现状调研表

现状调研原则

睁开眼：仔细看，多发现问题
伸开手：多丈量，数据记问题
迈开腿：看全面，整体找问题
张开嘴：多访谈，知百姓诉求

项目名称	
项目负责人	
现场调研人	
调研时间	年　　月　　日

______市______区/县______街道______小区

项目规模概述

序号	类型	单位	数量	备注
1	占地面积	m^2		
2	建筑面积	m^2		
3	现状绿化面积	m^2		
4	幢数总量	幢		
5	住户总量	户		

现有人口结构

序号	类型	单位	数量	备注
1	总人口数量	人		
2	常住人口数量	人		
3	外来人口数量	人		
4	周边商户数量（日常活动的流动性人口）	人		

现有人口年龄段

序号	类型	单位	数量	备注
1	0~3岁	人		
2	4~13岁	人		
3	14~60岁	人		
4	61~65岁	人		活力老人
5	65岁以上	人		

现有人口健康状况

序号	类型	单位	数量	备注
1	健康人口数量	人		
2	视障人口数量	人		残疾人士要具体到姓名、年龄、单元、楼层
3	聋哑人口数量	人		
4	肢残人口数量	人		
5	老年慢性疾病人口数量（高血压、高血糖、心血管病）	人		

小区现有的配套服务用房

序号	类型	单位	数量	备注
1	现有配套服务用房数量	处		

序号	功能	建筑面积	序号	功能	建筑面积
1	养老		2	教育	
3	老年食堂		4	日间照料	

续表

序号	功能	建筑面积	序号	功能	建筑面积
5	邻里中心		6	文化书店（文化礼堂）	
7	社区卫生服务中心		8	非机动车停车库	
9	地下空间（含半地下）		10	党群服务中心	
11	物业中心		12	业委会	
小区现有治理方式					
序号	治理内容	治理方式			
1	物业管理情况及模式				
2	小区现有的管理形式	（封闭、开放、半开放）			
3	物业收费情况	（价格、缴费率）			
4	停车收费方式及价格				
5	党建引领情况	（党员参与、社区网格员）			
6	居民参与情况	（业主委员会、业主代表、积极分子）			
小区现有存量资源					
序号	类型	单位	数量	面积	备注
1	社区自有产权建筑	幢			
2	社区其他单位公共建筑	幢			
3	可用于拆改结合的建筑（用于社区配套服务）	幢			
4	小区周边及内部公共空地或绿地	处			
5	周边道路资源（是否可以用作停车资源挖潜）				图纸标注
小区文化特色					
1	小区历史文化				
2	小区地域特点				
3	小区现有文化亮点				
4	小区党建建设情况				
5	其他				
6	其他				

续表

序号	排查项目		排查子项		现状	需求	备注
一	居民住宅建筑	单元楼道内整修	1	消防应急照明灯和指示灯			
			2	灭火器、消防栓			
			3	楼梯扶手			
			4	楼梯墙面、踏面			
			5	三网合一			
			6	电箱			
			7	适老座椅、适老扶手			
			8	强弱电线、飞线			
			9	楼道节能窗			
			10	楼道雨棚			
			11	水表箱			
		建筑立面	1	雨污管线（零直排）			
			2	建筑外立面			
			3	保笼			
			4	空调外机凌乱情况			
			5	空调外机罩			
			6	私搭乱建			
			7	危险性花架			
			8	强电上改下			
			9	电梯加装			
			10	雨棚			
			11	建筑色彩			
			12	外墙材质			
		屋顶修缮	1	屋顶漏水			
			2	防雷设施			
			3	屋顶平改坡			
			4	屋顶形式及安全（低层建筑屋面是否上人）			荷载值
		单元楼门头	1	防盗门			
			2	门禁			
			3	雨棚			
			4	无障碍坡道			有台阶图纸注明
			5	信报箱、奶箱			
			6	地面排水			
			7	门头的进退形式			

续表

序号	排查项目		排查子项		现状	需求	备注
一	居民住宅建筑	加装电梯	1	居民诉求情况与主要阻力			
			2	住宅楼是否具备加装条件			
			3	单元入口处前后楼间距			
		地下空间	1	地下非机动车库			
			2	储藏间			
			3	地下（半地下）车库			
			4	其他			
		周边建筑	1	外立面样式风格			
			2	区域的建筑风貌			
			3	区域建筑色彩分析			
			4	区域上位规划分析			
二	公共区域	公建	1	现有功能			
			2	建筑造型			
			3	建筑外立面风格			
			4	门头样式			
			5	产权归属			
			6	屋顶荷载			
			7	能否拆改			
			8	能否新建			
序号	**排查项目**		**排查子项**		**数量**	**位置**	**备注**
三	消防专篇		1	转弯半径	____ m	图纸标明	
			2	消防栓	____ 个	图纸标明	与社区确认是否可用
			3	消防出入口	____ 个	图纸标明	与社区确认出入口位置
			4	微型消防站≥1000户	____ 个	图纸标明	与社区确认现状是否有，若有是否符合标准，若无则确认具体位置
			5	室外消防器材装配点 小于等于500户：≥1处 500~1000户：≥2处	____ 处	图纸标明	
			6	多层建筑楼梯间内 消防设施配备情况	____ 处		

续表

序号	排查项目	排查子项		数量	位置	备注
三	消防专篇	7	高层建筑消防设施运营情况及系统配置			
		8	车库或非机动车库的消防设施运营情况及系统配置			

序号	排查项目	排查子项	是	否	排查子项	是	否
三	消防专篇	消防通道宽度是否符合规范要求			消防通道是否通畅		
		转弯半径是否满足规范要求			消防栓是否存在破损		
		消防栓能否上水			消防栓水压是否够		
		消防柜内是否配有消防器材（水带、扳手、喷枪）			微型消防站、微型消防车配置		

序号	排查项目	排查子项			数量	位置	备注	
四	安防专篇	1	出入口	道闸数量	____个	图纸标明		
				道闸样式		产权归属	与社区沟通	
				岗亭数量	____个	图纸标明		
				岗亭样式		图纸标明		
				人脸抓拍	____个	图纸标明		
				非机动车、人行道闸	____个	图纸标明		
				人车分流	____个	图纸标明		
				汽车拍照摄像头	____个	图纸标明		
		2	摄像头	枪机	____个	图纸标明	A、黑白影像	B、数字影像
				球机	____个	图纸标明	A、黑白影像	B、数字影像
		3	分布情况	围墙周界		图纸标明		
				公共区域		图纸标明		
				监控盲区		图纸标明		
		4	其他设施	监控机房	____个	图纸标明	确定是否 已有监控机房	
				影像传输的链条				

序号	排查项目	排查子项		数量	位置	损坏数量	移位数量	是否节能
五	电力设施专篇	1	配电房	____个	图纸标明			
		2	箱变	____个	图纸标明			

续表

序号	排查项目	排查子项		数量	位置	备注	
六	照明专篇	1	灯具总计	____个	图纸标明		
		2	庭院灯	____个	图纸标明		
		3	草坪灯	____个	图纸标明		
		4	壁灯	____个	图纸标明		
		5	照树灯	____个	图纸标明		
		6	LED灯带	____m	图纸标明		
		7	产权归属				
		8	电费支付				
		9	灯源形式	A. 普通灯	B. 节能灯	C. LED	D. 金卤灯
七	环卫设施专篇	是否进行了垃圾分类	是	否	实行垃圾分类是否彻底	是	否
		序号	排查子项	数量	位置	配置（绿灰蓝）	数量（4或6）
		1	垃圾投放点	____个	图纸标明		
		2	垃圾集置点	____个	图纸标明		
		3	特殊垃圾堆放点	____个	图纸标明		
		4	垃圾清洗点	____个	图纸标明		
		5	垃圾接驳点	____个	图纸标明		
		6	垃圾分类宣传栏	____个	图纸标明		
		7	大件垃圾收集区（建筑垃圾、大件生活垃圾、园林垃圾）				
		8	垃圾分类责任人、告知栏、张贴情况				
		9	是否安装垃圾分类电子走字屏				
		备注: 与社区确认具体需要大概 ____ m^{2}的集置点（按一个桶1m^{2}计算，即需要多少数量的垃圾桶）；环卫有关的所有位置与社区确认。 投放点原则: 1. 每个投放点均配置易腐垃圾绿桶、其他垃圾灰桶、可回收蓝桶 2. 小区出入口配置有害垃圾红桶、可回收蓝桶 3. 投放点使用密闭式垃圾箱 4. 封闭式垃圾箱应具备通电通网条件 5. 投放点应设排水明沟，并接入污水管道 6. 垃圾收容器统一摆放，标识朝外，便于投放					

续表

序号	排查项目	排查子项		数量	位置	配置（绿灰蓝）		数量（4或6）
七	环卫设施专篇	户数	配置原则	垃圾桶类型				配置数量
		≤150户	1:1:1:1	绿	灰	蓝	红	4个
		150~300户	2:2:1:1	绿　绿	灰　灰	蓝	红	6个
序号	排查项目	排查子项		详细情况				
				现状划线	登记数量	最高峰值数量		
八	停车专篇	1	机动车	____辆	____辆	____辆		
		2	新能源车辆	____辆	____辆	____辆		
		3	非机动车 ≤500户：≥1处 500~1000户：≥2处 ≥1000户：≥3处 充电口≥实有户数的10%	现状划线	非机动车库	非机动车棚需增加数量		
				____处	____处	____处		
		4	无障碍泊车位	____辆	____辆	____辆		
		5	残疾人助力车	已申领	所住单元	助残车类型		
				____辆	图纸标明	A. 燃油	B. 充电	
		6	老年人助力车	已登记	所住单元	助力车类型		
				____辆	图纸标明	A. 燃油	B. 充电	
		备注：现状划线车位的位置需图纸标记，且尺寸需现场测量记录； 可挖潜车位位置需图纸标记（可拓宽的位置记录且需注意大树）						
序号	排查项目	与社区沟通私搭乱建内容						
九	私搭乱建专篇	序号	排查子项	位置	面积	能否拆除		
		1	私家庭院乱搭乱建					
		2	公共区域乱搭乱建					
序号	排查项目	排查子项		位置	数量	是否整治(全部比例)		
十	道路整治专篇	1	道路破损	图纸标明		是		
						否		
		2	道路侧石	图纸标明		是		
						否		
		3	窨井盖、防坠网	情况说明	是			
					否			
		4	道路序化	现有交通组织是否有序	是			
					否			
				现有交通组织单向还是双向	单向			
					双向			

续表

序号	排查项目		排查子项	位置	数量	是否整治（全部/比例）
十	道路整治专篇	4	道路序化	小区是否已有交通标示系统	是	
					否	
				小区周边市政道路的接口形式		
		5	化粪池	情况说明		

序号	排查项目		排查子项	数量	单位	备注		
十一	绿化改造提升专篇	绿地面积						
		1	规划绿地面积		m^2			
		2	现有绿地面积		m^2			
		3	被破坏绿地面积		m^2			
		4	其他		m^2			
		植物配置						
		序号	子项	品种	长势情况	是否遮阳		
		1	基调树种					
		2	色叶植物					
		3	开花植物					
		4	乔木对住户日照的影响					
		5	灌木的高度及视线的通透性					
		6	被侵占绿地	____处 面积__m^2	图纸标注	停车位	违建	水泥浇筑
		7	提升原则	1. 大乔木不能移除 2. 保留树木进行适度修剪，并符合其生物学特性 3. 对小区骨架树木进行梳理，针对性补植 4. 丰富物种，增加季相及色相变化的可行性思考 5. 不能减少绿化面积				

序号	排查项目		排查子项	详细情况	单位	数量	面积
十二	健身场地及设施专篇	1	现有户外老人活动场地及设施			____处	
		2	现有户外儿童活动场地及设施			____处	
		3	老人活动相对密集的场所			____处	
		4	儿童活动相对密集的场所				

续表

序号	排查项目	排查子项		详细情况	单位	数量	面积
十二	健身场地及设施专篇	5	现有的运动设施（运动器械区、跑道、球类运动区等）				
		6	现有的景观构筑物及其安全状况（是否配有桌椅、坐凳、美人靠等）				
		7	现有的活动广场（社区展销活动、广场舞场地）				
		8	现有的景观节点				
序号	排查项目	排查子项		位置		现有数量	需增加数量
十三	无障碍及适老化专篇	1	无障碍坡道				
		2	无障碍标识标牌				
		3	无障碍泊车位				
		4	公共卫生间无障碍设施				
		5	老人活动空间无障碍设施				
		6	无障碍出入口	小区			
				入户			
序号	排查项目	排查子项		现状位置	现有数量	是否整改	是否增加
十四	生活配套专篇	1	晾晒设施（形式、合理性、数量）				
		2	智能快递柜（是否满足居民需求）				
		3	全自动红外线成像测温警告系统				
十五	充电设施专篇	1	新能源专用车位				
		2	室外非机动车棚				
序号	排查项目	排查子项		现状位置	数量	风格	是否增加（位置）
十六	小区文化专篇	1	LED电子宣传栏	图纸标明			
		2	宣传栏	图纸标明			
		3	标识标牌	图纸标明			
		4	警示牌	图纸标明			
序号	排查项目	排查子项		现状位置	现有数量	是否整改	是否增加
十七	围墙专篇	1	翻新	图纸标明			
		2	修复	图纸标明			
		3	拆除	图纸标明			

＿＿＿＿＿小区建筑现状统计表

楼号	层数	单元数	楼型	单元门	消防设施	楼道窗	楼道雨棚	信报箱	外立面状况
			1T1 1T2 1T3 1T( )	新 旧	应急指示灯 应急照明 灭火器 室内消火栓	有 无	有 无	门上 墙上 独立	悬挂物 空调架 花架 其他（ ）
			1T1 1T2 1T3 1T( )	新 旧	应急指示灯 应急照明 灭火器 室内消火栓	有 无	有 无	门上 墙上 独立	悬挂物 空调架 花架 其他（ ）
			1T1 1T2 1T3 1T( )	新 旧	应急指示灯 应急照明 灭火器 室内消火栓	有 无	有 无	门上 墙上 独立	悬挂物 空调架 花架 其他（ ）
			1T1 1T2 1T3 1T( )	新 旧	应急指示灯 应急照明 灭火器 室内消火栓	有 无	有 无	门上 墙上 独立	悬挂物 空调架 花架 其他（ ）
			1T1 1T2 1T3 1T( )	新 旧	应急指示灯 应急照明 灭火器 室内消火栓	有 无	有 无	门上 墙上 独立	悬挂物 空调架 花架 其他（ ）
			1T1 1T2 1T3 1T( )	新 旧	应急指示灯 应急照明 灭火器 室内消火栓	有 无	有 无	门上 墙上 独立	悬挂物 空调架 花架 其他（ ）
			1T1 1T2 1T3 1T( )	新 旧	应急指示灯 应急照明 灭火器 室内消火栓	有 无	有 无	门上 墙上 独立	悬挂物 空调架 花架 其他（ ）
			1T1 1T2 1T3 1T( )	新 旧	应急指示灯 应急照明 灭火器 室内消火栓	有 无	有 无	门上 墙上 独立	悬挂物 空调架 花架 其他（ ）
			1T1 1T2 1T3 1T( )	新 旧	应急指示灯 应急照明 灭火器 室内消火栓	有 无	有 无	门上 墙上 独立	悬挂物 空调架 花架 其他（ ）

________小区建筑现状统计表

楼号	层数	单元数	楼型	单元门	消防设施	楼道窗	楼道雨棚	信报箱	外立面状况
			1T1　1T2 1T3　1T(　)	新　旧	应急指示灯　应急照明 灭火器　室内消火栓	有　无	有　无	门上　墙上　独立	悬挂物　空调架 花架　其他(　)
			1T1　1T2 1T3　1T(　)	新　旧	应急指示灯　应急照明 灭火器　室内消火栓	有　无	有　无	门上　墙上　独立	悬挂物　空调架 花架　其他(　)
			1T1　1T2 1T3　1T(　)	新　旧	应急指示灯　应急照明 灭火器　室内消火栓	有　无	有　无	门上　墙上　独立	悬挂物　空调架 花架　其他(　)
			1T1　1T2 1T3　1T(　)	新　旧	应急指示灯　应急照明 灭火器　室内消火栓	有　无	有　无	门上　墙上　独立	悬挂物　空调架 花架　其他(　)
			1T1　1T2 1T3　1T(　)	新　旧	应急指示灯　应急照明 灭火器　室内消火栓	有　无	有　无	门上　墙上　独立	悬挂物　空调架 花架　其他(　)
			1T1　1T2 1T3　1T(　)	新　旧	应急指示灯　应急照明 灭火器　室内消火栓	有　无	有　无	门上　墙上　独立	悬挂物　空调架 花架　其他(　)
			1T1　1T2 1T3　1T(　)	新　旧	应急指示灯　应急照明 灭火器　室内消火栓	有　无	有　无	门上　墙上　独立	悬挂物　空调架 花架　其他(　)
			1T1　1T2 1T3　1T(　)	新　旧	应急指示灯　应急照明 灭火器　室内消火栓	有　无	有　无	门上　墙上　独立	悬挂物　空调架 花架　其他(　)
			1T1　1T2 1T3　1T(　)	新　旧	应急指示灯　应急照明 灭火器　室内消火栓	有　无	有　无	门上　墙上　独立	悬挂物　空调架 花架　其他(　)

——小区建筑楼梯大样图

——小区建筑地下室平面图

______小区建筑非机动车平面图

______小区公共建筑平面图

<table>
<tr><th colspan="6">________ 市 ________ 区/县 ________ 街道 ________ 小区</th></tr>
<tr><th>序号</th><th>类型</th><th colspan="2">数量</th><th>单位</th><th>备注</th></tr>
<tr><td>1</td><td>用地面积</td><td colspan="2"></td><td>m^2</td><td></td></tr>
<tr><td>2</td><td>建筑面积</td><td colspan="2"></td><td>m^2</td><td></td></tr>
<tr><td>3</td><td>幢数总量</td><td colspan="2"></td><td>幢</td><td></td></tr>
<tr><td>4</td><td>住户总量</td><td colspan="2"></td><td>户</td><td></td></tr>
<tr><td>5</td><td>是否做过零直排</td><td colspan="2"></td><td></td><td></td></tr>
<tr><td>6</td><td>是否做过上改下</td><td colspan="2"></td><td></td><td></td></tr>
<tr><td>7</td><td>屋面是否为平改坡</td><td colspan="2"></td><td></td><td></td></tr>
<tr><td>8</td><td>道路是否白改黑</td><td colspan="2"></td><td></td><td></td></tr>
<tr><td>9</td><td>现存配套数量及分类</td><td>处</td><td colspan="2"></td><td></td></tr>
<tr><td rowspan="2">10</td><td rowspan="2">是否有本次改造需要拆除的违章建筑</td><td>拆违底楼有院子等围护结构</td><td>处</td><td>m^2</td><td rowspan="2"></td></tr>
<tr><td>拆违顶楼有阳光房等围护结构</td><td>处</td><td>m^2</td></tr>
<tr><td rowspan="3">11</td><td rowspan="3">屋面修漏</td><td colspan="2">屋面漏水报修户数</td><td>户</td><td></td></tr>
<tr><td colspan="2">顶楼总户数</td><td>户</td><td></td></tr>
<tr><td colspan="2">需屋面修漏面积</td><td>m^2</td><td>占比 ________ %</td></tr>
<tr><td rowspan="3">12</td><td rowspan="3">外墙修漏</td><td colspan="2">外墙面渗水</td><td>处</td><td></td></tr>
<tr><td colspan="2">1. 刷防水涂料修漏（%）</td><td></td><td></td></tr>
<tr><td colspan="2">2. 铲除粉刷层重新粉刷修漏（%）</td><td></td><td></td></tr>
</table>

附录三

浙江省未来社区居民需求调查问卷

尊敬的先生/女士：

您好！为更好地了解社会公众对未来社区规划与建设的现实需求，特邀请您参与此次调查。请您提供宝贵的意见和建议。我们承诺本次调查将对您回答的全部内容予以严格保密，感谢您的支持与配合，祝您生活愉快！

第一部分　基本情况

1. 您的性别

□ 男　□ 女

2. 您的年龄

□ 18岁以下　□ 18～30岁　□ 31～45岁　□ 46～59岁

□ 60岁及以上

3. 您的受教育程度

□ 初中及以下　□ 高中、中专　□ 大专及本科　□ 硕士及以上

4. 您的职业

□ 公职人员　□ 个体户、私营业主　□ 科研技术人员

□ 企业管理者　□ 学生　□ 服务业从业者　□ 工人

□ 企业职员/白领　□ 教育工作者　□ 医务工作者　□ 文艺工作者

□ 自由职业　□ 退休　□ 失业、待岗人员　□ 全职主妇/夫

□ 其他

5. 您的政治面貌

□ 中共党员（含预备）　□ 共青团员　□ 民主党派和无党派人士

□ 群众

6. 您的户籍类别

□ 本社区内户口　□ 市内非本社区户口　□ 省内非杭州市户口

□ 外省籍户口

7. 您在本社区的居住时间

☐ 不到1 年　☐ 1～3年　☐ 3～5年　☐ 5年及以上

8. 目前住房的产权关系

☐ 自有住宅　☐ 集体产权　☐ 短期租房（短于一年）　☐ 长期租房

9. 勾选所有符合您居住状态的陈述

☐ 单独居住　☐ 非亲属关系同住（合租）　☐ 夫妻、情侣同住

☐ 与子女/长辈同住　☐ 家中有未成年子女　☐ 家中有60岁以上老人

☐ 家中有活动受限者（残疾或失能失智）　☐ 其他

10. 您的家庭年收入范围（包括工资、经营和资产收入）

☐ 5万元以下　☐ 5万～10万元　☐ 10万～20万元　☐ 20万～50万元

☐ 50万元以上

第二部分　居民需求调查（请选择所有认同的选项）

1. 您认为最需要改善的社区空间和硬件问题是?

☐ 缺乏户外活动场地

☐ 缺少礼堂、共享书房等社区公共场馆

☐ 老年室内活动空间不足　☐ 缺少儿童活动设施

☐ 距离幼儿园远　☐ 距离小学远

☐ 停车空间配建不足/设置不当　☐ 就医不便

☐ 建筑建材老旧，墙面脱落　☐ 缺少社区内的创业和办公场所

2. 您认为最需要改善的社区服务痛点是?

☐ 社区养老服务不完善　☐ 缺少社区医疗配套

☐ 缺少0～3岁婴幼儿托管服务　☐ 缺乏与社区外义务教育资源衔接

☐ 缺少社区巴士等交通辅助　☐ 物流快递寄取不便

☐ 社区内商业服务不足　☐ 缺乏便民服务和义诊等公益活动

☐ 垃圾分类和废品回收协助不足　☐ 创业服务机制不完善

3. 您认为最需要改善的社区管理问题是?

☐ 物业服务能力弱、收费不合理　☐ 街道、社区行政管理效率低

☐ 社区居民信息管理系统不完善　☐ 智能化水平低，依赖线下办事

☐ 停车协调和收费不合理　☐ 人车混行

☐ 应急和消防安全疏漏　☐ 巡逻、监控、门禁系统漏洞

☐ 社区环境卫生有待提升　☐ 邻里关系不够融洽

邻里场景

4．您平时最常使用哪些社区公共空间？

☐ 社区公园/广场　☐ 文化礼堂/邻里中心
☐ 社区/物业服务点　☐ 社区内各类商铺
☐ 儿童活动区域　☐ 架空层/中庭/连廊

5．您曾经参加过哪些社区活动？

☐ 亲子活动　☐ 民俗节庆活动
☐ 知识类，如公益讲座　☐ 社区兴趣组织
☐ 社区党建活动　☐ 未参与过社区活动

6．您希望社区组织哪些活动？

☐ 亲子活动　☐ 民俗节庆活动
☐ 知识类，如公益讲座　☐ 社区兴趣组织
☐ 社区党建活动　☐ 不愿意参与社区活动

7．您希望在社区活动中扮演哪些角色？

☐ 参与者　☐ 志愿者
☐ 组织者　☐ 公益课堂讲师
☐ 不愿意参与　☐ 其他

8．您认为以下哪些社区空间适合邻里交往？

☐ 社区公园/广场　☐ 文化礼堂/邻里中心
☐ 社区/物业服务点　☐ 社区内各类商铺
☐ 儿童活动区域　☐ 业主论坛或微信群

9．您希望通过什么方式收到社区活动的有关信息？

☐ 街坊邻居聊天　☐ 小区公告栏
☐ 短信　☐ 微信公众号等平台
☐ 社区小程序APP　☐ 其他

治理场景

10．您希望以何种方式参与社区治理？

☐ 业主委员会　☐ 居民问卷调查
☐ 社区意见信箱　☐ 社区议事会/座谈会
☐ 紧急事态互助　☐ 居民线上论坛
☐ 小程序反馈申诉　☐ 不愿参与社区事务

11．如果社区设立“积分”系统奖励建言献策、志愿服务、邻里互助、见义

勇为等正能量行为，您希望用积分兑换以下哪些奖励？

☐ 荣誉称号　☐ 爱心超市（换购日用品或米面粮油）

☐ 社区服务或课程　☐ 社区收费服务优惠

☐ 技能培训或兴趣课程

12．您认为社区应当依托数字化平台提升哪些社区服务？

☐ 综合信息采集　☐ 收集社情民意

☐ 设立“社区积分”系统　☐ 调解邻里纠纷

☐ 开展政策宣传　☐ 活动信息发布和共享

13．您对“智能技术改善了我们社区的生活”这个观点是否认同？

☐ 非常认可　☐ 较为认可

☐ 中立　☐ 非常不认可

☐ 较为不认可　☐ 不清楚

14．在日常生活中，您存在智能技术使用方面的困难吗（比如健康码、手机打车、点餐等）？

☐ 经常遇到　☐ 偶尔遇到

☐ 不会遇到　☐ 我不会使用智能手机

服务场景

15．您希望通过以下哪些渠道享受物业服务？

☐ 物业服务中心　☐ 专职物业管家

☐ 微信小程序　☐ 智慧APP等创新平台

16．您希望社区服务中心提供哪些服务？

☐ 个人政务服务　☐ 银行服务/ATM

☐ 修伞等便民生活服务　☐ 党群服务

☐ 宣教文娱活动　☐ 退休居民人事管理

17．您希望社区引入哪些商业生活服务？

☐ 超市菜场　☐ 诊所药店

☐ 美容美发　☐ 餐饮

☐ 教育培训　☐ 健身场馆

☐ 家政服务　☐ 幼托机构

☐ 其他

18．您认为社区需要提供哪些应急安防服务？

☐ 人员出入门禁管理　☐ 烟感等危险探测

☐ 消防及应急疏散　☐ 公共区域监控
☐ 24小时电子巡航　☐ 居民教育和安全宣传

教育场景

19．您希望社区提供哪些婴幼儿托育服务？
☐ 专人上门照护　☐ 幼儿托育机构
☐ 短时照护驿站　☐ “育儿一件事”掌上服务平台
☐ 其他

20．您希望社区提供哪些儿童服务和设施？
☐ 室外活动场地　☐ 四点半学堂（课后托管）
☐ 儿童保健咨询　☐ 育儿讲座沙龙
☐ 非学科类培训　☐ 组织社会实践/小志愿者

21．您希望社区提供哪些教育服务或设施？
☐ 共享书房　☐ 数字化学习平台
☐ 职业技能教育　☐ 生活技能培训
☐ 对接公共文化资源，设立流动书站或组织文艺展演

健康场景

22．您希望提供哪些养老服务及设施？
☐ 专人上门照护　☐ 老年日托机构
☐ 商业养老机构　☐ 老年大学
☐ 独居安全监控系统（如水电监控）☐ 社区食堂
☐ 老年活动中心

23．您希望社区提供哪些体育健身设施？
☐ 健身步道　☐ 室内运动场地（如架空层）
☐ 室外运动场地（如篮球场）　☐ 商业健身机构
☐ 其他

24．您希望社区提供哪些健康保健服务？
☐ 居民电子病历　☐ 中医理疗
☐ 健康宣教　☐ 基础体检
☐ 营养膳食指导　☐ 加装扶手等适老化改造
☐ 助残无障碍改造

25．除了社区卫生服务站外，您希望社区提供哪些医疗服务？

☐ 定点医院签约转诊　　☐ 非处方药售货机
☐ 协调住户医疗互助　　☐ 智慧医务室在线诊疗
☐ 心理咨询疏导　　☐ 医院进社区义诊

交通场景

26．您认为社区哪些交通管理项目最需优化？
☐ 交通动线和人车分流　　☐ 路面和地库养护
☐ 外来人员进出管理　　☐ 非机动车停车管理
☐ 机动车停车管理　　☐ 物流信件配送
27．您认为社区哪些交通基础设施最需优化？
☐ 机动车停放空间排布　　☐ 机动车位供能（新能源车充电）
☐ 非机动车停放空间排布　　☐ 非机动车道的设置
☐ 步行道的设置　　☐ 短程接驳巴士
☐ 共享单车停放点　　☐ 引导和警示标识
28．哪些快递配送方式最符合您的使用习惯？
☐ 丰巢等智能快递柜　　☐ 送货上门或放在家门口
☐ 菜鸟驿站或邮政服务点自取　　☐ 放在小区特定位置自取
☐ 预约时间由智能机器人配送　　☐ 其他
29．您认为影响您采用公共交通出行的主要障碍是？
☐ 社区距离公共交通站点较远　　☐ 公共交通无法覆盖日常出行路线
☐ 运行频次低，等待时间长　　☐ 乘坐体验不佳
☐ 其他

建筑场景

30．您认为您目前居住的住宅建筑存在哪些问题？
☐ 外立面老旧　　☐ 硬件老化严重
☐ 墙体保温性差　　☐ 水电网线混乱
☐ 户型缺陷　　☐ 智能化程度低
☐ 不美观或缺乏特色

低碳场景

31．您希望社区提供或加强哪些环境整治相关的服务？
☐ 污染管控　　☐ 旧衣回收等环保设施

☐ 低碳环保宣教活动　☐ 环境监测数据动态显示

☐ 小区景观绿化维护　☐ 杀虫灭虫

创业场景

32．您目前是否有社区创业的需求（注册公司、个体商户、自媒体等）?

☐ 有，已经创业　☐ 有计划，但尚未行动

☐ 目前没有创业计划

33．您认为社区就业创业服务平台应提供哪些服务?

☐ 双创政策宣传推广　☐ 创业平台资源对接

☐ 创业信息咨询服务　☐ 创业主题辅导

☐ 社区就业职业培训

☐ 社区不需要创新孵化平台/我不关心

34．您认为建设社区众创空间应满足哪些功能?

☐ 共享工位　☐ 商务洽谈室

☐ 会议室　☐ 茶水间和休闲空间

☐ 不需要社区众创空间　☐ 其他

35．您认为城市及社区的哪些措施能够激发居民的创新创业热情?

☐ 优惠的人才落户政策　☐ 廉租办公室

☐ 完善的创业服务机制　☐ 提供技能培训和创业指导

☐ 增加人才公寓的供给和服务对象　☐ 其他

附录四

未来社区养老与幼托需求访谈提纲

第一部分：养老需求访谈提纲

一、基本情况

请采访人员在深访前就受访家庭的基本情况进行了解以缩短该部分访谈的时间。

1．家庭户籍类别

☐ 本社区内户口　　☐ 市内非本社区户口

☐ 省内非杭州市户口　　☐ 外省籍户口

2．家庭在本社区的居住时间

☐ 不到1年　☐ 1～3年　☐ 3～5年　☐ 5年及以上

3．您目前住房的产权关系

☐ 自有住宅　　☐ 集体产权

☐ 短期租房（≤1年）　　☐ 长期租房

4．目前家庭年收入范围（包括工资、经营和资产收入）

☐ 5万元以下　☐ 5万～10万元　☐ 10万～20万元　☐ 20万～50万元

☐ 50万元以上

5．家庭中65岁以上成员情况：

年龄	性别	是否仍在工作	配偶是否健在	医保类型	*身体状况

* 慢性病/自理情况。

6．其他家庭成员情况：

亲属称谓	年龄	健康情况	工作情况
儿子			

续表

亲属称谓	年龄	健康情况	工作情况
女儿			

注：尤其应关注未老但身体有障碍的家庭成员。

二、养老需求访谈提纲

空间需求

1．您家老人最常使用的社区空间有哪些？为什么他们（您）喜欢这些空间？使用这些空间的过程中存在什么问题？

2．您的家庭成员是否有日常运动健身的习惯？偏好哪些运动？一般在哪里锻炼，是否在社区内？您认为社区配置的运动健身场所是否充足？

3．社区内的老年居民活动场所（室内、室外）是否充足？您认为社区需要增设哪些针对老年人活动锻炼需求的场所和设施？为什么？

4．您或您的家庭成员中是否存在使用拐杖、轮椅的需求？小区进出口和内部道路是否能够满足无障碍需求？

服务需求

5．您日常生活中是否会去社区卫生中心或社区内的其他医疗场所？为什么去？社区卫生中心提供的服务是否能满足您的需求？是否存在未被满足的需求？如有，请问是什么？

6．您是否满意社区的老年居民辅助服务，例如社区食堂、老年活动中心、家政服务等？您认为社区应该增设哪些针对老人的优惠服务？

7．您是否希望在社区内设立老年大学？您和您的家人对哪些课程内容（如智能手机的使用、兴趣技能、文娱爱好、养生保健等）感兴趣？您认为理想的班级规模大约应是多少人，授课频次如何？

8．您家中的老人是否使用老年手机，是否会使用智能设备？是否愿意学习使用定位、健康数据监测、家政服务、一键求救等手机或智能设备的功能？

9．您认为您家中老人的日常生活中最需要哪些数字化产品（例如手机APP、穿戴设备、智慧家居设施）的帮助？您希望数字化服务能满足哪些日常生活需求？（办事，看病买药，生活服务）

付费意向

10. 您家中的老人目前身体情况和照护需求?(如:基本起居是否能自理,体力是否能承担日常家务,行动是否受限,是否有影响生活质量的慢性病或感官退化,是否需要卧床静养)

11. 您的社区是否提供居家养老辅助服务?如果有,提供的项目是否能满足您家庭的需求,收费是否合理?您会在什么情况下考虑使用这些服务?

如果没有,您希望社区提供哪些居家养老辅助项目?

12. 您是否考虑过将家中老人送入日间照料中心、养老院、民营商业养老公寓等机构?如果考虑过,那么在选择过程中您主要关注哪些因素(托管类型、离家距离、费用、护工专业度、机构是否有医疗背景)?

如果暂时没有此类想法,请问您的主要原因或顾虑是什么?

13. 您对社区提供便民助老相关服务的收费标准有何建议(如社区食堂、老年大学),对一餐饭/一堂课的心理价格预期大致是多少?

第二部分:育儿需求访谈提纲

一、基本情况

社区访问员应在深访前对受访家庭情况进行基本了解,尽量缩短这一部分的访谈时间。

1. 户籍类别

□ 本社区内户口　　□ 市内非本社区户口

□ 省内非杭州市户口　　□ 外省籍户口

2. 在本社区的居住时间

□ 不到1年　　□ 1～3年　　□ 3～5年　　□ 5年及以上

3. 您目前住房的产权关系

□ 自有住宅　　□ 集体产权

□ 短期租房(≤1年)　　□ 长期租房

4. 目前家庭年收入范围(包括工资、经营和资产收入)

□ 5万元以下　　□ 5万～10万元　　□ 10万～20万元　　□ 20万～50万元

□ 50万元以上

5. 家庭中18岁以下成员情况:

是否为长子/女	年龄	性别	目前就读/托育学校	同住情况*	身体状况

续表

是否为长子/女	年龄	性别	目前就读/托育学校	同住情况*	身体状况

* 正常同住/学校寄宿/与老人同住照护/留守。

6．其他家庭成员情况：

亲属称谓	年龄	学历	工作情况
母亲			
父亲			

注：尤其应关注未老但身体有障碍的家庭成员。

二、幼托需求访谈提纲

空间需求

1．您家孩子最常使用的社区空间有哪些？为什么他们喜欢这些空间？使用这些空间的过程中还存在什么问题？

2．社区内的儿童活动场所（室内、室外）是否充足？社区需要增加哪些儿童活动场所？为什么？

3．您和家庭成员最常去的城市公共文化场馆有哪些？你们访问公共文化场馆存在哪些障碍？

您是否曾在社区里看到过流动书展、义演、讲座等公益文化资源？您认为还有哪些“文化服务进社区”的形式？

服务需求

A组低龄托育

4．您家孩子目前是否有全托或半托的需求？您在选择托幼机构时最关注的因素有哪些？

5．您是否满意社区附近0～3岁托育机构的服务？社区内如果有3岁以下婴幼儿临时照护驿站或由护工临时上门提供婴幼儿照护的有偿服务，您是否会考虑？能接受的价格区间是多少？

B组学龄儿童

6．您家孩子选择学校过程中是否遇到困难？孩子就读的幼儿园和小学离家远吗？您对您所在学区内的中小学教学质量满意吗？

7．您家孩子目前参加哪些课外培训？由谁授课，上课地点离家远吗？在选择机构时，您还考虑了哪些因素？

8．您家孩子是否在社区里参与过课外培训，是机构培训还是私人辅导？体验如何？您是否希望社区能够提供非学科教育的场所和途径？

信息需求

9．您和小区中其他有孩子的家庭有怎样的交流？您是否会考虑和小区里同龄孩子的家长互相帮助，是否希望社区提供支持，比如帮助建立微信群或者成立社区育儿论坛？

附录五

________老旧小区综合改造提升民意调查表

姓名			性别		
年龄			住址		
是否同意您所属小区改造：是 □　否 □					
是否同意改造后进行物业管理并缴纳物业费：是 □　否 □					
请您选择个人出资方式：业主直接出资 □、住宅专项维修资金 □、小区共有部位和共有设施设备收益以及其他属于业主所有的资金 □、其他 ________					
序号	改造内容		同意改造	不同意改造	备注
完善基础设施					
	消防设施	基础项（6）			
1		室外消火栓、管道修缮			
2		设置微型消防站			
3		电动非机动车充电区域配置消防设施器材			
4		楼道等公共部位和场所消防改造			
5		消防通道、疏散通道和安全出口清理改造			
6		楼道烟感报警系统及报警器改造			
	房屋安全	提升项（1）			
7		房屋结构安全监测设施			
	安防设施	基础项（2）			
8		小区封闭管理			
9		小区监控系统改造			
		提升项（1）			
10		单元防盗门及门禁系统改造			
	雨污管线	基础项（3）			
11		排水系统达标改造			
12		雨污管道及化粪池疏通改造			
13		阳台类污废水排放系统改造			
		提升项（3）			
14		检查井提升			
15		检查井盖提升			
16		雨水管与海绵设施的结合			

续表

序号	改造内容		同意改造	不同意改造	备注
	管线整治	基础项（5）			
17		通信网络综合改造			
18		建筑内的通信线路归整			
19		地上、地下管道综合整治			
20		户外架空通信线缆 “上改下”及“序化”改造			
21		电力、通信、有线电视 “飞线”及“裸线”整治			
	室内外照明系统	基础项（2）			
22		户外路灯提升改造			
23		楼道等公共照明节能改造			
24		提升项（3）			
25		庭院、景观、建筑立面等照明提升改造			
26		楼道等公共照明采用自动控制装置			
27		新增景观、建筑立面夜景照明改造			
	垃圾分类收集设施	基础项（2）			
28		垃圾投放点及分类设施达标改造			
29		垃圾房提升改造			
	停车设施	基础项（2）			
30		停车位和停放区域“序化”改造			
31		停车位扩容			
	屋面修缮	基础项（5）			
32		屋顶综合治理			
33		屋顶渗漏水修缮			
34		平改坡屋顶修缮			
35		屋顶防雷设施改造			
36		屋顶雨落管提升			
优化居住环境					
	整治私搭乱建	基础项（2）			
37		违章建筑整治			
38		楼宇间清理			
	楼道整修	基础项（4）			
39		楼道修缮整治			
40		楼道清理整治			

续表

序号	改造内容		同意改造	不同意改造	备注
41	楼道整修	楼道护栏及扶手修缮			
42		楼梯踏步及休息平台修缮			
		提升项（2）			
43		一层楼道墙面及地面防霉防滑处理			
44		楼道护栏及扶手重新油漆			
	建筑外立面整治	基础项（2）			
45		建筑外立面渗漏水或脱落修缮			
46		建筑物外部悬挂物整治			
	道路整治	基础项（4）			
47		小区车行道路整改			
48		小区道路系统完善			
49		小区道路修补			
50		井盖整治更换			
		提升项（2）			
51		出入口设置减速带			
52		小区道路海绵化整治			
	绿化改造提升	基础项（3）			
53		占绿毁绿恢复整治			
54		绿地空间优化改造			
55		绿化植物优化改造			
		提升项（1）			
56		增加公共绿地面积和绿化覆盖率			
提升服务功能					
	居民活动场地及健身设施	基础项（2）			
57		配置健身活动场地及设施			
58		设置隔离设施，降低健身活动对周边居民影响			
		提升项（1）			
59		儿童与老年人健身活动场地采用环保柔性材料			
	无障碍及适老性改造	基础项（3）			
60		无障碍及适老性设施提升改造			
61		小区道路无障碍化改造			
62		楼板转角处设置老年人休息设施			
		提升项（4）			
63		室外场地整治至平坦、排水通畅			

续表

序号	改造内容		同意改造	不同意改造	备注
64	无障碍及适老性改造	出入口增设无障碍坡道，绿地通道无障碍化整治			
65		公共走道、走廊增设扶手，休憩场所设置轮椅停留空间			
66		提供住户安装远程呼救相关设备的条件			
	公共服务设施	基础项（1）			
67		增设公共配套服务性场所			
	充电设施	基础项（1）			结合社会化投资模式
68		设置非机动车集中停放车棚（库）并配置充电设施			
		提升项（1）			
69		增设新能源汽车充电设施			
	信报箱及快递设施	基础项（1）			结合社会化投资模式
70		设置信报箱			
71		提升项（2）			
		设置智能快件柜			
72		建设邮政快递综合服务场所			
打造小区特色					
	小区形象提升	基础项（2）			
73		完善小区服务管理标识系统			
74		小区出入口及大门品质提升			
		提升项（3）			
75		增强小区不同建筑的可识别性			
76		小区内相关标识的文化提升和特色打造			
77		植物景观和形象的特色打造			
	公共文化设施	提升项（2）			
78		设置文化宣传栏、信息发布栏及电子显示屏等设施			
79		增设文化景观小品等相关设施			
	围墙形象提升	基础项（1）			
80		破损围墙修补			
		提升项（2）			
81		小区围墙的特色景观打造			
82		小区围墙改造为通透式围墙或生态绿篱			

续表

序号	改造内容		同意改造	不同意改造	备注
强化长效管理					
	落实责任	基础项（1）			
83		建立小区长效维护及日常改造工作机制			
	强化管理	基础项（1）			
84		建立完善的物业管理机制			
	智慧管理	提升项（2）			
85		建立信息资源库及立体动态的关系数据库			
86		消防和安防系统预留物业服务信息使用通道			
	辅助管理	提升项（1）			
87		建立志愿者参与维护和 管理小区公共设施的机制			
您对小区改造的意见、建议：					
签名：　　　　　　　　联系方式：					

附录六

浙江省未来社区满意度调查

满意度调查问卷的说明：

（一）编制背景

为深入了解浙江省未来社区建设情况，为未来社区验收提供依据，特编制浙江省未来社区满意度调查问卷。

（二）问卷内容构成

社区居民满意度调查问卷分为两部分。

第一部分为人口统计学变量。设置目的在于获得调查结果后，通过结合居民的社会属性，对不同社区的居民满意度进行后续的分析。

第二部分为满意度调查。从“空间感受”“服务感受”“居民参与”“总体评价”四个维度共设置了25道题。

浙江省社区满意度调查问卷

尊敬的先生/女士：

您好！为了更好地了解社会公众对社区建设的认可程度，以期进一步改善社区建设，特邀请您参与此次调查，请您提供宝贵的意见建议。我们承诺对您回答的全部内容将予以严格保密。感谢您的支持与配合！

一、居民基本信息

1. 您目前居住的小区名称：

□ A小区　　□ B小区　　□ C小区　　□ D小区

备注：此处填写实际调研社区内所属小区名称。

2. 您的性别：

□ 男　　□ 女

3. 您的年龄：

☐ 18岁以下　☐ 18～30岁　☐ 31～45岁　☐ 46～59岁

☐ 60岁及以上

4. 您的受教育程度：

☐ 初中及以下　☐ 高中及中专　☐ 大专及本科　☐ 硕士及以上

5. 您的职业：

☐ 公职人员　☐ 个体户、私营业主

☐ 科研技术人员　☐ 企业管理者

☐ 学生　☐ 商业服务从业人员

☐ 工人　☐ 企业白领

☐ 教师　☐ 医生

☐ 文艺工作者　☐ 自由职业者

☐ 退休　☐ 失业、待岗人员

☐ 其他 ________

6. 您的户籍类型：

☐ 本市城镇　☐ 本市农村

☐ 浙江省内其他市　☐ 省外

7. 您在该社区居住时间为：

☐ 不足1年　☐ 1～3年　☐ 3～5年　☐ 5年及以上

8. 您目前住房的产权性质为：

☐ 自有住宅　☐ 集体产权　☐ 短期租房　☐ 长期租房

9. 您目前的居住关系为：

☐ 单独居住　☐ 合租（住）

☐ 与未成年子女同住　☐ 与老人同住

☐ 三代及以上同堂

二、满意度调查

1. 我或我的家人经常使用社区的室内公共活动空间（如社区礼堂、共享书房等）。

☐ 很不认可　☐ 不认可　☐ 一般　☐ 基本认可

☐ 非常认可

2. 我或我的家人经常使用社区的户外活动场地（如儿童游乐场地、健身设施等）。

☐ 很不认可　☐ 不认可　☐ 一般　☐ 基本认可

☐ 非常认可

3. 近年来我所在的小区居住环境有所提升。

☐ 很不认可　☐ 不认可　☐ 一般　☐ 基本认可

☐ 非常认可

4. 我家附近有便捷的生活性商业配套（如农贸市场、餐饮、便利店等）。

☐ 很不认可　☐ 不认可　☐ 一般　☐ 基本认可

☐ 非常认可

5. 近年来我所在的社区生活便利度有所提高。

☐ 很不满意　☐ 不满意　☐ 一般　☐ 基本满意

☐ 非常满意

6. 我家附近能获得可靠的幼托照护服务。

☐ 很不认可　☐ 不认可　☐ 一般　☐ 基本认可

☐ 非常认可

7. 我和我的家人能在社区中参与一些学习课程。

☐ 很不认可　☐ 不认可　☐ 一般　☐ 基本认可

☐ 非常认可

8. 我家附近能获得便捷的卫生健康服务。

☐ 很不认可　☐ 不认可　☐ 一般　☐ 基本认可

☐ 非常认可

9. 我家附近能获得丰富的居家养老服务。

☐ 很不认可　☐ 不认可　☐ 一般　☐ 基本认可

☐ 非常认可

10. 我认同小区的物业服务。

☐ 很不认可　☐ 不认可　☐ 一般　☐ 基本认可

☐ 非常认可

11. 我认为社区自己的小程序让生活更便捷了。

☐ 很不认可　☐ 不认可　☐ 一般　☐ 基本认可

☐ 非常认可

12. 我家附近惠民服务（如幼托服务、居家养老服务等）的收费是可负担的。

☐ 很不认可　☐ 不认可　☐ 一般　☐ 基本认可

☐ 非常认可

13. 我在小区内感到安全。

☐ 很不认可　☐ 不认可　☐ 一般　☐ 基本认可

☐ 非常认可

14. 近年来我所在的社区管理和服务质量有所提升。

☐ 很不满意 ☐ 不满意 ☐ 一般 ☐ 基本满意

☐ 非常满意

主要参考文献

专著类：

[1] 习近平. 习近平谈治国理政（第2卷）[M]. 北京：外文出版社，2017.

[2] 孟刚. 未来社区：浙江的理论与实践探索 [M]. 杭州：浙江大学出版社，2021.

[3] 王健，孙光波. 城镇老旧小区改造——扩大内需新功能 [M]. 北京：中国建筑工业出版社，2020.

[4] 唐亚林，钱坤等. 社区治理的逻辑：城市社区营造的实践创新与理论模式 [M]. 上海：复旦大学出版社，2020.

[5] 习近平. 决胜全面建成小康社会夺取新时代中国特色社会主义伟大胜利——在中国共产党第十九次全国代表大会上的报告 [M]. 北京：人民出版社，2017.

[6] 城市中国. 未来社区：城市更新的全球理念与六个样本 [M]. 杭州：浙江大学出版社，2021.

[7] 韦峰，徐维涛，崔敏敏. 历史街区保护更新理论与实践 [M]. 北京：化学工业出版社，2020.

[8] 张京祥. 西方城市规划思想史纲 [M]. 南京：东南大学出版社，2005.

[9] 比森特·瓜里亚尔特. 自给自足的城市 [M]. 万碧玉，译. 北京：中信出版社，2014.

[10] WeCity未来城市项目组. 未来城市：数字时代的城市竞争力重塑 [M]. 杭州：浙江大学出版社，2022.

[11] 斯科特·麦夸尔（Scott Mcquire）. 地理媒介：网络化城市与公共空间的未来 [M]. 潘霁，译. 上海：复旦大学出版社，2019.

[12] 卡洛·拉蒂（Carlo Ratti），马修·克劳德尔（Matthew Claudel）. 智能城市 [M]. 赵磊，译. 北京：中信出版社，2019.

[13] 斯科特·麦夸尔. 地理媒介：网络化城市与公共空间的未来 [M]. 潘霁，译. 上海：复旦大学出版社，2019.

[14] 斐迪南·滕尼斯. 共同体与社会：纯粹社会学的基本概念 [M]. 林荣远，译. 北京：商务印书馆，1999.

[15] 张纯. 城市社区形态与再生 [M]. 南京：东南大学出版社，2014.

[16] 娄成武. 中国社会转型中政府治理模式研究 [M]. 北京：经济科学出版社，2015.

[17] 梅耀林，王承华，等. 江苏老旧小区改造建设导引 [M]. 北京：中国建筑工业出版社，2021.

[18] 简·雅各布斯. 美国大城市的生与死 [M]. 江苏：译林出版社，2020.

[19] N·Wates C. Kbevit Community Architecture: How People are Creating their Own Environment[M]. London, 1987.

[20] Wong J L H. Creating a Sustainable Living Environment for Public Housing in Singapore[M]. Springer Netherlands, 2011.

论文类:

[1] 汪欢欢，姚南. 未来社区：社区建设的未来图景 [J]. 宏观经济管理，2020 (1)：22-27.

[2] 吴志强，伍江等. “城镇老旧小区更新改造的实施机制”学术笔谈 [J]. 城市规划学刊，2021 (3)：1-10.

[3] 祝佩瑶. 杭州市典型老旧小区公共空间微更新及设计策略研究 [D]. 杭州：浙江大学，2021.

[4] 徐晓明，许小乐. 社会力量参与老旧小区改造的社区治理体系建设 [J]. 城市问题，2020 (8)：74-80.

[5] 李志，张若竹. 老旧小区微改造市场介入方式探索 [J]. 城市发展研究，2019，26 (10)：36-40.

[6] 周京媛. 老旧小区改造背景下的社区治理问题研究 [D]. 武汉：华中师范大学，2018.

[7] 王昭斌. 北京老旧小区住宅建筑公共空间适老性改造设计研究 [D]. 北京：北京建筑大学，2020.

[8] 冯琦. 老旧小区改造中利益主体冲突及解决方案研究 [D]. 北京：北京建筑大学，2021.

[9] 范逢春. 城镇老旧小区改造面临的困境及破解 [J]. 国家治理，2021，12 (3)：35-38.

[10] 朱嘉薇. 老旧小区改造主体的互动公平性评价与提升研究 [D]. 南京：东南大学，2021.

[11] 宋凤轩，康世宇. 人口老龄化背景下老旧小区改造的困境与路径 [J]. 河北学刊，2020，9 (5)：191-197.

[12] 蔡云楠，杨宵节，李冬凌. 城市老旧小区“微改造”的内容与对策研究 [J]. 城市发展研究，2017 (6)：29-34.

[13] 邹兵. 增量规划向存量规划转型：理论解析与实践应对 [J]. 城市规划学刊，2015 (9)：12-19.

[14] 仇保兴. 浅谈城市老旧小区绿色化改造——增加我国有效投资的新途径 [J]. 城市发展研究，2016 (6)：1-20.

[15] 阳建强. 走向持续的城市更新——基于价值取向与复杂系统的理性思考 [J]. 城市规划，2018 (6)：68-78.

[16] 谷甜甜. 老旧小区海绵化改造的居民参与治理研究——基于长三角试点海绵城市的分析 [D]. 南京：东南大学，2019.

[17] 曹海军. 党建引领下的社区治理和服务 [J]. 政治学研究，2018 (1)：95-98.

[18] 董昌恒，丁晨. 城镇老旧小区改造及参考策略探析 [J]. 美与时代 (城市版)，2020 (2)：40-41.

[19] 王贵美. 城镇老旧小区改造中构建完整居住社区的探索 [J]. 城乡建设，2021 (4)：14-17.

[20] 王惠燕. 城市老旧小区改造的对策研究——以哈尔滨市为例 [J]. 上海城市管理，2019，28 (4)：93-96.

[21] 施彦彬. “未来社区”居民公共服务供需平衡研究——以浙江省缙云县为例 [D]. 西安：西北大学，2021.

[22] 梁靖廷. 未来社区建设开发模式思考——以杭州为例 [J]. 浙江经济，2019 (18)：52-53.

[23] 刘晶晶，施楚凡. 未来社区在浙江的实践与启示 [J]. 现代管理科学，2019 (11)：72-74.

[24] 柴贤龙，徐呈程，靳丽芳等. 关于浙江未来社区建设若干重大问题的对策建议 [J]. 决策咨

询，2019（3）：65-67.

［25］田毅鹏．“未来社区”建设的几个理论问题［J］．社会科学研究，2020（2）：8-15.

［26］柴贤龙，沈洁莹，侯宇红等．浙江省未来社区问卷调查分析报告［J］．统计科学与实践，2019（5）：42-44.

［27］李天竹．我国“未来社区”建设中城市政府治理能力提升研究［D］．哈尔滨：黑龙江大学行政管理，2021.

［28］刘晶晶，施楚凡．未来社区在浙江的实践与启示［J］．现代管理科学，2019（11）：72-74.

［29］周华富．浙江未来社区的创新实践［J］．杭州科技，2019（5）：24-25.

［30］张天洁，李泽．新加坡高层公共住宅的社区营造［J］．建筑学报，2015（6）：52-57.

［31］王晓鹏．浙江省未来社区公共空间设计研究［D］．南京：东南大学，2021.

［32］杨继伟．基于浙江省“未来社区”试点建设的老旧社区更新规划研究［D］．昆明：昆明理工大学，2021.

［33］李芳晟．国外公众参与型社区公共空间设计研究［D］．大连：大连理工大学，2012.

［34］张京祥．国外城市居住社区的理论与实践评述［J］．国外城市规划，1998（2）：43-46.

［35］李毅．煤炭资源型城市棚户区改造的问题及对策研究［D］．武汉：华中科技大学，2011.

［36］筱原聪子，姜涌．日本居住方式的过去与未来——从共享住宅看生活方式的新选择［J］．城市设计，2016（3）：36-47.

［37］篠原聪子，王也，许懋彦．共享住宅——摆脱孤立的居住方式［J］．城市建筑，2016（4）：20-23.

［38］沈锋萍．浙江信息港小镇打造未来社区的路径与对策研究［D］．南昌：南昌大学，2020.

［39］王焓，李晓东．第三生态的文化构建：新加坡公共住宅的启示［J］．世界建筑，2013（6）：118-121.

［40］张汉东．新加坡社区“邻里中心”对浙江的启示［J］．浙江经济，2018（23）：21.

［41］刘勇．旧住宅区更新改造中居民意愿研究［D］．上海：同济大学，2006.

［42］姜玉峰．“未来社区”的文化科技创新模式——以浙江省实践为例［J］．中国美术学院学报，2020（5）：115-119.

［43］陈球，张幸，陈梓．“完整社区”理念下的老旧小区改造实例与探讨［J］．城乡建设，2020（19）：59-61.

［44］杨柳．总承包商视角下的未来社区EPC项目成本风险管理研究［D］．杭州：浙江大学，2022.

［45］盛昊一．生活圈视角下浙江省拆除重建类未来社区配套设施配置与布局策略研究［D］．杭州：浙江大学，2022.

［46］张晓东，胡俊成，杨青等．基于AHM模糊综合评价法的老旧小区更新评价系统［J］．城市发展研究，2017，24（12）：20-27.

［47］王卓然．北方城市住宅绿色改造行为驱动要素及动因模型研究［D］．天津：天津大学，2017.

［48］Rodrigues Sarah M, Kanduri Anil, Nyamathi Adeline, et al. Digital Health-Enabled Community-Centered Care: Scalable Model to Empower Future Community Health Workers Using Human-in-the-Loop Artificial Intelligence[J]. JMIR Formative Research, 2022, 6(4).

[49] Lam E. Sidewalk Toronto[J]. The Canadian Architect, 2019, 64(1).

[50] Anonymous. Sidewalk Labs Unveils More Plans for High-Tech Toronto Community[J]. Daily Commercial News, 2018, 91(234).

[51] Chi Zhang and Peng Gong. Healthy China: from Words to Actions[J].The Lancet Public Health, 2019, 4(9): e438-e439.

[52] Diane K McLaughlin, Carla M Shoff, Mary Ann Demi. Influence of Perceptions of Current and Future Community on Residential Aspirations of Rural Youth[J]. Rural Sociology, 2014, 79(4).

[53] Fang Qian, Ting Ting Feng. Planning and Design for "GREEN-TRAVEL" Oriented Healthy Community[J]. Advanced Materials Research, 2014(3384): 1322-1325.

[54] Junyu Ren, Ren Junyu, Xu Jian, et al. The New Core of the City: the Community in the Context of Decentralization and Ideal Future Community Space Model Design[J]. IOP Conference Series: Earth and Environmental Science, 2020, 531(1).

[55] Marra G, Barosio M, Eynard E, et al. From Urban Renewal to Urban Regeneration: Classification Criteria for Urban Interventions. Turin 1995-2015: Evolution of Planning Tools and Approaches[J]. Journal of Urban Regeneration Renewal, 2016, 9(4): 367-380.

[56] Falanga R. Formulating the Success of Citizen Participation in Urban Regeneration: Insights and Perplexities from Lisbon[J]. Urban Research Practice, 2020, 13(5): 477-499.

[57] Tigran Haas, Ryan Locke. Reflections on the Reurbanism Paradigm: Re-Weaving the Urban Fabric for Urban Regeneration and Renewal[J]. Quaestiones Geographicae, 2018, 37(4):5-21.